具有时延与丢包的网络化系统镇定与跟踪控制

刘义才　潘　登　著

华中科技大学出版社
中国·武汉

内容简介

本书全面介绍了作者近年来在网络控制系统领域的研究成果。主要内容包括：网络控制系统建模方法综述；区间化随机时延的网络控制系统镇定研究；区间化时变时延的网络控制系统镇定研究；网络控制系统时变采样周期的建模与切换控制；具有网络诱导时延与随机丢包的网络控制系统镇定研究；具有随机时变时延与数据丢包的网络控制系统镇定研究；混合事件触发机制下的不确定网络化系统建模与控制；不确定网络化系统的鲁棒 H_∞ 输出跟踪控制；网络化保性能 PID 控制；二自由度机器人的网络化 PID 跟踪控制；网络随机时延下的机器人遥操作控制研究；TrueTime 在网络控制系统仿真中的应用。

本书适合控制系统与工程、网络化控制系统以及物理信息系统等领域的研究人员阅读，也可作为高等院校控制理论与控制工程等相关专业的研究生及高年级本科生的参考书。

图书在版编目(CIP)数据

具有时延与丢包的网络化系统镇定与跟踪控制 / 刘义才，潘登著. -- 武汉 ：华中科技大学出版社，2025. 4. -- ISBN 978-7-5772-1713-0

Ⅰ. TP273

中国国家版本馆 CIP 数据核字第 20252WV494 号

具有时延与丢包的网络化系统镇定与跟踪控制

Juyou Shiyan yu Diubao de Wangluohua Xitong Zhending yu Genzong Kongzhi

刘义才 潘 登 著

策划编辑：张少奇

责任编辑：周 麟

封面设计：廖亚萍

责任监印：朱 玢

出版发行：华中科技大学出版社(中国·武汉)　电话：(027)81321913

武汉市东湖新技术开发区华工科技园　邮编：430223

录　排：武汉市洪山区佳年华文印部

印　刷：武汉市洪林印务有限公司

开　本：787mm×1092mm　1/16

印　张：15.5

字　数：384 千字

版　次：2025 年 4 月第 1 版第 1 次印刷

定　价：88.00 元

华中出版

前 言

近年来，网络控制系统的研究受到了国内外控制领域学者的广泛关注。相对于传统的点对点控制系统，网络控制系统更易于设计成大规模系统，且具有容易安装和维护、布局布线方便、灵活性高等优点。但是，将网络引入控制系统，数据在带宽有限的网络中传输不可避免地会存在诸如网络诱导时延、数据丢包等网络约束问题，这使得网络控制系统的分析和设计比传统的控制系统更为复杂。针对以上问题，现有文献已经做了很多的相关研究工作，也取得了较好的研究成果。因此，本书在已有研究成果的基础上，针对具有网络诱导时延与数据丢包的网络化系统的镇定与跟踪控制问题展开进一步的研究，主要完成了以下研究内容。

(1) 首先给出了本书需要的预备知识——LMI 工具箱在控制领域的相关应用。接着总结了网络控制系统常用的建模方法，为后续研究做了铺垫。

(2) 研究了具有网络诱导时延的网络控制系统镇定问题。为了进一步降低设计的保守性，可将网络诱导时延的变化范围进行区间划分，将其转化为在多个区间内的小范围变时延问题。进而在随机系统分析方法中，根据时延在各个区间的跳变特性将其描述为一个基于有限状态的 Markov 随机过程，建立了参数不确定的离散时间跳变系统模型；同时在 Markov 时延转移概率矩阵中部分元素未知，甚至全部未知的条件下，设计了满足系统随机稳定性要求的时变控制器。由于难以获取时延的跳变概率，因此本书进一步地提出了确定性的切换系统分析方法。在该方法中，针对被划分为多个小区间的时延，采用增广矩阵的方法建立了参数不确定的离散时间切换系统模型；基于平均驻留时间，给出了系统满足指数稳定的条件以及控制器的设计方法，确定了时延区间划分个数与系统指数衰减率之间的定量关系。

(3) 研究了具有时延与数据丢包的网络控制系统镇定问题。在随机系统分析方法中，采用了 Markov 随机过程来描述系统丢包的特性，然后利用增广矩阵的方法建立了参数不确定的离散时间跳变系统模型。接着在 Markov 丢包转移概率矩阵中部分元素未知，甚至全部未知的条件下，采用 Lyapunov 稳定性理论和随机理论的分析方法，设计了依赖于丢包特性且满足系统均方稳定要求的时变控制器。类似地，由于难以获取丢包的跳变概率，因此本书进一步地提出了确定性的切换系统分析方法。在该方法中，针对同时存在的时延与丢包问题，首先采用增广矩阵的方法建立了参数不确定的离散时间切换系统模型，然后基于模型依赖的平均驻留时间的切换系统分析方法，给出了系统满足指数稳定的条件，进而确定了系统指数衰减率和系统丢包率之间的定量关系。

(4) 研究了混合事件触发机制下的建模与控制问题。目前大部分网络控制系统的研究都是基于时间触发通信机制而展开的，它的执行周期常常是按照系统最坏的情况来设计的，因此所有的采样信号均需要通过网络发送，而不考虑被控对象状态变化的影响。显然，时间触发通信机制不能充分利用有限的网络资源，甚至会加重网络负担，破坏网络控制系统的性能。因此，本书从节约网络资源和保证系统控制性能的角度，对存在不确定参数的网络控制系统进行研究。首先利用系统状态相关信息和无关信息给出了触发阈值，其次利用时滞系统分析方法建立了具有时变时延的网络化系统模型，然后在考虑网络诱导时延分段连续可微特性的基础上，利用自由权矩阵和互逆凸组合方法给出了系统满足渐进一致有界稳定的条件和控制器的设计方法。

（5）研究了网络化输出跟踪控制的问题。在鲁棒 H_∞ 控制方法中，利用参考模型，并采用增广状态空间模型的方法，将网络诱导时延、数据丢包以及参数不确定等问题统一在时滞系统模型下，进而将输出跟踪问题转化为系统鲁棒 H_∞ 控制问题，设计了一个鲁棒的状态反馈控制器，在鲁棒 H_∞ 的意义上保证了系统的输出跟踪性能。由于 PID 算法先天的优势，可消除跟踪输出误差，因此本书在前期研究的基础上提出了保性能 PID 控制方法。针对实际工业工程中具有的二阶传递函数对象，本书将 PID 控制器参数选择问题归结为线性矩阵不等式求解凸优化的系统稳定性问题，实现了网络化 PID 跟踪控制，具有快速平稳且输出无静差的跟踪效果。

（6）在相关研究的基础上，本书给出了相关的实际应用研究，包括二自由度机器人的网络化 PID 跟踪控制、网络随机时延下的机器人遥操作控制研究。本书在最后介绍了网络控制系统的常用仿真软件——TrueTime。

本书是著者近年来从事网络控制系统研究工作的阶段性总结和心得体会。本书共 14 章，其中前言、第 1 章、第 2 章及第 4 至 13 章由刘义才执笔，第 3 章和第 14 章由潘登执笔。感谢武汉商学院学术著作出版基金（自然类，编号：XZ202104）对本书的资助。

由于著者水平有限，书中难免存在不足之处，恳请读者批评指正。

刘义才

2024 年 12 月

目录

第1章 绪　　论

1.1 研究背景及意义

近年来，通信、控制和计算机技术的迅猛发展对控制系统的结构产生了至关重要的影响。在传统的控制系统中，传感器、控制器和执行器之间的连接通常是通过端口到端口的布线来实现的，这可能导致许多问题，如布线、维护困难以及灵活性低等。由于控制装置的复杂性日益增加，许多自动化系统中也出现了这样的问题。在这种背景下，网络控制系统(networked control system，NCS)越来越受到人们的关注[1-3]。图 1-1 所示为典型的 NCS 结构图，它利用多用途的共享网络将分布在不同空间上的设备进行互联，可以得到灵活的体系结构，并能有效降低安装和维护成本。

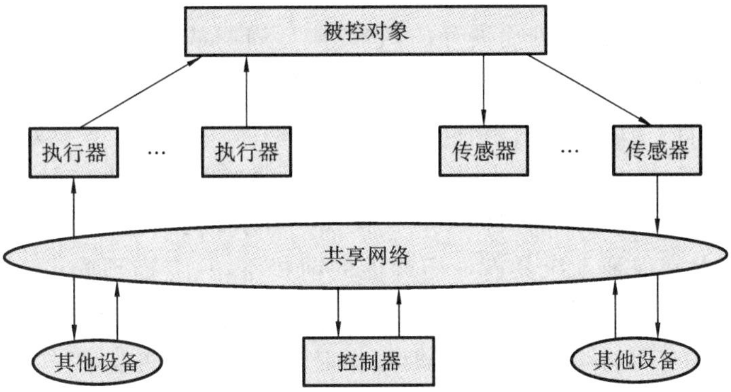

图 1-1　典型的 NCS 结构图

相对于传统的控制系统，NCS 充分体现了控制系统向分布化、网络化及模块智能化发展的趋势[4,5]。如图 1-2 所示，NCS 在云控制、航空航天、智能交通以及智能电网等各领域均有一定的探索和应用[6-9]。

通过共享网络资源，NCS 在给控制系统带来各种优点的同时，也给系统和控制理论带来了新的机遇和挑战。将网络引入控制系统，会导致系统的分析和设计变得复杂。NCS 的复杂性是由网络自身的特点所决定的：① 在网络环境下，多用户共享通信网络会使得网络上传递的信息流变化不规则，这必然会导致网络诱导时延(网络时延、时延)，同时，采用不同的网络协议也会导致网络诱导时延具有不同的性质；② 数据在传输的过程中将会经过众多

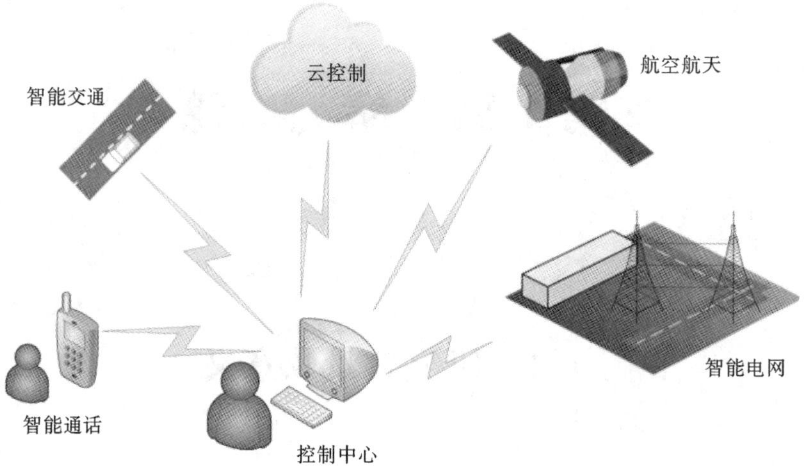

图 1-2　NCS 的应用

通信设备并且路径可能不唯一，这会同时导致网络诱导时延和数据包的时序错乱；③ 在网络中，不可避免的网络拥塞和可能存在的网络连接中断又会导致数据包的丢失。因此，在带宽有限的网络中传输数据时，不可避免地会出现网络约束问题，这将会给控制系统带来不利影响，甚至破坏其稳定性[10]。以上问题在传统的控制系统分析和设计中几乎可以不予考虑。因此，一些广泛应用于传统控制系统的稳定性理论和方法在 NCS 中将不再适用。

再者，为了利用较为成熟的采样控制理论进行系统分析和设计，现有的大部分 NCS 的研究都是基于时间触发通信机制而展开的，它的执行周期常常是按照系统最坏的情况来设计的，因此所有的采样信号均需要通过网络发送，而不考虑被控对象状态变化的影响。显然，时间触发通信机制不能充分利用有限的网络资源，甚至会加重网络负担，破坏网络化系统的性能[11]。为了节约网络资源，同时保证系统控制性能，基于事件触发机制的分析和设计方法近年来同样受到了广泛的关注[12,13]。图 1-3 所示为基于事件触发机制的 NCS 原理图，其基本思想就是在保证系统具有一定性能的前提下，只有当预先设定的触发条件成立时，才传输采样值，执行控制任务，即控制任务按需执行并满足系统性能要求。与周期采样控制相比，事件触发控制能够在系统运行时根据对象状态实时调整采样间隔，有效降低系统资源消耗[14,15]。虽然事件触发控制有很多优点，但是目前有关事件触发机制的 NCS 的研究还处于起步阶段，其研究成果仍存在着一定的局限性。

另外，跟踪控制是指在给定跟踪性能的要求下，使被控对象的输出或状态尽可能地跟踪预定的参考轨迹，同时系统的稳定性也可以看成跟踪控制问题的一种特例。跟踪控制普遍存在于工业、生物和经济等领域中，被广泛应用于机器人、导弹跟踪控制以及飞行姿态的跟踪控制。但是由于 NCS 的网络诱导时延和数据丢包等网络约束，其反馈控制信号会存在输出误差，因此在 NCS 中实现期望的跟踪性能更具挑战性。预测控制、自适应控制以及鲁棒 H_∞ 控制等方法常被用来实现 NCS 中的输出跟踪问题。然而事实上，在工业应用中，PID 控制无疑是现阶段最普遍和最流行的控制策略。因此，基于现有的 PID 控制系统进行改进，以适应网络通信的约束，将会更具有现实意义。

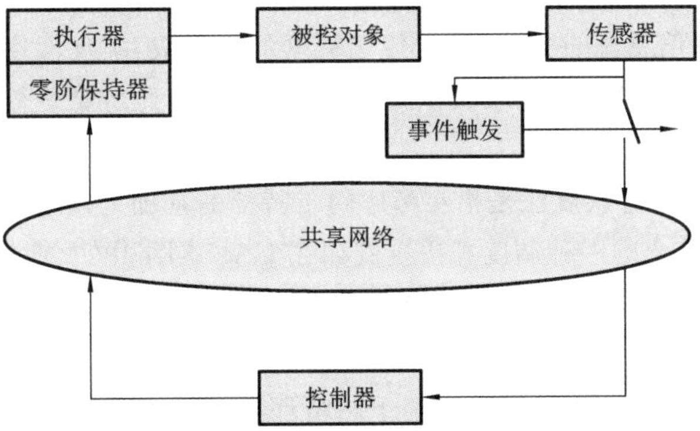

图 1-3 基于事件触发机制的 NCS 原理图

综上所述,本书将在研究 NCS 稳定性能与网络约束条件(网络诱导时延和数据包丢失)的依赖关系的同时,进一步地深入研究事件触发机制下的 NCS 的分析与设计方法,最后研究网络化跟踪控制问题。其相关的研究成果对提高 NCS 的性能具有十分重要的理论意义和工程应用价值。

1.2 研究现状

1.2.1 NCS 的基本问题研究现状

NCS 是将网络和控制相结合的复杂系统,因此对该系统的分析和研究可以从对网络本身的控制和基于网络环境的系统分析与控制两个方面进行。

在对网络本身的控制上,主要从网络拓扑结构、任务调度算法和网络通信协议等角度着手,研究如何减小网络诱导时延、数据包丢失和时序错乱等现象带来的负面影响,以满足系统对实时性的要求。目前这方面的研究主要集中在任务调度算法的研究上,主要有以下几种。

(1) 静态调度算法:静态调度算法是指在离线情况下,根据任务的周期确定调度的优先级,周期越短,优先级越高,且该优先级顺序在系统运行的过程中是不会改变的。具有代表性的有固定优先级(fixed priority, FP)调度算法、截止期单调(deadline monotonic, DM)算法和单调速率(rate monotonic, RM)调度算法[16]。但这种算法难以适应网络的时变特性,一旦网络中的某些因素致使网络特性发生改变,该调度算法将不再适用。

(2) 动态调度算法:动态调度算法是指在对未来将要到达的任务特性(约束信息、紧迫性等)毫不知情的情况下,根据目前就绪任务集内的任务特性判定优先权,从而决定在系统运行过程中如何为各节点分配共享网络资源。具有代表性的有非抢先的最早截止期优先

(earliest deadline first, EDF)算法[17]、最低松弛度优先(least laxity first, LLF)算法[18]。该算法可以根据网络中信息流的变化,确定传输数据的优先级,实现网络资源动态调度,保证系统的动态控制特性,但其计算量较大,且由于系统切换序列需要动态确定,因此设计更为复杂和困难。

(3) 混合调度法:混合调度法是指在考虑网络特征的基础上,充分利用静态和动态调度算法的特点,将其相结合的一种调度算法。例如在 CAN 网络中,文献[19]为具有不同实时性要求的信息数据设定不同的优先级,获得了比 DM 算法更高的可调度性,而开销又比 EDF 算法更少。

另一方面,对于 NCS 的研究侧重于基于网络环境的系统分析与控制,即在考虑已有的网络约束条件下,通过建立合理的 NCS 模型来对系统进行分析,并设计合理的控制器,以减少网络带来的各种不利因素影响,使系统能够保持镇定并具有较好的性能。针对 NCS 中存在的具体问题,目前的研究主要集中在以下几个方面。

1. 网络诱导时延

NCS 中网络诱导时延主要包括由于设备的有限处理速度而在每个组件中产生的计算时延、等待时延,以及信息在通信信道的传输时延。其中,由于计算机及网络硬件设备的快速发展,计算时延通常可以忽略不计。另外,等待时延由传输协议决定,并且该时延的影响可以通过适当的协议来减轻。网络诱导时延是影响 NCS 的控制性能,甚至破坏其稳定性的主要原因之一。因此,针对网络诱导时延的研究和处理已成为 NCS 分析和设计中需要考虑的基本问题之一,目前较为常用的方法有以下几种。

1) *随机性分析方法*

当时延信息可用于系统设计时,则可以应用随机系统分析方法。例如,当各个采样周期内的网络诱导时延相互独立,并且随机分布统计规律全部已知的情况下,可以将其视为一个随机过程,因此用随机系统分析方法对 NCS 进行建模能够获得较为准确的描述。按照时延分布规律的不同,目前较为常用的几种随机系统模型有:Markov 跳变时滞模型[20-22]、非一致分布特性随机变量模型[23]和 Bernoulli 随机变量模型[24]。然而在实际中,时延的随机分布统计规律往往难以精确获取,随着外部干扰以及网络负载变化的影响,时延统计概率也会随之变化。所以目前假设完全已知的随机系统分析方法无法完全满足现实中 NCS 的应用需求。

2) *确定性分析方法*

当时延的统计信息不可用时,可以用以下确定性分析方法来分析具有网络诱导时延的 NCS。

(1) 时滞系统分析方法:由于网络的引入,系统中的控制信号无法立即到达被控对象,因此 NCS 也可以看作是一类时滞系统。因此,基于 Lyapunov 稳定性理论的时滞系统研究成果广泛应用到了 NCS 的分析和设计中。其中,基于 Park 不等式[25]、Moon 不等式[26]、模型转换技术[27]、Jensen 不等式、Wirtinger 不等式[28]、互逆凸组合方法[29,30],以及自由权矩阵[31,32]等时滞相关理论的方法常被用于 NCS 的稳定性分析和控制器设计。近年来,随着 Wirtinger-based[33]积分不等式的提出,采用 Wirtinger-based 二重积分不等式[34]、

free-matrix-based 不等式[35,36]、auxiliary-function-based 不等式[37]、联合积分不等式[38]等方法对时滞系统进行更深入的研究，可以获得保守性更低的稳定性条件。如何将这些研究成果应用到 NCS 中，还需要进一步地研究。

(2) 鲁棒控制方法：该方法的主要思想是将网络诱导时延看作系统的一个具有指数不确定性的时变参数，同时将该时变参数分解为常数项和不确定项，并通过鲁棒控制方法来估计不确定项的界，进而对 NCS 进行分析和设计。例如，在文献[39]中，将网络诱导时延小于一个采样周期的短时延转换为不确定但满足范数有界条件的系统参数，从而建立了参数不确定的离散线性控制系统模型。在文献[40]中，将时变时延描述为不确定的系统摄动，利用小增益理论，建立了闭环网络控制系统 BIBO 稳定性与时延上界和时延变化范围之间的定量关系。文献[41,42]则将此类系统描述为凸多面体不确定系统。鲁棒控制方法的优点是不需要事先了解网络诱导时延的随机分布特性，但是该方法对于网络诱导时延大于一个采样周期的长时延 NCS 建模显得较为困难。

(3) 切换系统分析方法：由于切换系统能够有效描述自然、社会以及工程系统根据外界环境的变化而表现出的不同模态，因此广泛应用于输电系统、交通控制系统、飞行控制系统等领域[43,44]。近年来，大批学者将该方法应用到网络控制系统的建模中，并对其稳定性分析和控制器设计方法做了深入研究[45-48]。其中文献[45]本质是利用执行器的采样频率高于传感器采样频率的时间驱动策略，将时延引起的指数时变项按小区间分解为多个定常项，并将具有时变短时延的网络控制系统描述为一类离散时间切换系统，给出了系统满足指数稳定的条件。文献[46]采用与文献[45]同样的策略解决了系统中的长时延问题，此方法虽然降低了设计的保守性，但是执行器采用时间驱动，又会人为地增加网络诱导时延。

(4) 预测控制分析方法：该方法主要包括网络预估控制器和网络时延补偿器两个部分。其中网络时延补偿器位于执行器端。网络预估控制器接收到传感器数据后，根据设定步长计算当前及未来多个时刻的控制量，并将这些控制量作为一个控制序列封装在一个数据包中发送给执行器。位于执行器端的网络时延补偿器接收到数据包后，根据数据包的时间戳信息判断出时延大小，从而在控制序列中选择预测长度与当前时延大小匹配的控制量输出给执行器。例如，文献[49,50]采用模型预测的控制思想来解决网络诱导时延问题，基本思想是网络预估控制器事先算出基于整数倍采样周期的多个未来预测控制序列，然后位于执行器端的网络时延补偿器接收到数据包后，根据预测长度将与当前时延大小相匹配的控制量输出给执行器，从而可补偿时延带来的输入滞后问题。文献[51]则是在一个采样周期时间内采用了广义预测控制算法与线性插值原理相结合的方法，并提高执行器读取缓冲区的频率，以提高时延补偿性能。基于预测时延补偿思想，文献[52]利用分组传输机制和自适应控制算法，提出了一种基于数据的网络预测控制方法，对随机时延进行主动补偿。文献[53]同样将时延范围按区间划分，利用时延区间均值代替实际时延值，并采用区间分割法对时延进行预测，最后采用状态观测器完成对系统状态的估计，进而计算出系统所需要的控制量。预测控制分析方法虽然能够很好地解决 NCS 的网络诱导时延问题，但是该方法的实现相对较为复杂，并且通常要求对被控对象进行精确实时建模，这些都会增加网络负担。

其他方法：非线性摄动法[54]、增广状态法、模糊控制算法[55,56]等方法在解决网络诱导时延上也得到了众多学者的关注。

2. 数据包丢失

网络拥堵、节点竞争失败、数据包碰撞或信道干扰等情况均可能导致数据包在网络中传输时产生丢失(数据丢包)。另外，为了保证控制的实时性，长传输时延也可以被看作是丢包。一些网络虽然有重传机制，但重传超过一定次数后，数据包仍可能被丢弃。上述这种丢包一般称为被动丢包。另外，为了避免网络信道拥塞和保证网络可调度性而需要主动地丢弃一些数据包，这种丢包称为主动丢包。目前针对 NCS 数据丢包问题，主要关注的是如何对数据丢包现象进行建模，然后基于这些模型进行控制性能研究，分析方法主要可分为以下两类。

1) 随机性分析方法

随机系统分析方法的基本思想是假设丢包是随机发生的，利用在{0,1}中取值的随机二进制变量对传输过程进行建模，其中"0"表示没有数据包丢失，"1"表示数据包丢失。然后根据丢包过程是否相关，主要结果可分为两种情况，即 Bernoulli 随机丢包和 Markovian 丢包过程，进而进一步地建立其相应的随机系统模型，利用随机控制理论方法得到丢包概率和系统稳定性以及某些性能指标之间的关系[57-61]。例如，在文献[62]中，将连续丢包数设为上界，获得了具有输入时变时滞和随机参数的离散随机时滞闭环 NCS，进一步地考虑了系统的控制器设计问题。在文献[63]中，引入了两个独立的 Markovian 模型来描述反馈信道和前向信道中的丢包现象，其建模方式与 Bernoulli 随机系统建模相似，但是通过一定的变换，闭环系统变成了具有一个标准时滞 Markov 跳变特性的系统模型(Markov 跳变时滞模型)，然后利用 Markov 随机系统分析方法和时滞系统分析方法获得了控制器设计的条件。

2) 确定性分析方法

确定性分析方法就是在 NCS 中数据丢包统计特性未知时对系统进行分析和设计，主要包括异步动态系统分析方法、切换系统分析方法、时滞系统分析方法以及预测控制分析方法等。其中异步动态系统分析方法将具有丢包的 NCS 描述为一类包含不同丢包情况的多个子系统的模型。例如，文献[64,65]将数据丢包描述为带有事件约束的异步动态系统模型，并给出了系统满足指数稳定的充分条件。切换系统分析方法同样能有效地利用开关状态来描述 NCS 中数据传输成功与否的情况。例如，文献[66-69]提出了具有任意切换律的切换系统分析方法，建立了系统连续数据丢包问题与系统性能之间的关系。另外，时滞系统分析方法可将数据丢包的情况建模为输入时变时滞的增大，由此，NCS 中输入时变时滞的上界可用来描述最大连续丢包数的相关信息[70]。文献[71]定义了最大连续丢包数上界，研究了任意丢包过程，将丢包转化为系统时滞，给出了保证系统稳定的充分条件。文献[72]在文献[71]建模方法的基础上，研究了预测控制分析方法。文献[73]是将若干时刻的数据打包一起发送给执行器接收端，进而可保证所有的数据都能被接收到，但是这样会消耗更多的网络资源。

3. 数据包时序错乱

在存在多个节点的复杂网络中，数据包在网络传输过程中，由于传输路径并不唯一，因此会造成目标节点接收到的数据包时序与源节点发出的数据包时序不一致,从而出现时序错乱的问题[74-76]。文献[77]针对具有数据包错序的 NCS,分析了网络诱导时延与数据包错序的关系,并将其描述为多步时延的参数不确定系统。文献[78]采用一步滚动时域 H_∞ 控制方法来解决由网络诱导时延的时变特性引起的指数不确定项和数据包时序错乱问题。文献[79]则提出了一种切换滚动时域控制方法,即通过基于平均驻留时间的切换系统分析方法,给出了闭环系统指数稳定的充分条件。

4. 其他问题

在 NCS 中,关于网络资源受限的相关问题还有单包和多包传输[80,81]、量化与滤波[82]、故障检测与容错控制[83,84]等,这些问题也受到了众多研究者的关注。

基于以上分析,本书首先将针对 NCS 中的网络诱导时延与数据丢包的问题进行研究,并给出系统能够稳定的条件,同时展开对系统镇定控制器设计的研究。

1.2.2 基于事件触发机制的 NCS 研究现状

如上一节所述,与周期采样控制相比,事件触发控制能够在系统运行时根据被控对象的状态实时调整采样间隔,能有效降低系统资源消耗,同时也可获得较好的控制性能[12]。例如文献[85,86]中说明了,在系统平均采样率一样的情况下,基于事件触发控制的方法能够获得较好的均方误差。因此,基于事件触发控制的方法在机器人遥操作[87-89]、智能交通[90]、智能电网[91,92]、故障诊断[93]、智慧农业[94,95]等领域进行了一定程度的探索及应用。从现有的研究文献中可以看出,事件触发机制主要分为相对事件触发机制和绝对事件触发机制两种类型。在相对事件触发机制中,利用对象状态、系统输出或观测器状态等与控制系统相关的数据信息设计触发条件(触发阈值),当满足触发条件时触发,数据就会发送到网络中去。例如,文献[96,97]采用状态反馈控制方法,将当前状态信息和已触发状态信息的差值二次型与已触发状态信息的加权二次型进行比较,取其差值的绝对值作为触发条件。文献[98]分别采用了静态输出反馈和动态输出反馈方法,将当前系统输出和已触发系统输出的差值二次型与已触发系统输出的加权二次型进行比较,取其差值的绝对值作为触发条件。文献[99]采用基于状态观测器的控制方法,将观测器状态和预测器状态的差值范数与观测器状态的加权范数比较,获得触发条件。在绝对事件触发机制中,触发条件通常设计为常数阈值或时变函数阈值等。例如,文献[100,101]提出了将当前状态信息的范数值与常数阈值进行比较,将其结果作为触发条件。文献[102]提出了当前状态信息和已触发并传输状态信息的差值范数,将其与常数阈值比较的结果作为系统的触发条件。文献[103]提出了系统对象状态信息与控制器状态信息的差值范数,将其与常数阈值比较的结果作为触发条件。文献[104]提出了当前状态信息和已触发状态信息的差值范数与常数阈值或单调递减时变函数阈值比较的触发条件。文献[105]提出了当前观测器状态信息和已触发观测器状态信息的差值范数与指数递减时变函数阈值比较的触发条件。

从以上文献结果可以看出,不论是相对事件触发机制,还是绝对事件触发机制,两种方法均能在一定程度上有效降低系统的数据传输率。但是在相对事件触发机制中，当系统靠近稳定状态运行时，由于触发阈值是依赖状态相关信息的，此时其值较小，因此系统的数据传输率较高。相似地，在绝对事件触发机制中，当系统远离稳定状态运行时，由于触发阈值是不依赖状态相关信息的（一般情况下，为了保证系统的收敛域较小，其常数阈值选取较小），因此系统的数据传输率仍然较高。因此，系统在全程运行期间，不论是在相对事件触发机制中，还是在绝对事件触发机制中，均不能完全有效地降低系统数据的传输率。

基于以上分析，为了能在保证系统性能的基础上进一步地有效降低系统数据传输率，必须提出一种新触发条件，但是新触发条件必然会对控制器和事件触发阈值的设计带来新的挑战。因此，本书另一个研究重点是针对新引入的混合事件触发机制展开进一步的系统分析和控制器设计。

1.2.3　网络化输出跟踪控制研究现状

输出跟踪控制在经济、工业以及生物等领域均存在着广泛的应用。跟踪控制的目的是使被控对象的输出或状态尽可能地跟踪预先设定的参考轨迹。跟踪控制已经广泛应用于电机控制、机器人控制和飞行控制[106-108]等领域。众所周知，跟踪控制设计问题比稳定性问题更具普遍意义，也更为复杂。目前网络跟踪控制的研究方法可以分为以下三大类。

1. 预测控制方法

文献[109]通过将输出跟踪误差作为附加状态，使输出跟踪问题转化为增广系统的镇定问题，并提出了一种基于模型的网络预测输出跟踪控制方案，对网络诱导时延进行主动补偿。文献[110]考虑到网络诱导时延满足具有不确定转移概率矩阵的 Markov 链，进而采用预测控制方法，根据每个可能的延迟，生成一系列控制信号，以补偿由网络引起的延迟。

2. 鲁棒控制方法

文献[111-113]均采用鲁棒 H_∞ 控制方法来解决网络跟踪控制问题。其中文献[113]利用 LMI（线性矩阵不等式）以及粒子群优化算法，提出了基于观测器的 NCS H_∞ 输出跟踪控制方法。

3. PID 控制方法

在工业应用中，PID 控制无疑是现阶段最普遍和最流行的控制方法，因此基于现有的 PID 控制系统进行改进，以适应网络通信的约束，将会更具有现实意义。文献[114]基于标准增益和相位裕度，分别研究了一阶和二阶时滞 NCS 的 PID 控制与 PI 控制；文献[115]针对存在未知网络诱导时延的网络化直流电动机系统，提出了一种基于双线性矩阵不等式的特定 PI 调节器设计方法；文献[116]提出了一类基于改进 BP 网络的快速 PID 参数整定方法；文献[117]结合静态输出反馈和鲁棒 H_∞ 输出跟踪控制的特点，设计了鲁棒 H_∞ PID 控制器。

受以上文献资料研究的启发，本书的研究重点是：在现有的鲁棒控制方法的基础上进一步地研究具有网络诱导时延、数据丢包以及外部干扰的不确定 NCS 跟踪控制；另外在现有的时滞系统分析方法研究成果的基础上进一步地研究网络化 PID 跟踪控制。

1.3　研究内容及创新点

1. 区间化网络诱导时延的 NCS 镇定性研究

现有的大部分文献是将网络诱导时延的整个时变区间(0,T)(其中 T 为系统的采样周期)转化为不确定但满足范数有界条件的参数，或者将其转化为凸多面体不确定项，并建立参数不确定的离散线性控制系统模型。但在绝大多数情况下，时延变化通常会集中在某个小时延区间内，用整个时延区间描述的具有不确定性参数的模型来设计控制器，必然会带来系统设计的保守性。因此，本书的创新点是通过将在整个区间范围内变化的时延不确定性问题转化为在小区间范围内变化的时延不确定性问题，进而分别采用 Markov 随机系统分析方法和切换系统分析方法，可获得较低的保守性，并在同等条件下获得相对较短的收敛时间。

(1) Markov 随机系统分析方法：针对网络诱导时延，为了降低系统设计的保守性，同时也考虑到系统时延的随机特点，研究了具有双边随机时延的网络化系统镇定性问题。将传感器到控制器的反馈通道时延以及控制器到执行器的前向通道时延按区间进行划分，并考虑到时延的跳变特性，建立了一个基于 Markov 链随机过程的参数不确定的离散时间跳变系统模型。接着，考虑到时延转移概率矩阵元素部分未知，甚至全部未知，根据 Lyapunov 稳定性理论、Markov 随机跳变理论，以及 LMI 计算出一系列基于时延特性的离散时间控制器增益。然后基于预估补偿的设计思想，执行器根据整个网络诱导时延的大小选择和时延区间相对应的控制增益值输出给控制对象。

(2) 切换系统分析方法：该方法不需要知道网络诱导时延的跳变特性。与 Markov 随机系统分析方法类似，该方法首先将传感器到控制器的反馈通道时延和控制器到执行器的前向通道时延按区间进行划分，然后将时变时延在整个区间范围内变化的不确定性问题转化为在小区间范围内变化的不确定性问题，最后建立参数不确定的离散时间切换系统模型，采用平均驻留时间的方法给出模型依赖的时变控制器增益。该方式能够有效降低系统设计的保守性。同时，时延区间划分个数的增加在一定程度上可减少系统状态收敛的时间。

2. 同时具有网络诱导时延与数据丢包的 NCS 镇定性研究

现有文献针对数据丢包也提出了相应的 Markov 随机系统分析方法和切换系统分析方法。在 Markov 随机系统分析方法中，绝大部分文献考虑的是 Markov 丢包转移概率矩阵已知的情况。同时在 Markov 随机系统分析方法和切换系统分析方法中，大部分文献研究的主要是固定时延的问题。因此，针对上述问题，本书进行了相应的改进。

(1) Markov 随机系统分析方法：针对 NCS 中传感器到控制器和控制器到执行器存在双边随机时变时延与随机丢包的情况，结合系统数据丢包的随机特点，采用增广矩阵的方法，建立基于 Markov 链转移概率矩阵部分元素未知，甚至全部未知时的参数不确定的离散时间跳变系统模型，并给出了系统满足随机均方稳定要求的时变控制器设计方法。

(2) 切换系统分析方法:针对同时存在的时变时延与随机丢包问题,不考虑随机丢包的统计特点,首先采用增广矩阵的方法建立参数不确定的离散时间切换系统模型,然后基于模型依赖的平均驻留时间的切换系统分析方法,给出了系统满足指数稳定的条件,接着进一步建立了系统指数衰减率和系统丢包率之间的定量关系。

3. 基于事件触发的 NCS 建模与控制

事件触发机制的基本思想就是在保证系统具有一定性能的前提下,只有当预先设定的触发条件成立时,才传输采样值,执行控制任务,即控制任务按需执行并满足系统性能要求。针对具有不确定参数的 NCS,本书研究了混合事件触发机制下的建模与控制问题,主要的创新点是基于系统状态相关信息和无关信息给出了触发阈值,同时利用时滞系统分析方法建立了具有时变时延的 NCS 模型,然后在考虑网络诱导时延分段连续可微特性的基础上,利用互逆凸组合方法给出了系统满足渐进一致有界稳定的条件和控制器设计方法。相比于绝对事件触发机制和相对事件触发机制,混合事件触发机制在保证系统一定性能的条件下,能够有效降低系统全程运行期间的数据传输率。

4. 网络化输出跟踪控制问题

在鲁棒 H_∞ 控制方法中,利用参考模型,并采用增广状态空间模型的方法将网络诱导时延、数据丢包以及参数不确定等问题统一在时滞系统模型下,进而将输出跟踪控制问题转化为系统鲁棒 H_∞ 控制问题,设计了一个鲁棒状态反馈控制器,在鲁棒 H_∞ 的意义上保证了系统的输出跟踪性能。由于 PID 算法先天的优势,可消除跟踪输出误差,因此本书在前期研究的基础上提出了保性能 PID 控制方法。针对实际工业过程具有的二阶传递函数对象,本书将 PID 跟踪控制器参数选择问题归结为 LMI 求解凸优化的系统稳定性问题,实现了网络化 PID 跟踪控制,以达到快速平稳且输出无静差的跟踪效果。该部分的创新点主要是针对网络化输出跟踪控制问题,提出了将鲁棒 H_∞ 控制与时滞控制相结合的控制方法,以及将传统经典 PID 控制与现代控制相结合的控制方法,均获得了较好的跟踪性能。

1.4 本章小结

本章介绍了本书研究内容的背景及意义,并详细阐述和分析了具有时延与丢包的网络化系统镇定与跟踪控制的研究现状,最后基于现有的研究提出了本书研究的主要内容及整体研究结构。

参考文献

[1] ZHANG X M, HAN Q L, YU X H. Survey on recent advances in networked control systems[J]. IEEE Transactions on Industrial Informatics, 2016, 12(5): 1740-1752.

[2] GUPTA R A,CHOW M Y. Networked control system:overview and research trends [J]. IEEE Transactions on Industrial Electronics,2010,57(7):2527-2535.

[3] ZHANG D,SHI P,WANG Q G,et al. Analysis and synthesis of networked control systems: a survey of recent advances and challenges[J]. ISA Transactions,2017,66(1): 376-392.

[4] QIU J B,GAO H J,CHOW M Y. Networked control and industrial applications[J]. IEEE Transactions on Industrial Electronics,2016,63(2):1203-1206.

[5] LI M,CHEN Y. Challenging research for networked control systems:a survey[J]. Transactions of the Institute of Measurement and Control,2019,41(9):2400-4218.

[6] XIA Y Q. Cloud Control Systems[J]. IEEE/CAA Journal of Automatica Sinica,2015, 2(2):134-142.

[7] EUN Y,BANG H. Cooperative control of multiple unmanned aerial vehicles using the potential field theory[J]. Journal of Aircraft,2006,43(6):1805-1814.

[8] PAPADIMITRATOS P,DE LA FORTELLE A,EVENSSEN K,et al. Vehicular communication systems:enabling technologies,applications,and future outlook on intelligent transportation[J]. IEEE Communications Magazine,2012,47(11):84-95.

[9] LI M,CHEN Y. A wide-area dynamic damping controller based on robust H_∞ control for wide-area power systems with random delay and packet dropout[J]. IEEE Transactions on Power Systems,2018,33(4):4026-4037.

[10] ZHANG X M,HAN Q L,GE X,et al. Networked control systems:a survey of trends and techniques[J]. IEEE/CAA Journal of Automatica Sinica,2020,7(1):1-17.

[11] BENEDETTO M D D,JOHANSSON K H,JOHANSSON M,et al. Industrial control over wireless networks[J]. International Journal of Robust and Nonlinear Control, 2010,20(2):119-122.

[12] PENG C,LI F Q. A survey on recent advances in event-triggered communication and control[J]. Information Sciences,2018,457:113-125.

[13] LIU D,YANG G H. Robust event-triggered control for networked control systems [J]. Information Sciences,2018,459:186-197.

[14] MAHMOUD M S,MEMON A M. Aperiodic triggering mechanisms for networked control systems[J]. Information Sciences,2015,296:282-306.

[15] YUE D,TIAN E,HAN Q L. A delay system method for designing event-triggered controllers of networked control systems[J]. IEEE Transactions on Automatic Control,2013,58(2):475-481.

[16] BRANICKY M S,PHILLIPS S M,ZHANG W. Scheduling and feedback co-design for networked control systems[C]. Las Vegas:IEEE Conference on Decision and Control, 2002:1211-1217.

[17] LUO L,ZHOU C,CAI H,et al. Scheduling and control co-design in networked control

system[C]. Piscataway: World Congress on Intelligent Control and Automation, 2004: 1381-1385.

[18] 张宇辉，李迪. 工业以太环网的最低松弛度优先信息调度算法[J]. 华南理工大学学报(自然科学版), 2011, 39(2): 76-80.

[19] ZUBERI K M, SHIN K G. Design and implementation of efficient message scheduling for controller area network[J]. IEEE Transactions on Computers, 2000, 49(2): 182- 188.

[20] HAGHIGHI P, TAVASSIOL B, FARHADI A. A practical approach to networked control design for robust H_∞ performance in the presence of uncertainties in both communication and system[J]. Applied Mathematics and Computation, 2020, 381: 1-17.

[21] BAHREINI M, ZAREI J. Robust fault-tolerant control for networked control systems subject to random delays via static-output feedback[J]. ISA Transactions, 2019, 86(3): 153-162.

[22] SHI Y, YU B. Output feedback stabilization of networked control systems with random delays modeled by Markov chains[J]. IEEE Transactions on Automatic Control, 2009, 54(7): 1668-1674.

[23] PENG C, YUE D, TIAN Y C. Delay distribution based robust H_∞ control of networked control systems with uncertainties[J]. Asian Journal of Control, 2010, 12(1): 46-57.

[24] 池小波，常璐，贾新春. 异步切换与随机时延影响的切换系统网络化控制[J]. 山西大学学报(自然科学版), 2018, 41(2): 272-280.

[25] PARK P G, MOON Y S, KWON W H. A delay-dependent robust stability criterion for uncertain time-delay systems[C]//American Control Conference. New York: IEEE, 1998: 1963-1964.

[26] MOON Y S, PARK P, KWON W H, et al. Delay-dependent robust stabilization of uncertain state-delayed systems[J]. International Journal of Control, 2001, 74(14): 1447-1455.

[27] FRIDMAN E, SHAKEDU. A descriptor system approach to H_∞ control of linear time delay systems[J]. IEEE Transactions on Automatic Control, 2002, 47(2): 253-270.

[28] SEURET A, GOUAISBAUT F. On the use of the Wirtinger inequalities for time-delay systems[J]. IFAC Proceedings Volumes, 2012, 45(14): 260-265.

[29] PARK P, KO J, JEONG C. Reciprocally convex approach to stability of systems with time-varying delays[J]. Automatica, 2011, 47(1): 235-238.

[30] ZHANG C K, HE Y, JIANG L, et al. An extended reciprocally convex matrix inequality for stability analysis of systems with time-varying delay[J]. Automatica, 2017, 85(2): 481-485.

[31] WU M，HE Y，SHE J H，et al. Delay-dependent criteria for robust stability of time-varying delay systems[J]. Automatica，2004，40(8)：1435-1439.

[32] XU S Y， LAM J. A survey of linear matrix inequality techniques in stability analysis of delay systems[J]. International Journal of Systems Science， 2018， 39(12)：1095-1113.

[33] SEURET A，GOUAISBAUT F，FRIDMAN E. Stability of discrete-time systems with time-varying delays via a novel summation inequality[J]. IEEE Transactions on Automatic Control， 2015， 60(10)：2740-2745.

[34] PARK M J，KWON O M，PRAK J H，et al. Stability of time-delay systems via Wirtinger-based double integral inequality[J]. Automatica， 2015， 55(5)：204-208.

[35] ZENG H B，HE Y，WU M，et al. Free-matrix-based integral inequality for stability analysis of systems with time-varying delay[J]. IEEE Transactions on Automatic Control， 2015， 60(10)：2768 -2772.

[36] CHEN J，XU S Y，ZHANG B Y. Single /multiple integral inequalities with applications to stability analysis of time-delay systems[J]. IEEE Transactions on Automatic Control， 2017， 62(7)：3488-3493.

[37] CHEN J，XU S Y，CHEN W M， et al. Two general integral inequalities and their applications to stability analysis for systems with time-varying delay[J]. International Journal of Robust and Nonlinear Control， 2016， 26(18)：4088 -4103.

[38] ZHANG C K，HE Y，JIANG L，et al. An improved summation inequality to discrete-time systems with time-varying delay[J]. Automatica， 2016， 74(12)：10-15.

[39] 樊卫华，蔡骅，陈庆伟，等. 时延网络控制系统的稳定性[J]. 控制理论与应用，2004，21(6)：880-884.

[40] ZHANG W A， YU L. BIBO stability and stabilization of networked control systems with short time-varying delays[J]. International Journal of Robust and Nonlinear Control， 2011， 21(3)：295-308.

[41] HETEL L， DAAFOUZ J， IUNG C. Stabilization of arbitrary switched linear systems with unknown time-varying delays[J]. IEEE Transactions on Automatic Control， 2006， 51(10)：1668-1674.

[42] HETEL L， DAAFOUZ J， IUNG C. Analysis and control of LTI and switched systems in digital loops via an event-based modelling[J]. International Journal of Control， 2008， 81(7)：1125-1138.

[43] ZHANG H B， XIE D H， ZHANG H Y， et al. Stability analysis for discrete-time switched systems with unstable subsystems by a model-dependent average dwell time approach[J]. ISA Transactions， 2014，53(4)：1081-1086.

[44] ZHAO X， ZHANG L， SHI P， et al. Stability and stabilization of switched linear systems with mode-dependent average dwell time[J]. IEEE Transactions on Automatic

Control, 2012, 57(7): 1809-1815.
[45] ZHANG W A, YU L, YIN S. A switched system approach to H_∞ control of networked control systems with time-varying delays[J]. Journal of the Franklin Institute, 2011, 348(2): 165-178.
[46] ZHANG W A, YU L. New approach to stabilisation of networked control systems with time-varying delays[J]. IET Control Theory and Applications, 2008, 2(12): 1094- 1104.
[47] LI T, ZHANG W A, YU L. Improved switched system approach to networked control systems with time-varying delays[J]. IEEE Transactions on Control Systems Technology, 2019, 27(6): 2711-2717.
[48] WANG J F, YANG H Z. H_∞ control of a class of networked control systems with time delay and packet dropout[J]. Applied Mathematics and Computation, 2011, 217 (18): 7469-7477.
[49] ZHAO Y B, LIU G P, REES D. Integrated predictive control and scheduling co-design for networked control systems[J]. IET Control Theory and Applications, 2008, 2(1): 7-15.
[50] ZHAO Y B, LIU G P, REES D. Improved predictive control approach to networked control systems[J]. IET Control Theory and Applications, 2008, 2(8): 675-681.
[51] 庄玲燕，张文安，俞立. 基于 GPC 的 NCS 非整数倍采样周期时延补偿方法[J]. 控制与决策，2009，24(8)：1273 -1276.
[52] PANG Z H, LIU G P, ZHOU D H, et al. Data-based predictive control for networked nonlinear systems with network-induced delay and packet dropout[J]. IEEE Transactions on Industrial Electronics, 2016, 63(2): 1249-1257.
[53] 刘丁，李攀，张晓晖. 一种基于区间分割的网络控制系统时延补偿方法[J]. 信息与控制，2006，35(3)：299-303.
[54] WALSH G C, BELDIMAN O, BUSHNELL L G. Asymptotic behavior of nonlinear networked control systems[J]. IEEE Transactions on Automatic Control, 2001, 46 (7): 1093-1097.
[55] LIAN Z, HE Y, ZHANG C K, et al. Enhanced State Feedback Control of T-S fuzzy systems with time-delays[C] // 2019 IEEE 58th Conference on Decision and Control (CDC). New York: IEEE, 2019: 2955-2961.
[56] TIAN E, YUE D, YANG T C, et al. T-S fuzzy model-based robust stabilization for networked control systems with probabilistic sensor and actuator failure[J]. IEEE Transactions on Fuzzy Systems, 2011, 19(3): 553-561.
[57] TAN C, LI L, ZHANG H S. Stabilization of networked control systems with both network-induced delay and packet dropout[J]. Automatica. 2015, 59(6): 194-199.
[58] 宋杨，董豪，费敏锐. 基于切换频度的马可夫网络控制系统均方指数镇定[J]. 自动化

学报，2012，38(5)：876-881.

[59] QIU L，YAO F Q，XU G，et al. Output feedback guaranteed cost control for networked control systems with random packet dropouts and time delays in forward and feedback communication links[J]. IEEE Transactions on Automation Science and Engineering，2016，13(1)：284-295.

[60] YANG R N，LIU G P，SHI P，et al. Predictive output feedback control for networked control systems[J]. IEEE Transactions on Industrial Electronics，2014，61(1)：512-520.

[61] WANG D，WANG J L，WANG W. H_∞ controller design of networked control systems with Markov packet dropouts[J]. IEEE Transactions on Systems，Man，and Cybernetics：Systems，2013，43(3)：689-697.

[62] ZHANG W A，YU L. Optimal guaranteed cost stabilization of networked systems with bounded random packet losses[J]. Optimal Control Applications and Methods，2012，33(1)：81-99.

[63] WU J，CHEN T W. Design of networked control systems with packet dropouts[J]. IEEE Transactions on Automatic Control，2007,52(7)：1314-1319.

[64] BU X H，HOU Z S. Stability of iterative learning control with data dropouts via asynchronous dynamical system[J]. International Journal of Automation and Computing,2011，8(1)：29-36.

[65] 马卫国，邵诚. 具有长时延及丢包的网络控制系统稳定性分析[J]. 控制与决策，2007，22(1)：21-24.

[66] ZHANG W A，YU L. Output feedback stabilization of networked control systems with packet dropouts[J]. IEEE Transactions on Automatic Control，2007，52(9)：1705- 1710.

[67] ZHANG H B，XIE D，ZHANG H Y，et al. Stability analysis for discrete-time switched systems with unstable subsystems by a mode-dependent average dwell time approach[J]. ISA Transactions，2014，53(4)：1081-1086.

[68] YAN J Y,WANG L,YU M. Switched system approach to stabilization of networked control systems[J]. International Journal of Robust and Nonlinear Control，2011(21)：1925-1945.

[69] WANG J F,YANG H Z. Exponential stability of a class of networked control systems with time delays and packet dropouts[J] . Applied Mathematics and Computation，2012，218(17) ：8887-8894.

[70] FARNAM A，ESFANJANI R M. Improved stabilization method for networked control systems with variable transmission delays and packet dropout[J]. ISA Transactions，2014，53(6)：1746-1753.

[71] XIONG J L，LAM J. Stabilization of linear systems over networks with bounded

packet loss[J]. Automatica, 2007, 43(1): 80-87.
[72] DING B. Stabilization of linear systems over networks with bounded packet loss and its use in model predictive control[J]. Automatica, 2011, 47(11): 2526-2533
[73] LIU G P. Predictive controllers design of networked systems with communication delays and data loss[J]. IEEE Transactions on Circuits and Systems II:Express Briefs, 2010, 57(6): 481-485.
[74] LI J, ZHANG Q L, CAI M. Modelling and robust stability of networked control systems with packet reordering and long delay[J]. International Journal of Control, 2009, 82(10): 1773-1783.
[75] LI J N, ZHANG Q L, WANG Y L, et al. H_∞ control of networked control systems with packet disordering[J]. IET Control Theory and Applications, 2009, 3(11): 1463-1475.
[76] LIU A D, YU L, ZHANG W A. H_∞ control for networked-based systems with time-varying delay and packet disordering[J]. Journal of the Franklin Institute, 2011, 348(5): 917-932.
[77] SONG Y, WANG J C, SHI Y H, et al. H_∞ control of networked control systems with delay and packet disordering[J]. Journal of the Franklin Institute. 2013, 350(6): 1596-1616.
[78] LIU A D, YU L, ZHANG W A. One-step receding horizon H_∞ control for networked control systems with random delay and packet disordering[J]. ISA Transactions, 2011,50(1): 44-52.
[79] LIU A D, ZHANG W A, YU L, et al. New results on stabilization of networked control systems with packet disordering[J]. Automatica, 2015, 52(11): 255-259.
[80] WU D, WU J, CHEN S. Separation principle for networked control systems with multiple-packet transmission[J]. IET Control Theory and Applications, 2011, 5(3): 507-513.
[81] HU S, YAN W Y. Stability of networked control systems under a multiple-packet transmission policy[J]. IEEE Transactions on Automatic Control, 2008, 53(7): 1706- 1711.
[82] LI Z M, CHANG X H, YU L. Robust quantized H_∞ filtering for discrete-time uncertain systems with packet dropouts[J]. Applied Mathematics and Computation, 2016, 275: 361-371.
[83] DING S X, ZHANG P, YIN S, et al. An integrated design framework of fault-tolerant wireless networked control systems for industrial automatic control applications [J]. IEEE Transactions on Industrial Informatics, 2013, 9(1): 462-471.
[84] LIN W J, HE Y, ZHANG C K, et al. Event-triggered fault detection filter design for discrete-time memristive neural networks with time delays[J]. IEEE Transactions on

Cybernetics, 2022, 52(5): 3359-3369.

[85] ASTROM K J, BERNHARDSSON B M. Comparison of Riemann and Lebesgue sampling for first order stochastic systems[C]. Las Vegas: IEEE Conference on Decision and Control, 2002: 2011-2016.

[86] MENG X Y, CHEN T W. Optimal sampling and performance comparison of periodic and event based impulse control[J]. IEEE Transactions on Automatic Control, 2012, 57(12): 3252-3259.

[87] POSTOYAN R, BRAGAGNOLO M C, GALBRUN E, et al. Event-triggered tracking control of unicycle mobile robots[J]. Automatica, 2015, 52(2): 302-308.

[88] SANTOS C, MAZO M, ESPINOSA F. Adaptive self-triggered control of a remotely operated robot[C]. Berlin:Springer Science and Business Media, 2012: 61-72.

[89] GUINALDO M, FABREGAS, E, FSRIAS G, et al. A mobile robots experimental environment with event-based wireless communication[J]. Sensors, 2013, 13(7): 9396-9413.

[90] FERRARA A, SACONE S, SIRI S. Design of networked freeway traffic controllers based on event-triggered control concepts[J]. International Journal of Robust and Nonlinear Control, 2016, 26(6): 1162-1183.

[91] BESCHI M, DORMIDO S, SANCHEZ J, et al. Event-based PI plus feed forward control strategies for a distributed solar collector field[J]. IEEE Transactions on Control Systems Technology, 2014, 22(4): 1615-1622.

[92] FANG F, XIONG Y. Event-driven-based water level control for nuclear steam generators[J]. IEEE Transactions on Industrial Electronics, 2014, 61(10): 5480-5489.

[93] LIU J, YUE D. Event-based fault detection for networked systems with communication delay and nonlinear perturbation[J]. Journal of the Frankin Institute, 2013,350 (9): 2791-2807.

[94] SADOWSKA A, DE SCHUTTER B, VAN OVERLOOP P J. Delivery-oriented hierarchical predictive control of an irrigation canal: event-driven versus time-driven approaches[J]. IEEE Transactions on Control Systems Technology, 2015, 23(5): 1701-1716.

[95] KIM H, PARK M, LEE M, et al. A study on low-power sensor node based on event-based sampling using renewable energy in greenhouse[J]. International Journal of Smart Home, 2015, 9(3): 45-54.

[96] PENG C, YANG T C. Event-triggered communication and H_∞ control co-design for networked control systems[J]. Automatica, 2013, 49(5): 1326-1332.

[97] PENG C, HAN Q L. A novel event-triggered transmission scheme and L_2 control co-design for sampled-data control systems[J]. IEEE Transactions on Automatic Control, 2013, 58(10): 2620-2626.

[98] ZHANG X M, HAN Q L. Event-triggered dynamic output feedback control for networked control systems [J]. IET Control Theory and Applications, 2014, 8: 226-234.

[99] HEEMELS W P M H, DONKERS M C F. Model-based periodic event-triggered control for linear systems[J]. Automatica, 2013, 49(3): 698-711.

[100] ZHANG D W, HAN Q L, JIA X C. Network-based output tracking control for T-S fuzzy systems using an event-triggered communication scheme[J]. Fuzzy Sets and Systems, 2015, 273(6): 26-48.

[101] QUEVEDO D E, GUPTA V, MA W J, et al. Stochastic stability of event-triggered anytime control[J]. IEEE Transactions on Automatic Control, 2014, 59(12): 3373-3379.

[102] ORIHUELA L, MILLAN P, VIVAS C, et al. Event-based H_2/H_∞ controllers for networked control systems[J]. International Journal of Control, 2014, 87(12): 2488-2498.

[103] LUNZE J, LEHMANN D. A state-feedback approach to event-based control[J]. Automatica, 2010, 46(1): 211-215.

[104] MAZO M, CAO M. Asynchronous decentralized event-triggered control[J]. Automatica, 2014, 50(12): 3197-3203.

[105] ZHANG J H, FENG G. Event-driven observer-based output feedback control for linear systems[J]. Automatica, 2014, 50(7): 1852-1859.

[106] GAO H J, CHEN T W. Network-based H_∞ output tracking control[J]. IEEE Transactions on Automatic Control, 2008, 53(3): 655-667.

[107] HUANG J S, WEN C Y, WANG W, et al. Adaptive output feedback tracking control of a nonholonomic mobile robot[J]. Automatica, 2014, 50(3): 821-831.

[108] LIAO F, WANG J L, YANG G H. Reliable robust flight tracking control: an LMI approach[J]. IEEE Transactions on Control Systems Technology, 2002, 10(1): 76-89.

[109] PANG Z H, LIU G P, ZHOU D H, et al. Output tracking control for networked systems: a model-based prediction approach[J]. IEEE Transactions on Industrial Electronics, 2014, 61(9): 4867-4877.

[110] ZHANG H, SHI Y, WANG J. Observer-based tracking controller design for networked predictive control systems with uncertain Markov delays[J]. International Journal of Control, 2013,86(10): 1824-1836.

[111] PAN Y N, YANG G H. Event-based output tracking control for fuzzy networked control systems with network-induced delays[J]. Applied Mathematics and Computation, 2019, 346: 513-530.

[112] FIGUEREDO L F C, ISHIHARA J Y, BORGES G A, et al. Delay-dependent

robust H_∞ output tracking control for uncertain networked control systems[J]. IFAC Proceedings Volumes, 2011,44(1): 3256-3261.

[113] ZHANG D W, HAN Q L, JIA X C. Observer-based H_∞ output tracking control for networked control systems[J]. International Journal of Robust and Nonlinear Control, 2013, 24(17): 2741-2760.

[114] TRAN H D, GUAN Z H, DANG X K, et al. A normalized PID controller in networked control systems with varying time delays[J]. ISA Transactions, 2013, 52(5): 592-599.

[115] AHMADI A A, SALMASI F R, NOORI-MANZAR M, et al. Speed sensorless and sensor-fault tolerant optimal PI regulator for networked DC motor system with unknown time-delay and packet dropout[J]. IEEE Transactions on Industrial Electronics, 2014, 61(2): 708-717.

[116] 邱占芝，李世峰. 基于神经网络的PID网络化控制系统建模与仿真[J]. 系统仿真学报，2018,30(4): 1423-1432.

[117] ZHANG H, SHI Y, MEHR A S. Robust H_∞ PID control for multivariable networked control systems with disturbance/noise attenuation[J]. International Journal of Robust and Nonlinear Control, 2012, 22(2): 183-204.

第2章 预备知识——LMI工具箱在控制领域的相关应用

过去，由于LMI(线性矩阵不等式)的理论还不够完善，求解的计算量很大，在实际中没有得到充分应用，因此很多控制及相关问题仍然通过求解Riccati方程的方式来解决，然而该方法通常具有一定的保守性。

近年来，随着计算机性能的不断提高以及求解LMI问题的内点法的提出，LMI开始在控制系统及相关领域中得到广泛应用。目前在控制系统分析与设计、凸优化问题中涉及的求解问题均可以通过一定的变换转化为求解LMI问题。目前有许多求解LMI问题的软件，其中最为著名的就是MATLAB中的LMI工具箱。

MATLAB中求解LMI问题的软件包，即LMI工具箱，它能够使各种LMI采用面向结构的方式来表示，并以自然块矩阵的形式来描述，进而采用LMI工具箱中的标准求解器来求解LMI问题。LMI工具箱主要应用于：

(1) 利用自然块矩阵的形式来直接描述LMI；

(2) 能够获取关于现有的LMI系统的信息；

(3) 可对现有的LMI系统进行修改；

(4) 提供了三种问题的标准求解器；

(5) 可对计算结果进行验证。

在控制系统及相关领域求解问题中，一般是先依据理论建立LMI，然后进行适当变换，最后使用LMI工具箱中的标准求解器进行求解[1-3]。

2.1 LMI的表示方法

一个LMI具有如下形式的表达式：

$$\boldsymbol{F}(x)=\boldsymbol{F}_0+x_1\boldsymbol{F}_1+\cdots x_m\boldsymbol{F}_m<0 \tag{2-1}$$

其中：$x_1,\cdots,x_m$ 是 m 个实数变量，称为决策变量，$\boldsymbol{x}=(x_1,\cdots,x_m)$ 有 m 个实数变量，称为决策向量；$\boldsymbol{F}_i=\boldsymbol{F}_i^{\mathrm{T}}\in\mathbf{R}^{n\times n}(i=0,1,\cdots,m)$ 是一组给定的实对称矩阵，式(2-1)中的不等号"<"表示矩阵 $\boldsymbol{F}(\boldsymbol{x})$ 是负定的，即对所有非零的向量 $\boldsymbol{v}^{\mathrm{T}}\boldsymbol{F}(\boldsymbol{x})\boldsymbol{v}<0$，或者 $\boldsymbol{F}(\boldsymbol{x})$ 的最大特征值小于零。

如果把 $\boldsymbol{F}(\boldsymbol{x})$ 看成是从 $\mathbf{R}^m$ 到实对称矩阵 $\boldsymbol{S}^n=\{\boldsymbol{M}:\boldsymbol{M}=\boldsymbol{M}^{\mathrm{T}}\in\mathbf{R}^{n\times n}\}$ 集的一个映射，则可以看出 $\boldsymbol{F}(\boldsymbol{x})$ 并不是一个线性函数，而只是一个仿射函数，因此LMI可以更确切地称为仿射

不等式。

在许多控制系统问题中，问题的变量是以矩阵形式出现的，例如 Lyapunov 矩阵不等式：

$$\boldsymbol{F}(\boldsymbol{X})=\boldsymbol{A}^{\mathrm{T}}\boldsymbol{X}+\boldsymbol{X}\boldsymbol{A}+\boldsymbol{Q} \tag{2-2}$$

其中：$\boldsymbol{A},\boldsymbol{Q}\in\mathbf{R}^{n\times n}$ 是给定的常数矩阵，且 $\boldsymbol{Q}$ 是对称的，$\boldsymbol{A}^{\mathrm{T}}$ 为转置矩阵，$\boldsymbol{X}\in\mathbf{R}^{n\times n}$ 是对称的未知矩阵变量，因此该矩阵不等式的变量是一个矩阵。设 $\boldsymbol{E}_1,\boldsymbol{E}_2,\cdots,\boldsymbol{E}_M$ 是 $\mathbf{S}^n$ 中的一组基，则对任意对称矩阵 $\boldsymbol{X}\in\mathbf{R}^{n\times n}$，存在 $x_1,x_2,\cdots,x_M$，使得 $\boldsymbol{X}=\sum_{i=1}^{M}x_i\boldsymbol{E}_i$。因此可将 Lyapunov 矩阵不等式转换成一般的 LMI 形式：

$$\begin{aligned}\boldsymbol{F}(\boldsymbol{X}) &= \boldsymbol{F}\Big(\sum_{i=1}^{M}x_i\boldsymbol{E}_i\Big)=\boldsymbol{A}^{\mathrm{T}}\Big(\sum_{i=1}^{M}x_i\boldsymbol{E}_i\Big)+\Big(\sum_{i=1}^{M}x_i\boldsymbol{E}_i\Big)\boldsymbol{A}+\boldsymbol{Q}\\ &= \boldsymbol{Q}+x_1(\boldsymbol{A}^{\mathrm{T}}\boldsymbol{E}_1+\boldsymbol{E}_1\boldsymbol{A})+\cdots+x_M(\boldsymbol{A}^{\mathrm{T}}\boldsymbol{E}_M+\boldsymbol{E}_M\boldsymbol{A})<0\end{aligned}$$

引理 1　$\boldsymbol{\Phi}=\{\boldsymbol{x}:\boldsymbol{F}(\boldsymbol{x})<0\}$ 是一个凸集。

证明　对任意的 $\boldsymbol{x}_1,\boldsymbol{x}_2\in\boldsymbol{\Phi}$ 和任意的 $\alpha\in(0,1)$，由于 $\boldsymbol{F}(\boldsymbol{x}_1)<0$、$\boldsymbol{F}(\boldsymbol{x}_2)<0$ 以及 $\boldsymbol{F}(\boldsymbol{x})$ 是一个仿射函数，因此

$$\boldsymbol{F}(\alpha\boldsymbol{x}_1+(1-\alpha)\boldsymbol{x}_2)=\alpha\boldsymbol{F}(\boldsymbol{x}_1)+(1-\alpha)\boldsymbol{F}(\boldsymbol{x}_2)<0$$

所以 $\alpha\boldsymbol{x}_1+(1-\alpha)\boldsymbol{x}_2\in\boldsymbol{\Phi}$，即 $\boldsymbol{\Phi}$ 是凸的。证毕。

该引理说明式(2-1)这个约束条件定义了自变量空间中的一个凸集，是自变量的一个凸约束。正是由于 LMI 的这一性质，我们可以应用解决凸优化问题的有效方法来求解 LMI 问题[4,5]。

2.2　可转化为 LMI 表示的问题

控制系统中的许多问题初看起来不是一个 LMI 的问题，或者不具备式(2-1)的形式，但可以通过适当的处理将问题转化为具有式(2-1)形式的一个 LMI 问题。

1. 多个 LMI

$$\boldsymbol{F}_1(\boldsymbol{x})<0,\cdots,\boldsymbol{F}_k(\boldsymbol{x})<0$$

称为一个 LMI 系统。引进 $\boldsymbol{F}(\boldsymbol{x})=\mathrm{diag}(\boldsymbol{F}_1(\boldsymbol{x}),\cdots,\boldsymbol{F}_k(\boldsymbol{x}))$，当且仅当 $\boldsymbol{F}(\boldsymbol{x})<0$，则 $\boldsymbol{F}_1(\boldsymbol{x})<0,\cdots,\boldsymbol{F}_k(\boldsymbol{x})<0$ 同时成立。因此，一个 LMI 系统也可以用一个单一的 LMI 来表示。

2. 仿射函数

$$\begin{cases}\boldsymbol{F}(\boldsymbol{x})<0\\ \boldsymbol{A}\boldsymbol{x}=\boldsymbol{b}\end{cases}$$

其中：$\boldsymbol{F}(\boldsymbol{x})$ 为满足 $\mathbf{R}^m\to\mathbf{S}^n$ 的仿射函数，$\boldsymbol{A}\in\boldsymbol{R}^{n\times m}$ 和 $\boldsymbol{b}\in\mathbf{R}^n$ 分别是给定的常数矩阵和向量。由于 $\boldsymbol{A}\boldsymbol{x}=\boldsymbol{b}$ 的全体解向量构成了 $\mathbf{R}^m$ 中的一个线性子空间，因此可以考虑更一般的问题：

$$\begin{cases}\boldsymbol{F}(\boldsymbol{x})<0\\ \boldsymbol{x}\in\boldsymbol{M}\end{cases} \tag{2-3}$$

其中：$\boldsymbol{M}$ 是 $\mathbf{R}^m$ 中的一个仿射集，即

$$\boldsymbol{M}=\boldsymbol{x}_0+\boldsymbol{M}_0=\{\boldsymbol{x}_0+\boldsymbol{m}\mid \boldsymbol{m}\in\boldsymbol{M}_0\}$$

由于 $\boldsymbol{x}_0\in\mathbf{R}^m$，$\boldsymbol{M}_0$ 是 $\mathbf{R}^m$ 中的一个线性子空间，因此这样一个多约束问题可以转化成一个单一的 LMI 约束问题。

设 $e_1,\cdots,e_k\in\mathbf{R}^m$ 是线性空间 $\boldsymbol{M}_0$ 的一组基，而仿射函数 $\boldsymbol{F}(\boldsymbol{x})$ 可以分解成 $\boldsymbol{F}(\boldsymbol{x})=\boldsymbol{F}_0+\boldsymbol{T}(\boldsymbol{x})$，其中 $\boldsymbol{T}(\boldsymbol{x})$ 是一个线性函数。对于任意的 $\boldsymbol{x}\in\boldsymbol{M}$，$\boldsymbol{x}$ 可以表示成 $\boldsymbol{x}=\boldsymbol{x}_0+\sum_{i=1}^{k}x_ie_i$，因此，若想式(2-3)成立，当且仅当

$$0>\boldsymbol{F}(\boldsymbol{x})=\boldsymbol{F}_0+\boldsymbol{T}\left(\boldsymbol{x}_0+\sum_{i=1}^{k}x_ie_i\right)=\widetilde{\boldsymbol{F}}_0+x_1\widetilde{\boldsymbol{F}}_1+\cdots+x_k\widetilde{\boldsymbol{F}}_k=\widetilde{\boldsymbol{F}}(\tilde{\boldsymbol{x}})$$

其中：$\widetilde{\boldsymbol{F}}_0=\boldsymbol{F}_0+\boldsymbol{T}(\boldsymbol{x}_0)$，$\widetilde{\boldsymbol{F}}_i=\boldsymbol{T}(e_i)$，$\tilde{\boldsymbol{x}}=[x_1,\quad\cdots\quad x_k]^{\mathrm{T}}$。($\tilde{\boldsymbol{x}}$ 的维数要小于 $\boldsymbol{x}$ 的维数)

3. Schur 补性质

在许多将一些非 LMI 问题转化成 LMI 的问题中，常常用到矩阵的 Schur 补性质。

引理 2 对给定的对称矩阵 $\boldsymbol{S}=\begin{bmatrix}\boldsymbol{S}_{11} & \boldsymbol{S}_{12}\\ \boldsymbol{S}_{21} & \boldsymbol{S}_{22}\end{bmatrix}$，其中 $\boldsymbol{S}_{11}$ 是 $r\times r$ 维。以下三个条件是等价的：

① $\boldsymbol{S}<0$；

② $\boldsymbol{S}_{11}<0$，$\boldsymbol{S}_{22}-\boldsymbol{S}_{12}^{\mathrm{T}}\boldsymbol{S}_{11}^{-1}\boldsymbol{S}_{12}<0$；

③ $\boldsymbol{S}_{22}<0$，$\boldsymbol{S}_{11}-\boldsymbol{S}_{12}\boldsymbol{S}_{22}^{-1}\boldsymbol{S}_{12}^{\mathrm{T}}<0$。

证明过程略。

在一些控制系统问题中，经常遇到二次型矩阵不等式：

$$\boldsymbol{A}^{\mathrm{T}}\boldsymbol{P}+\boldsymbol{P}\boldsymbol{A}+\boldsymbol{P}\boldsymbol{B}\boldsymbol{R}^{-1}\boldsymbol{B}^{\mathrm{T}}\boldsymbol{P}+\boldsymbol{Q}<0 \tag{2-4}$$

其中：$\boldsymbol{A}$，$\boldsymbol{B}$，$\boldsymbol{Q}=\boldsymbol{Q}^{\mathrm{T}}>0$，$\boldsymbol{R}=\boldsymbol{R}^{\mathrm{T}}>0$ 是给定的适当维数的常数矩阵，$\boldsymbol{P}$ 是对称矩阵变量，则应用引理 2，可以将式(2-4)的问题转化成一个等价的矩阵不等式式(2-5)的可行性问题：

$$\begin{bmatrix}\boldsymbol{A}^{\mathrm{T}}\boldsymbol{P}+\boldsymbol{P}\boldsymbol{A}+\boldsymbol{Q} & \boldsymbol{P}\boldsymbol{B}\\ \boldsymbol{B}^{\mathrm{T}}\boldsymbol{P} & -\boldsymbol{R}\end{bmatrix}<0 \tag{2-5}$$

它是关于一个对称矩阵变量 $\boldsymbol{P}$ 的 LMI。

2.3 一些标准的 LMI 问题

MATLAB 的 LMI 工具箱给出了三种问题的标准求解器，假定其中 $\boldsymbol{F}$、$\boldsymbol{G}$ 和 $\boldsymbol{H}$ 是对称的矩阵值仿射函数，$\boldsymbol{c}$ 是一个给定的常数向量。

1. 可行性问题(LMIP)

对给定的线性矩阵不等式 $\boldsymbol{F}(\boldsymbol{x})<0$，检验是否存在 $\boldsymbol{x}$，使得 $\boldsymbol{F}(\boldsymbol{x})<0$ 成立的问题称为一个 LMI 问题。如果存在这样的 $\boldsymbol{x}$，则该 LMI 问题是可行的，否则就是不可行的。

2. 特征值问题(EVP)

特征值问题是在一个 LMI 约束下，求矩阵 $\boldsymbol{G}(\boldsymbol{x})$ 的最大特征值的最小化问题或确定问

题的约束是不可行的。它一般形式为

$$\begin{aligned} &\min \lambda \\ &\text{s.t.}\ \boldsymbol{G}(\boldsymbol{x})<\lambda \boldsymbol{I} \\ &\boldsymbol{H}(\boldsymbol{x})<0 \end{aligned} \tag{2-6}$$

其中:λ 为矩阵 $\boldsymbol{G}(x)$ 的最大特征值;$\boldsymbol{I}$ 为单位矩阵。

它还可以转化为 LMI 工具箱中的特征值问题求解器所处理的标准形式,即

$$\begin{aligned} &\min \boldsymbol{c}^{\mathrm{T}} \boldsymbol{x} \\ &\text{s.t.}\ \boldsymbol{F}(\boldsymbol{x})<0 \end{aligned} \tag{2-7}$$

式(2-6)和式(2-7)是可以互相转化的:

$$\begin{aligned} &\min \boldsymbol{c}^{\mathrm{T}} \boldsymbol{x} \\ &\text{s.t.}\ \boldsymbol{F}(\boldsymbol{x})<0 \end{aligned} \quad \Leftrightarrow \quad \begin{aligned} &\min \lambda \\ &\text{s.t.}\ \boldsymbol{c}^{\mathrm{T}} \boldsymbol{x}<\lambda \\ &\boldsymbol{F}(\boldsymbol{x})<0 \end{aligned}$$

另外,定义 $\hat{\boldsymbol{x}}=[\boldsymbol{x}^{\mathrm{T}},\lambda]^{\mathrm{T}}$,$\overline{\boldsymbol{F}}(\hat{\boldsymbol{x}})=\operatorname{diag}(\boldsymbol{G}(\boldsymbol{x})-\lambda \boldsymbol{I},\boldsymbol{H}(x))$,$\boldsymbol{c}=[\boldsymbol{0}^{\mathrm{T}},1]^{\mathrm{T}}$,则 $\overline{\boldsymbol{F}}(\hat{\boldsymbol{x}})$ 是 $\hat{\boldsymbol{x}}$ 的一个仿射函数,且式(2-6)可转化为

$$\begin{aligned} &\min \boldsymbol{c}^{\mathrm{T}} \hat{\boldsymbol{x}} \\ &\text{s.t.}\ \overline{\boldsymbol{F}}(\hat{\boldsymbol{x}})<0 \end{aligned}$$

3. 广义特征值问题(GEVP)

在一个 LMI 约束下,求两个仿射函数的最大广义特征值的最小化问题。

对给定的两个阶数相同的对称矩阵 $\boldsymbol{G}$ 和 $\boldsymbol{F}$,以及标量 λ,如果存在非零向量 $\boldsymbol{y}$,使得 $\boldsymbol{G}\boldsymbol{y}=\lambda \boldsymbol{F}\boldsymbol{y}$,则 λ 称为矩阵 $\boldsymbol{G}$ 和 $\boldsymbol{F}$ 的广义特征值。矩阵 $\boldsymbol{G}$ 和 $\boldsymbol{F}$ 的最大广义特征值的计算问题可以转化为一个具有 LMI 约束的优化问题[6,7]。

假定矩阵 $\boldsymbol{F}$ 是正定的,则对充分大的标量 λ,有 $\boldsymbol{G}-\lambda \boldsymbol{F}<0$。随着 λ 减小为某个适当的值,$\boldsymbol{G}-\lambda \boldsymbol{F}$ 将变为奇异的。因此,存在非零向量 $\boldsymbol{y}$ 使得 $\boldsymbol{G}\boldsymbol{y}=\lambda \boldsymbol{F}\boldsymbol{y}$。这样的一个 λ 就是矩阵 $\boldsymbol{G}$ 和 $\boldsymbol{F}$ 的广义特征值。根据这样的思路,矩阵 $\boldsymbol{G}$ 和 $\boldsymbol{F}$ 的最大广义特征值可以通过求解以下优化问题得到:

$$\begin{aligned} &\min \lambda \\ &\text{s.t.}\ \boldsymbol{G}-\lambda \boldsymbol{F}<0 \end{aligned}$$

矩阵 $\boldsymbol{G}$ 和 $\boldsymbol{F}$ 是 $\boldsymbol{x}$ 的仿射函数时,在一个 LMI 约束下,求仿射函数 $\boldsymbol{G}(\boldsymbol{x})$ 和 $\boldsymbol{F}(\boldsymbol{x})$ 的最大广义特征值的最小化问题的一般形式如下:

$$\begin{aligned} &\min \lambda \\ &\text{s.t.}\ \boldsymbol{G}(\boldsymbol{x})<\lambda \boldsymbol{F}(\boldsymbol{x}) \\ &\boldsymbol{F}(\boldsymbol{x})>0 \\ &\boldsymbol{H}(\boldsymbol{x})<0 \end{aligned}$$

4. 问题示例

1) 稳定性问题

考虑线性自治系统的渐进稳定性问题:

$$\dot{\boldsymbol{x}}(t)=\boldsymbol{A}\boldsymbol{x}(t) \tag{2-8}$$

其中：$\boldsymbol{A}\in\mathbf{R}^{n\times n}$是给定的系统状态矩阵。Lyapunov 稳定性理论告诉我们：当且仅当存在一个对称矩阵 $\boldsymbol{X}\in\mathbf{R}^{n\times n}$，使得 $\boldsymbol{X}>0,\boldsymbol{A}^{\mathrm{T}}\boldsymbol{X}+\boldsymbol{X}\boldsymbol{A}<0$，则这个线性自治系统渐进稳定。因此式(2-8)对应的渐进稳定性问题等价于求解线性矩阵不等式

$$\begin{bmatrix} -\boldsymbol{X} & 0 \\ 0 & \boldsymbol{A}^{\mathrm{T}}\boldsymbol{X}+\boldsymbol{X}\boldsymbol{A} \end{bmatrix}<0$$

2）μ 分析问题

在 μ 分析中，通常要求确定一个对角矩阵 $\boldsymbol{D}$，使得 $\|\boldsymbol{D}\boldsymbol{E}\boldsymbol{D}^{-1}\|<1$，其中 $\boldsymbol{E}$ 是一个给定的常数矩阵，得

$$\begin{aligned} \|\boldsymbol{D}\boldsymbol{E}\boldsymbol{D}^{-1}\|<1 &\Leftrightarrow \boldsymbol{D}^{-T}\boldsymbol{E}^{\mathrm{T}}\boldsymbol{D}^{\mathrm{T}}\boldsymbol{D}\boldsymbol{E}\boldsymbol{D}^{-1}<\boldsymbol{I} \\ &\Leftrightarrow \boldsymbol{E}^{\mathrm{T}}\boldsymbol{D}^{\mathrm{T}}\boldsymbol{D}\boldsymbol{E}<\boldsymbol{D}^{\mathrm{T}}\boldsymbol{D} \\ &\Leftrightarrow \boldsymbol{E}^{\mathrm{T}}\boldsymbol{X}\boldsymbol{E}-\boldsymbol{X}<0 \end{aligned}$$

其中：$\boldsymbol{X}=\boldsymbol{D}^{\mathrm{T}}\boldsymbol{D}>0$。因此，使得 $\|\boldsymbol{D}\boldsymbol{E}\boldsymbol{D}^{-1}\|<1$ 成立的对角矩阵 $\boldsymbol{D}$ 的存在性问题等价于线性矩阵不等式 $\boldsymbol{E}^{\mathrm{T}}\boldsymbol{X}\boldsymbol{E}-\boldsymbol{X}<0$ 的可行性问题。

3）最大奇异值问题

考虑最小化问题 $\min f(\boldsymbol{x})=\sigma_{\max}(\boldsymbol{F}(\boldsymbol{x}))$，其中 $\boldsymbol{F}(\boldsymbol{x}):\mathbf{R}^m\rightarrow\mathbf{S}^n$ 是一个仿射函数。由于

$$\sigma_{\max}(\boldsymbol{F}(\boldsymbol{x}))<\gamma \Leftrightarrow \boldsymbol{F}^{\mathrm{T}}(\boldsymbol{x})\boldsymbol{F}(\boldsymbol{x})-\gamma^2\boldsymbol{I}<0$$

根据矩阵的 Schur 补性质，可得

$$\boldsymbol{F}^{\mathrm{T}}(\boldsymbol{x})\boldsymbol{F}(\boldsymbol{x})-\gamma^2\boldsymbol{I}<0 \Leftrightarrow \begin{bmatrix} -\gamma\boldsymbol{I} & \boldsymbol{F}^{\mathrm{T}}(\boldsymbol{x}) \\ \boldsymbol{F}(\boldsymbol{x}) & -\gamma\boldsymbol{I} \end{bmatrix}<0$$

因此可以通过求解

$$\begin{aligned} &\min_{x,\gamma}\gamma \\ &\text{s. t.} \begin{bmatrix} -\gamma\boldsymbol{I} & \boldsymbol{F}^{\mathrm{T}}(\boldsymbol{x}) \\ \boldsymbol{F}(\boldsymbol{x}) & -\gamma\boldsymbol{I} \end{bmatrix}<0 \end{aligned} \tag{2-9}$$

来得到所求问题的解。显然问题式(2-9)是一个具有 LMI 约束的线性目标函数的最优化问题。

4）系统性能指标的求值问题

考虑的线性自治系统为

$$\dot{\boldsymbol{x}}(t)=\boldsymbol{A}\boldsymbol{x}(t),\quad \boldsymbol{x}(0)=\boldsymbol{x}_0 \tag{2-10}$$

二次性能指标为

$$J=\int_0^{\infty}\boldsymbol{x}^{\mathrm{T}}(t)\boldsymbol{Q}\boldsymbol{x}(t)\mathrm{d}t$$

其中：$\boldsymbol{A}\in\mathbf{R}^{n\times n}$是给定的系统状态矩阵，$\boldsymbol{x}(0)$是已知的初始状态向量，$\boldsymbol{Q}=\boldsymbol{Q}^{\mathrm{T}}\in\mathbf{R}^{n\times n}$是给定的加权半正定矩阵。假定考虑的系统是渐进稳定的，则该系统的任意状态向量均是平方可积的，因此 $J<\infty$。

由于系统是渐进稳定的，因此线性矩阵不等式

$$\boldsymbol{A}^{\mathrm{T}}\boldsymbol{X}+\boldsymbol{X}\boldsymbol{A}+\boldsymbol{Q}\leqslant0$$

有对称解 $\boldsymbol{X}$，则函数 $\boldsymbol{x}^{\mathrm{T}}(t)\boldsymbol{X}\boldsymbol{x}(t)$关于时间的导数是

$$\frac{\mathrm{d}}{\mathrm{d}t}[\boldsymbol{x}^{\mathrm{T}}(t)\boldsymbol{X}\boldsymbol{x}(t)]=\boldsymbol{x}^{\mathrm{T}}(t)[\boldsymbol{A}^{\mathrm{T}}\boldsymbol{X}+\boldsymbol{X}\boldsymbol{A}]\boldsymbol{x}(t)\leqslant-\boldsymbol{x}^{\mathrm{T}}(t)\boldsymbol{Q}\boldsymbol{x}(t)$$

将以上不等式的两边分别从 $t=0$ 到 $t=T$ 积分，可得

$$\boldsymbol{x}^{\mathrm{T}}(T)\boldsymbol{X}\boldsymbol{x}(T)-\boldsymbol{x}^{\mathrm{T}}(0)\boldsymbol{X}\boldsymbol{x}(0)<\int_0^T\boldsymbol{x}^{\mathrm{T}}(t)\boldsymbol{Q}\boldsymbol{x}(t)\mathrm{d}t$$

由于 $\boldsymbol{x}^{\mathrm{T}}(T)\boldsymbol{X}\boldsymbol{x}(T)\geqslant 0$，可得

$$\int_0^T\boldsymbol{x}^{\mathrm{T}}(t)\boldsymbol{Q}\boldsymbol{x}(t)\mathrm{d}t\leqslant\boldsymbol{x}^{\mathrm{T}}(0)\boldsymbol{X}\boldsymbol{x}(0)$$

上式对所有的 T 都成立，因此

$$\int_0^\infty\boldsymbol{x}^{\mathrm{T}}(t)\boldsymbol{Q}\boldsymbol{x}(t)\mathrm{d}t\leqslant\boldsymbol{x}^{\mathrm{T}}(0)\boldsymbol{X}\boldsymbol{x}(0)$$

系统性能指标的最小上界可以通过解决以下优化问题得到：

$$\begin{aligned}&\min\boldsymbol{x}^{\mathrm{T}}(0)\boldsymbol{X}\boldsymbol{x}(0)\\ \text{s. t. }\ &\boldsymbol{X}>0\\ &\boldsymbol{A}^{\mathrm{T}}\boldsymbol{X}+\boldsymbol{X}\boldsymbol{A}+\boldsymbol{Q}\leqslant 0\end{aligned}$$

显然它是一个 EVP 优化问题。

2.4　求解 LMI 问题的算法

求解 LMI 问题的本质是采用凸优化技术，主要方法：

(1) 椭球法；

(2) 内点法(MATLAB 的 LMI 工具箱就采用此方法)。

2.5　MATLAB 中 LMI 工具箱的使用

LMI 工具箱是求解一般线性矩阵不等式问题的一个高性能软件包。由于其面向结构的表示方式，各种 LMI 能够以自然块矩阵的形式加以描述。一个 LMI 问题一旦确定，就可以通过调用适当的 LMI 标准求解器来对这个问题进行数值求解。LMI 工具箱提供了确定、处理和数值求解 LMI 的一些工具，它们主要用于：

(1) 利用自然块矩阵形式来直接描述 LMI；

(2) 获取关于现有的 LMI 系统的信息；

(3) 修改现有的 LMI 系统；

(4) 提供了三种问题的标准求解器；

(5) 可对计算结果进行验证。

2.5.1　LMI 的确定

1. LMI 工具箱函数列表

1）确定 LMI 系统的函数（见表 2-1）

表 2-1　确定 LMI 系统的函数

函　数	说　明
setlmis	初始化 LMI 系统
lmivar	定义矩阵变量
lmiterm	确定 LMI 系统中每一项的内容
newlmi	在多 LMI 系统中添加新的 LMI
getlmis	获得 LMI 系统的内部描述
lmiedit	通过 GUI 界面确定 LMI 系统

2）对 LMI 变量的操作函数（见表 2-2）

表 2-2　对 LMI 变量的操作函数

函　数	说　明
dec2mat	将求解器的输出转化为矩阵变量值
mat2dec	通过给定的矩阵变量值返回决策向量

3）LMI 解算器函数（见表 2-3）

表 2-3　LMI 解算器函数

函　数	说　明
feasp	验证 LMI 的可行性
mincx	LMI 限制下线性目标的极小值
defcx	在 mincx 命令中的第一 $\boldsymbol{c}^{\mathrm{T}}\boldsymbol{x}$ 目标
gevp	LMI 限制下的广义特征值最小化

4）LMI 结果验证与修改函数（见表 2-4）

表 2-4　LMI 结果验证与修改函数

函　数	说　明
evallmi	由决策变量的给定值来验证所有的变量项
showlmi	返回一个已经评估的 LMI 的左/右边
dellmi	从系统中删除一个 LMI
delmvar	从问题中移除一个矩阵变量
setmvar	赋予一个矩阵变量指定值

5）LMI 系统信息的提取函数（见表 2-5）

表 2-5　LMI 系统信息的提取函数

函　　数	说　　明
decinfo	以决策变量的形式表示每个输入的矩阵变量
decnbr	得到决策变量的个数
lmiinfo	查询现存 LMI 系统的信息
lminbr	得到问题中 LMI 的个数
mntnbr	得到问题中矩阵变量的个数

2. 确定 LMI 系统的函数

1）`setlmis([])`或者 `setlmis(lmi0)`

在通过 lmivar 以及 lmiterm 描述一个 LMI 系统之前，利用 setlmis 初始化其内部表示。为一个已经存在的 LMI 系统添加新描述，使用 setlmis(lmi0)，其中 lmi0 表示已存在的 LMI 系统，之后的 lmivar 和 lmiterm 被用来在 lmi0 中添加新的变量和项。

2）`[X,n,sX]=lmivar(type,struct)`

n：到目前为止使用的决策变量的总数。s$\boldsymbol{X}$ 表明矩阵变量 $\boldsymbol{X}$ 中的每一个元依赖于对应的决策变量$x_1,\cdots,x_n$。

为 LMI 问题定义矩阵变量，其中 type 和 struct 是描述该矩阵变量的必要参数。type 确定矩阵变量 $\boldsymbol{X}$ 的类型，struct 描述矩阵变量 $\boldsymbol{X}$ 的内容，如表 2-6 所示。

表 2-6　定义矩阵变量

<table>
<tr><th colspan="4">函　　数</th><th rowspan="2">说　　明</th></tr>
<tr><th>type</th><th colspan="3">struct=[m, n]</th></tr>
<tr><td rowspan="4">1</td><td>m</td><td colspan="2">第 i 个矩阵的大小</td><td rowspan="4">$\boldsymbol{X}$ 必须是对角化的块对称矩阵，每个块也必须是方阵</td></tr>
<tr><td rowspan="3">n</td><td>−1</td><td>零矩阵</td></tr>
<tr><td>0</td><td>标量</td></tr>
<tr><td>1</td><td>满矩阵</td></tr>
<tr><td>2</td><td colspan="3">[m, n]</td><td>$\boldsymbol{X}$ 为 $m\times n$ 的长方形矩阵，不能包含子块矩阵</td></tr>
<tr><td>3</td><td colspan="3">其他结构</td><td>一般用于复杂的 LMI 结构</td></tr>
</table>

type=1：此时 $\boldsymbol{X}$ 是具有块对角化的对称矩阵。$\boldsymbol{X}$ 对角线上的每一个矩阵 $\boldsymbol{D}_i$ 都必须是方阵，注意标量也 1×1 的方阵。此时的矩阵变量 $\boldsymbol{X}$ 大体结果如下：

$$\boldsymbol{X}=\begin{bmatrix}\boldsymbol{D}_1 & & \\ & \boldsymbol{D}_2 & \\ & & \boldsymbol{D}_3\end{bmatrix}\ (\boldsymbol{D}_i \text{ 必须是方阵})$$

如果 $\boldsymbol{X}$ 具有 n 个对角块，那么 struct 是一个 $n\times 2$ 的矩阵：m=struct(i,1)表示第 i 个方阵（即 $\boldsymbol{D}_i$）的大小，比如 $\boldsymbol{D}_i$ 是 5×5 的方阵，那么 struct(i,1)=5；n=struct(i,2)表示 $\boldsymbol{D}_i$的内

容，$n=-1$ 表示 $\boldsymbol{D}_i$ 是零矩阵，$n=0$ 表示标量，$n=1$ 表示 $\boldsymbol{D}_i$ 是满矩阵。

type=2：$\boldsymbol{X}$ 是一个 $m\times n$ 的长方形矩阵，此时 struct=[m,n]，很简单。

type=3：其他结构，一般用于复杂的 LMI 系统，正常情况使用得比较少。此时若$\boldsymbol{X}(i,j)=0$，则 struct$(i,j)=0$，若 $\boldsymbol{X}(i,j)=x_k$ 则 struct$(i,j)=k$，其中 x_k 表示第 k 个决策变量。

例 1 考虑具有结构

$$\boldsymbol{X}=\begin{bmatrix}\boldsymbol{X}_1 & 0\\ 0 & \boldsymbol{X}_2\end{bmatrix}$$

的矩阵变量 $\boldsymbol{X}$，其中分别是 2×3 和 3×2 的长方形矩阵。

给出代码：

```
setlmis([])
[X1,n,sX1]=lmivar(2,[2,3]);
[X2,n,sX2]=lmivar(2,[3,2]);
[X,n,sX]=lmivar(3,[sX1,zeros(2);zeros(3),sX2])
```

例 2 假设问题变量包含一个 3×3 的对称矩阵 $\boldsymbol{X}$ 和一个 3×3 的 Toepliz 矩阵

$$\boldsymbol{Y}=\begin{bmatrix}y_1 & y_2 & y_3\\ y_2 & y_1 & y_2\\ y_3 & y_2 & y_1\end{bmatrix}$$

给出代码：

```
setlmis([])
[X,n,sX]=lmivar(1,[3,1])
[Y,n,sY]=lmivar(3,n+[1 2 3;2 1 2;3 1 2])
```

例 3 考虑具有以下结构

$$\boldsymbol{X}=\begin{bmatrix}x & 0\\ 0 & y\end{bmatrix},\quad \boldsymbol{Y}=\begin{bmatrix}z & 0\\ 0 & t\end{bmatrix},\quad \boldsymbol{Z}=\begin{bmatrix}0 & -x\\ -t & 0\end{bmatrix}$$

的三个矩阵变量 $\boldsymbol{X}$、$\boldsymbol{Y}$ 和 $\boldsymbol{Z}$。

给出代码：

```
setlmis([])
[X,n,sX]=lmivar(1,[1 0;1 0]);
[Y,n,sY]=lmivar(1,[1 0;1 0]);
[Z,n,sZ]=lmivar(3,[0 -sX(1,1);sY(2,2) 0])
```

3) `lmiterm(termID,A,B,flag)`

确定 LMI 中每一项的内容，包括内外因子、常数项以及变量项。再次强调，在描述一个具有分块对称矩阵的 LMI 时，只需要确定右上角或者左下角的块即可，如表 2-7 所示。

termID：4 维向量，确定该项的位置以及包含的矩阵变量。

termID(1)表示所描述的项属于哪个 LMI，它可取值为 p 或者 $-p$，p 代表该项位于第 p 个 LMI 的左边，而 $-p$ 则代表该项位于第 p 个 LMI 的右边。再次强调，左边是指 LMI 较小的那一边。

表 2-7 确定 LMI 中每一项的内容

函数	取值	所描述的项
termID(1)	p	位于第 p 个 LMI 的左边
	$-p$	位于第 p 个 LMI 的右边
termID(2:3)	[0, 0]	在外因子中
	$[i, j]$	在内因子中的第(i,j)块
termID(4)	0	常数
	$\boldsymbol{X}_k$	项中包含第 k 个矩阵变量 $\boldsymbol{X}_k$
	$-\boldsymbol{X}_k^{\mathrm{T}}$	项中包含第 k 个矩阵变量 $\boldsymbol{X}_k$ 的转置 $\boldsymbol{X}_k^{\mathrm{T}}$

termID(2:3)表示所描述的项在 LMI 中块的位置，如果该项在内因子的第(i,j)块，那么 termID(2:3)=$[i,j]$；如果该项在外因子中，那么 termID=[0, 0]。

termID(4)表示所描述的项是常数项或变量项。0 代表常数项，k 代表该项中包含第 k 个矩阵变量 $\boldsymbol{X}_k$，$-k$ 代表该项中包含第 k 个矩阵变量 $\boldsymbol{X}_k$ 的转置 $\boldsymbol{X}_k^{\mathrm{T}}$。

4) `tag=newlmi`

在当前描述的多 LMI 系统中添加一个新的 LMI，并返回它的句柄 tag。

5) `lmisys=getlmis`

获得 LMI 系统的内部描述。

3. 对 LMI 变量的操作函数

1) `valX=dec2mat(lmisys,decvars,X)`

将给定决策变量的值返回相应矩阵变量。

2) `decvec=mat2dec(lmisys,X1,X2...)`

根据矩阵变量的特殊值来返回决策变量组成的决策向量。

2.5.2 LMI 标准求解器

LMI 工具箱提供了用于求解以下三种问题的标准求解器(其中 $\boldsymbol{x}$ 表示决策向量，即矩阵 $\boldsymbol{X}_1,\cdots,\boldsymbol{X}_k$ 中独立变元构成的向量)。

1. 可行性问题

`[tmin,xfeas]=feasp(lmisys,options,target)`

计算以 lmisys 描述的 LMI 系统的一个可行解，向量 xfeas 是一个关于决策向量的特殊值，它满足任意一个 LMI，即给定 LMI 系统

$$\boldsymbol{N}^{\mathrm{T}}\boldsymbol{L}(\boldsymbol{x})\boldsymbol{N}\leqslant\boldsymbol{M}^{\mathrm{T}}\boldsymbol{R}(\boldsymbol{x})\boldsymbol{M}$$

也可求解辅助凸优化问题

$$\begin{aligned}&\min t\\ \text{s. t.}\quad &\boldsymbol{N}^{\mathrm{T}}\boldsymbol{L}(\boldsymbol{x})\boldsymbol{N}-\boldsymbol{M}^{\mathrm{T}}\boldsymbol{R}(\boldsymbol{x})\boldsymbol{M}\leqslant t\boldsymbol{I}\end{aligned}$$

其中，全局最优解由标量值 tmin 表示，如果 tmin<0，那么系统是严格可行的。如果问题是

可行但非严格可行的话，tmin 是一个非常小的整数。

options:5 维向量，用来描述优化算法中的某些控制参数，如表 2-8 所示。

表 2-8 描述优化算法中的某些控制参数

<table>
<tr><th>函　数</th><th colspan="2">说　明</th></tr>
<tr><td>options(1)</td><td colspan="2">不使用</td></tr>
<tr><td>options(2)=n</td><td colspan="2">设置优化算法的过程中允许的最大迭代次数 n，默认 $n=100$</td></tr>
<tr><td>options(3)=R</td><td colspan="2">设定可行域半径 R，表示决策变量被限制在球体 $\sum_{i=1}^{N} x_i^2 < R^2$ 内，默认 $R=10^9$</td></tr>
<tr><td>options(4)=J</td><td colspan="2">加快优化迭代过程，表示在最后的 J 次迭代中，
如果每次迭代后 t 的减小幅度不超过 1%，迭代即终止，默认 $J=10$</td></tr>
<tr><td rowspan="2">options(5)</td><td>0</td><td>显示迭代过程，默认 0</td></tr>
<tr><td>1</td><td>不显示迭代过程</td></tr>
</table>

Target：为 tmin 设定目标值，使得只要满足 tmin<target，则优化迭代过程终止，默认 target=0。

例 4 求满足 $\boldsymbol{P}>\boldsymbol{I}$ 的对称矩阵，使得

$$\boldsymbol{A}_1^{\mathrm{T}}\boldsymbol{P}+\boldsymbol{P}\boldsymbol{A}_1<0$$

$$\boldsymbol{A}_2^{\mathrm{T}}\boldsymbol{P}+\boldsymbol{P}\boldsymbol{A}_2<0$$

$$\boldsymbol{A}_3^{\mathrm{T}}\boldsymbol{P}+\boldsymbol{P}\boldsymbol{A}_3<0$$

其中：$\boldsymbol{A}_1=\begin{bmatrix}-1 & 2\\ 1 & -3\end{bmatrix}$，$\boldsymbol{A}_2=\begin{bmatrix}-0.8 & 1.5\\ 1.3 & -2.7\end{bmatrix}$，$\boldsymbol{A}_3=\begin{bmatrix}-1.4 & 0.9\\ 0.7 & -2.0\end{bmatrix}$。

给出代码：

```
clc;clear;
A1=[-1 2;1 -3];
A2=[-0.8 1.5; 1.3 -2.7];
A3=[-1.4 0.9; 0.7 -2.0];
setlmis([])
P=lmivar(1,[2,1]);
lmiterm([1 1 1 P],1,A1,'s');
lmiterm([2 1 1 P],1,A2,'s');
lmiterm([3 1 1 P],1,A3,'s');
lmiterm([-4 1 1 P],1,1);
lmiterm([4 1 1 0],1);
lmis=getlmis
[tmin,xfeas]=feasp(lmisys);
[tmin,xfeas]=feasp(lmisys,[0,0,10,0,0],-1);
PP=dec2mat(lmisys,xfeas,P)
```

2. 具有 LMI 约束的线性目标函数的最小化问题

1) [copt,xopt]=mincx(lmisys,c,options,xinit,target)

求解具有 LMI 约束的线性目标函数的最小化问题，返回目标最小值 copt 和对应的决策

向量的值，即解决下面的凸包问题：

$$\min c^{\mathrm{T}}\boldsymbol{x}(\boldsymbol{x}\text{ 为决策向量})$$

$$\text{s. t.}\quad \boldsymbol{N}^{\mathrm{T}}\boldsymbol{L}(\boldsymbol{x})\boldsymbol{N}-\boldsymbol{M}^{\mathrm{T}}\boldsymbol{R}(\boldsymbol{x})\boldsymbol{M}$$

lmisys：需要求解的 LMI 系统。

$\boldsymbol{c}$：就是目标函数 $\min \boldsymbol{c}^{\mathrm{T}}\boldsymbol{x}$ 中的那个 $\boldsymbol{c}$，通常情况下题目不会直接给出 $\boldsymbol{c}$，而是需要我们间接地求解。控制系统中大部分都是以矩阵变量 $\boldsymbol{X}$ 的形式给出目标函数，而不是刚才说到的决策向量的形式。此时我们一般需要通过 defcx 函数来求解。

xinit：决策向量 $\boldsymbol{x}$ 的初始猜测值，它可以加快问题求解过程，我们可以使用 mat2dec 函数从矩阵变量的给定值中导出 xinit，但是当输入的 xinit 不是一个可行解时，导出过程将被忽略。

target：目标函数的设置目标，只要满足 $\boldsymbol{c}^{\mathrm{T}}\boldsymbol{x}\leqslant$target，求解过程就终止。

options：5 维向量，用来描述优化算法中的某些控制参数，如表 2-9 所示。

表 2-9　用来描述优化算法中的某些控制参数

函　　数	说　　明
options(1)＝tol	最优解 copt 的精度 tol，默认 tol＝0.01
options(2)＝itermax	允许的最大迭代次数 itermax，默认 itermax＝100
options(3)＝R	设定可行域半径 R，默认 $R=10^9$
options(4)＝J	若 J 次迭代后，结果的变化幅度在精度范围内，将终止迭代过程，默认 $J=5$
options(5)	控制是否显示迭代过程，0 显示，1 不显示，默认 0

2) `[V1,V2...]=defcx(lmisys,n,X1,X2...)`

将矩阵变量形式的目标函数转换成决策向量形式，从而得到 $\boldsymbol{c}$，也就是说 LMI 标准求解器 mincx 的目标函数必须转换成 $\boldsymbol{c}^{\mathrm{T}}\boldsymbol{x}$ 的形式才可以使用，其中 $\boldsymbol{x}$ 是由决策变量组成的决策向量。然而在多数控制问题中，目标函数一般以矩阵变量 $\boldsymbol{X}$ 的形式给出，而不是决策向量 $\boldsymbol{x}$ 的形式。比如 Trace($\boldsymbol{X}$)或者 $\boldsymbol{A}^{\mathrm{T}}\boldsymbol{X}\boldsymbol{A}$ 等。

n：LMI 系统中独立变量的个数，可以使用 decnlmi 函数获取。

$\boldsymbol{X}_k$：第 k 个矩阵变量 $\boldsymbol{X}$。

V_k：返回的第 k 个决策变量的系数。

例 5　考虑优化问题

$$\min_{\boldsymbol{X}} \mathrm{Trace}(\boldsymbol{X})$$

$$\text{s. t.}\quad \boldsymbol{A}^{\mathrm{T}}\boldsymbol{X}+\boldsymbol{X}\boldsymbol{A}+\boldsymbol{X}\boldsymbol{B}\boldsymbol{B}^{\mathrm{T}}\boldsymbol{X}+\boldsymbol{Q}<0$$

其中：$\boldsymbol{X}$ 是一个对称的矩阵变量，

$$\boldsymbol{A}=\begin{bmatrix}-1 & -2 & 1\\ 3 & 3 & 1\\ 1 & -2 & -1\end{bmatrix},\quad \boldsymbol{B}=\begin{bmatrix}1\\0\\1\end{bmatrix},\quad \boldsymbol{Q}=\begin{bmatrix}1 & -1 & 0\\ -1 & -3 & -12\\ 0 & -12 & -36\end{bmatrix}$$

根据矩阵的 Schur 补性质，将上述优化问题等价为

$$\min_{\boldsymbol{X}} \mathrm{Trace}(\boldsymbol{X})$$

$$\text{s. t.}\quad \begin{bmatrix}\boldsymbol{A}^{\mathrm{T}}\boldsymbol{X}+\boldsymbol{X}\boldsymbol{A}+\boldsymbol{Q} & \boldsymbol{X}\boldsymbol{B}\\ \boldsymbol{B}^{\mathrm{T}}\boldsymbol{X} & -\boldsymbol{I}\end{bmatrix}<0$$

给出代码：

```
clc;clear;
A=[-1 -2 1;3 3 1;1 -2 -1];
B=[1;0;1];
Q=[1 -1 0;-1 -3 -12;0 -12 -36];
setlmis([])
X=lmivar(1,[3 1])
lmiterm([1 1 1 X],1,A,'s');
lmiterm([1 1 1 0],Q);
lmiterm([1 2 2 0],-1);
lmiterm([1 2 1 X],B',1);
LMIs=getlmis
c=mat2dec(LMIs,eye(3));
options=[1e-5,0,0,0,0];
[copt,xopt]=mincx(LMIs,c,options)
Xopt=dec2mat(LMIs,xopt,X)
```

例 6 考虑优化问题

$$\mathrm{Trace}(\boldsymbol{X})+\boldsymbol{x}_0^{\mathrm{T}}\boldsymbol{P}\boldsymbol{x}_0$$

其中：$\boldsymbol{X}$ 和 $\boldsymbol{P}$ 是两个对称矩阵变量，$\boldsymbol{x}_0$ 是一个给定向量。

给出代码：

```
clc;clear;
x0=[1 1]';
setlmis([])
[X,k,sX]=lmivar(1,[3,0]);
[P,h,sP]=lmivar(1,[2,1]);
lmiterm([1 1 1 X],1,-1);
lmiterm([1 2 2 P],1,-1);
lmisys=getlmis
n=decnbr(lmisys);
c=zeros(n,1);
for(j=1:n)
    [Xj,Pj]=defcx(lmisys,j,X,P)
    c(j)=trace(Xj)+x0'*Pj*x0
end
options=[1e-5,0,0,0,0];
[copt,xopt]=mincx(lmisys,c,options)
Xopt=dec2mat(lmisys,xopt,X)
Popt=dec2mat(lmisys,xopt,P)
```

3. 广义特征值的最小化问题

[lopt,xopt]=gevp(lmisys,nlfc,options,linit,target)

求解 LMI 约束下的广义特征值的最小化问题：

$$\begin{aligned} &\min\lambda \\ \text{s.t.}\quad &\boldsymbol{C}(\boldsymbol{x})<\boldsymbol{D}(\boldsymbol{x}) \\ &0<\boldsymbol{B}(\boldsymbol{x}) \\ &\boldsymbol{A}(\boldsymbol{x})<\lambda\boldsymbol{B}(\boldsymbol{x}) \end{aligned}$$

只要上面的三个约束是可行的，gevp 就是返回全局最小值 lopt 和相应的决策向量的值 xopt。

nlfc：线性比例约束的个数，即包括 λ 的式子的个数。

linit：λ 的初值猜测值 λ_0。

xinit：每个决策向量的初始猜测值 $\boldsymbol{x}_0$，注意必须是以决策向量的形式给出，长度等于 decnbr(lmisys)。

2.5.3　综合示例

一个倒立摆的数学模型转化为标准的 H_∞ 控制问题模型，即

$$\dot{\boldsymbol{x}}=\boldsymbol{A}\boldsymbol{x}+\boldsymbol{B}_1\boldsymbol{w}+\boldsymbol{B}_2\boldsymbol{u}$$
$$\boldsymbol{z}=\boldsymbol{C}_1\boldsymbol{x}+\boldsymbol{D}_{12}\boldsymbol{u}$$
$$\boldsymbol{y}=\boldsymbol{C}_2\boldsymbol{x}$$

$$\boldsymbol{C}_1=\begin{bmatrix} q_1 & 0 & 0 & 0 \\ 0 & q_2 & 0 & 0 \\ 0 & 0 & q_3 & 0 \\ 0 & 0 & 0 & q_4 \\ 0 & 0 & 0 & 0 \end{bmatrix},\quad \boldsymbol{D}_{12}=\begin{bmatrix} 0 & 0 & 0 & 0 & \rho \end{bmatrix}$$

给加权矩阵 $\boldsymbol{C}_1$ 和 $\boldsymbol{D}_{12}$ 选择一个合适的参数(通常是通过反复试验得出)，求解下面的一个 LMI 问题，使 γ 的取值最小，从而得到一个最优的状态反馈 H_∞ 控制器 $\boldsymbol{u}=\boldsymbol{W}^*(\boldsymbol{X}^*)^{-1}\boldsymbol{x}$，即

$$\min\gamma$$

$$\begin{bmatrix} \boldsymbol{AX}+\boldsymbol{B}_2\boldsymbol{W}+(\boldsymbol{AX}+\boldsymbol{B}_2\boldsymbol{W})^{\mathrm{T}} & \boldsymbol{B}_1 & (\boldsymbol{C}_1\boldsymbol{X}+\boldsymbol{D}_{12}\boldsymbol{W})^{\mathrm{T}} \\ * & -\boldsymbol{I} & \boldsymbol{D}_{11}^{\mathrm{T}} \\ * & * & -\gamma^2\boldsymbol{I} \end{bmatrix}<0$$

$$X>0$$

给出代码：

```
% State Feedback H controller design based lmi approach
clc
clear all
A=[0 1 0 0;0 -0.0883 0.6293 0;0 0 0 1;0 -0.2357 27.8285 0];
B1=[0 2.3566 0 104.2027]';
B2=[0 0.8832 0 2.3566]';
C1=[0.064 0 0 0;0 1e-3 0 0;0 0 0.11 0;0 0 0 0.01;0 0 0 0];
```

```
D12=[0 0 0 0 0.01]';
D11=[0 0 0 0 0]';
C2=[1 0 0 0;0 0 1 0];
D21=[0 0 0 0]';
D22=[0 0 0 0]';
setlmis([]);
X=lmivar(1,[4,1]);
W=lmivar(2,[1,4]);
r1=lmivar(1,[1,1]);
lmiterm([1 1 1 X],A,1,'s');
lmiterm([1 1 1 W],B2,1,'s');
lmiterm([1 2 1 0],B1');
lmiterm([1 2 2 0],-1);
lmiterm([1 3 1 X],C1,1);
lmiterm([1 3 1 W],D12,1);
lmiterm([1 3 2 0],D11);
lmiterm([1 3 3 r1],-1,1);
lmiterm([-2 1 1 X],1,1);
lmisys=getlmis;
n=decnbr(lmisys);
c=zeros(n,1);
for j=1:n
[r1j]=defcx(lmisys,j,r1);
c(j)=trace(r1j);
end
c=mat2dec(lmisys,zeros(4,4),zeros(1,4),eye(1))
[copt,xopt]=mincx(lmisys,c, [0 0 0 0 0]);
X=dec2mat(lmisys,xopt,X)
W=dec2mat(lmisys,xopt,W)
K=W*X^(-1);
K=K/100
r1=dec2mat(lmisys,xopt,r1);
gammar=r1^(1/2)
w=0.0;
n=1;
Dt=0.01;
t=-0.8;
t0=t;
x=[-0.2 0 0.3 0]';
for i=1:1500
if t<0
t1=4*pi*t;
x=[1.1*sin(t1); 1.2*cos(t1); 0.5*sin(t1)+1.0*cos(t1); 0];
else
u=K*x;
Dx=A*x+B1*w+B2*u;
```

```
x=x+Dx*Dt;
end
Y(:,n)=x;
t=t+Dt;
n=n+1;
end
figure(1)
time=(1:n-1)*Dt+t0;
xpos=Y(1,:);
xangle=Y(3,:);
subplot(2,1,1)
plot((1:n-1)*Dt+t0,xpos,'k')
axis([-0.8 10 -1.5 1.5])
grid on
xlabel('time(s)')
ylabel('Cart positon')
subplot(2,1,2)
plot((1:n-1)*Dt+t0,xangle,'k')
axis([-0.8 10 -1.5 1.5])
grid on
xlabel('time(s)')
ylabel('Pendulum')
```

2.6 本章小结

本章介绍了 LMI 提出的背景，并详细阐述了 LMI 的表示方法，以及如何将控制系统的问题转化为 LMI 求解问题，最后给出了 MATLAB 中 LMI 工具箱的使用方法。本章所介绍的内容为后续章节网络控制系统的求解奠定了数学求解基础。

参考文献

[1] APKARIAN P, TUAN H D, BERNUSSOU J. Continuous-time analysis, eigenstructure assignment, and H_2 synthesis with enhanced linear matrix inequalities (LMI) characterizations[J]. IEEE Transactions on Automatic Control, 2001, 42(12): 1941-1946.

[2] 王娟，张涛，徐国凯. 鲁棒控制理论及应用[M]. 北京：电子工业出版社，2011.

[3] 俞立. 鲁棒控制：一线性矩阵不等式处理方法[M]. 北京：清华大学出版社，2002.

[4] IWASAKI T, KARA S. Generalized KYP lemma: unified frequency domain inequalities with design applications[J]. IEEE Transactions on Automatic Control, 2005, 50(1):

41-59.
[5] WU J L, CHEN X M, GAO H J. H_∞ filtering with stochastic sampling[J]. Signal Procession, 2010,90(4): 1131-1145.
[6] GAO H J, WU J L, SHI P. Robust sampled-data H_∞ control with stochastic sampling [J]. Automatica, 2009,45(7): 1729-1736.
[7] QIU J, FENG G, YANG J. New results on robust energy-to-peak filtering for discrete-time switched polytopic linear systems with time-varying delay[J]. IET Control Theory and Applications, 2008, 2(9): 795-806.

第 3 章　网络控制系统建模方法综述

传统控制系统的各个节点(传感器、控制器、执行器等)信号均通过点对点的专线模式进行传输。近年来,随着网络技术、计算机控制技术不断发展,控制系统的结构也随之发生了变化,形成了以计算机控制为核心,涵盖集散控制系统(DCS)、现场总线控制系统(FCS)和工业以太网控制等各种体系结构的现代化工业网络新体系[1]。

将分布于不同位置的传感器、执行器和控制器通过网络连接起来,控制器通过网络与执行器和传感器进行数据信息传输,从而形成闭环的实时反馈系统,该系统称之为网络控制系统[2]。这种基于网络信息传输的控制系统能够实现远程信息资源共享,大大减少连接所需的数据线数量,使整个系统的成本降低,而且易于扩展、维护,同时也具有高可靠性、高效率及使用灵活等优点,是未来控制系统的发展趋势。

但是,由于网络的带宽总是有限的,信息传输的不确定性问题也会出现在控制系统中——数据包在网络传输的过程中不可避免地出现碰撞以及排队等待等,从而会造成数据传输的延时、数据包丢失以及数据包时序错乱等问题。这些问题的存在会影响系统的性能,甚至破坏系统的稳定性,使系统的分析和设计环节变得比以前更加困难。

建立符合网络特性的控制系统模型是对其进行分析和设计的基础,但是传统的控制理论给出的系统模型难以应用到网络控制系统中。为此，本章针对网络控制系统出现的不确定短时延、长时延和数据包丢失的建模问题进行了总结性分析,同时进一步指出了相应的分析和设计方法。

3.1　问题描述

网络控制系统的模型是分析和设计系统的基础。在网络控制系统中,系统的模型与被控对象以及网络时延特性有关。一般情况的网络控制系统结构图如图 3-1 所示。其时

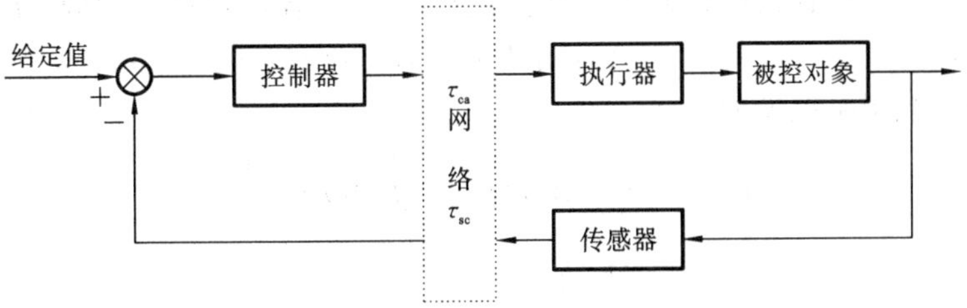

图 3-1　一般情况的网络控制系统结构图

延一般包括三个部分：τ_{sc}表示传感器到控制器的时延，τ_{ca}表示控制器到执行器的时延、τ_c表示控制器中的计算时延。现在高性能处理器的处理时间 τ_c 比 τ_{sc}、τ_{ca}小一个数量级以上，所以可以把 τ_c 归到 τ_{sc}或 τ_{ca}中，这样网络控制系统的时延为 $\tau_k=\tau_{sc}+\tau_{ca}$。

另外，在采用网络通信的网络控制系统中，数据包丢失的问题不仅影响系统的性能，而且影响系统的稳定性。因此在系统建模中，数据包丢失也是不可忽视的重要问题。

3.2 系统建模

设被控对象为多输入多输出的线性定常数系统，其连续状态空间模型表达式为

$$\begin{cases}\dot{\boldsymbol{x}}(t)=\boldsymbol{A}\boldsymbol{x}(t)+\boldsymbol{B}\boldsymbol{u}(t)\\ \boldsymbol{y}(t)=\boldsymbol{C}\boldsymbol{x}(t)\end{cases} \tag{3-1}$$

其中：$\boldsymbol{x}(t)\in\mathbf{R}^n$，$\boldsymbol{A}$、$\boldsymbol{B}$、$\boldsymbol{C}$ 是具有适当维数的矩阵，$\boldsymbol{u}(t)$为控制输入，$\boldsymbol{y}(t)$为输出。

在后续所有建模过程中做合理假设，网络控制系统均满足以下条件：

(1) 传感器采用周期采样时间驱动，控制器和执行器都采用事件驱动；

(2) 系统的时钟同步问题不予考虑；

(3) 在考虑时延问题时暂不考虑丢包问题；

(4) 数据采用单包传输；

(5) 不考虑噪声干扰问题。

1. 短时延的网络控制系统建模

短时延是指网络时延小于一个采样周期，即 $\tau_k<T_s$(T_s 为采样周期)，如图 3-2 所示，基于前面的合理假设，通过模型式(3-1)可得短时延的网络控制系统模型(为书中表达方便，书出所出现的 $\boldsymbol{u}(k)$与 $\boldsymbol{u}_k$ 含义一样，两种表达方式均可)：

$$\begin{cases}\boldsymbol{x}(k+1)=\boldsymbol{\Phi}\boldsymbol{x}(k)+\boldsymbol{\Gamma}_0(\tau_k^{sc},\tau_k^{ca})\boldsymbol{u}(k)+\boldsymbol{\Gamma}_1(\tau_k^{sc},\tau_k^{ca})\boldsymbol{u}(k-1)\\ \boldsymbol{y}(k)=\boldsymbol{x}(k)\end{cases} \tag{3-2}$$

其中：$\boldsymbol{\Phi}=\mathrm{e}^{\boldsymbol{A}T_s}$，$\boldsymbol{\Gamma}_0(\tau_k^{sc},\tau_k^{ca})=\left(\int_0^{T_s-\tau_k}\mathrm{e}^{\boldsymbol{A}s}\mathrm{d}s\right)\boldsymbol{B}$，$\boldsymbol{\Gamma}_1(\tau_k^{sc},\tau_k^{ca})=\left(\int_{T_s-\tau_k}^{T_s}\mathrm{e}^{\boldsymbol{A}s}\mathrm{d}s\right)\boldsymbol{B}$。

2. 长时延的网络控制系统建模

若网络时延 $\tau_k>T_s$ 且时延 τ_k 有界，即 $\tau_k\leqslant hT_s$(h 为大于 1 的正整数)，则把这种网络时延称为长时延。

长时延的网络控制系统的信号时序图如图 3-3 所示，在一个采样周期$[kT_s,(k+1)T_s]$内，最多有 $h+1$ 个分段连续的控制量加到被控对象上，即控制量达到时刻 $kT_s+t_j^k$($j=0,1,\cdots,h-1,h$)，且 $t_j^k>t_{j+1}^k$、$t_{-1}^k=T_s$、$t_h^k=0$，则基于前面的合理假设，模型式(3-1)离散化之后可得长时延的网络控制系统模型：

$$\begin{cases}\boldsymbol{x}(k+1)=\boldsymbol{A}_s\boldsymbol{x}(k)+\sum\limits_0^h\boldsymbol{B}_j^k\boldsymbol{u}(k-j)\\ \boldsymbol{y}(k)=\boldsymbol{C}\boldsymbol{x}(k)\end{cases} \tag{3-3}$$

其中：$\boldsymbol{A}_s=\mathrm{e}^{\boldsymbol{A}T_s}$，$\boldsymbol{B}_j^k=\left(\int_{t_j^k}^{t_{j-1}^k}\mathrm{e}^{\boldsymbol{A}(T_s-s)}\mathrm{d}s\right)\boldsymbol{B}$。在上式模型中，当 k 为不同值时，t_0^k、t_1^k、$\cdots$、t_{h-1}^k、t_h^k 中有

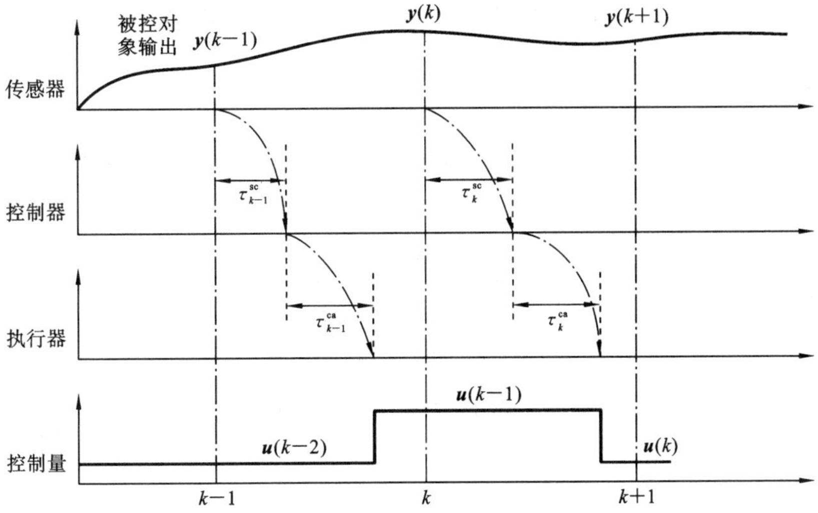

图 3-2　短时延的网络控制系统的信号时序图

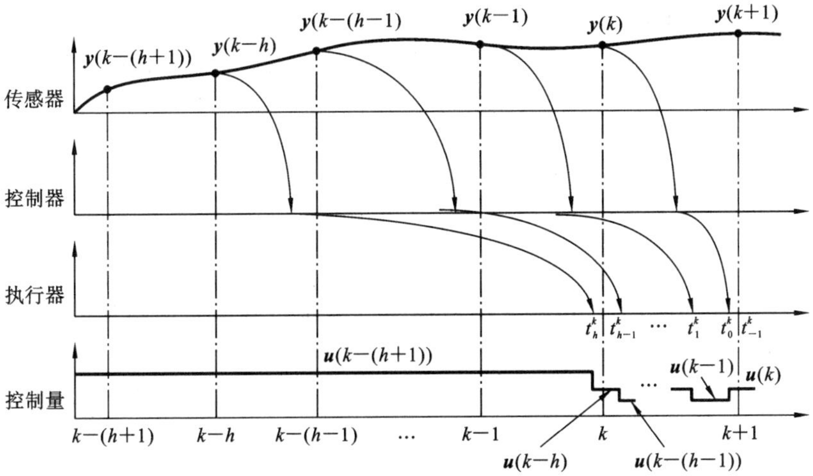

图 3-3　长时延的网络控制系统的信号时序图

一些为"0",从而 $\boldsymbol{B}_0^k$、$\boldsymbol{B}_1^k$、…、$\boldsymbol{B}_{h-1}^k$、$\boldsymbol{B}_h^k$ 中有一些也许会为"0"(当积分的上下限相等时,$\boldsymbol{B}_j^k=0$)。

3. 只考虑数据包丢失的状态反馈网络控制系统建模

如图 3-4 所示,在网络控制系统的反馈通道和前向通道中,只考虑数据包丢失问题等同于只考虑 K_1 和 K_2 开关的断开与导通问题,此时网络控制系统节点状态与网络状态之间的关系如表 3-1 所示,$\hat{\boldsymbol{x}}(k)$为当前时刻对象的状态。

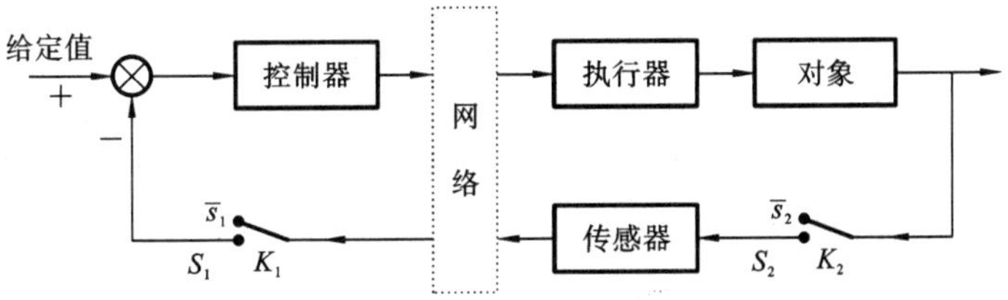

图 3-4　只考虑数据包丢失的状态反馈网络控制系统

表 3-1 网络控制系统节点状态与网络状态之间的关系

i	K_1	K_2	$\boldsymbol{u}(k)$	$\hat{\boldsymbol{x}}(k)$
1	断($\overline{S}_1$)	断($\overline{S}_2$)	$\boldsymbol{u}(k)=\boldsymbol{u}(k-1)$	$\hat{\boldsymbol{x}}(k)=\hat{\boldsymbol{x}}(k-1)$
2	通(S_1)	通(S_2)	$\boldsymbol{u}(k)=\boldsymbol{v}(k)$	$\hat{\boldsymbol{x}}(k)=\boldsymbol{x}(k)$
3	断($\overline{S}_1$)	通(S_2)	$\boldsymbol{u}(k)=\boldsymbol{u}(k-1)$	$\hat{\boldsymbol{x}}(k)=\boldsymbol{x}(k)$
4	通(S_1)	断($\overline{S}_2$)	$\boldsymbol{u}(k)=\boldsymbol{v}(k)$	$\hat{\boldsymbol{x}}(k)=\hat{\boldsymbol{x}}(k-1)$

基于前面的合理假设,模型式(3-1)离散状态模型可表示为

$$\boldsymbol{x}(k+1)=\boldsymbol{\Phi x}(k)+\boldsymbol{\Gamma u}(k)$$

其中:$\boldsymbol{x}(k)$和$\boldsymbol{u}(k)$为被控对象的传感器测量输出和控制输入,且有

$$\boldsymbol{\Phi}=\mathrm{e}^{\boldsymbol{A}T_s},\quad \boldsymbol{\Gamma}=\int_0^{T_s}\mathrm{e}^{\boldsymbol{A}s}\mathrm{d}s\cdot\boldsymbol{B}$$

状态反馈控制器的离散模型为

$$\boldsymbol{v}(k)=-\boldsymbol{Kx}(k)$$

其中:$\boldsymbol{K}$为控制器增益矩阵。

令$\boldsymbol{z}(k)=[\boldsymbol{x}^{\mathrm{T}}(k),\hat{\boldsymbol{x}}^{\mathrm{T}}(k),\boldsymbol{u}^{\mathrm{T}}(k)]^{\mathrm{T}}$,则具有数据包丢失的状态反馈网络控制系统模型为

$$\boldsymbol{z}(k+1)=\overline{\boldsymbol{\Phi}}_i\boldsymbol{z}(k)$$

其中:

$$\overline{\boldsymbol{\Phi}}_1=\begin{bmatrix}\boldsymbol{\Phi}&0&\boldsymbol{\Gamma}\\0&\boldsymbol{I}&0\\0&0&\boldsymbol{I}\end{bmatrix},\quad \overline{\boldsymbol{\Phi}}_2=\begin{bmatrix}\boldsymbol{\Phi}&0&\boldsymbol{\Gamma}\\\boldsymbol{\Phi}&\boldsymbol{I}&\boldsymbol{\Gamma}\\0&-\boldsymbol{K}&0\end{bmatrix},\quad \overline{\boldsymbol{\Phi}}_3=\begin{bmatrix}\boldsymbol{\Phi}&0&\boldsymbol{\Gamma}\\0&\boldsymbol{I}&0\\0&-\boldsymbol{K}&0\end{bmatrix},\quad \overline{\boldsymbol{\Phi}}_4=\begin{bmatrix}\boldsymbol{\Phi}&0&\boldsymbol{\Gamma}\\\boldsymbol{\Phi}&0&\boldsymbol{\Gamma}\\0&0&\boldsymbol{I}\end{bmatrix}$$

显然$\overline{\boldsymbol{\Phi}}_i$是随着$i$的变换而变换的时变矩阵,$i$决定于网络开关的状态,即决定于$K_1$和$K_2$的状态,或决定于丢包率。

3.3 本章小结

在网络控制系统的诸多问题中,时延和丢包是最常见的两个问题。当时延和丢包发生时,系统的控制输入将得不到及时更新,甚至出现控制输入的时序错乱,从而引起系统性能下降甚至失稳。前文已经对在网络控制系统中出现的短时延、长时延、丢包问题分别做了详细的建模。许多学者分别对其进行了研究,并取得了一定的研究成果。例如,针对短时延:① 执行器可采用时间驱动模式,将随机时延变成固定周期的时延,从而可以用现有的时滞系统分析方法来处理系统稳定性分析和控制器设计;② 在实际情况中,网络时延是随机可变的,为了消除随机时延对系统的影响,可利用随机系统分析方法研究网络控制系统[3,4]。针对长时延:通常要求数据包带有时间戳,便于执行器判断数据包的新旧情况,然后采用预测控制分析方法[5]。针对丢包问题:许多学者采用的是Markov跳变系统和切换系统的研究方法[6,7]。

本章总结了基于网络特性的不确定时延、丢包问题的系统建模方法,同时也指出了相应

分析和设计方法的研究方向，为进一步分析和设计网络控制系统打下了一定的基础。

参考文献

[1] 张庆灵，邱占芝．网络控制系统[M]．北京：科学出版社，2007.

[2] NILSSON J. Real-time control systems with delays[D]. Sweden: Lund Institute of Technology, 1998.

[3] FU C L, YU Y. Modeling and analysis of networked control systems using hidden Markov models[C]. New York: IEEE, 2005: 18-21.

[4] 于之训，陈辉堂，王月娟．基于 Markov 延迟特性的闭环网络控制系统研究[J]．控制理论与应用，2002，19(2)：263-267.

[5] LIU G P, SUN J, ZHAO Y B. Design, analysis and real-time implementation networked predictive control systems[J]. Acta Automatica Sinica, 2013, 39(11): 1769-1777.

[6] SUN S L, XIE L H, XIAO W D, et al. Optimal linear estimation for systems with multiple packet dropouts[J]. Automatica, 2008, 44(5): 1333-1342.

[7] YU M, WANG L, CHU T G, et al. Stabilization of networked control systems with data packet dropout and network delays via switched system approach[C]//IEEE Conference on Decision and Control. New York: IEEE, 2005, 4: 3539-3544.

第 4 章　区间化随机时延的网络控制系统镇定研究

随着计算机和网络技术的不断发展，以及日益复杂、分布区域不断扩大的控制对象，通过通信网络连接的控制器、执行器和传感器等多个节点来完成信息交换的网络控制系统[1]随之而产生。相对于传统的点对点控制系统，网络控制系统具有能够实现远程信息资源共享、布局布线方便、安装和维护容易，以及灵活性高等优点。

但是，由于通信网络数据传输的特点，信息传输的不确定性问题随之而产生，它将会给网络控制系统的分析与设计带来困难。例如在有限的带宽网络中，数据在传输过程中不可避免地存在时延，而且受到通信协议类型、传输速率、拓扑结构，以及负载变化等因素的影响，该传输时延将会随机变化。随机时延的存在将会影响系统的性能，甚至破坏系统的稳定性[2]，因此它成为目前网络控制系统分析和设计考虑的基本问题之一。

针对随机时延，文献[3]采用接收缓冲器的方法将随机时延转化为定常时延，以此来设计控制器，但此方法人为地增加了时延，会降低系统的性能。文献[4-7]将随机时延转换为不确定但满足范数有界条件的系统参数，建立了参数不确定的离散线性控制系统模型，并采用线性矩阵不等式(LMI)对系统进行分析和设计，此方法将时延全部纳入整个可能的取值范围之内来考虑，增加了系统设计的保守性。

文献[8]采用接收缓冲器的方法将控制器到执行器的前向通道的随机时延变为固定时延，而仅考虑传感器到控制器的反馈通道的随机长时延问题，并将其视为满足 Markov 链的随机过程，同时采用 Lyapunov-Krasovskii 方法给出了系统满足相应随机均方指数稳定的充分条件。文献[9,10]在忽略了控制器到执行器的前向通道的随机时延的情况下，考虑了传感器到控制器的反馈通道的单边随机时延和丢包问题，并将其描述为满足 Markov 链的随机过程，其中文献[9]建立了离散时间跳变系统，采用线性矩阵不等式给出了系统满足相应随机稳定的充分条件，而文献[10]建立了离散时间切换系统，进而采用随机系统理论和切换系统理论，结合线性矩阵不等式给出了系统满足相应随机均方指数稳定的充分条件。文献[11]采用了两个分别基于传感器到控制器和控制器到执行器的双边随机时延的 Markov 链随机过程，建立了参数不确定的离散时间跳变系统模型，并利用 Lyapunov-Razumikhin 方法给出了满足基于一组双线性矩阵不等式的系统稳定性的充分条件，但是双线性矩阵不等式的求解会增加系统设计的复杂度。以上均是基于 Markov 链转移概率矩阵已知的时延特性而展开研究的，然而在实际的通信网络中，时延是随机的，用全部元素已知的 Markov 链转移概率矩阵去描述其跳变特性是比较困难的，或者需要很高的成本[12]。因此在允许的成本条件下能够获得全部元素已知的 Markov 链转移概率矩阵，或者在部分元素未知的条件下进行系统分析和设计更具有现实意义。基于文献[12]所提出的 Markov 跳变系统在状态转移概率部分未知时的镇定问题，文献[13]给出了存在数据包丢失及转移概率部分未知情况

的网络控制系统的 H_∞ 状态反馈控制器的设计方法，但它未考虑网络控制系统中传输时延的影响。文献[14]研究了离散时间奇异 Markov 跳变系统在转移概率部分未知时的静态输出反馈鲁棒控制问题，给出了满足系统随机稳定的条件。文献[15]在已知网络控制系统时延发生的概率，丢包满足 Bernoulli 分布且转移概率部分未知的条件下，研究了离散系统满足 Markov 随机跳变特性的 H_∞ 估计问题。

文献[16]在采用 PI 设计的控制器接收到传感器传来的带有时间戳的数据后，按预先设置与多个确定时延相关的 PI 控制器参数计算出一系列可能的值，然后执行器根据传感器到执行器的整个网络诱导时延来选择一个相对应的控制量输出给对象。此方法运用了预估补偿的设计思想，解决了传感器到控制器和控制器到执行器的双边非随机时延系统的时延补偿问题。

针对网络诱导时延，为了降低系统设计的保守性，同时也考虑到系统双边通道传输时延的随机特点，因此，本章研究了具有区间化双边随机时延的网络控制系统稳定性问题。将传感器到控制器的反馈通道时延以及控制器到执行器的前向通道时延按区间划分，并结合时延的跳变特性，建立了基于 Markov 链随机过程的参数不确定的离散时间跳变系统模型。同时在其转移概率矩阵中部分元素未知的条件下，根据 Lyapunov 稳定性理论、Markov 随机跳变理论，本章给出了一系列时变的离散时间控制器增益。然后基于文献[16]提出的预估补偿的设计思想，执行器根据整个网络诱导时延的大小，选择和时延区间相对应的控制增益值输出给控制对象。本章最后给出了针对同一系统，采用不同时延区间划分方法的数值算例仿真，验证了所提方法的有效性。

4.1　问题描述

如图 4-1 所示，对具有双边随机时延的网络控制系统做如下假定：

(1) 传感器采用采样周期为 T 的时间驱动；

(2) 控制器和执行器均采用事件驱动，当有新的数据信息到达时，立刻执行相关操作；

(3) 忽略控制器的计算时间以及执行器读取缓冲器数据的时间，仅考虑从传感器到控

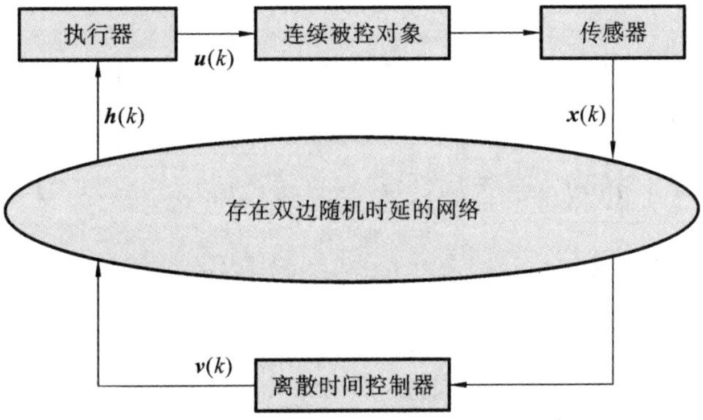

图 4-1　具有双边随机时延的网络控制系统结构框图

制器的反馈通道的随机时延和控制器到执行器的前向通道的随机时延 τ_k^{sc}、τ_k^{ca}，并且满足$\tau_k^{sc}+\tau_k^{ca}<T$；

(4) 数据包均带有时间戳(信息)，系统无数据丢包并且状态可测。

如图 4-2 所示，我们将传感器的采样周期 T 进行 N 等分，即将采样时间周期$[kT,(k+1)T]$平均划分为 N 个相等的时间间隔，每个时间间隔为 T_0，因此 $T=NT_0$。对于任意的$k\geqslant 0$有

$$\begin{cases} n_{0k},n_{1k}\in Z_0=\{0,1,\cdots,N\} \\ n_{0k}+n_{1k}=N \\ n_{0k}T_0+n_{1k}T_0=NT_0=T \end{cases} \tag{4-1}$$

传感器的数据经过了 $t_k(t_k=\tau_k^{sc}+\tau_k^{ca})$时间滞后，然后才到达执行器，并且落到了$[n_{0k}T_0,(n_{0k}+1)T_0]$区间内。由于采用了事件驱动，在$[kT,kT+t_k]$时间内，执行器的输出量为 $\boldsymbol{u}(k-1)$，同时在$[kT+t_k,(k+1)T]$时间内，执行器的输出量为 $\boldsymbol{u}(k)$。

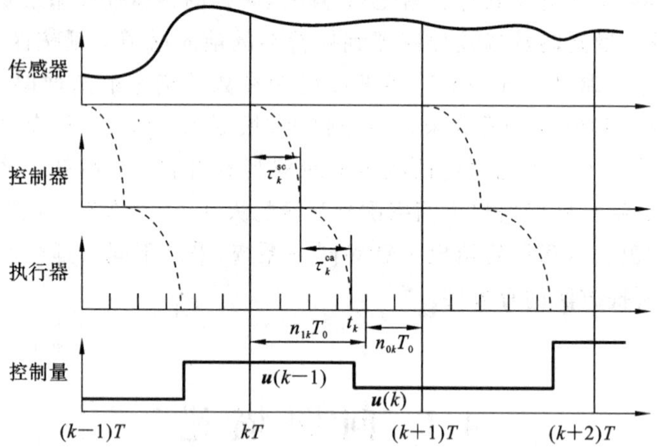

图 4-2　时延区间化的网络控制系统的信号时序图

假设系统的连续时间被控对象的状态空间模型为

$$\begin{cases} \boldsymbol{x}(t)=\boldsymbol{A}\boldsymbol{x}(t)+\boldsymbol{B}\boldsymbol{u}(t) \\ \boldsymbol{y}(t)=\boldsymbol{C}\boldsymbol{x}(t) \end{cases} \tag{4-2}$$

其中：$\boldsymbol{x}(t)\in\mathbf{R}^n$，$\boldsymbol{u}(t)\in\mathbf{R}^p$，$\boldsymbol{y}(t)\in\mathbf{R}^q$ 分别为系统的对象状态、控制输入和输出，$\boldsymbol{A}$、$\boldsymbol{B}$、$\boldsymbol{C}$ 为适当维数的系数矩阵。

令 $\tau_k\in(0\quad T_0]$，$\lambda_{\max}(\boldsymbol{X})$、$\lambda_{\min}(\boldsymbol{X})$分别表示矩阵 $\boldsymbol{X}$ 的最大特征值和最小特征值，$*$ 代表矩阵的对称部分，以及

$$\boldsymbol{\Phi}=\mathrm{e}^{\boldsymbol{A}T},\quad T=(n_{0k}+n_{1k})T_0=NT_0,\quad t_k=T-(n_{0k}T_0+\tau_k),\quad \boldsymbol{\Gamma}_{0k}=\int_0^{n_{0k}T_0}\mathrm{e}^{\boldsymbol{A}s}\mathrm{d}s\cdot\boldsymbol{B},$$

$$\boldsymbol{\Gamma}_{1k}=\int_{n_{0k}T_0}^{T}\mathrm{e}^{\boldsymbol{A}s}\mathrm{d}s\cdot\boldsymbol{B},\quad \overline{\boldsymbol{F}}(\tau_k)=\int_0^{\tau_k}\mathrm{e}^{\boldsymbol{A}s}\mathrm{d}s,\quad \sigma>\max_{\tau_k\in[0,T_0]}\|\overline{\boldsymbol{F}}(\tau_k)\|_2,\quad \boldsymbol{D}_k=\sigma\mathrm{e}^{\boldsymbol{A}n_{0k}T_0},$$

$$\boldsymbol{E}=\boldsymbol{B},\quad \boldsymbol{F}(\tau_k)=\sigma^{-1}\int_0^{\tau_k}\mathrm{e}^{\boldsymbol{A}s}\mathrm{d}s$$

因此有 $\boldsymbol{F}^{\mathrm{T}}(\tau_k)\boldsymbol{F}(\tau_k)=\sigma^{-2}\overline{\boldsymbol{F}}^{\mathrm{T}}(\tau_k)\overline{\boldsymbol{F}}(\tau_k)<\boldsymbol{I}$。

考虑时延的影响，对系统采样周期 T 进行离散化，可得

$$\begin{aligned}
\boldsymbol{x}(k+1) &= \mathrm{e}^{\boldsymbol{A}T}\boldsymbol{x}(k)+\int_0^{T-t_k}\mathrm{e}^{\boldsymbol{A}s}\mathrm{d}s\cdot\boldsymbol{B}\cdot\boldsymbol{u}(k)+\int_{T-t_k}^{T}\mathrm{e}^{\boldsymbol{A}s}\mathrm{d}s\cdot\boldsymbol{B}\cdot\boldsymbol{u}(k-1)\\
&=\boldsymbol{\Phi x}(k)+\int_0^{n_{0k}T_0+\tau_k}\mathrm{e}^{\boldsymbol{A}s}\mathrm{d}s\cdot\boldsymbol{B}\cdot\boldsymbol{u}(k)+\int_{n_{0k}T_0+\tau_k}^{T}\mathrm{e}^{\boldsymbol{A}s}\mathrm{d}s\cdot\boldsymbol{B}\cdot\boldsymbol{u}(k-1)\\
&=\boldsymbol{\Phi x}(k)+\left(\int_0^{n_{0k}T_0}\mathrm{e}^{\boldsymbol{A}s}\mathrm{d}s+\int_{n_{0k}T_0}^{n_{0k}T_0+\tau_k}\mathrm{e}^{\boldsymbol{A}s}\mathrm{d}s\right)\cdot\boldsymbol{B}\cdot\boldsymbol{u}(k)\\
&\quad+\left(\int_{n_{0k}T_0}^{T}\mathrm{e}^{\boldsymbol{A}s}\mathrm{d}s-\int_{n_{0k}T_0}^{n_{0k}T_0+\tau_k}\mathrm{e}^{\boldsymbol{A}s}\mathrm{d}s\right)\cdot\boldsymbol{B}\cdot\boldsymbol{u}(k-1)\\
&=\boldsymbol{\Phi x}(k)+\left(\int_0^{n_{0k}T_0}\mathrm{e}^{\boldsymbol{A}s}\mathrm{d}s+\mathrm{e}^{\boldsymbol{A}n_{0k}T_0}\int_0^{\tau_k}\mathrm{e}^{\boldsymbol{A}s}\mathrm{d}s\right)\cdot\boldsymbol{B}\cdot\boldsymbol{u}(k)\\
&\quad+\left(\int_{n_{0k}T_0}^{T}\mathrm{e}^{\boldsymbol{A}s}\mathrm{d}s-\mathrm{e}^{\boldsymbol{A}n_{0k}T_0}\int_0^{\tau_k}\mathrm{e}^{\boldsymbol{A}s}\mathrm{d}s\right)\cdot\boldsymbol{B}\cdot\boldsymbol{u}(k-1)\\
&=\boldsymbol{\Phi x}(k)+(\boldsymbol{\Gamma}_{0k}+\boldsymbol{D}_k\boldsymbol{F}(\tau_k)\boldsymbol{E})\cdot\boldsymbol{u}(k)+(\boldsymbol{\Gamma}_{1k}-\boldsymbol{D}_k\boldsymbol{F}(\tau_k)\boldsymbol{E})\cdot\boldsymbol{u}(k-1)
\end{aligned}\tag{4-3}$$

从式(4-3)中可以看出，将原本在 $t_k\in(0,T)$ 范围变化的时延问题，通过时延区间划分，转化为在多个区间且在 $\tau_k\in(0,T_0]$ 小范围内变化的时延问题。其中 n_{0k} 在一个有限集合内取值，当其取不同值时，系统模型表现形式也不相同。

4.2　系统建模

由于网络诱导时延可看作随机变化的随机时延，因此可将 n_{0k} 和 n_{1k} 描述为一个基于 Markov 链的随机过程，则时延跳变特性将由 Markov 链的状态来控制。令 $\sigma_k\in\bar{\lambda}=\{0,1,2,\cdots,N\}$ 是 Markov 链的状态，即 n_{0k}、n_{1k} 的取值由 σ_k 来控制：

$$\begin{cases}
[n_{1k}\quad n_{0k}]=[0\quad N]\rightarrow\sigma_k=0\\
[n_{1k}\quad n_{0k}]=[1\quad N-1]\rightarrow\sigma_k=1\\
\qquad\vdots\\
[n_{1k}\quad n_{0k}]=[N\quad 0]\rightarrow\sigma_k=N
\end{cases}\tag{4-4}$$

由于网络控制系统的时延必然存在，因此除去 $\sigma_k=0$ 的情况，显然式(4-4)具有 N 个子系统。令系统的增广矩阵 $\boldsymbol{z}(k)=[\boldsymbol{x}^{\mathrm{T}}(k)\quad\boldsymbol{u}^{\mathrm{T}}(k-1)]^{\mathrm{T}}$，则式(4-3)可以重新描述为基于 Markov链的开环离散时间跳变系统模型 S_{ok}：

$$\boldsymbol{z}(k+1)=\bar{\boldsymbol{\Phi}}_{\sigma_k}\boldsymbol{z}(k)+\bar{\boldsymbol{\Gamma}}_{\sigma_k}\boldsymbol{u}(k)\tag{4-5}$$

其中：$k=\{1,2,\cdots,N\}$，$\bar{\boldsymbol{\Phi}}_{\sigma_k}=\begin{bmatrix}\boldsymbol{\Phi} & \boldsymbol{\Gamma}_{1\sigma_k}-\boldsymbol{D}_{\sigma_k}\boldsymbol{F}(\tau_k)\boldsymbol{E}\\ 0 & 0\end{bmatrix}$，$\bar{\boldsymbol{\Gamma}}_{\sigma_k}=\begin{bmatrix}\boldsymbol{\Gamma}_{0\sigma_k}+\boldsymbol{D}_{\sigma_k}\boldsymbol{F}(\tau_k)\boldsymbol{E}\\ \boldsymbol{I}\end{bmatrix}$。

当网络负载等条件发生变化时，时延也将随之改变，则 Markov 链的状态将从 σ_k 转变为 σ_{k+1}，相应的系统也会发生跳变。设 $\Pr\{\sigma_{k+1}=j\mid\sigma_k=i\}=\pi_{ij}$ 为上述 Markov 链的一步状态转移概率，则相应的系统的一步转移概率矩阵为

$$\boldsymbol{\pi}=\begin{bmatrix}\pi_{11} & \pi_{12} & \cdots & \pi_{1N}\\ \pi_{21} & \pi_{22} & \cdots & \pi_{2N}\\ \vdots & \vdots & \vdots & \vdots\\ \pi_{N1} & \pi_{N2} & \cdots & \pi_{NN}\end{bmatrix}$$

其中：$0 \leqslant \pi_{ij} \leqslant 1, \sum_{j=1}^{N} \pi_{ij} = 1$。

由于通信网络的属性，很难获取转移概率矩阵中所有的转移概率，因此本节更为一般地考虑转移概率矩阵 $\boldsymbol{\pi}$ 中只有部分元素可以得到的情况。例如，对于具有 4 个时延分区的开环离散时间跳变系统模型式(4-5)，其转移概率矩阵 $\boldsymbol{\pi}$ 可能为

$$\boldsymbol{\pi}=\begin{bmatrix} \pi_{11} & ? & ? & \pi_{14} \\ ? & \pi_{22} & ? & \pi_{24} \\ ? & \pi_{32} & \pi_{33} & ? \\ \pi_{41} & ? & ? & ? \end{bmatrix}$$

其中："?"表示矩阵元素未知。

为了更好地描述系统已知的转移概率和未知的转移概率，$\forall i \in \bar{\lambda}$，令 $\bar{\lambda} = \bar{\lambda}_{\mathrm{K}}^{i} + \bar{\lambda}_{\mathrm{UK}}^{i}$，其中 $\bar{\lambda}_{\mathrm{K}}^{i} = \{j : \pi_{ij}$ 是已知的$\}$，$\bar{\lambda}_{\mathrm{UK}}^{i} = \{j : \pi_{ij}$ 是未知的$\}$。

进一步地，如果 $\bar{\lambda}_{\mathrm{K}}^{i} \neq \varnothing$，则有 $\bar{\lambda}_{\mathrm{K}}^{i} = \{\kappa_1^i, \cdots, \kappa_m^i\}$，$\forall 1 \leqslant m \leqslant 4$，其中 $\kappa_m^i \in \mathbf{N}_+$ 表示转移概率矩阵 $\boldsymbol{\pi}$ 的第 i 行中第 m 个已知元素，同时有 $\sum_{j \in \bar{\lambda}} \pi_{ij} = 1, \pi_{\mathrm{K}}^{i} = \sum_{j \in \bar{\lambda}_{\mathrm{K}}^{i}} \pi_{ij}$。

针对开环离散时间跳变系统模型 S_{ok}，采用状态反馈控制，对每个子系统采用不同的反馈控制增益。考虑时变控制器 $\boldsymbol{u}(k) = \boldsymbol{K}_{\sigma_k} \boldsymbol{z}(k)$，则可以得到闭环离散时间跳变系统模型 S_{ck}：

$$\begin{aligned} \boldsymbol{z}(k+1) &= \widetilde{\boldsymbol{\Phi}}_{\sigma_k} \boldsymbol{z}(k) = \left(\begin{bmatrix} \boldsymbol{\Phi} & \boldsymbol{\Gamma}_{1\sigma_k} \\ 0 & 0 \end{bmatrix} + \begin{bmatrix} \boldsymbol{\Gamma}_{0\sigma_k} \\ \boldsymbol{I} \end{bmatrix} \boldsymbol{K}_{\sigma_k} + \begin{bmatrix} \boldsymbol{D}_{\sigma_k} \\ 0 \end{bmatrix} \boldsymbol{F}(\tau_k)([0 \quad -\boldsymbol{E}] + \boldsymbol{E}\boldsymbol{K}_{\sigma_k}) \right) \boldsymbol{z}(k) \\ &= (\hat{\boldsymbol{\Phi}}_{\sigma_k} + \hat{\boldsymbol{\Gamma}}_{\sigma_k} \boldsymbol{K}_{\sigma_k} + \hat{\boldsymbol{D}}_{\sigma_k} \boldsymbol{F}(\tau_k)(\hat{\boldsymbol{E}} + \boldsymbol{E}_0 \boldsymbol{K}_{\sigma_k}))\boldsymbol{z}(k) \end{aligned} \tag{4-6}$$

其中：$\widetilde{\boldsymbol{\Phi}}_{\sigma_k} = \begin{bmatrix} \boldsymbol{\Phi} & \boldsymbol{\Gamma}_{1\sigma_k} \\ 0 & 0 \end{bmatrix} + \begin{bmatrix} \boldsymbol{\Gamma}_{0\sigma_k} \\ \boldsymbol{I} \end{bmatrix} \boldsymbol{K}_{\sigma_k} + \begin{bmatrix} \boldsymbol{D}_{\sigma_k} \\ 0 \end{bmatrix} \boldsymbol{F}(\tau_k)([0 \quad -\boldsymbol{E}] + \boldsymbol{E}\boldsymbol{K}_{\sigma_k})$，$\hat{\boldsymbol{\Phi}}_{\sigma_k} = \begin{bmatrix} \boldsymbol{\Phi} & \boldsymbol{\Gamma}_{1\sigma_k} \\ 0 & 0 \end{bmatrix}$，

$\hat{\boldsymbol{\Gamma}}_{\sigma_k} = \begin{bmatrix} \boldsymbol{\Gamma}_{0\sigma_k} \\ \boldsymbol{I} \end{bmatrix}$，$\hat{\boldsymbol{D}}_{\sigma_k} = \begin{bmatrix} \boldsymbol{D}_{\sigma_k} \\ 0 \end{bmatrix}$，$\hat{\boldsymbol{E}} = [0 \quad -\boldsymbol{E}]$，$\boldsymbol{E}_0 = \boldsymbol{E}$。

由于该网络控制系统存在着 S-C(传感器-控制器之间的网络通道，即反馈通道)和 C-A(控制器-执行器之间的网络通道，即前馈通道)双边的随机时延，因此在设计系统工作方式时采用了执行器端的预估补偿机制，具体工作流程：首先由传感器获取当前对象信息及执行器的控制量，数据包带有时间戳并经过反馈通道时延到达控制器，和预先已存入控制器的所有反馈增益相乘，然后将得到的控制序列打包输出，经过前向通道到达执行器，接着将传感器输出数据时的时间信息和此时执行器接收数据的时间信息相减，得到当前网络具体的时延大小，分析时延值在图 4-2 所示的采样时间周期$[kT,(k+1)T]$的哪个小区间段内，最后在控制序列中获取相应的控制量，输出给控制对象。

4.3 系统随机稳定性分析

定义 1[17] 对于闭环离散时间跳变系统模型式(4-6)，如果其对所有的初始状态 z_0 以

及系统 Markov 链的初始模态 σ_0，都存在一个有限的常数 $\widetilde{M}(z_0,\sigma_0)$，使不等式

$$\lim_{m\to\infty} E\left\{\sum_{k=0}^{m} \boldsymbol{x}_k^{\mathrm{T}}\boldsymbol{x}_k \mid z_0,\sigma_0\right\} < \widetilde{M}(z_0,\sigma_0) \tag{4-7}$$

成立，则系统是随机均方稳定的，其中 $E(\cdot)$ 是统计期望算子。

定理 1　对于闭环离散时间跳变系统模型式(4-6)，如果存在矩阵 $\boldsymbol{P}_i=\boldsymbol{P}_i^{\mathrm{T}}>0, i\in\bar{\lambda}$，以及标量 $0<\lambda<1$，满足以下线性矩阵不等式：

$$\boldsymbol{M}_i=\widetilde{\boldsymbol{\Phi}}_i^{\mathrm{T}}\widetilde{\boldsymbol{P}}_{\mathrm{K}}^i\widetilde{\boldsymbol{\Phi}}_i-\pi_{\mathrm{K}}^i\lambda\boldsymbol{P}_i<0 \tag{4-8}$$

$$\boldsymbol{N}_i=\widetilde{\boldsymbol{\Phi}}_i^{\mathrm{T}}\boldsymbol{P}_j\widetilde{\boldsymbol{\Phi}}_i-\lambda\boldsymbol{P}_i<0,\quad \forall j\in\bar{\lambda}_{\mathrm{UK}}^i \tag{4-9}$$

其中：$\widetilde{\boldsymbol{P}}_{\mathrm{K}}^i=\sum\limits_{j\in\bar{\lambda}_{\mathrm{K}}^i}\pi_{ij}\boldsymbol{P}_j$，则系统是随机稳定的。

证明　对于系统 S_{ck}，选取系统 Lyapunov 函数 $V_k(\sigma_k)=\boldsymbol{z}_k^{\mathrm{T}}\boldsymbol{P}_{\sigma_k}\boldsymbol{z}_k$，由于 $0\leqslant\pi_{ij}\leqslant1$，$\sum\limits_{j\in\bar{\lambda}}\pi_{ij}=1$，则有

$$\begin{aligned}
&E\{V_{k+1}(\sigma_{k+1}=j\mid\sigma_k=i)\}-V_k(\sigma_k=i)\\
&=\sum_{j\in\bar{\lambda}}\Pr(\sigma_{k+1}=j\mid\sigma_k=i)\cdot\boldsymbol{z}_{k+1}^{\mathrm{T}}\boldsymbol{P}_j\boldsymbol{z}_{k+1}-\boldsymbol{z}_k^{\mathrm{T}}\lambda\boldsymbol{P}_i\boldsymbol{z}_k\\
&=\sum_{j\in\bar{\lambda}}\pi_{ij}\boldsymbol{z}_{k+1}^{\mathrm{T}}\boldsymbol{P}_j\boldsymbol{z}_{k+1}-\boldsymbol{z}_k^{\mathrm{T}}\lambda\boldsymbol{P}_i\boldsymbol{z}_k=\boldsymbol{z}_k^{\mathrm{T}}\left[\widetilde{\boldsymbol{\Phi}}_i^{\mathrm{T}}\left(\sum_{j\in\bar{\lambda}}\pi_{ij}\boldsymbol{P}_j\right)\widetilde{\boldsymbol{\Phi}}_i-\lambda\boldsymbol{P}_i\right]\boldsymbol{z}_k\\
&=\boldsymbol{z}_k^{\mathrm{T}}\left[\widetilde{\boldsymbol{\Phi}}_i^{\mathrm{T}}\left(\sum_{j\in\bar{\lambda}}\pi_{ij}\boldsymbol{P}_j\right)\widetilde{\boldsymbol{\Phi}}_i-\left(\sum_{j\in\bar{\lambda}}\pi_{ij}\right)\lambda\boldsymbol{P}_i\right]\boldsymbol{z}_k\\
&=\boldsymbol{z}_k^{\mathrm{T}}\left[\widetilde{\boldsymbol{\Phi}}_i^{\mathrm{T}}\left(\sum_{j\in\bar{\lambda}_{\mathrm{K}}^i}\pi_{ij}\boldsymbol{P}_j\right)\widetilde{\boldsymbol{\Phi}}_i-\left(\sum_{j\in\bar{\lambda}_{\mathrm{K}}^i}\pi_{ij}\right)\lambda\boldsymbol{P}_i+\widetilde{\boldsymbol{\Phi}}_i^{\mathrm{T}}\left(\sum_{j\in\bar{\lambda}_{\mathrm{UK}}^i}\pi_{ij}\boldsymbol{P}_j\right)\widetilde{\boldsymbol{\Phi}}_i-\left(\sum_{j\in\bar{\lambda}_{\mathrm{UK}}^i}\pi_{ij}\right)\lambda\boldsymbol{P}_i\right]\boldsymbol{z}_k\\
&=\boldsymbol{z}_k^{\mathrm{T}}\left[\widetilde{\boldsymbol{\Phi}}_i^{\mathrm{T}}\widetilde{\boldsymbol{P}}_{\mathrm{K}}^i\widetilde{\boldsymbol{\Phi}}_i-\pi_{\mathrm{K}}^i\lambda P_i+\sum_{j\in\bar{\lambda}_{\mathrm{UK}}^i}\pi_{ij}\left(\widetilde{\boldsymbol{\Phi}}_i^{\mathrm{T}}\boldsymbol{P}_j\widetilde{\boldsymbol{\Phi}}_i-\lambda\boldsymbol{P}_i\right)\right]\boldsymbol{z}_k=\boldsymbol{z}_k^{\mathrm{T}}\left[\boldsymbol{M}_i+\sum_{j\in\bar{\lambda}_{\mathrm{UK}}^i}\pi_{ij}\boldsymbol{N}_i\right]\boldsymbol{z}_k
\end{aligned}$$

根据定理 1 中的式(4-8)、式(4-9)，则 $\boldsymbol{\Omega}_i=\boldsymbol{M}_i+\sum\limits_{j\in\bar{\lambda}_{\mathrm{UK}}^i}\pi_{ij}\boldsymbol{N}_i<0$。显然有 $\|\boldsymbol{x}_k\|\leqslant\|\boldsymbol{z}_k\|$，并且 $\boldsymbol{\Omega}_i<0,\boldsymbol{P}_i>0$。因此对于 $\boldsymbol{x}_k\neq0$，有

$$\begin{aligned}
\frac{E\{V_{k+1}(\sigma_{k+1}|\sigma_k)\}}{\lambda V_k(\sigma_k)}-1&=\frac{E\{V_{k+1}(\sigma_{k+1}|\sigma_k)\}-\lambda V_k(\sigma_k)}{\lambda V_k(\sigma_k)}\\
&=-\frac{\boldsymbol{z}_k^{\mathrm{T}}(-\boldsymbol{\Omega}_i)\boldsymbol{z}_k}{\boldsymbol{z}_k^{\mathrm{T}}\lambda\boldsymbol{P}_i\boldsymbol{z}_k}\leqslant-\min_{j\in\bar{\lambda}}\left\{\frac{\lambda_{\min}(-\boldsymbol{\Omega}_i)}{\lambda_{\max}(\lambda\boldsymbol{P}_i)}\right\}=\alpha-1
\end{aligned}$$

则 $\alpha\geqslant\dfrac{E\{V_{k+1}(\sigma_{k+1}|\sigma_k)\}}{\lambda V_k(\sigma_k)}>0,\alpha=1-\min\limits_{j\in\bar{\lambda}}\left\{\dfrac{\lambda_{\min}(-\boldsymbol{\Omega}_i)}{\lambda_{\max}(\lambda\boldsymbol{P}_i)}\right\}<1$，所以推导可得

$$0<\alpha<1,\quad E\{V_k(\sigma_k|\sigma_0)\}<(\alpha\lambda)^kV_0(\sigma_0)$$

继而有

$$E\left\{\sum_{k=0}^{m}V_k(\sigma_k\mid\sigma_0)\right\}<(1+\alpha\lambda+\cdots+(\alpha\lambda)^m)V_0(\sigma_0)=\frac{1-(\alpha\lambda)^{m+1}}{1-\alpha\lambda}V_0(\sigma_0)$$

由此可得

$$\lim_{m\to\infty}E\left\{\sum_{k=0}^{m}\boldsymbol{z}_k^{\mathrm{T}}\boldsymbol{z}_k\mid\sigma_0\right\}\cdot\left(\min_{j\in\bar{\lambda}}\lambda_{\min}(\boldsymbol{P}_i)\right)<\lim_{m\to\infty}E\left\{\sum_{k=0}^{m}\boldsymbol{z}_k^{\mathrm{T}}\boldsymbol{P}(\sigma_k)\boldsymbol{z}_k\,|\,\sigma_0\right\}<\frac{V_0(\sigma_0)}{1-\alpha\lambda}$$

令 $\widetilde{M}(z_0,\sigma_0)=\left(\min\limits_{j\in\bar{\lambda}}\lambda_{\min}(\boldsymbol{P}_i)\right)^{-1}\dfrac{V_0(\sigma_0)}{1-\lambda\alpha}$，则有

$$\lim_{m\to\infty}E\left\{\sum_{k=0}^{m}\boldsymbol{x}_k^{\mathrm{T}}\boldsymbol{x}_k \mid z_0,\sigma_0)\right\}<\widetilde{M}(z_0,\sigma_0)$$

因此根据定义 1 中式(4-7)条件，系统 S_{ck} 是随机稳定的。证毕。

4.4　镇定控制器设计

引理 1(Schur 补引理)　假如存在矩阵 $\boldsymbol{S}_1$、$\boldsymbol{S}_2$ 和 $\boldsymbol{S}_3$，其中 $\boldsymbol{S}_2^{\mathrm{T}}=\boldsymbol{S}_2>0$、$\boldsymbol{S}_3^{\mathrm{T}}=\boldsymbol{S}_3$，则 $\boldsymbol{S}_1^{\mathrm{T}}\boldsymbol{S}_2\boldsymbol{S}_1+\boldsymbol{S}_3<0$ 成立等价于

$$\begin{bmatrix}-\boldsymbol{S}_2^{-1} & \boldsymbol{S}_1\\ \boldsymbol{S}_1^{\mathrm{T}} & \boldsymbol{S}_3\end{bmatrix}<0 \quad 或 \quad \begin{bmatrix}\boldsymbol{S}_3 & \boldsymbol{S}_1^{\mathrm{T}}\\ \boldsymbol{S}_1 & -\boldsymbol{S}_2^{-1}\end{bmatrix}<0$$

引理 2　给定具有相应维数的矩阵 $\boldsymbol{W}$、$\boldsymbol{D}$ 和 $\boldsymbol{E}$，其中 $\boldsymbol{W}$ 为对称矩阵，对于所有满足 $\boldsymbol{F}^{\mathrm{T}}\boldsymbol{F}<\boldsymbol{I}$ 的矩阵 $\boldsymbol{F}$，有 $\boldsymbol{W}+\boldsymbol{DFE}+\boldsymbol{E}^{\mathrm{T}}\boldsymbol{F}^{\mathrm{T}}\boldsymbol{D}^{\mathrm{T}}<0$，当且仅当存在标量 $\varepsilon>0$，使得 $\boldsymbol{W}+\varepsilon\boldsymbol{DD}^{\mathrm{T}}+\varepsilon^{-1}\boldsymbol{E}^{\mathrm{T}}\boldsymbol{E}<0$。

定理 2　对于闭环离散时间跳变系统模型式(4-6)，如果存在 $\boldsymbol{Y}_i$、$\boldsymbol{X}_i=\boldsymbol{X}_i^{\mathrm{T}}>0$，$i\in\bar{\lambda}$，以及标量 $0<\lambda<1$ 和 $\varepsilon>0$，满足以下线性矩阵不等式：

$$\begin{bmatrix}-\pi_{\mathrm{K}}^{i}\lambda\boldsymbol{X}_i & \boldsymbol{U}_{1i}^{\mathrm{T}} & \boldsymbol{U}_{2i}^{\mathrm{T}}\\ \boldsymbol{U}_{1i} & \boldsymbol{Z} & 0\\ \boldsymbol{U}_{2i} & 0 & -\varepsilon\boldsymbol{I}\end{bmatrix}<0 \tag{4-10}$$

$$\begin{bmatrix}-\lambda\boldsymbol{X}_i & \boldsymbol{U}_{3i}^{\mathrm{T}} & \boldsymbol{U}_{2i}^{\mathrm{T}}\\ \boldsymbol{U}_{3i} & \varepsilon\hat{\boldsymbol{D}}_i\hat{\boldsymbol{D}}_i^{\mathrm{T}}-\boldsymbol{X}_j & 0\\ \boldsymbol{U}_{2i} & 0 & -\varepsilon\boldsymbol{I}\end{bmatrix}<0,\quad \forall j\in\bar{\lambda}_{u\kappa}^{i} \tag{4-11}$$

其中：$\boldsymbol{U}_{1i}=[(\hat{\boldsymbol{\Phi}}_i\boldsymbol{X}_i+\hat{\boldsymbol{\Gamma}}_i\boldsymbol{Y}_i)^{\mathrm{T}}\cdots(\hat{\boldsymbol{\Phi}}_i\boldsymbol{X}_i+\hat{\boldsymbol{\Gamma}}_i\boldsymbol{Y}_i)^{\mathrm{T}}]^{\mathrm{T}}$，$\boldsymbol{U}_{2i}=\hat{\boldsymbol{E}}\boldsymbol{X}_i+\boldsymbol{E}_0\boldsymbol{Y}_i$，$\boldsymbol{U}_{3i}=\hat{\boldsymbol{\Phi}}_i\boldsymbol{X}_i+\hat{\boldsymbol{\Gamma}}_i\boldsymbol{Y}_i$，

$$\boldsymbol{Z}=\begin{bmatrix}\varepsilon\hat{\boldsymbol{D}}_i\hat{\boldsymbol{D}}_i^{\mathrm{T}}-\pi_{i\kappa_1^i}^{-1}\boldsymbol{X}_{\kappa_1^i} & * & *\\ \varepsilon\hat{\boldsymbol{D}}_i\hat{\boldsymbol{D}}_i^{\mathrm{T}} & \ddots & *\\ \vdots & & *\\ \varepsilon\hat{\boldsymbol{D}}_i\hat{\boldsymbol{D}}_i^{\mathrm{T}} & \cdots & \varepsilon\hat{\boldsymbol{D}}_i\hat{\boldsymbol{D}}_i^{\mathrm{T}}-\pi_{i\kappa_m^i}^{-1}\boldsymbol{X}_{\kappa_m^i}\end{bmatrix}$$

，$\forall j\in\bar{\lambda}_{\mathrm{K}}^{i}$，则系统是随机稳定的，同时时变控制器增益(反馈增益)$\boldsymbol{K}_i=\boldsymbol{Y}_i\boldsymbol{X}_i^{-1}$。

证明　采用引理 1，对式(4-8)进行变换，可得

$$\begin{bmatrix}-\pi_{\mathrm{K}}^{i}\lambda\boldsymbol{P}_i & \widetilde{\boldsymbol{\Phi}}_i^{\mathrm{T}}\\ \widetilde{\boldsymbol{\Phi}}_i & -(\widetilde{\boldsymbol{P}}_{\mathrm{K}}^{i})^{-1}\end{bmatrix}<0 \tag{4-12}$$

对式(4-12)左右同时乘以 $\mathrm{diag}(\boldsymbol{X}_i,\boldsymbol{I})$，可得

$$\begin{bmatrix}-\pi_{\mathrm{K}}^{i}\lambda\boldsymbol{X}_i & \boldsymbol{X}_i\widetilde{\boldsymbol{\Phi}}_i^{\mathrm{T}}\\ \widetilde{\boldsymbol{\Phi}}_i\boldsymbol{X}_i & -(\widetilde{\boldsymbol{P}}_{\mathrm{K}}^{i})^{-1}\end{bmatrix}<0 \tag{4-13}$$

其中：$\boldsymbol{X}_i=\boldsymbol{P}_i^{-1}$。继续采用引理 1，对式(4-13)进行变换，可得

$$\begin{bmatrix}-\pi_{\mathrm{K}}^{i}\lambda\boldsymbol{X}_i & \boldsymbol{U}_{4i}^{\mathrm{T}}\\ \boldsymbol{U}_{4i} & \boldsymbol{W}\end{bmatrix}<0 \tag{4-14}$$

其中：$U_{4i}=[X_i\widetilde{\Phi}_i^{\mathrm{T}},\cdots,X_i\widetilde{\Phi}_i^{\mathrm{T}}]^{\mathrm{T}}$，$W=\mathrm{diag}(-\pi_{i\kappa_1}^{-1}X_{\kappa_1}^{i},-\pi_{i\kappa_2}^{-1}X_{\kappa_2}^{i},\cdots,-\pi_{i\kappa_m}^{-1}X_{\kappa_m}^{i})$。进一步地分析可得

$$\begin{bmatrix}-\pi_{\mathrm{K}}^{i}\lambda X_i & U_{4i}^{\mathrm{T}}\\ U_{4i} & W\end{bmatrix}=\begin{bmatrix}-\pi_{\mathrm{K}}^{i}\lambda X_i & * & * & * & *\\ (\hat{\Phi}_iX_i+\hat{\Gamma}_iY_i) & -\pi_{i\kappa_1}^{-1}X_{\kappa_1}^{i} & * & * & *\\ (\hat{\Phi}_iX_i+\hat{\Gamma}_iY_i) & 0 & -\pi_{i\kappa_2}^{-1}X_{\kappa_2}^{i} & * & *\\ \vdots & \vdots & \vdots & \ddots & *\\ (\hat{\Phi}_iX_i+\hat{\Gamma}_iY_i) & 0 & 0 & 0 & -\pi_{i\kappa_m}^{-1}X_{\kappa_m}^{i}\end{bmatrix}$$
$$+[0\ \ \hat{D}_i\ \ \hat{D}_i\ \ \cdots\ \ \hat{D}_i]^{\mathrm{T}}F(\tau_k)[(\hat{E}X_i+E_0Y_i)\ \ 0\ \ 0\ \ \cdots\ \ 0]$$
$$+[(\hat{E}X_i+E_0Y_i)^{\mathrm{T}}\ \ 0\ \ 0\ \ \cdots\ \ 0]^{\mathrm{T}}F^{\mathrm{T}}(\tau_k)[0\ \ \hat{D}_i^{\mathrm{T}}\ \ \hat{D}_i^{\mathrm{T}}\ \ \cdots\ \ \hat{D}_i^{\mathrm{T}}]<0 \tag{4-15}$$

由于 $F^{\mathrm{T}}(\tau_k)F(\tau_k)<I$，根据引理2，可得式(4-15)与式(4-16)是等价的：

$$\begin{bmatrix}-\pi_{\mathrm{K}}^{i}\lambda X_i & * & * & * & *\\ (\hat{\Phi}_iX_i+\hat{\Gamma}_iY_i) & -\pi_{i\kappa_1}^{-1}X_{\kappa_1}^{i} & * & * & *\\ (\hat{\Phi}_iX_i+\hat{\Gamma}_iY_i) & 0 & -\pi_{i\kappa_2}^{-1}X_{\kappa_2}^{i} & * & *\\ \vdots & \vdots & \vdots & \ddots & *\\ (\hat{\Phi}_iX_i+\hat{\Gamma}_iY_i) & 0 & 0 & 0 & -\pi_{i\kappa_m}^{-1}X_{\kappa_m}^{i}\end{bmatrix}$$
$$+\varepsilon[0\ \ \hat{D}_i\ \ \hat{D}_i\ \ \cdots\ \ \hat{D}_i][0\ \ \hat{D}_i^{\mathrm{T}}\ \ \hat{D}_i^{\mathrm{T}}\ \ \cdots\ \ \hat{D}_i^{\mathrm{T}}]$$
$$+\varepsilon^{-1}[(\hat{E}X_i+E_0Y_i)^{\mathrm{T}}\ \ 0\ \ 0\ \ \cdots\ \ 0][(\hat{E}X_i+E_0Y_i)\ \ 0\ \ 0\ \ \cdots\ \ 0]<0 \tag{4-16}$$

最后根据引理1，得式(4-10)。如上证明过程，同理可得式(4-11)。证毕。

以上计算可以通过求解线性矩阵不等式来实现，计算得到的时变控制器增益 K_i 对应着图4-2中系统在采样时间周期$[kT,(k+1)T]$内的第 i 个时延区间。针对系统的随机时延，采用预估补偿的设计思想来选择不同的增益。

4.5　数值算例仿真

给出两轴磨粉机控制系统中的连续时间被控对象状态空间模型[18]：

$$\dot{x}(t)=\begin{bmatrix}0 & 1 & 0 & 0\\ 0 & -18.18 & 0 & 0\\ 0 & 0 & 0 & 1\\ 0 & 0 & 0 & -17.86\end{bmatrix}x(t)+\begin{bmatrix}0 & 0\\ 515.38 & 0\\ 0 & 0\\ 0 & 517.07\end{bmatrix}u(t)$$

为了验证本章所提方法的有效性，考虑其系统采样周期为 $T=1.2$ s，双边随机时延 $\tau_k^{\mathrm{sc}}+\tau_k^{\mathrm{ca}}<T$。将整个网络双边随机取值范围(0,1.2)二等分，即分为(0,0.6]和(0.6,1.2)两个区间，并将其定义为Markov链的两个状态，且受转移概率矩阵 $\boldsymbol{\pi}_1$ 控制，同时在每个小区间内

采用随机分布的方式得到对应的随机时延序列,如图 4-3 所示。同理,若进行四等分,可得受转移概率矩阵 $\boldsymbol{\pi}_2$ 控制的随机时延序列,如图 4-4 所示。接着采用不同区间划分方法分别对系统进行仿真。

$$\boldsymbol{\pi}_1=\begin{bmatrix}0.525 & 0.475\\ 0.6 & 0.4\end{bmatrix},\quad \boldsymbol{\pi}_2=\begin{bmatrix}0.35 & 0.20 & 0.35 & 0.10\\ 0.20 & 0.30 & 0.10 & 0.40\\ 0.20 & 0.30 & 0.40 & 0.10\\ 0.60 & 0.10 & 0.15 & 0.15\end{bmatrix}$$

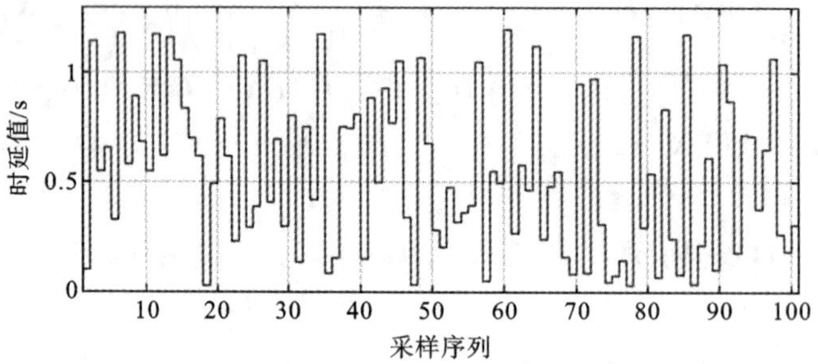

图 4-3 基于转移概率矩阵 $\boldsymbol{\pi}_1$ 的随机时延序列

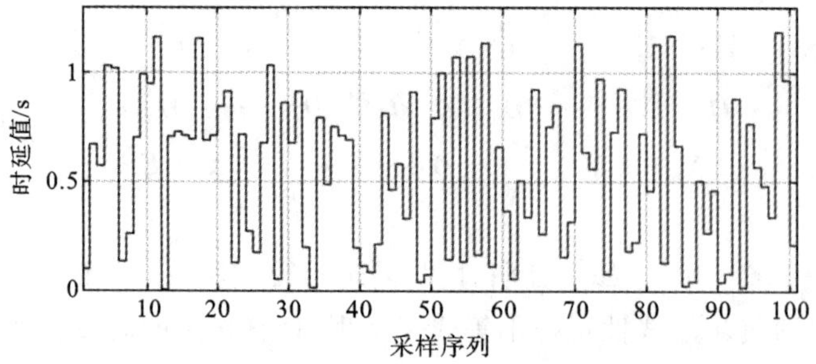

图 4-4 基于转移概率矩阵 $\boldsymbol{\pi}_2$ 的随机时延序列

(1) 令 $N=1$,则区间间隔 $T_0=T=1.2$ s。选取满足系统离散化条件的最小值 $\sigma=1.21$,根据定理 2,求解线性矩阵不等式式(4-10)和式(4-11),可求得最小 $\lambda=0.949$,$\varepsilon=29.5039$,以及控制器增益为

$$\boldsymbol{K}_1=\begin{bmatrix}-0.0013 & -0.0001 & 0 & 0 & 0.0973 & 0\\ 0 & 0 & -0.0011 & -0.0001 & 0 & 0.2033\end{bmatrix}$$

设系统初始状态 $\boldsymbol{x}(0)=[2\quad 1\quad -3\quad -0.2]^{\mathrm{T}}$,获得仿真结果,如图 4-5 所示。

(2) 令 $N=2$,则区间间隔 $T_0=0.6$ s,将传感器采样周期二等分,分别为(0,0.6]、(0.6,1.2),分别对应 Markov 链的两个状态。随机时延在两个区间上的跳变特性受转移概率矩阵 $\boldsymbol{\pi}_1$ 控制。当转移概率矩阵 $\boldsymbol{\pi}_1$ 全部元素已知时,选取系统离散化条件的最小值 $\sigma=0.61$,根据定理 2,可计算得出最小 $\lambda=0.903$,$\varepsilon=666.6550$,离散时间跳变系统的时变控制器增益为

$$\boldsymbol{K}_{2\_1}=\begin{bmatrix}-0.0028 & -0.0002 & 0 & 0 & -0.0627 & 0\\ 0 & 0 & -0.0025 & -0.0001 & 0 & 0.0321\end{bmatrix}$$

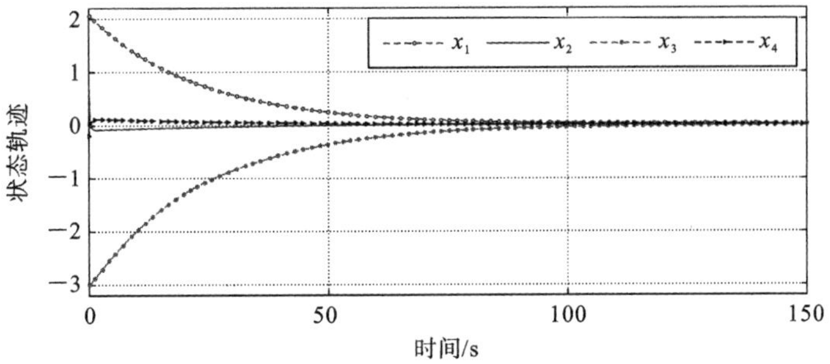

图 4-5　未划分时间间隔时的状态轨迹

扫码看彩图

$$\boldsymbol{K}_{2\_2}=\begin{bmatrix}-0.0027 & -0.0001 & 0 & 0 & -0.0224 & 0\\ 0 & 0 & -0.0024 & -0.0001 & 0 & 0.0620\end{bmatrix}$$

当转移概率矩阵 $\boldsymbol{\pi}_1$ 完全未知，同样选取系统离散化条件的最小值 $\sigma=0.61$，可计算得出最小 $\lambda=0.905$，$\varepsilon=39.9073$，离散时间跳变系统的时变控制器增益为

$$\widetilde{\boldsymbol{K}}_{2\_1}=\begin{bmatrix}-0.0027 & -0.0002 & 0 & 0 & -0.0526 & 0\\ 0 & 0 & -0.0023 & -0.0001 & 0 & 0.0691\end{bmatrix}$$

$$\widetilde{\boldsymbol{K}}_{2\_2}=\begin{bmatrix}-0.0026 & -0.0001 & 0 & 0 & -0.0044 & 0\\ 0 & 0 & -0.0023 & -0.0001 & 0 & 0.1017\end{bmatrix}$$

同样设系统初始状态 $\boldsymbol{x}(0)=[2\quad 1\quad -3\quad -0.2]^{\mathrm{T}}$，在双边随机时延跳变特性满足图 4-3 所示的随机时延序列时，仿真结果分别如图 4-6(a)和图 4-7(a)所示。

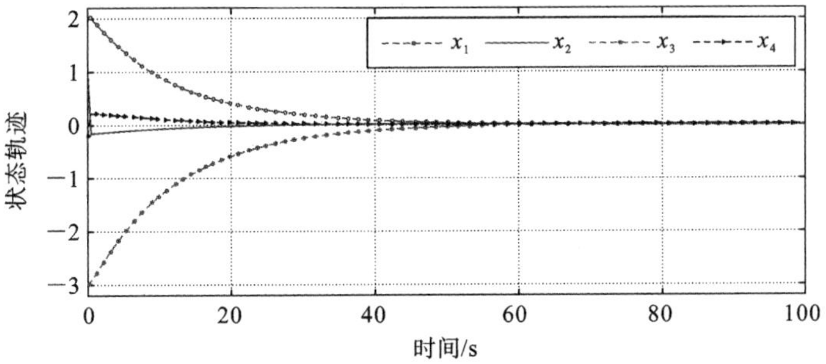

(a) 二等分时间间隔时的状态轨迹

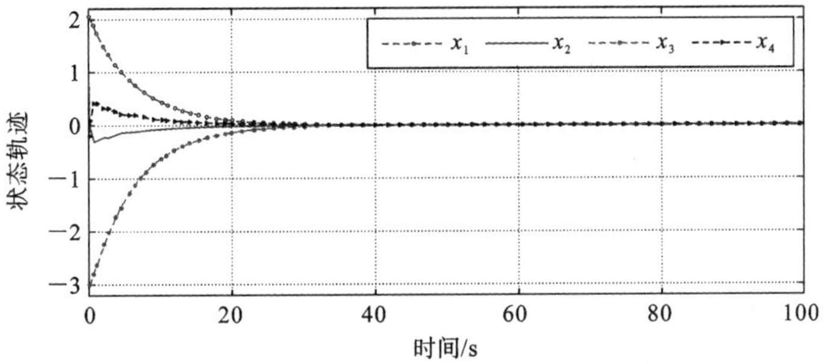

(b) 四等分时间间隔时的状态轨迹

图 4-6　二等分和四等分时间间隔时的状态轨迹(转移概率矩阵完全已知)

扫码看彩图

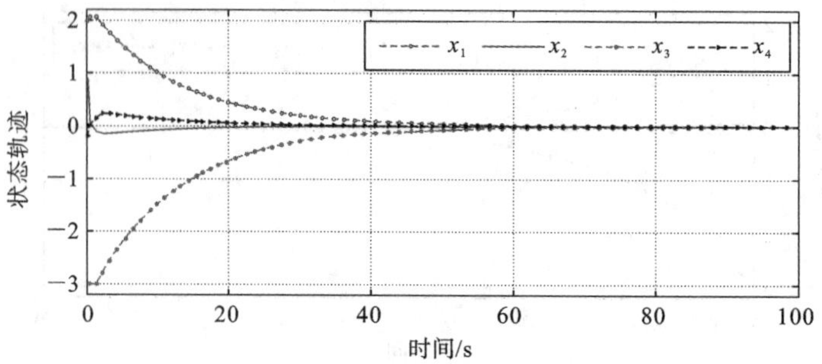

（a）二等分时间间隔时的状态轨迹

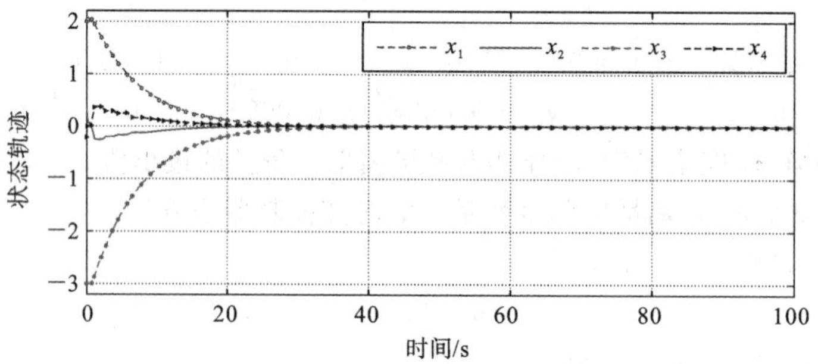

（b）四等分时间间隔时的状态轨迹

图 4-7　二等分和四等分时间间隔时的状态轨迹(转移概率矩阵完全未知)　　扫码看彩图

(3) $N=4$，则区间间隔 $T_0=0.3$ s，将传感器采样周期四等分，分别为(0,0.3]、(0.3,0.6]、(0.6,0.9]和(0.9,1.2)，分别对应 Markov 链的四个状态。随机时延在这四个区间上的跳变特性受转移概率矩阵 $\boldsymbol{\pi}_2$ 控制。当转移概率矩阵 $\boldsymbol{\pi}_2$ 全部元素已知时，选取系统离散化条件的最小值 $\sigma=0.31$，根据定理 2，可计算得出最小 $\lambda=0.826$，$\varepsilon=0.0367$，离散时间跳变系统的时变控制器增益为

$$\boldsymbol{K}_{4\_1}=\begin{bmatrix}-0.0052 & -0.0003 & 0 & 0 & -0.1442 & 0\\ 0 & 0 & -0.0048 & -0.0003 & 0 & -0.0977\end{bmatrix}$$

$$\boldsymbol{K}_{4\_2}=\begin{bmatrix}-0.0049 & -0.0003 & 0 & 0 & -0.0741 & 0\\ 0 & 0 & -0.0046 & -0.0003 & 0 & -0.0371\end{bmatrix}$$

$$\boldsymbol{K}_{4\_3}=\begin{bmatrix}-0.0047 & -0.0002 & 0 & 0 & -0.0388 & 0\\ 0 & 0 & -0.0044 & -0.0002 & 0 & -0.0048\end{bmatrix}$$

$$\boldsymbol{K}_{4\_4}=\begin{bmatrix}-0.0047 & -0.0003 & 0 & 0 & -0.0380 & 0\\ 0 & 0 & -0.0044 & -0.0002 & 0 & -0.0036\end{bmatrix}$$

当转移概率矩阵 $\boldsymbol{\pi}_2$ 完全未知时，同样给定系统离散化条件的最小值 $\sigma=0.31$，根据定理 2，可计算得出最小 $\lambda=0.835$，$\varepsilon=0.0298$，离散时间跳变系统的时变控制器增益为

$$\widetilde{\boldsymbol{K}}_{4\_1}=\begin{bmatrix}-0.0049 & -0.0003 & 0 & 0 & -0.1255 & 0\\ 0 & 0 & -0.0043 & -0.0002 & 0 & -0.0329\end{bmatrix}$$

$$\widetilde{\boldsymbol{K}}_{4\_2}=\begin{bmatrix}-0.0046 & -0.0003 & 0 & 0 & -0.0650 & 0\\ 0 & 0 & -0.0041 & -0.0002 & 0 & 0.0146\end{bmatrix}$$

$$\widetilde{\boldsymbol{K}}_{4\_3}=\begin{bmatrix}-0.0046 & -0.0003 & 0 & 0 & -0.0445 & 0\\ 0 & 0 & -0.0041 & -0.0002 & 0 & 0.0315\end{bmatrix}$$

$$\widetilde{\boldsymbol{K}}_{4\_4}=\begin{bmatrix}-0.0044 & -0.0002 & 0 & 0 & -0.0025 & 0\\ 0 & 0 & -0.0039 & -0.0002 & 0 & 0.0695\end{bmatrix}$$

同样设系统初始状态 $\boldsymbol{x}(0)=[2\quad 1\quad -3\quad -0.2]^{\mathrm{T}}$，在双边随机时延跳变特性满足图 4-4 所示的随机时延序列时，仿真结果分别如图 4-6(b)和图 4-7(b)所示。通过观察可得表 4-1 所示的区间划分个数与收敛时间的大致关系。

表 4-1　区间划分个数与收敛时间关系

区间划分个数	1	2	4
区间时间间隔	1.2 s	0.6 s	0.3 s
全部转移概率已知时趋于稳定的时间	约 100 s	约 54 s	约 32 s
全部转移概率未知时趋于稳定的时间	约 100 s	约 57 s	约 33 s

从表 4-1 以及图 4-5、图 4-6、图 4-7 中可以看出，同一系统对象针对相同的采样周期，分别选择满足不等式 $\sigma>\max\limits_{\tau_k\in[0,T_0]}\|\overline{\boldsymbol{F}}(\tau_k)\|_2=\left\|\int_0^{T_0}\mathrm{e}^{\boldsymbol{A}s}\mathrm{d}s\right\|_2$ 的值，采用不同的区间划分方法，并结合引理 2，使不确定参数问题转化为确定参数问题。在转移概率矩阵全部概率未知时，根据定理 2 给出的时变控制器增益均能使系统状态得到收敛。同时，区间间隔划分得越细，相应的系统收敛到稳定状态时的快速性和平稳性越好。

相比于针对整个大区间时延而设计的系统，例如文献[5,9]，本章提出的方法将原本在时延区间 $t_k\in(0,T)$ 范围变化的随机时延，通过时延区间划分，转化为在多个区间 $\tau_k\in(0,T_0]$ 内的小范围随机时延，进而采用 Markov 随机跳变理论进行分析和设计，可以降低系统设计的保守性。但是，随着划分区间个数以及转移概率矩阵中未知元素的增加，需要求解的线性矩阵不等式的个数也将随之增加，给计算求解带来较大困难。而且由于相邻划分区间时间间隔的减小，状态转移概率的获取越难，状态趋于稳定的时间将不会有明显的改善。因此在工程应用中可根据实际需求划分合适的区间个数。

4.6　本章小结

在网络控制系统中，随着网络负载等条件的改变，网络诱导时延也随之改变。针对网络诱导时延，为了降低系统设计的保守性，本章将时延的变化范围按区间划分，将连续的随机时延的问题转换为多个离散随机时延区间的问题，并采用一个状态转移概率未知的有限状态 Markov 链随机过程来描述双边随机时延的变化，得到了基于 Markov 链状态的参数不确定的离散时间跳变系统模型。然后基于 Lyapunov 稳定性理论，结合 Markov 随机跳变理论的分析方法和线性矩阵不等式给出了系统随机稳定的充分条件，以及可使系统镇定的时变控制器增益。在系统工作时，执行器采用预估补偿机制，根据时延的大小来选择合适的时变控制器增益。最后在考虑系统双边随机时延的前提下，本章给出了基于同一系统但采用不同时延区间划分方法的数值算例仿真,其结果验证了本章所提方法是有效的。

参考文献

[1] GUPTA R A,CHOW M Y. Networked control system: overview and research trends [J]. IEEE Transactions on Industrial Electronics, 2010, 57(7): 2527-2535.

[2] 魏玲,薛定宇,鄂大志,等. 网络控制系统中的时延分析[J]. 系统仿真学报,2008,14(20):3772-3781.

[3] LUCK R,RAY A. An observer-based compensator for distributed delays[J]. Automatica, 1990, 26(5):903-908.

[4] ZHANG W,YU L. BIBO stability and stabilization of networked control systems with short time-varying delays[J]. International Journal of Robust and Nonlinear Control, 2011, 21(3):295-308.

[5] 谢成详,樊卫华,胡维礼.一类短时延网络控制系统的建模和控制方法[J].南京理工大学学报(自然科学版), 2009,33(2):156-160.

[6] 邱占芝,张庆灵,刘明.不确定时延输出反馈网络化系统的保性能分析[J].控制理论与应用,2007,24(2): 274-278.

[7] 胥吉林,屈百达,徐保国.短时延网络控制系统的建模与 H_∞ 鲁棒控制[J].计算机工程与设计,2013, 34(1):110-113.

[8] CHEN C C, HIRCHE S, BUSS M. Stability, stabilization and experiments for networked control systems with random time delay[C] //2008 American Control Conference. New York:IEEE,2008:1552-1557.

[9] 马卫国,邵诚.网络控制系统随机稳定性研究[J].自动化学报,2007, 33(8): 878-882.

[10] 宋杨,董豪,费敏锐.基于切换频度的马可夫网络控制系统均方指数镇定[J].自动化学报,2012,38(5):876-881.

[11] HUANG D, SING K N. State feedback control of uncertain networked control systems with random time delays[J]. IEEE Trans on Automatic Control, 2008, 53(3): 829-834.

[12] ZHANG L X, BOUKAS E K. Stability and stabilization of Markovian jump linear systems with partly unknown transition probabilities[J]. Automatica, 2009, 2(45), 463-468.

[13] 邱丽,胥布工,黎善斌.具有数据包丢失及转移概率部分未知的网络控制系统 H_∞ 控制[J].控制理论与应用,2011,28(8):1105-1112.

[14] WANG J H, ZHANG Q I, BAI F. Robust control of discrete-time singular Markovian jump systems with partly unknown transition probabilities by static output feedback[J]. International Journal of Control, Automation, and Systems, 2015, 13(6):1313-1325.

[15] GOU C Y, ZHANG W D. H_∞ estimation for stochastic time delays in networked control systems by partly unknown transition probabilities of Markovian chains[J]. Journal of Dynamic Systems, Measurement, and Control, 2013,135(1):145081-1450816.

[16] TIAN G S, XIA F, TIAN Y C. Predictive compensation for variable network delays and packet losses in networked control systems[J]. Computers and Chemical Engineering, 2012,39:152-162.

[17] CAO Y Y, LAM J. Stochastic stabilizability and H_∞ control for discrete-time jump linear systems with time delay[J]. Journal of the Franklin Institute, 1999, 366(8): 1263-1281.

[18] ZHANG W A, YU L. Modelling and control of networked control systems with both network-induced delay and packet-dropout[J]. Automatica, 2008,44(12):3206-3210.

第5章 区间化时变时延的网络控制系统镇定研究

近年来，通过通信网络连接的传感器、控制器和执行器等节点来完成信息交换的网络控制系统受到了广泛的关注和研究。相对于传统的点对点控制系统，网络控制系统实现了远程信息资源共享，节约了系统设计成本，增强了系统的可维护性，同时具有灵活性高等优点，广泛应用于工业控制网络、传感器网络、远程医疗手术、无人机以及云控制系统等领域[1-3]。

然而在带宽有限的网络中，数据在传输过程中不可避免地存在时延，而且受到网络协议类型、拓扑结构以及负载变化等因素的影响，该传输时延将会随时间变化，引起系统性能下降，甚至破坏系统稳定性。因此它成为目前网络控制系统分析和设计考虑的基本问题之一。

针对信息在网络传输过程中的时变时延，文献[4]采用接收缓冲器的方法将其转化为定常时延，然后设计控制器，但此方法人为地增加了时延，会降低系统的性能。文献[5-9]将时变时延转化为不确定但满足范数有界条件的系统参数，或者将其转化为凸多面体不确定项[10]，建立了参数不确定的离散线性控制系统模型，并利用随机系统分析方法给出了系统稳定的条件，但此方法需要对多个参数进行调节或者要求复杂算法中的不确定参数矩阵满足范数有界性条件。文献[11]将时变时延分解为均值部分和不确定部分，同样将其描述为一类离散时间范数有界但不确定的条件，然后利用鲁棒控制的方法设计状态反馈控制器，并建立了时延上界和时延变化范围与系统稳定性之间的关系，该方法有效地解决了时变时延引起的指数时变项问题，但是忽略了时变时延的部分动态信息，因此相应的分析和设计方法存在一定程度的保守性。文献[12-18]将时延特性描述为基于 Markov 链的随机过程，建立了离散时间跳变系统模型，并采用基于 Markov 链的随机系统分析方法给出相应的分析和设计要求。然而在实际的通信网络中，时延是时变的，如果要用 Markov 链去刻画时延的跳变特性，需要计算出各个时延值之间的转移概率，这在实际工程应用中是非常难实现的，或者需要付出很高的成本，因此在很多情况下，随机系统分析方法就不再适用。文献[19,20]采用模型预测的控制思想来解决网络诱导时延问题，基本思路是控制器先算出基于整数倍采样周期的多个未来预测控制序列，然后执行器根据时延的具体大小选取相应的控制量，从而可补偿时延带来的输入滞后问题。文献[21]则在一个采样周期内采用 GPC（广义预测控制）算法与线性插值原理相结合的方法，通过提高执行器读取缓冲区的频率来提高时延补偿性能。基于预测时延补偿思想，文献[22]在控制器里先预存与确定时延相关的参数并计算出控制序列，然后执行器采用事件驱动的方式，并根据从传感器到执行器的时延值在控制序列中选取适当的控制量输出给对象。文献[23]将时延变化范围按区间划分，并建立了相应的 Lyapunov-Krasovskii 泛函，由于利用了小区间范围内的积分不等式来处理泛函，因此系统设计的保守性有所降低。文献[23]同时给出了系统满足稳定的条件，并描述了区间划分个数和时延上界的关系。文献[24]同样将时延变化范围按区间划分，用时延区间均值代替实际时延值，并采用区间分割法对时延进行预测，最后采用状态观测器完成对系统状态的估计，进而计算出系统所需要的控制量。通过仿真对比，此方法似是能够提高系统的性能，但暂未得到有效的数学证明。

由于切换系统能够有效描述自然、社会以及工程系统根据外界环境的变化而表现出的不同模态，因此广泛应用于输电系统、交通控制系统、飞行控制系统等领域[25-27]。近年来，大批学者将具有时变时延和数据丢包的网络控制系统描述为切换系统，并对其稳定性分析和控制器设计方法做了深入研究[28-31]。其中文献[28]本质是利用执行器的采样频率高于传感器采样频率的时间驱动策略，将时变时延引起的指数时变项按小区间分解为多个定常项，并将具有短时延的网络控制系统描述为一类离散时间切换系统，给出了系统满足指数稳定的条件。文献[29]采用与文献[28]同样的策略解决了系统中的长时延问题，此方法降低了设计的保守性，但是执行器采用时间驱动，又会人为地增加网络诱导时延。

基于以上分析，本章采用事件驱动的方式，可有效减少由于执行器采用时间驱动而产生的等待时延，同时将传感器到控制器的反馈通道时延和控制器到执行器的前向通道时延按区间划分，将时变时延在整个区间范围内变化的不确定性问题转化为在小区间范围内变化的不确定性问题，并建立了参数不确定的离散时间切换系统模型，然后采用平均驻留时间的方法给出了模型依赖的时变控制器增益，从而有效降低系统设计的保守性。同时时延区间划分个数的增加在一定程度上可减少系统状态收敛的时间。

5.1　问题描述及系统建模

当网络诱导时延在所划分的时延区间之间的跳变特性无法获得时，需要求解的线性矩阵不等式的个数较多，给计算求解带来了较大的困难。因此本节提出采用确定性的切换系统分析方法来分析。

令 $\sigma_k \in Z_0$ 是一个关于时间的切换分段常数，称为切换信号，n_{0k}、n_{1k} 的取值由 σ_k 来控制，即

$$\begin{cases} [n_1 \quad n_{0k}]=[1 \quad N-1] \rightarrow \sigma_k=1 \\ [n_1 \quad n_{0k}]=[2 \quad N-2] \rightarrow \sigma_k=2 \\ \quad\vdots \\ [n_{1k} \quad n_{0k}]=[N \quad 0] \rightarrow \sigma_k=N \end{cases} \tag{5-1}$$

令系统的增广矩阵 $\boldsymbol{z}(k)=[\boldsymbol{x}^{\mathrm{T}}(k) \quad \boldsymbol{u}^{\mathrm{T}}(k-1)]^{\mathrm{T}}$，则得开环离散时间切换系统模型 S_{os}：

$$\boldsymbol{z}(k+1)=\bar{\boldsymbol{\Phi}}_{\sigma_k}\boldsymbol{z}(k)+\bar{\boldsymbol{\Gamma}}_{\sigma_k}\boldsymbol{u}(k) \tag{5-2}$$

其中：$\bar{\boldsymbol{\Phi}}_{\sigma_k}=\begin{bmatrix} \boldsymbol{\Phi} & \boldsymbol{\Gamma}_{1\sigma_k}-\boldsymbol{D}_{\sigma_k}\boldsymbol{F}(\tau_k)\boldsymbol{E} \\ 0 & 0 \end{bmatrix}$，$\bar{\boldsymbol{\Gamma}}_{\sigma_k}=\begin{bmatrix} \boldsymbol{\Gamma}_{0\sigma_k}+\boldsymbol{D}_{\sigma_k}\boldsymbol{F}(\tau_k)\boldsymbol{E} \\ \boldsymbol{I} \end{bmatrix}$。

当网络负载等条件变化时，时延也将随之改变，相应的系统也会发生切换。针对开环离散时间切换系统模型 S_{os}，采用时延模型依赖的时变控制器增益，即对每个子系统采用不同

的反馈控制增益。类似第 4 章式(4-6),令系统的时变控制器为 $\boldsymbol{u}(k)=\boldsymbol{K}_{\sigma_k}\boldsymbol{z}(k)$,则可得到闭环离散时间切换系统模型 S_{cs}:

$$\begin{aligned}\boldsymbol{z}(k+1)=\widetilde{\boldsymbol{\Phi}}_{\sigma_k}\boldsymbol{z}(k)&=\left(\begin{bmatrix}\boldsymbol{\Phi} & \boldsymbol{\Gamma}_{1\sigma_k}\\0 & 0\end{bmatrix}+\begin{bmatrix}\boldsymbol{\Gamma}_{0\sigma_k}\\\boldsymbol{I}\end{bmatrix}\boldsymbol{K}_{\sigma_k}+\begin{bmatrix}\boldsymbol{D}_{\sigma_k}\\0\end{bmatrix}\boldsymbol{F}(\tau_k)([0\quad -\boldsymbol{E}]+\boldsymbol{E}\boldsymbol{K}_{\sigma_k})\right)\boldsymbol{z}(k)\\&=(\hat{\boldsymbol{\Phi}}_{\sigma_k}+\hat{\boldsymbol{\Gamma}}_{\sigma_k}\boldsymbol{K}_{\sigma_k}+\hat{\boldsymbol{D}}_{\sigma_k}\boldsymbol{F}(\tau_k)(\hat{\boldsymbol{E}}+\boldsymbol{E}_0\boldsymbol{K}_{\sigma_k}))\boldsymbol{z}(k)\end{aligned}\tag{5-3}$$

其中:$\widetilde{\boldsymbol{\Phi}}_{\sigma_k}=\begin{bmatrix}\boldsymbol{\Phi} & \boldsymbol{\Gamma}_{1\sigma_k}\\0 & 0\end{bmatrix}+\begin{bmatrix}\boldsymbol{\Gamma}_{0\sigma_k}\\\boldsymbol{I}\end{bmatrix}\boldsymbol{K}_{\sigma_k}+\begin{bmatrix}\boldsymbol{D}_{\sigma_k}\\0\end{bmatrix}\boldsymbol{F}(\tau_k)([0\quad -\boldsymbol{E}]+\boldsymbol{E}\boldsymbol{K}_{\sigma_k})$,$\hat{\boldsymbol{\Phi}}_{\sigma_k}=\begin{bmatrix}\boldsymbol{\Phi} & \boldsymbol{\Gamma}_{1\sigma_k}\\0 & 0\end{bmatrix}$,

$\hat{\boldsymbol{\Gamma}}_{\sigma_k}=\begin{bmatrix}\boldsymbol{\Gamma}_{0\sigma_k}\\\boldsymbol{I}\end{bmatrix}$,$\hat{\boldsymbol{D}}_{\sigma_k}=\begin{bmatrix}\boldsymbol{D}_{\sigma_k}\\0\end{bmatrix}$,$\hat{\boldsymbol{E}}=[0\quad -\boldsymbol{E}]$,$\boldsymbol{E}_0=\boldsymbol{E}$。

由于该网络控制系统存在着 S-C 和 C-A 双边的时变时延,因此本小节采用了与第 4 章相同的思路来设计系统工作方式,即根据数据包的时间戳信息,执行器分析当前从传感器到执行器的时延大小并选择相应的时延区间模型依赖的控制器增益值输出给控制对象。

5.2 系统指数稳定性分析

定义 1 在一定的切换信号 $\sigma(k)$ 作用下,若存在常数 $\alpha>0$、$0<\gamma<1$,对于闭环离散时间切换系统模型式(5-3),使得对于任意有限的初始状态 $\boldsymbol{x}(k_0)$ 满足:

$$\|\boldsymbol{x}(k)\|\leqslant\alpha\gamma^{(k-k_0)}\|\boldsymbol{x}(k_0)\|,\quad \forall k\geqslant k_0$$

则称系统的平衡点 $\boldsymbol{x}=0$ 在切换信号作用下是全局一致指数稳定且具有指数衰减率 γ 的。

定义 2 对任意的 $k_2>k_1\geqslant 0$,令 $N_\sigma(k_2,k_1)$ 表示在时间区间 $[k_1,k_2]$ 内系统切换信号 $\sigma(k)$ 切换的次数,若存在 τ_a 使得

$$N_\sigma(k_2,k_1)\leqslant N_0+\frac{k_2-k_1}{\tau_a}$$

成立,则称 τ_a 为系统切换信号的平均驻留时间,其中 N_0 表示系统的颤抖界,通常 $N_0=0$。

引理 1 针对闭环离散时间切换系统模型式(5-3),给定常数 $-1<\lambda<0$,假定存在 $\mathbb{C}^1$ 函数,$V_p(k):\mathbf{R}^n\to\mathbf{R}$,及 κ_∞ 类函数 κ_1、κ_2,对于 $\forall p\in Z_0$,若有

$$\kappa_1(\|\boldsymbol{x}(k)\|)\leqslant V_p(k)\leqslant\kappa_2(\|\boldsymbol{x}(k)\|)$$

$$\Delta V_p(k)<\lambda_p V_p(k)$$

且对于 $\forall(\sigma(k_i)=p,\sigma(k_{i-1})=q)\in Z_0\times Z_0$,$p\neq q$,存在 $u>1$,$p\in Z_0$,使得

$$V_p(\boldsymbol{x}(k_i))<uV_q(\boldsymbol{x}(k_i))$$

成立,那么该系统全局一致指数稳定。只要其切换信号的平均驻留时间满足

$$\tau_a>\tau_a^*=-\frac{\ln u}{\ln(1+\lambda)}$$

成立,则称 τ_a 为系统切换信号的平均驻留时间,其中 N_0 表示系统的颤抖界,通常 $N_0=0$。

定理 1 针对闭环离散时间切换系统模型式(5-3),如果存在 $u>1$,$-1<\lambda<0$,以及对称矩阵 $\boldsymbol{P}_p>0$、$\boldsymbol{P}_q>0$,$\forall(p,q)\in Z_0\times Z_0$,$p\neq q$,使得

$$\widetilde{\boldsymbol{\Phi}}_p^{\mathrm{T}}\boldsymbol{P}_p\widetilde{\boldsymbol{\Phi}}_p-(1+\lambda)\boldsymbol{P}_p<0\tag{5-4}$$

$$\boldsymbol{P}_p < u\boldsymbol{P}_q \tag{5-5}$$

成立,同时其切换信号要满足引理 1 的平均驻留时间要求,则该系统全局一致指数稳定。

证明　令时间序列 $k_0, k_1, k_2 \cdots k_i, k_{i+1} \cdots k_{N_\sigma(nT,0)}$ 是 nT 个时间内各个子系统的切换点,且是右连续的。令 $V_p(\boldsymbol{z}(k)) = \boldsymbol{z}^{\mathrm{T}}(k)\boldsymbol{P}_p\boldsymbol{z}(k)$,$p \in Z_0$ 为子系统的 Lyapunov 函数,则对于 $k \in [k_i, k_{i+1}]$,反复利用式(5-4)和式(5-5),得

$$\begin{aligned}
V_{\sigma(k_i)}(\boldsymbol{z}(k)) &< (1+\lambda)^{(k-k_i)} V_{\sigma(k_i)}(\boldsymbol{z}(k_i)) < \mu(1+\lambda)^{(k-k_i)} V_{\sigma(k_i^-)}(\boldsymbol{z}(k_i^-)) \\
&< \mu(1+\lambda)^{(k-k_i)}(1+\lambda)^{(k_i-k_{i-1})} V_{\sigma(k_{i-1})}(\boldsymbol{z}(k_{i-1})) \\
&< \mu^2(1+\lambda)^{(k-k_i)}(1+\lambda)^{(k_i-k_{i-1})} V_{\sigma(k_{i-1}^-)}(\boldsymbol{z}(k_{i-1}^-)) \\
&\vdots \\
&< \mu^{N(k,0)}(1+\lambda)^{(k-k_i)}(1+\lambda)^{(k_i-k_{i-1})} \cdots (1+\lambda)^{(k_2-k_1)} \times (1+\lambda)^{(k_1-k_0)} V_{\sigma(k_0)}(\boldsymbol{z}(k_0))
\end{aligned}$$

令 $k_0 = 0$、$V_{\sigma(k)}(\boldsymbol{z}(k)) = V_{\sigma(k_i)}(\boldsymbol{z}(k))$,基于引理 1 中的切换信号满足平均驻留时间要求,有

$$\begin{aligned}
V_{\sigma(k)}(\boldsymbol{z}(k)) &< \mu^{N(k,0)}(1+\lambda)^{(k-k_i)}(1+\lambda)^{(k_i-k_{i-1})} \cdots (1+\lambda)^{(k_2-k_1)}(1+\lambda)^{(k_1-k_0)} V_{\sigma(k_0)}(\boldsymbol{z}(k_0)) \\
&= \mu^{N(k,0)}(1+\lambda)^k V_{\sigma(k_0)}(\boldsymbol{z}(k_0)) \leqslant \mu^{N_0(k,0)+\frac{k}{\tau_a}}(1+\lambda)^k V_{\sigma(k_0)}(\boldsymbol{z}(k_0)) \\
&= \exp(N_0 \ln\mu) \cdot (\mu^{\frac{1}{\tau_a}}(1+\lambda))^k V_{\sigma(k_0)}(\boldsymbol{z}(k_0))
\end{aligned}$$

令 $\beta_1 = \min\limits_{\forall m \in \Omega} \lambda_{\min}(\boldsymbol{P}_m)$,$\beta_2 = \max\limits_{\forall m \in \Omega} \lambda_{\max}(\boldsymbol{P}_m)$,$\gamma^* = \mu^{\frac{1}{\tau_a}}(1+\lambda)$,所以有

$$\begin{aligned}
\beta_1 \| \boldsymbol{z}(k) \| &\leqslant V_{\sigma(k)}(\boldsymbol{z}(k)) < \exp(N_0 \ln\mu) \cdot (\mu^{\frac{1}{\tau_a}}(1+\lambda))^k V_{\sigma(k_0)}(\boldsymbol{z}(k_0)) \\
&\leqslant \exp(N_0 \ln\mu) {\gamma^*}^k \beta_2 \| \boldsymbol{z}(0) \|
\end{aligned}$$

令 $\alpha = \dfrac{\exp(N_0 \ln\mu) \cdot \beta_2}{\beta_1}$,则有

$$\| \boldsymbol{z}(k) \| \leqslant \alpha {\gamma^*}^k \| \boldsymbol{z}(0) \|$$

假设初始时刻 $\boldsymbol{u}(-1) = 0$,因此有 $\| \boldsymbol{x}(k) \| \leqslant \| \boldsymbol{z}(k) \| \leqslant \alpha {\gamma^*}^k \| \boldsymbol{z}(0) \| = \alpha {\gamma^*}^k \| \boldsymbol{x}(0) \|$。当 $\gamma^* < 1$,即满足平均驻留时间的要求时,则系统全局一致指数稳定,其指数衰减率为 $\gamma^* = \mu^{\frac{1}{\tau_a}}(1+\lambda)$。

系统 S_{cs} 的各个子系统描述了当网络诱导时延在小区间 $[iT_0, (i+1)T_0]$ 内变化的控制系统模型($i = 0, 1, \cdots N-1$)。式(5-4)表明系统 S_{cs} 中各个子系统内部是指数稳定并具有指数衰减率 $(1+\lambda)$ 的。当网络诱导时延发生变化,则系统将会在各个子系统之间切换,在切换过程中,其指数衰减率将会增加到 $(1+\lambda)$ 的 $\mu^{\frac{1}{\tau_a}}$ 倍。当系统时变时延在各个子系统之间的跳变不是很频繁时,即平均驻留时间满足引理 1 中的条件不等式时,系统才能算是稳定的,但系统性能将会随着切换频率的增加而降低。

5.3　镇定控制器设计

引理 2(Schur 补引理)　假如存在矩阵 $\boldsymbol{S}_1$、$\boldsymbol{S}_2$ 和 $\boldsymbol{S}_3$,其中 $\boldsymbol{S}_2^{\mathrm{T}} = \boldsymbol{S}_2 > 0$,$\boldsymbol{S}_3^{\mathrm{T}} = \boldsymbol{S}_3$,则 $\boldsymbol{S}_1^{\mathrm{T}}\boldsymbol{S}_2\boldsymbol{S}_1 + \boldsymbol{S}_3 < 0$ 成立等价于

$$\begin{bmatrix} -S_2^{-1} & S_1 \\ S_1^{\mathrm{T}} & S_3 \end{bmatrix} < 0 \quad \text{或} \quad \begin{bmatrix} S_3 & S_1^{\mathrm{T}} \\ S_1 & -S_2^{-1} \end{bmatrix} < 0$$

引理 3 给定具有相应维数的矩阵 $\boldsymbol{W}$、$\boldsymbol{D}$ 和 $\boldsymbol{E}$，其中 $\boldsymbol{W}$ 为对称矩阵，对于所有满足 $\boldsymbol{F}^{\mathrm{T}}\boldsymbol{F} < \boldsymbol{I}$ 的矩阵 $\boldsymbol{F}$，有 $\boldsymbol{W}+\boldsymbol{DFE}+\boldsymbol{E}^{\mathrm{T}}\boldsymbol{F}^{\mathrm{T}}\boldsymbol{D}^{\mathrm{T}}<0$，当且仅当存在标量 $\varepsilon>0$，使得 $\boldsymbol{W}+\varepsilon\boldsymbol{DD}^{\mathrm{T}}+\varepsilon^{-1}\boldsymbol{E}^{\mathrm{T}}\boldsymbol{E} < 0$。

定理 2 若存在 $-1<\lambda<0$，$u>1$，$p\in Z_0$，对于闭环离散时间切换系统模型式(5-3)，如果存在 $\boldsymbol{Y}_P$，$\boldsymbol{X}_p=\boldsymbol{X}_p^{\mathrm{T}}>0$，$p\in Z_0$ 以及 $\varepsilon>0$，满足以下线性矩阵不等式：

$$\begin{bmatrix} -(1+\lambda)\boldsymbol{X}_p & * & * \\ \hat{\boldsymbol{\Phi}}_p\boldsymbol{X}_p+\hat{\boldsymbol{\Gamma}}_p\boldsymbol{Y}_p & \varepsilon\hat{\boldsymbol{D}}\hat{\boldsymbol{D}}^{\mathrm{T}}-\boldsymbol{X}_p & * \\ \hat{\boldsymbol{E}}\boldsymbol{X}_p+\boldsymbol{E}_0\boldsymbol{Y}_p & 0 & -\varepsilon\boldsymbol{I} \end{bmatrix} < 0 \tag{5-6}$$

$$\begin{bmatrix} -u\boldsymbol{X}_q & * \\ \boldsymbol{X}_q & -\boldsymbol{X}_p \end{bmatrix} < 0, \quad \forall\, p\neq q\in Z_0 \tag{5-7}$$

且切换信号满足引理 1 中的平均驻留时间的要求时，则系统全局一致指数稳定，此时系统模型依赖下的时变控制器增益(反馈增益)为 $\boldsymbol{K}_p=\boldsymbol{Y}_p\boldsymbol{X}_p^{-1}$。

证明 采用引理 2，对式(5-4)和式(5-5)进行等效变换，可得

$$\begin{bmatrix} -(1+\lambda_p)\boldsymbol{P}_p & \widetilde{\boldsymbol{\Phi}}_p^{\mathrm{T}} \\ \widetilde{\boldsymbol{\Phi}}_p & -\boldsymbol{P}_p^{-1} \end{bmatrix} < 0, \quad \forall\, p\in Z_0 \tag{5-8}$$

$$\begin{bmatrix} -\mu\boldsymbol{P}_q & \boldsymbol{I} \\ \boldsymbol{I} & -\boldsymbol{P}_p^{-1} \end{bmatrix} < 0, \quad \forall\, p\neq q\in Z_0 \tag{5-9}$$

令 $\boldsymbol{X}_p=\boldsymbol{P}_p^{-1}$，$\boldsymbol{X}_q=\boldsymbol{P}_q^{-1}$，$p$、$q\in Z_0$，对式(5-8)左右分别乘以 $\mathrm{diag}(\boldsymbol{X}_p,\boldsymbol{I})$，对式(5-9)左右分别乘以 $\mathrm{diag}(\boldsymbol{X}_q,\boldsymbol{I})$，可得

$$\begin{bmatrix} -(1+\lambda)\boldsymbol{X}_p & (\widetilde{\boldsymbol{\Phi}}_p\boldsymbol{X}_p)^{\mathrm{T}} \\ \widetilde{\boldsymbol{\Phi}}_p\boldsymbol{X}_p & -\boldsymbol{X}_p \end{bmatrix} < 0, \quad \forall\, p\in Z_0 \tag{5-10}$$

$$\begin{bmatrix} -u\boldsymbol{X}_q & * \\ \boldsymbol{X}_q & -\boldsymbol{X}_p \end{bmatrix} < 0, \quad \forall\, p\neq q\in Z_0 \tag{5-11}$$

式(5-11)即为式(5-12)，但由于数据在传输过程中经历了时变传输时延，因此从式(5-10)展开可得

$$\begin{bmatrix} \begin{bmatrix} -(1+\lambda)\boldsymbol{X}_p & * \\ \hat{\boldsymbol{\Phi}}_p\boldsymbol{X}_p+\hat{\boldsymbol{\Gamma}}_p\boldsymbol{Y}_p & -\boldsymbol{X}_p \end{bmatrix} + \begin{bmatrix} 0 \\ \hat{\boldsymbol{D}}_p \end{bmatrix}\boldsymbol{F}(\tau_k)[\hat{\boldsymbol{E}}\boldsymbol{X}_p+\boldsymbol{E}_0\boldsymbol{Y}_p \quad 0] \\ +[\hat{\boldsymbol{E}}\boldsymbol{X}_p+\boldsymbol{E}_0\boldsymbol{Y}_p \quad 0]^{\mathrm{T}}\boldsymbol{F}^{\mathrm{T}}(\tau_k)\begin{bmatrix} 0 \\ \hat{\boldsymbol{D}}_p \end{bmatrix}^{\mathrm{T}} \end{bmatrix} < 0 \tag{5-12}$$

其中：$\boldsymbol{Y}_p=\boldsymbol{K}_p\boldsymbol{X}_p$。由于 $\boldsymbol{F}^{\mathrm{T}}(\tau_k)\boldsymbol{F}(\tau_k)<\boldsymbol{I}$，根据引理 3，将式(5-12)等效为

$$\begin{bmatrix} \begin{bmatrix} -(1+\lambda_p) & * \\ \hat{\boldsymbol{\Phi}}_p\boldsymbol{X}_p+\hat{\boldsymbol{\Gamma}}_p\boldsymbol{Y}_p & -\boldsymbol{X}_p \end{bmatrix} + \varepsilon\begin{bmatrix} 0 \\ \hat{\boldsymbol{D}} \end{bmatrix}[0 \quad \hat{\boldsymbol{D}}^{\mathrm{T}}] \\ +\varepsilon^{-1}\begin{bmatrix} (\hat{\boldsymbol{E}}\boldsymbol{X}_p+\boldsymbol{E}_0\boldsymbol{Y}_p)^{\mathrm{T}} \\ 0 \end{bmatrix}[\hat{\boldsymbol{E}}\boldsymbol{X}_p+\boldsymbol{E}_0\boldsymbol{Y}_p \quad 0] \end{bmatrix} < 0 \tag{5-13}$$

继续采用引理 2，可得式(5-13)和式(5-6)是等效的。证毕。

定理 2 说明了在闭环离散时间切换系统模型式(5-3)中，只有平均驻留时间 τ_{a} 满足引理

1 中的要求，并且式(5-6)和式(5-7)有可行解时，系统才能够全局一致指数稳定。但是在实际应用中，很难获得时延的跳变特性，也就难以求得平均驻留时间 τ_a 的大小，从而难以应用引理 1 中的条件式。因此，基于以上分析，并结合定理 2 可以得到推论 1。

推论 1　若存在 $-1<\lambda<0$，对于闭环离散时间切换系统模型式(5-3)，选择合适的 μ 满足：

$$1<\mu\leqslant 1/(1+\lambda) \tag{5-14}$$

如果存在 $\boldsymbol{Y}_p, \boldsymbol{X}_p=\boldsymbol{X}_p^{\mathrm{T}}>0, p\in Z_0$，以及 $\varepsilon>0$ 满足式(5-6)和式(5-7)，则对任意在区间 $(0,T)$ 变化的时变时延，系统是全局一致指数稳定的，并且指数衰减率 γ^* 满足：

$$\gamma^*\leqslant\mu(1+\lambda) \tag{5-15}$$

证明　通过前面分析可知，对于区间化时变时延的闭环离散时间切换系统模型式(5-3)，当满足引理 1 中的平均驻留时间条件式，以及式(5-6)和式(5-7)条件时，系统状态指数衰减，并且指数衰减率为 $\gamma^*=\mu^{\frac{1}{\tau_a}}(1+\lambda)$。

由于对任意在区间 $(0,T)$ 变化的时变时延，无论区间怎么划分，其实际系统的平均驻留时间一定满足 $\tau_a>1$。同时当 μ 满足 $1<u\leqslant 1/(1+\lambda)$ 时，则有 $\tau_a^*<1$，可得引理 1 中的平均驻留时间条件式成立。因此指数衰减率为 $\gamma^*=\mu^{\frac{1}{\tau_a}}(1+\lambda)<\mu(1+\lambda)$，证毕。

本章提出了区间化时变时延方法，目的就是降低系统设计的保守性。为了进一步刻画时延区间划分的个数与系统指数衰减性能的关系，本节在推论 1 的基础上给出了推论 2。

推论 2　对于闭环离散时间切换系统模型式(5-3)，时变时延区间 $(0,T)$ 被 m 和 $m+1$ 等分，当存在 λ_m、u_m、λ_{m+1}、u_{m+1} 满足推论 1，且当进一步满足

$$\mu_{m+1}<\frac{1+\lambda_m}{1+\lambda_{m+1}} \tag{5-16}$$

不等式时，则对任意在区间 $(0,T)$ 变化的时变时延，$m+1$ 等分时的系统指数衰减性能一定优于 m 等分时的性能。

证明　基于前文分析可知，当满足不等式

$$\mu_{m+1}^{\frac{1}{\tau_{a(m+1)}}}(1+\lambda_{m+1})<\mu_m^{\frac{1}{\tau_{am}}}(1+\lambda_m) \tag{5-17}$$

则 $m+1$ 等分时系统指数衰减性能要优于 m 等分时的性能，其中 $\tau_{a(m+1)}$、τ_{am} 分别表示 $m+1$ 和 m 等分时时变时延跳变的平均驻留时间，并且 $\tau_{a(m+1)}>1$、$\tau_{am}>1$。从式(5-17)易得

$$\frac{1}{\tau_{a(m+1)}}\lg\mu_{m+1}-\frac{1}{\tau_{am}}\lg\mu_m<\lg\left(\frac{1+\lambda_m}{1+\lambda_{m+1}}\right) \tag{5-18}$$

又由于 $\mu_{m+1}>1$、$\mu_m>1$，则可得

$$\frac{1}{\tau_{a(m+1)}}\lg\mu_{m+1}-\frac{1}{\tau_{am}}\lg\mu_m<\frac{1}{\tau_{a(m+1)}}\lg\mu_{m+1}<\lg\mu_{m+1} \tag{5-19}$$

因此当满足式(5-16)时，式(5-17)成立。证毕。

在设计模型依赖的控制器时，采用一维搜索法来获取最小的 μ、λ，从而可获得系统最小的指数衰减率。算法如下：在确保式(5-6)和式(5-7)有可行解的前提下，首先选取尽可能小的参数 μ_0，以及合适大小的参数 λ_0，然后逐渐减小 λ_0，直到获得式(5-6)和式(5-7)最后一次有可行解时对应的 λ，接着固定 λ，逐渐减小 μ_0，直到同样获得式(5-6)和式(5-7)最后一次有可行解时对应的 μ。

5.4 数值算例仿真

算例 1 给出两轴磨粉机控制系统中的连续时间被控对象状态空间模型[32]：

$$\dot{\boldsymbol{x}}(t)=\begin{bmatrix}0 & 1 & 0 & 0\\ 0 & -18.18 & 0 & 0\\ 0 & 0 & 0 & 1\\ 0 & 0 & 0 & -17.86\end{bmatrix}\boldsymbol{x}(t)+\begin{bmatrix}0 & 0\\ 515.38 & 0\\ 0 & 0\\ 0 & 517.07\end{bmatrix}\boldsymbol{u}(t)$$

为了验证本节所提方法的有效性，同样设定其传感器采样周期为 $T=1.2$ s，分别将时变时延区间(0,1.2)进行一、二、四和六等分，同时分别选取满足条件的最小值 δ，求出对应的可行解 λ、μ 和系统指数衰减率上界(见表 5-1)，以及基于模型依赖的时变控制器增益。

表 5-1 不同时延区间划分对应的可行解和系统指数衰减率上界

区间数	δ	λ	μ	γ^*
未划分	1.21	−0.051	/	0.949
二等分	0.61	−0.095	1.001	0.906
四等分	0.31	−0.165	1.001	0.836
六等分	0.21	−0.220	1.011	0.789

(1) 时变时延区间未划分时，所求出的模型依赖的时变控制器增益为

$$\boldsymbol{K}=\begin{bmatrix}-0.0013 & -0.0001 & 0 & 0 & 0.0973 & 0\\ 0 & 0 & -0.0011 & -0.0001 & 0 & 0.2033\end{bmatrix}$$

(2) 时变时延区间二等分时，所求出的模型依赖的时变控制器增益为

$$\boldsymbol{K}_1=\begin{bmatrix}-0.0027 & -0.0001 & 0 & 0 & -0.0203 & 0\\ 0 & 0 & -0.0023 & -0.0001 & 0 & 0.0975\end{bmatrix}$$

$$\boldsymbol{K}_2=\begin{bmatrix}-0.0028 & -0.0002 & 0 & 0 & -0.0636 & 0\\ 0 & 0 & -0.0023 & -0.0001 & 0 & 0.0649\end{bmatrix}$$

(3) 时变时延区间四等分时，所求出的模型依赖的时变控制器增益为

$$\boldsymbol{K}_1=\begin{bmatrix}-0.0045 & -0.0002 & 0 & 0 & -0.0323 & 0\\ 0 & 0 & -0.0041 & -0.0002 & 0 & 0.0400\end{bmatrix}$$

$$\boldsymbol{K}_2=\begin{bmatrix}-0.0046 & -0.0003 & 0 & 0 & -0.0546 & 0\\ 0 & 0 & -0.0041 & -0.0002 & 0 & 0.0248\end{bmatrix}$$

$$\boldsymbol{K}_3=\begin{bmatrix}-0.0048 & -0.0003 & 0 & 0 & -0.0948 & 0\\ 0 & 0 & -0.0042 & -0.0002 & 0 & -0.0073\end{bmatrix}$$

$$\boldsymbol{K}_4=\begin{bmatrix}-0.0051 & -0.0003 & 0 & 0 & -0.1573 & 0\\ 0 & 0 & -0.0045 & -0.0003 & 0 & -0.0578\end{bmatrix}$$

(4) 时变时延区间六等分时，所求出的模型依赖的时变控制器增益为

$$\boldsymbol{K}_1=\begin{bmatrix}-0.0054 & -0.0003 & 0 & 0 & 0.0455 & 0\\ 0 & 0 & -0.0051 & -0.0003 & 0 & 0.0673\end{bmatrix}$$

$$\boldsymbol{K}_2=\begin{bmatrix}0.0055 & -0.0003 & 0 & 0 & 0.0322 & 0\\ 0 & 0 & -0.0052 & -0.0003 & 0 & 0.0551\end{bmatrix}$$

$$\boldsymbol{K}_3=\begin{bmatrix}-0.0056 & -0.0003 & 0 & 0 & 0.0084 & 0\\ 0 & 0 & -0.0053 & -0.0003 & 0 & 0.0336\end{bmatrix}$$

$$\boldsymbol{K}_4=\begin{bmatrix}-0.0058 & -0.0003 & 0 & 0 & -0.0239 & 0\\ 0 & 0 & -0.0054 & -0.0003 & 0 & 0.0042\end{bmatrix}$$

$$\boldsymbol{K}_5=\begin{bmatrix}-0.0056 & -0.0003 & 0 & 0 & 0.0080 & 0\\ 0 & 0 & -0.0053 & -0.0003 & 0 & 0.0336\end{bmatrix}$$

$$\boldsymbol{K}_6=\begin{bmatrix}-0.0057 & -0.0003 & 0 & 0 & -0.0129 & 0\\ 0 & 0 & -0.0054 & -0.0003 & 0 & 0.0056\end{bmatrix}$$

针对系统初始状态 $\boldsymbol{x}(0)=[2\quad 1\quad 0.6\quad 0.2]^{\mathrm{T}}$，以及在区间(0,1.2)范围内的任意时变时延，可得图5-1所示的系统状态轨迹图。结合表5-1可以看出，所得的可行解均能满足推论1和推论2的条件，并且从图5-1中可以看出，随着时延区间划分个数的增加，系统指数衰减性能越好，趋于稳定的时间越短。因此仿真结果验证了本节所提方法的有效性。

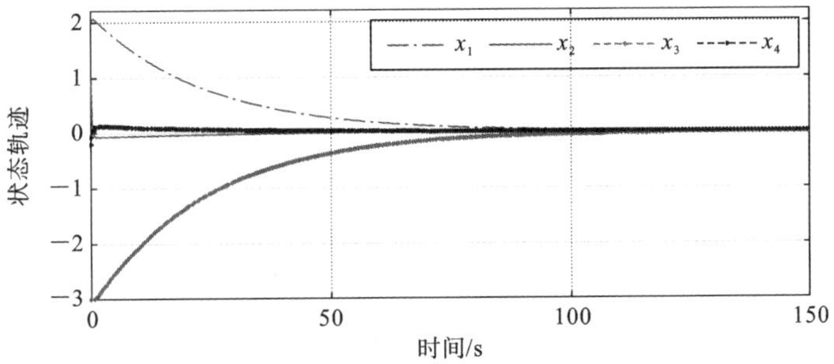

(a) 时延区间未划分时的系统状态轨迹图

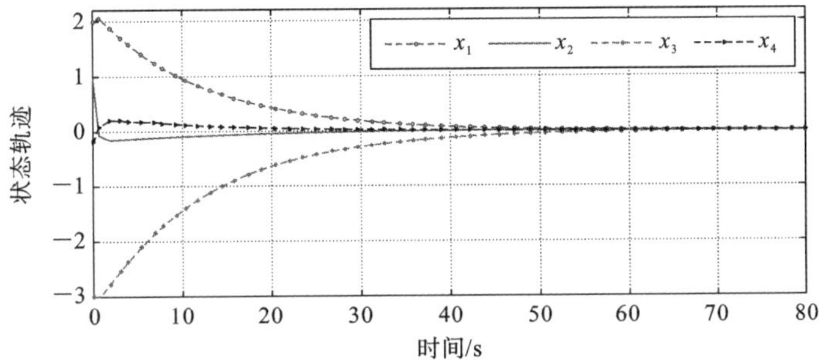

(b) 时延区间二等分时的系统状态轨迹图

图5-1　时延区间未划分和若干等分时的系统状态轨迹图

扫码看彩图

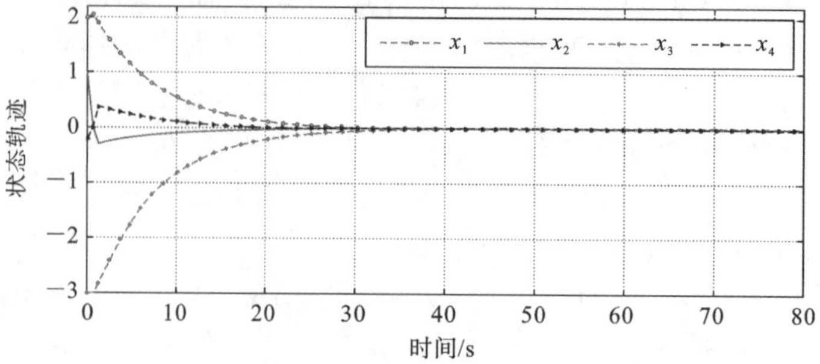

（c）时延区间四等分时的系统状态轨迹图

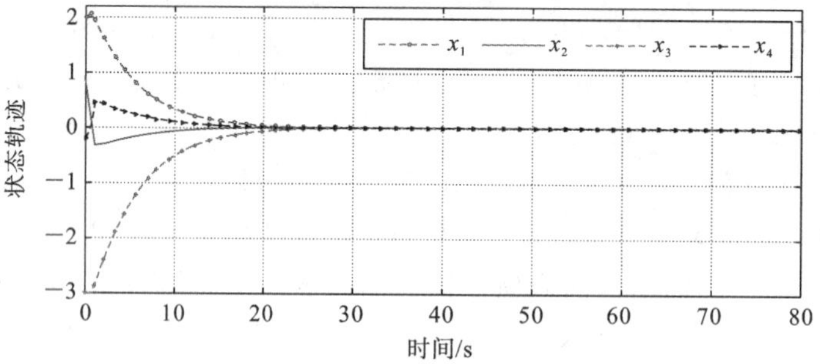

（d）时延区间六等分时的系统状态轨迹图

续图 5-1

算例 2 给出参考文献[5]和[6]中的连续时间被控对象状态空间模型：

$$\dot{\boldsymbol{x}}(t)=\begin{bmatrix}0 & 1\\0 & -0.1\end{bmatrix}\boldsymbol{x}(t)+\begin{bmatrix}0\\0.1\end{bmatrix}\boldsymbol{u}(t)$$

同样选择传感器采样周期为 $T=1$ s，将整个采样周期范围内的时延二等分，给出满足条件的最小值 $\delta=0.56$，得出可行解 $\lambda=-0.44$，$\mu=1.001$，以及基于模型依赖的时变控制器增益为

$$\boldsymbol{K}_1=[-1.2592 \quad -5.9007 \quad -0.2827],\quad \boldsymbol{K}_2=[-1.6922 \quad -7.9779 \quad -0.7439]$$

采用文献[5]的方法，采样周期为 10 ms 时的时变控制器增益为 $\boldsymbol{K}=[-0.1674 \quad 0.016]$；采用文献[6]的方法，采样周期为 1 s 时的时变控制器增益为 $\boldsymbol{K}=[-0.4307 \quad -2.4927]$。分别给出在相同的初始状态 $\boldsymbol{x}(0)=[2 \quad -0.5]^{\mathrm{T}}$ 以及在区间(0,1)范围内的任意时变时延条件下的系统状态轨迹图，如图 5-2 所示。从图 5-2 中可以看出，相对文献[5]

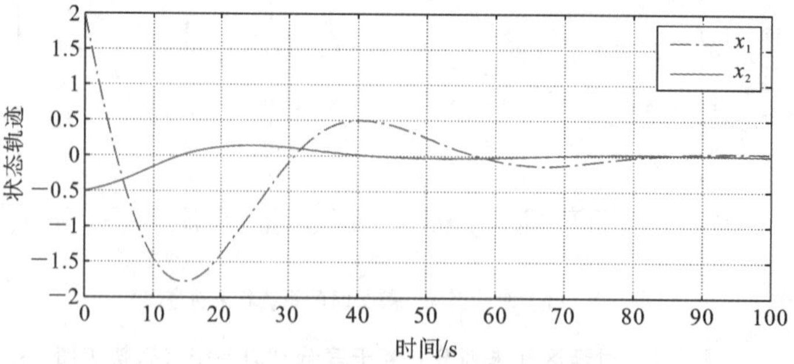

（a）采用文献[5]的方法给出的系统状态轨迹图

图 5-2 本节所提方法与对应文献的方法给出的系统状态轨迹图

扫码看彩图

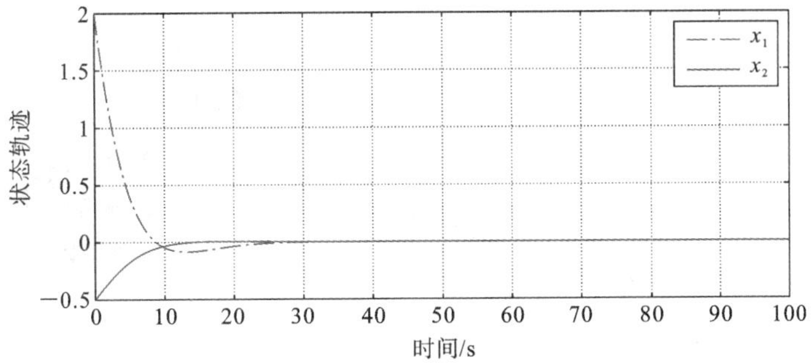

（b）采用文献[6]的方法给出的系统状态轨迹图

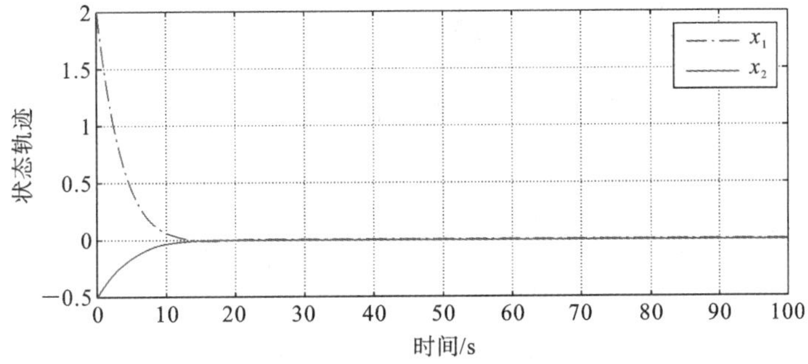

（c）本节所提方法将时延区间二等分时给出的系统状态轨迹图

续图 5-2

和[6]采用单一的控制器来解决在整个时变时延变化范围内的不确定性问题，本节所提方法将时延范围进行划分，将其转化为在小区间范围内变化的不确定性问题，并采用多个区间模型依赖的控制器增益，有效降低了系统设计的保守性，一定程度上减少了系统收敛到稳定状态所需要的时间。

5.5　实　　验

1. 三自由度直升机模型建立

如图 5-3 所示，本节介绍的三自由度直升机实验模拟平台是加拿大 QUANSER 公司生产的一款实验控制对象，它是针对纵列式双旋翼直升机（图 5-4 所示为 Boeing HC-1B 运输机）动力系统和电子系统原理的简单模拟，目的是通过设计闭环控制器来控制三自由度直升机模型的垂直起降和旋转飞行。

三自由度直升机模型包括基座、机架臂、直升机本体和平衡配重块等。模型中，机架臂通过万向节与基座相连，一端是直升机本体，另一端则装有一个平衡配重块，机架臂可以自由地围绕高度轴做上升下降运动和围绕巡航轴做旋转运动，安装在这些轴上的编码器用来测量机架臂上的角度信息。

两个电动机装于机架的前端横梁两端，分别用来驱动两个螺旋推进器，一前一后两个电动机螺旋推进器组合模拟纵列式直升机的两个旋翼，两个电动机的轴平行，能够产生与对其

图 5-3　三自由度直升机实验模拟平台

图 5-4　Boeing HC-1B 运输机

施加的电压近似成比例且垂直于横梁的推动力。横梁悬装于机架臂前端，可以绕机架臂自由俯仰，安装在倾斜轴上的第三个编码器用来测量其俯仰角度。平衡配重块（配重）的作用是减少电动机的能量需求，使电动机在较小的电压下仍能驱动直升机本体升起。三自由度直升机示意图如图 5-5 所示。

当给前电动机输入一个正电压时，直升机将正向倾斜，而当给后电动机输入一个正电压时，直升机将反向倾斜，此为模拟实际直升机的俯仰；同时给两个电动机输入正电压时，可以模拟实际直升机的垂直起降和悬停；当直升机本体倾斜时，推进器将产生水平推力，推动直升机做旋转运动，此为模拟实际直升机向前（后）巡航飞行。直升机的基座上装有一个八触点的集电滑环，因此机身可绕基座任意角度旋转而不会使连线绞缠在一起，同时也可减少摩擦。

为了获得线性三自由度状态空间模型，根据 QUANSER 公司提供的用户手册[33,34]，获得了相关的参数，如表 5-2 所示。

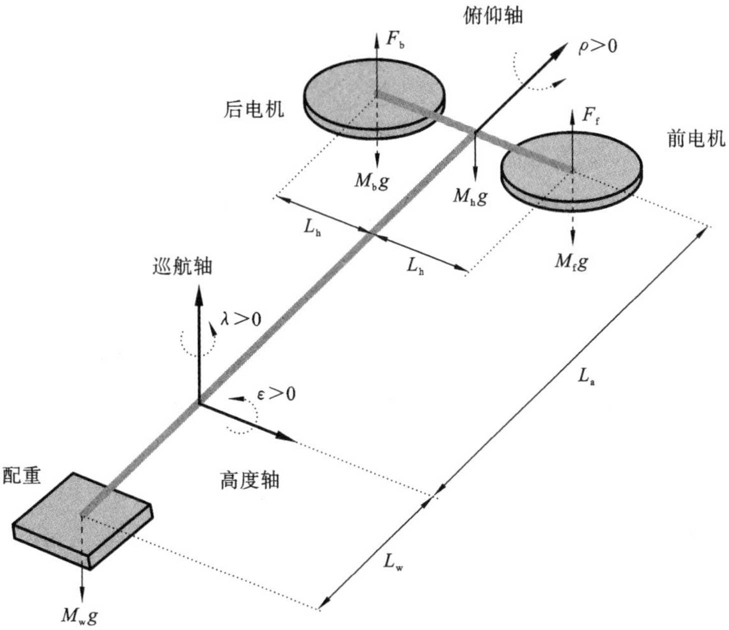

图 5-5　三自由度直升机示意图

表 5-2　三自由度直升机实验模拟平台参数

参数	K_f	L_w	L_a	L_h
定义	螺旋桨推力常数	巡航轴到直升机本体距离	巡航轴到电动机的距离	俯仰轴到电动机的距离
值	0.1188 N/V	0.660 m	0.47 m	0.178 m
参数	T_g	M_t	M_f，M_b	M_w
定义	高度轴上的有效重力	两个螺旋桨组件的总质量	单个螺旋桨组件的质量	配重质量
值	$T_g=M_tgL_a-M_wgL_a$	$M_t=M_f+M_b$	0.713 kg	1.87 kg

三自由度直升机模型系统有高度轴、俯仰轴、巡航轴三个自由度的运动，其动力学模型可以用这三个轴的动力学方程来描述。系统的动力由电动机螺旋推进器组合产生，其推力与对其施加的电压 U 近似成比例，K_f 为电动机螺旋推进器组合的推力常数，则电动机产生的推力为 $F=K_fU$。机架的另一端带有一个配重，这使得直升机的有效质量足够轻，可以利用电动机的推力提升。因此，作用在前后电动机的高度、俯仰和巡航轴上的推力是相对于静态电压或工作点 U_{op}来定义和确定的，其中 $U_{op}=\dfrac{(L_wM_w-L_aM_f-L_aM_b)g}{2L_aK_f}$。

(1) 高度轴动力学方程。

考虑图 5-6 所示的高度轴上的运动，可以得出该运动是由 $F_s=F_f+F_b$ 产生的转矩决定的。考虑到直升机的实际运动，俯仰和高度角的变化很小，因此可以得到 $\cos\rho\approx1$ 和$\cos\varepsilon\approx$

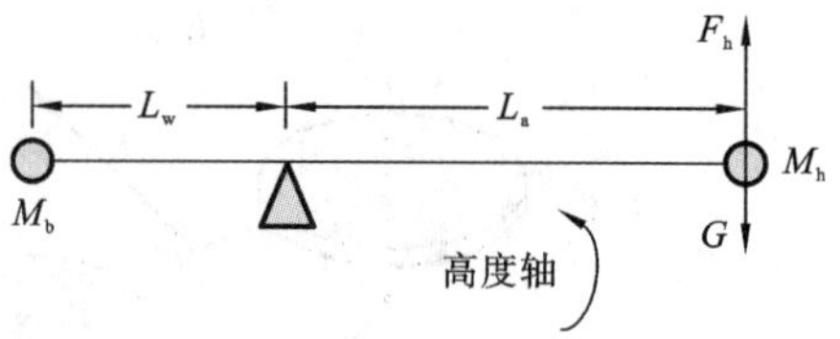

图 5-6　三自由度直升运动简化模型-1

1,并且可以根据平衡电压得出高度轴运动学模型为

$$J_\varepsilon\ddot{\varepsilon}=K_f(U_f+U_b)\cos\rho L_a-T_g\cos\varepsilon=K_fL_a(U_f+U_b)-T_g \tag{5-20}$$

其中:ρ 为俯仰角,ε 为高度角,$\ddot{\varepsilon}$ 为高度角加速度,力 F_f 和 F_b 分别由控制电压 U_f 和 U_b 获得。$J_\varepsilon=m_fL_a^2+m_aL_a^2+M_wL_w^2=M_tL_a^2+M_wL_w^2$ 为机身关于高度轴的转动惯量。

(2) 俯仰轴动力学方程。

考虑图 5-7 所示的俯仰轴上的运动,可以推导出该运动是由 $F_d=F_f-F_b$ 和俯仰转动惯量引起的。因此,可以建立以下俯仰轴动力学模型:

$$J_\rho\ddot{\rho}=(F_f-F_b)L_h=K_f(U_f-U_b)L_h \tag{5-21}$$

其中:$\ddot{\rho}$ 为俯仰角加速度,$J_\rho=2M_fL_h^2$ 为机身关于俯仰轴的转动惯量。

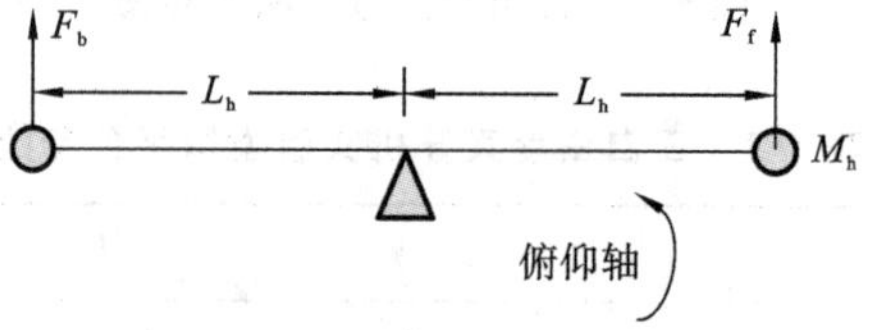

图 5-7　三自由度直升运动简化模型-2

(3) 巡航轴动力学方程。

当俯仰轴倾斜时,推力 $F_s\sin\rho$ 的水平分量将引起围绕该轴的扭矩,从而导致围绕该轴的加速度。如图 5-8 所示,假设物体倾斜一个角度 ρ,巡航轴动力学模型可以描述为

$$J_\lambda\ddot{\lambda}=F_s\sin\rho L_a=L_aK_f(U_f+U_b)\sin\rho \tag{5-22}$$

其中:λ 为巡航角,$\ddot{\lambda}$ 为巡航角加速度,$J_\lambda=M_fL_f^2+M_bL_b^2+M_wL_w^2$ 为机身关于巡航的转动惯量,其中 $L_f^2=L_b^2=L_h^2+L_a^2$。$F_s\cos\rho$ 是保持机身倾斜度为一个角度 ρ 所需的力。假设俯仰角 ρ 很小,则有 $\sin\rho\approx\rho$ 以及 $\cos\rho\approx1$。

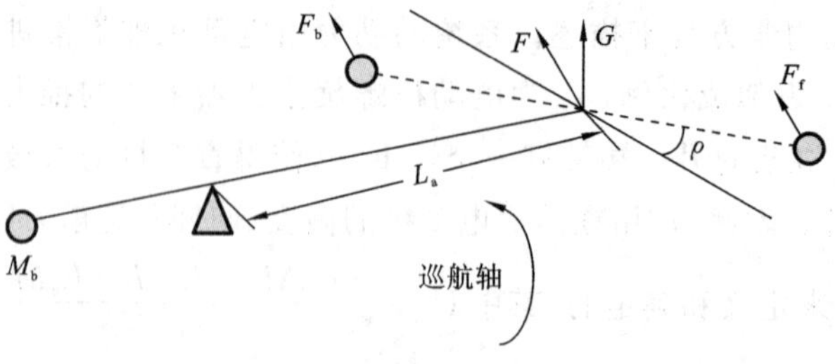

图 5-8　三自由度直升运动简化模型-3

因此,式(5-20)至式(5-22)构成了三自由度直升机模型系统的标称数学模型。选取状

态 $\boldsymbol{x}(t)=\left[\varepsilon \quad \rho \quad \lambda \quad \frac{\mathrm{d}}{\mathrm{d}t}\varepsilon \quad \frac{\mathrm{d}}{\mathrm{d}t}\rho \quad \frac{\mathrm{d}}{\mathrm{d}t}\lambda \quad \int\varepsilon\mathrm{d}t \quad \int\lambda\mathrm{d}t\right]^{\mathrm{T}}$，输入为前后两电动机的电压，即 $\boldsymbol{u}(t)=[U_{\mathrm{f}} \quad U_{\mathrm{b}}]^{\mathrm{T}}$，输出为高度角、俯仰角和巡航角的 $\boldsymbol{y}(t)=[\varepsilon \quad \rho \quad \lambda]^{\mathrm{T}}$，则直升机模型系统的标称线性三自由度状态空间模型为

$$\begin{cases}\dot{\boldsymbol{x}}(t)=\boldsymbol{A}\boldsymbol{x}(t)+\boldsymbol{B}\boldsymbol{u}(t)\\ \boldsymbol{y}(t)=\boldsymbol{C}\boldsymbol{x}(t)\end{cases} \tag{5-23}$$

其中：
$$\boldsymbol{A}=\begin{bmatrix}0 & 0 & 0 & 1 & 0 & 0 & 0 & 0\\ 0 & 0 & 0 & 0 & 1 & 0 & 0 & 0\\ 0 & 0 & 0 & 0 & 0 & 1 & 0 & 0\\ 0 & 0 & 0 & 0 & 0 & 0 & 0 & 0\\ 0 & 0 & 0 & 0 & 0 & 0 & 0 & 0\\ 0 & -\frac{(L_{\mathrm{w}}M_{\mathrm{w}}-2L_{\mathrm{a}}M_{\mathrm{f}})g}{2M_{\mathrm{f}}L_{\mathrm{h}}^2+2M_{\mathrm{f}}L_{\mathrm{a}}^2+M_{\mathrm{w}}L_{\mathrm{w}}^2} & 0 & 0 & 0 & 0 & 0 & 0\\ 1 & 0 & 0 & 0 & 0 & 0 & 0 & 0\\ 0 & 0 & 1 & 0 & 0 & 0 & 0 & 0\end{bmatrix},$$

$$\boldsymbol{B}=\begin{bmatrix}0 & 0\\ 0 & 0\\ 0 & 0\\ \frac{L_{\mathrm{a}}K_{\mathrm{f}}}{2M_{\mathrm{f}}L_{\mathrm{a}}^2+M_{\mathrm{w}}L_{\mathrm{w}}^2} & \frac{L_{\mathrm{a}}K_{\mathrm{f}}}{2M_{\mathrm{f}}L_{\mathrm{a}}^2+M_{\mathrm{w}}L_{\mathrm{w}}^2}\\ \frac{1}{2}\frac{K_{\mathrm{f}}}{M_{\mathrm{f}}L_{\mathrm{h}}} & -\frac{1}{2}\frac{K_{\mathrm{f}}}{M_{\mathrm{f}}L_{\mathrm{h}}}\\ 0 & 0\\ 0 & 0\\ 0 & 0\end{bmatrix},\boldsymbol{C}=\begin{bmatrix}1 & 0 & 0 & 0 & 0 & 0 & 0 & 0\\ 0 & 1 & 0 & 0 & 0 & 0 & 0 & 0\\ 0 & 0 & 1 & 0 & 0 & 0 & 0 & 0\end{bmatrix},$$

$$\boldsymbol{K}=\begin{bmatrix}k_{11} & k_{12} & k_{13} & k_{14} & k_{15} & k_{16} & k_{17} & k_{18}\\ k_{21} & k_{22} & k_{23} & k_{24} & k_{25} & k_{26} & k_{27} & k_{28}\end{bmatrix}。$$

根据表 5-2 提供的参数计算可得

$$\frac{(L_{\mathrm{w}}M_{\mathrm{w}}-2L_{\mathrm{a}}M_{\mathrm{f}})g}{2M_{\mathrm{f}}L_{\mathrm{h}}^2+2M_{\mathrm{f}}L_{\mathrm{a}}^2+M_{\mathrm{w}}L_{\mathrm{w}}^2}=1.2304$$

$$\frac{L_{\mathrm{a}}K_{\mathrm{f}}}{2M_{\mathrm{f}}L_{\mathrm{a}}^2+M_{\mathrm{w}}L_{\mathrm{w}}^2}=0.0858$$

$$\frac{1}{2}\frac{K_{\mathrm{f}}}{M_{\mathrm{f}}L_{\mathrm{h}}}=0.5810$$

显然，分析系统的动力学方程可以看出，三自由度直升机实验模拟平台有两个输入变量 U_{f} 和 U_{b}，三个输出变量 ρ、ε 和 λ。并且三个轴的参数是互相影响的，比如俯仰角 ρ 耦合在高度轴动力学方程中，巡航轴动力学方程中的 ρ 也影响着巡航角。只有当俯仰角 ρ 和高度角 ε 变化范围都很小时，才能采用本节所提出的线性化处理方法，得到线性化的状态方程。尽管如此，实际的三自由度直升机仍然是一个强耦合的多输入多输出的非线性控制系统。

2. 网络诱导时延对系统性能的影响分析

利用式(5-23)的状态空间模型，采用状态反馈控制律 $\boldsymbol{u}(t)=\boldsymbol{K}\boldsymbol{x}(t)$，以及线性二次型控制方法，令权重矩阵为

$$\boldsymbol{Q}=\mathrm{diag}(100,\ 1,\ 10,\ 0,\ 0,\ 2,\ 10,\ 0.1)$$

$$\boldsymbol{R}=\mathrm{diag}(0.05,\ 0.05)$$

通过最小化二次型代价函数 $J=\int_0^{\infty}(\boldsymbol{x}^{\mathrm{T}}(t)\boldsymbol{Q}\boldsymbol{x}(t)+\boldsymbol{u}^{\mathrm{T}}(t)\boldsymbol{R}\boldsymbol{u}(t))\mathrm{d}t$，可得时变控制器增益为

$$\boldsymbol{K}=\begin{bmatrix}-37.67 & -13.21 & 11.50 & -20.95 & -4.796 & 16.10 & -10.00 & 1.00\\ -37.67 & 13.21 & -11.50 & -20.95 & 4.796 & -16.10 & -10.00 & -1.00\end{bmatrix}$$

图 5-9 所示为三自由度直升机实验系统框图，其采集卡的采样周期最低可设置为 2 ms，且在 PC/控制器端可以设置传感器到控制器的时延 τ_{sc} 和控制器到执行器端的时延 τ_{ca} 值的大小。当无输入时，由于机架的一端带有一个配重，此时直升机将会静止不动，其初始状态为 $\boldsymbol{x}(0)=[-27.5\ \ 0\ \ 0\ \ 0\ \ 0\ \ 0\ \ 0\ \ 0]^{\mathrm{T}}$。接下来，采用 QUANSER 公司提供的控制器来分析网络诱导时延(简称时延)对系统性能的影响。

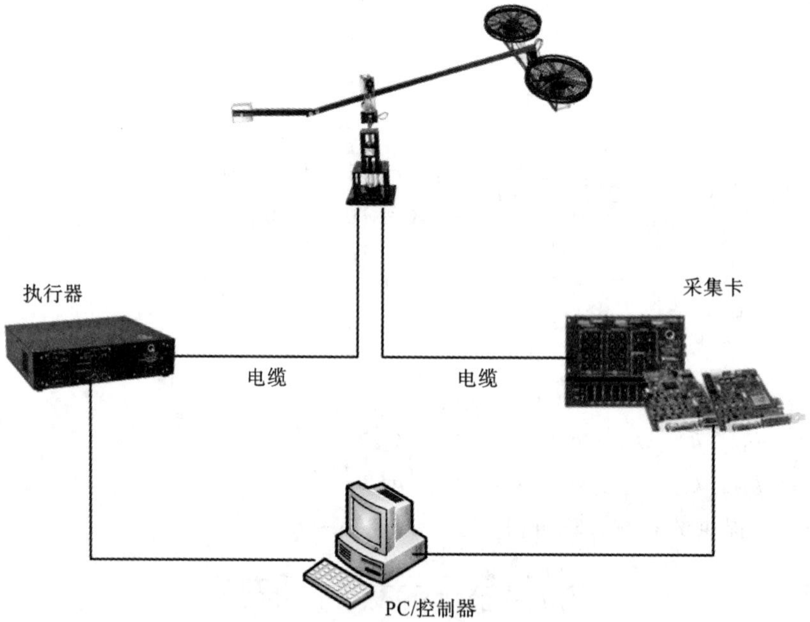

图 5-9　三自由度直升机实验系统框图

(1) 设定 $\tau_{\mathrm{sc}}+\tau_{\mathrm{ca}}=0$ ms，此时采集卡的采样周期设置为 2 ms，即不考虑时延时，实验结果如图 5-10 所示，三自由度直升机的输出能够较好地处于平衡的稳定状态。

(2) 设定 $\tau_{\mathrm{sc}}+\tau_{\mathrm{ca}}<40$ ms，此时采集卡的采样周期设置为 40 ms，实验结果如图 5-11 所示。由于时延的影响，三自由度直升机的俯仰角出现了来回波动，系统的稳定性变差。

(3) 设定 $\tau_{\mathrm{sc}}+\tau_{\mathrm{ca}}<50$ ms，此时采集卡的采样周期设置为 50 ms，实验结果如图 5-12 所示，显然系统的稳定性被破坏。

从图 5-10 至图 5-12 可以看出，随着时延的增大，系统的性能变差甚至失稳。因此，必须在考虑时延的情况下设计控制器，以克服时延带来的不利影响。由于时延的随机跳变特性

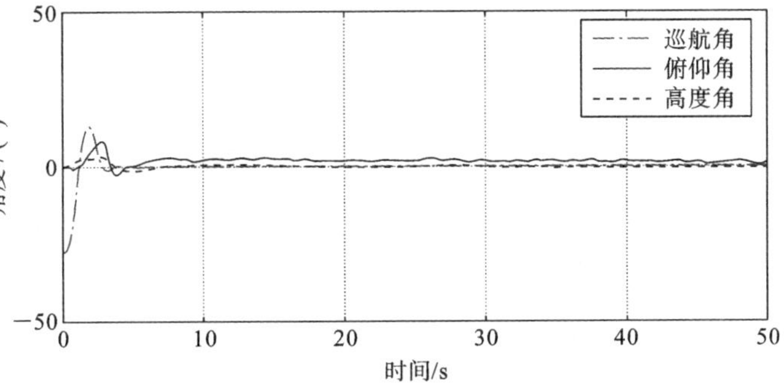

图 5-10　不考虑时延时的三自由度直升机运行轨迹图

扫码看彩图

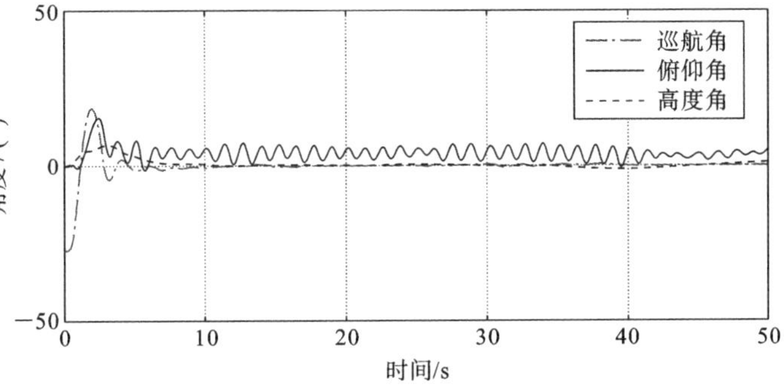

图 5-11　时延为 40 ms 时的三自由度直升机运行轨迹图

扫码看彩图

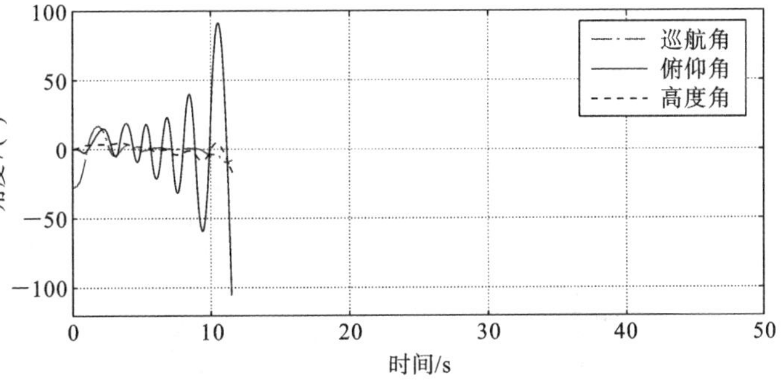

图 5-12　时延为 50 ms 时的三自由度直升机运行轨迹图

扫码看彩图

难以统计，接下来将采用区间化时变时延的切换系统分析方法来验证本章所提方法的有效性。

3. 实验平台的搭建

如图 5-13 所示，为了更加真实地反映网络控制系统的实际场景，构建了更为具体的三自由度直升机的实验系统。PC1 通过网线连接路由器接入到实验室的局域网，PC2 通过 Wi-Fi 连接路由器。PC1 同时作为执行器端和传感器(采集卡)端，通过不同的网络端口与控制器(PC2)进行通信，进而构成了闭环的网络控制系统结构。为了便于实验，系统采用了 UDP 通信协议。通过 ping 命令可获取 PC1 和 PC2 之间往返的网络时延——几乎全部分布在 20 ms 以下。为了更好地验证本章所提方法的有效性，除了考虑网络本身的时延以外，在控制器(PC2)端人为增加了随机分布在 0～140 ms 范围内的时延。图 5-14 所示为实验场

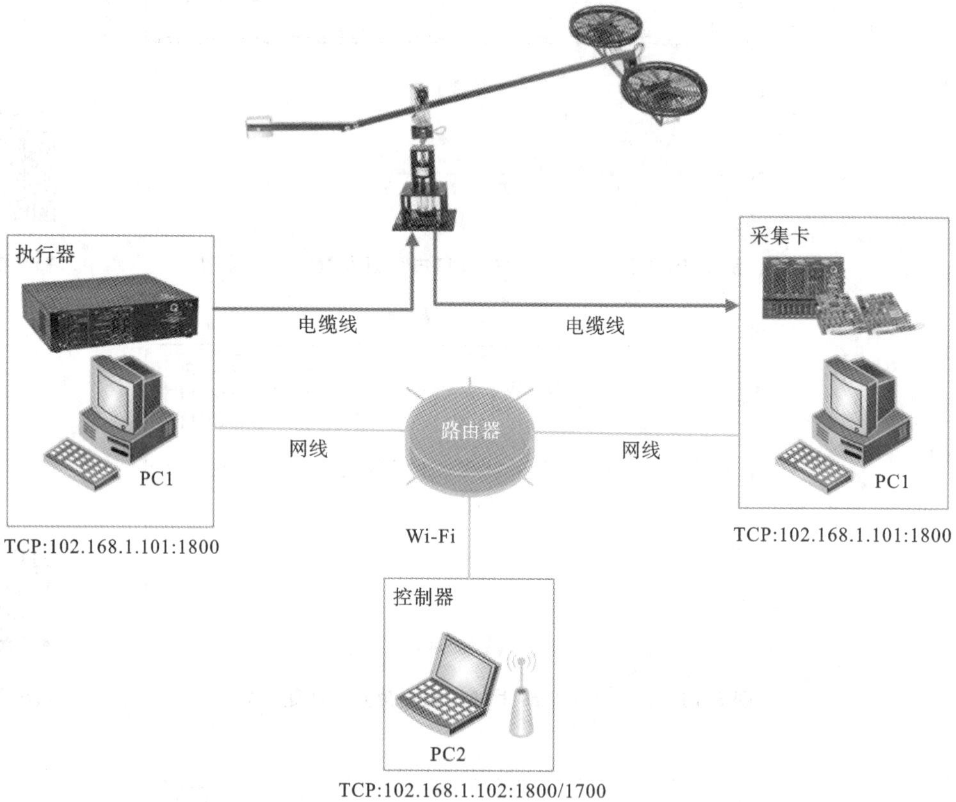

图 5-13　三自由度直升机实验系统结构框图(具体)

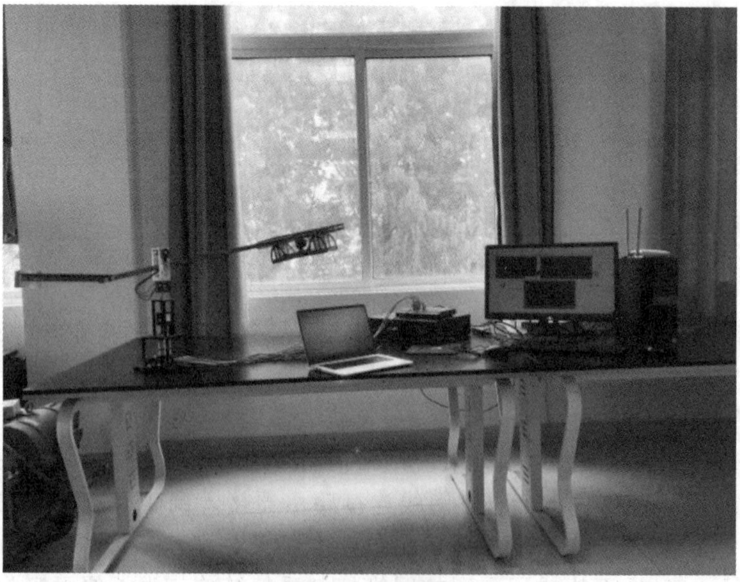

图 5-14　实验场景

景。当无输入时，由于机架的一端带有一个配重，此时直升机将会静止不动，其初始状态为 $\boldsymbol{x}(0)=[-27.5\quad 0\quad 0\quad 0\quad 0\quad 0\quad 0\quad 0]^{\mathrm{T}}$。

4. 实验结果

实验流程设计思路如下：首先由 PC1 通过采集卡获取当前控制对象状态信息，再经过反馈通道的时延到达控制器 PC2；接着将状态信息以及当前时刻的控制量构成状态增广矩阵，和预先已存入控制器(PC2)的所有时变控制器增益相乘，再将得到的控制序列打包输出，经过前向通道到达执行器(PC1)；当执行器接收到控制序列时，读取当前软件运行的时间值，进而分析时延值的大小，并判断该时延在第 4 章图 4-2 所示的采样时间周期 $[kT,(k+1)T]$ 的哪个小区间段内，最后在控制序列中获取相应的控制量，输出给控制对象。

根据网络诱导时延对系统性能的影响分析可知，采用线性二次型控制方法获得控制器增益，当时延值在 0～50 ms 范围内变化时，实验结果表明系统的稳定性被破坏。为了更好地表明本章所提方法的有效性，考虑了 0～160 ms 范围内的网络诱导时延。此时采集卡采样周期为 160 ms。同时不考虑时延的随机跳变特性，将 0～160 ms 范围的时延区间分别二等分和四等分。

当时延区间二等分时，选取满足条件的最小值 $\delta=0.084$，采用定理 2，计算出可行解 $\lambda=-0.137$，$\mu=1.001$，以及基于模型依赖的时变控制器增益：

$$\boldsymbol{K}_1=\begin{bmatrix}-3.6191 & -3.9825 & 0.9280 & -5.5712 & -2.9301 & 2.3955 & -0.8753 & 0.1480 & 0.0476 & 0.3050\\ -3.6191 & 3.9825 & -0.9280 & -5.5712 & 2.9301 & -2.3955 & -0.8753 & -0.1480 & 0.3050 & 0.0476\end{bmatrix}$$

$$\boldsymbol{K}_2=\begin{bmatrix}-3.6886 & -5.1496 & 1.1987 & -5.7679 & -3.7915 & 3.0959 & -0.8838 & 0.1912 & -0.1604 & 0.4685\\ -3.6886 & 5.1496 & -1.1987 & -5.7679 & 3.7915 & -3.0959 & -0.8838 & -0.1912 & 0.4685 & -0.1604\end{bmatrix}$$

当时延区间四等分时，选取满足条件的最小值 $\delta=0.041$，采用定理 2，计算出可行解 $\lambda=-0.169$，$\mu=1.001$，以及基于模型依赖的时变控制器增益：

$$\boldsymbol{K}_1=\begin{bmatrix}-5.949 & -5.5015 & 2.0060 & -7.5445 & -3.2627 & 4.1337 & -1.7657 & 0.4013 & 0.0580 & 0.2048\\ -5.949 & 5.5015 & -2.0060 & -7.5445 & 3.2627 & -4.1337 & -1.7657 & -0.4013 & 0.2048 & 0.0580\end{bmatrix}$$

$$\boldsymbol{K}_2=\begin{bmatrix}-5.8379 & -6.1324 & 2.2210 & -7.4736 & -3.6593 & 4.5896 & -1.7223 & 0.4434 & -0.0220 & 0.2781\\ -5.8379 & 6.1324 & -2.2210 & -7.4736 & 3.6593 & -4.5896 & -1.7223 & -0.4434 & 0.2781 & -0.0220\end{bmatrix}$$

$$\boldsymbol{K}_3=\begin{bmatrix}-5.8868 & -7.0913 & 2.5653 & -7.6149 & -4.2363 & 5.3035 & -1.7255 & 0.5120 & -0.1412 & 0.3675\\ -5.8868 & 7.0913 & -2.5653 & -7.6149 & 4.2363 & -5.3035 & -1.7255 & -0.5120 & 0.3675 & -0.1412\end{bmatrix}$$

$$\boldsymbol{K}_4=\begin{bmatrix}-6.1946 & -8.8920 & 3.2402 & -8.1048 & -5.2753 & 6.6791 & -1.8031 & 0.6481 & -0.3484 & 0.5063\\ -6.1946 & 8.8920 & -3.2402 & -8.1048 & 5.2753 & -6.6791 & -1.8031 & -0.6481 & 0.5063 & -0.3484\end{bmatrix}$$

将求出的时变控制器增益带入实验系统中，可获得图 5-15 和图 5-16(a)所示的三自由度直升机运行轨迹图。从图中以及实际的飞行效果可以看出，无论是采用二等分还是四等分区间化时变时延的方法，均能使三自由度直升机镇定。同时，二等分和四等分区间化时变时延可行解均能满足推论 1 和推论 2 的条件。从图 5-15 和图 5-16(a)中可以看出，随着时延区间划分个数的增加，三自由度直升机的运行轨迹趋于稳定的时间越短。另外，在四等分区间化时变时延的实验中，在 38 s 左右和 73 s 左右人为地对机翼加入了一定的干扰，可以看出系统在受干扰后能较快地恢复到稳定状态(见图 5-16(b))。

由于网络诱导时延的存在，相对于图 5-10 不考虑时延的控制效果，俯仰角 ρ 产生了一定的波动，这必然影响着巡航角 λ 的波动。同时时变时延范围越大，波动的范围越大。但是它们均能保持在较小的范围内波动，且符合式(5-20)和式(5-22)线性化的条件。因此从实验的角度同样验证了本章所提方法的有效性。

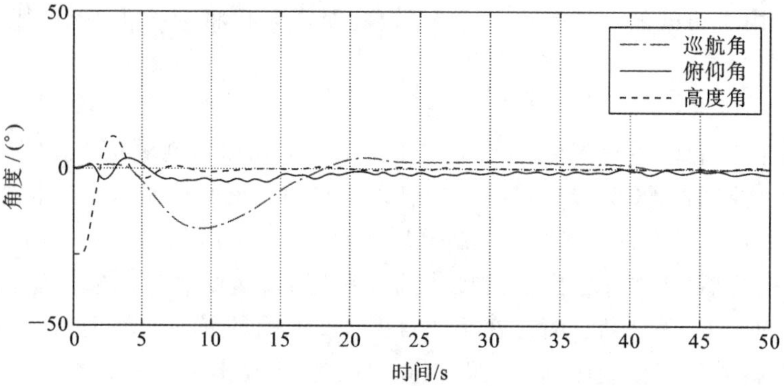

图 5-15　时延区间二等分时的三自由度直升机运行轨迹图

扫码看彩图

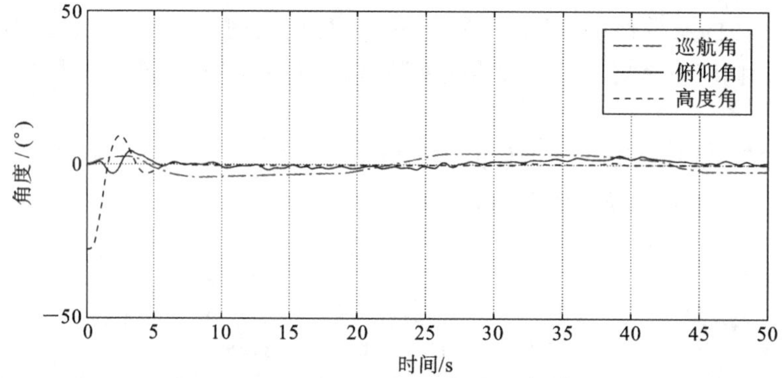

（a）无外界干扰时的运行轨迹

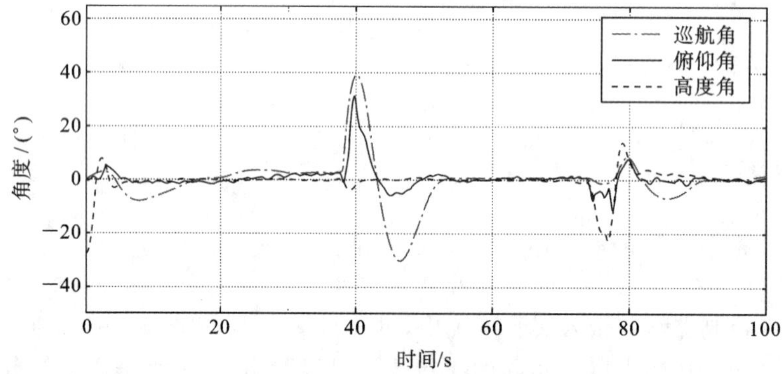

（b）存在一定的外界干扰时的运行轨迹

图 5-16　时延区间四等分时的三自由度直升机运行轨迹图

扫码看彩图

5.6　本章小结

在网络控制系统中，随着网络负载等条件的改变，网络诱导时延也随之改变。针对网络诱导时延，为了降低系统设计的保守性，第 4 章和第 5 章基于时延按区间划分，提出了随机系统分析方法和切换系统分析方法。在随机系统分析方法中，将连续变化的时延问题转换为多个离散随机时延区间的问题，并采用一个部分转移概率未知的有限状态 Markov 链随机过程来描述随机时延的变化，得到了基于 Markov 链状态参数不确定的离散时间跳变系统模型。然后基于 Lyapunov 稳定性理论，第 4 章结合随机理论分析方法和线性矩阵不等式给出了系统满足随机稳定的充分条件，以及可使系统镇定的时变控制器的设计方法。为了获得更好的低保守性设计结果，在相同区间划分条件下，随机系统分析方法需要知道更多转移概率矩阵中的元素以使系统更加稳定。然而想在实际的工程中实践获得系统时延跳变的转移概率是很困难的。因此，本章在随机系统分析方法的基础上提出了切换系统分析方法。该方法基于时延区间划分，建立了参数不确定的离散时间切换系统模型，并采用平均驻留时间的分析方法给出了系统满足指数稳定的条件。随着时延区间划分越细，系统状态收敛速度越快。但是随着划分区间个数的增加，子系统的个数必然会增加，线性矩阵不等式的求解个数也随之增加，从而会增加系统设计的复杂性，并且也越难同时满足推论 1 和推论 2 的条件。因此在实际的应用中，如何选取最优的指数衰减性能指标所对应的区间个数仍有待进一步地研究。最后，以上两种方法均给出了数值算例仿真或实验，其结果也验证了所提方法的可行性和有效性。

网络拥堵、节点竞争失败、数据包碰撞或信道干扰等情况均可能导致数据包在网络传输时丢失。另外，为了保证控制的实时性，长时延也可以被看作是数据丢包。随机系统分析方法和切换系统分析方法还可进一步地推广应用到网络控制系统同时具有网络诱导时延与数据丢包的情形。

参考文献

[1] 夏元清. 云控制系统及其面临的挑战[J]. 自动化学报，2016,42(1)：1-12.

[2] 游科友，谢立华. 网络控制系统的最新研究综述[J]. 自动化学报，2013,39(2)：101-118.

[3] ANTSAKLIS P，BAILLIEUL J. Special issue on technology of networked control systems[J]. Proceedings of the IEEE，2007，95(1)：5-8.

[4] LUCK R，RAY A. An observer-based compensator for distributed delays[J]. Automatica，1990，26(5)：903-908.

[5] 樊卫华，蔡骅，陈庆伟，等. 时延网络控制系统的稳定性[J]. 控制理论与应用，2004,21(6)：880-884.

[6] 谢成详，樊卫华，胡维礼. 一类短时延网络控制系统的建模和控制方法[J]. 南京理工大学学报(自然科学版)，2009,33(2)：156-160.

[7] 邱占芝，张庆灵，刘明. 不确定时延输出反馈网络化系统的保性能分析[J]. 控制理论与应用，2007,24(2)：274-278.

[8] PAN Y J，MARQUEZ H J，CHEN T. Stabilization of remote control systems with unknown time varying delays by LMI techniques[J]. International Journal of Control，2006，79(7)：752-763.

[9] 胥吉林，屈百达，徐保国. 短时延网络控制系统的建模与 H_∞ 鲁棒控制[J]. 计算机工程与设计，2013,34(1)：110-113.

[10] HETEL L，DAAFOUZ J，IUNG C. Analysis and control of LTI and switched systems in digital loops via an event-based modeling[J]. International Journal of Control，2008，81(7)：1125-1138.

[11] ZHANG W A，YU L. A robust control approach to stabilization of networked control systems with time-varying delays[J]. Automatica. 2010，36(1)：87-91.

[12] 刘磊明，童朝南，武延坤. 一种带有动态输出反馈控制器的网络控制系统的 Markov 跳变模型[J]. 自动化学报，2009,35(5)：627-631.

[13] SHI Y，YU B. Output feedback stabilization of networked control systems with random delays modeled by Markov chains[J]. IEEE Transactions on Automatic Control，2009，54(7)：1668-1674.

[14] HUANG D，NGUANG S. State feedback control of uncertain networked control systems with random time delays[J]. IEEE Transactions on Automatic Control，2008，53(3)：829-834.

[15] ZHANG L，SHI L，CHEN T，et al. A new method for stabilization of networked control systems with random delays[J]. IEEE Transactions on Automatic Control，2005，50(8)：1177-1181.

[16] 宋杨，董豪，费敏锐. 基于切换频度的马尔科夫网络控制系统均方指数镇定[J]. 自动化学报，2012,38(5):876-881.

[17] WANG J H，ZHANG Q L，BAI F. Robust control of discrete-time singular Markovian jump systems with partly unknown transition probabilities by static output feedback[J]. International Journal of Control，Automation，and Systems，2015，13(6)：1313-1325.

[18] GUO C Y，ZHANG W D. H_∞ estimation for stochastic time delays in networked control systems by partly unknown transition probabilities of Markovian chains[J]. Journal of Dynamic Systems，Measurement，and Control，2013，135(1)：145081-1450816.

[19] ZHAO Y B，LIU G P，REES D. Integrated predictive control and scheduling co-design for networked control systems[J]. IET Control Theory and Applications，2008，2(1)：7-15.

[20] ZHAO Y B，LIU G P，REES D. Improved predictive control approach to networked control systems[J]. IET Control Theory and Applications，2008，2(8)：675-681.

[21] 庄玲燕，张文安，俞立. 基于 GPC 的 NCS 非整数倍采样周期时延补偿方法[J]. 控制与决策，2009，24(8)：1273 -1276.

[22] TIAN G S，XIA F，TIAN Y C. Predictive compensation for variable network delays and packet losses in networked control systems[J]. Computers and Chemical Engineering，2012，39(10)：152-162.

[23] 张俊，罗大庸，孙妙平. 一种基于时滞区间不均分方法的变时延网络控制系统的新稳定性条件[J]. 电子学报，2016,44(1)：54-59.

[24] 刘丁，李攀，张晓晖. 一种基于区间分割的网络控制系统时延补偿方法[J]. 信息与控制，2006(3)：299-303.

[25] 程代展，郭宇骞. 切换系统进展[J]. 控制理论与应用，2005，22(6)：954-960.

[26] ZHANG H B, XIE D H, ZHANG H Y, et al. Stability analysis for discrete-time switched systems with unstable subsystems by a mode-dependent average dwell time approach[J]. ISA Transactions, 2014, 53(4): 1081-1086.

[27] ZHAO X D, ZHANG L, SHI P, et al. Stability and stabilization of switched linear systems with mode-dependent average dwell time[J]. IEEE Transactions on Automatic Control,2012,57(7):1809-1815.

[28] ZHANG W A, YU L, YIN S. A switched system approach to H_∞ control of networked control systems with time-varying delays[J]. Journal of the Franklin Institute, 2011, 348(2): 165-178.

[29] ZHANG W A, YU L. New approach to stabilisation of networked control systems with time-varying delays[J]. IET Control Theory and Applications. 2008, 2(12): 1094-1104.

[30] YANJ Y, WANG L, YU M. Switched system approach to stabilization of networked control systems[J]. International Journal of Robust and Nonlinear Control,2011(21): 1925-1945.

[31] WANG J F, YANG H Z. H_∞ control of a class of networked control systems with time delay and packet dropout[J]. Applied Mathematics and Computation, 2011, 217(18): 7469-7477.

[32] ZHANG W A, YU L. Modelling and control of networked control systems with both network-induced delay and packet-dropout[J]. Automatica, 2008,44(12):3206-3210.

[33] QUANSER Inc.. 3-DOF Helicopter Laboratory Manual[M]. Waterloo: QUANSER Inc. ,2011.

[34] QUANSER Inc.. 3-DOF Helicopter User Manual[M]. Waterloo:QUANSER Inc. ,2011.

第6章 网络控制系统时变采样周期的建模与切换控制

伴随着网络技术和自动控制技术的快速发展，网络控制系统受到了广泛的关注和研究。它是通过通信网络将分布在不同区域的传感器、控制器和执行器等节点进行互联，从而构成的一种闭环实时反馈控制系统。相对于传统的点对点信息传输及控制模式，网络控制系统采用了共享网络的方式来进行数据传输，不仅克服了各个节点空间位置的分布限制，而且能够节约系统设计成本、增强系统的可维护性，因此它在远程遥控操作、传感器网络、无人机、工业控制网络以及云控制系统等领域得到了广泛的应用[1-3]。然而数据在网络传输的过程中，不可避免地会受到网络协议类型、传输速率、拓扑结构，以及负载变化等因素的影响，从而产生随机时延和数据丢包问题，它将会影响系统的性能，甚至会造成系统的不稳定性。因此对同时存在随机时延和数据丢包的网络控制系统进行分析和设计就显得十分重要[4,5]。

针对网络控制系统中的网络诱导时延和数据丢包问题，近年来许多专家学者对此进行了广泛研究，分别采用了异步动态系统分析方法[6,7]、时变时滞分析方法[8,9]、随机系统分析方法[10,11]、切换系统分析方法[12,13]、预测控制分析方法[14,15]等来解决，给出了保证系统性能或者稳定的条件，但是以上采用的方法均是在系统采样周期为固定值的前提下给出的。

然而在不同采样周期下，系统的性能是不同的，一般认为系统采样周期越小，则系统的性能越好，反之越差。但是在网络控制系统中，采样周期的减小会使网络负载增加，将造成网络诱导时延的增大，导致系统长时延及数据包错序等问题出现，甚至会造成网络拥塞而产生丢包现象，从而会影响系统的性能；若采样周期过大，将不能保证数据的实时性，同样会降低系统的性能。因此对时变采样周期的网络控制系统的研究具有很重要的意义[16]。

针对系统的时变采样周期问题，文献[17]未考虑时延和采样周期之间的关系，将有限集合内变化的采样周期、时延和丢包问题统一建模为切换系统，然后结合锥补线性化方法，研究了系统的 H_∞ 控制问题。文献[18,19]将时变的采样周期转变为系统的不确定参数，研究了系统的最优保性能控制和渐进稳定性，但并未考虑系统的丢包问题。文献[20,21]针对系统时变有界的时延和采样周期，将其建模为离散动态区间系统，给出了系统的最优保性能控制器设计方法。但是以上文献均未考虑随机时延和时变采样周期之间的关系，只有实时地跟随随机延时和丢包问题的变化来改变系统采样周期，才能够充分利用网络资源并且设计合理的控制器来改善系统性能。因此文献[22-24]采用主动变采样周期的方法，即传感器采用事件和时间驱动相结合的方式，研究了随机时延、丢包与时变采样周期的变化关系。其中：文献[22]将系统的丢包问题描述为 Markov 链随机过程，在转移概率矩阵部分元素未知时，研究了系统 H_∞ 控制问题，然而在实际的工程实践中是很难获得系统丢包的转移概率的；文献[23]采用线性预估的方法来补偿系统的丢包问题，给出了系统 H_∞ 控制器的设计方法；文献[24]未考虑系统的丢包问题，而是将系统随机时延描述为系统的不确定参数，采用

Lyapunov 稳定性理论研究了系统稳定性问题。

基于以上分析，为了克服网络控制系统中存在的长时延、数据包错序以及丢包问题，并充分利用网络资源，从而提高系统的控制性能，本章采用主动变采样周期的方法，将随机时延、丢包以及时变采样周期统一建模为切换系统，同时采用基于平均驻留时间的方法，给出了使系统满足指数稳定的条件，并且建立了其指数衰减率和丢包率之间的定量关系。

6.1　问题描述及系统建模

系统的连续时间被控对象的状态空间模型为

$$\dot{\boldsymbol{x}}(t)=\boldsymbol{A}\boldsymbol{x}(t)+\boldsymbol{B}\boldsymbol{u}(t) \tag{6-1}$$

其中：$\boldsymbol{x}(t)\in\mathbf{R}^n$，$\boldsymbol{u}(t)\in\mathbf{R}$ 分别为系统的对象状态和控制输入，$\boldsymbol{A}$、$\boldsymbol{B}$ 为适当维数的系数矩阵。

如图 6-1 所示，在具有双边随机时延和数据丢包的网络控制系统中，执行器和（离散）控制器采用事件驱动的方式，当有新的数据信息到达时，立刻执行相关操作；传感器采用事件和时间驱动相结合的方式。

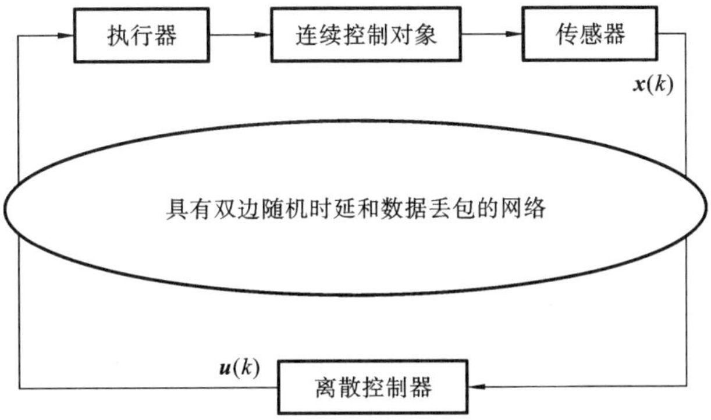

图 6-1　网络控制系统结构图

假定 t_k 是传感器第 k 次采样瞬间，而且数据包的传输不可避免地存在随机时延 $\tau_k=\tau_k^{sc}+\tau_k^{ca}$，其最小时延为 d_1，主要集中分布在 $\tau_k\in(d_1,d_2)$ 时间区间内。当 $\tau_k\geqslant d_2$ 时，则认为当前时刻的数据存在丢包，执行器在当前周期得不到更新，将保持上一周期的输出值不变。

为简化分析，将时延区间 (d_1,d_2) 划分为 n 等份区间，每等份区间大小为 $T_0=(d_2-d_1)/n$（在实际工作环境中，可按时延具体分布来划分区间），则当前采样时刻 t_k 的下一个采样瞬间 t_{k+1} 取为

$$t_{k+1}=\begin{cases}t_k+a_2, & \tau_k\in[a_1,a_2)\\ t_k+d_2, & \tau_k\geqslant d_2\end{cases}$$

其中：$a_1=d_1+lT_0$，$a_2=d_1+(l+1)T_0$，$l=0,1,\cdots,n-1$。

相应的采样周期为

$$h_k=t_{k+1}-t_k=d_1+bT_0,\quad b=1,\cdots,n-1,n$$

如图 6-2 所示，由于长时延的存在，控制输入 $\boldsymbol{u}(t_k)$ 没有在时刻 $t_{k+1}+d_2$ 前到达执行器，

则控制输入 $\boldsymbol{u}(t_k)$被丢掉，传感器则会在 $t_{k+1}=t_k+d_2$ 进行下一次采样。也就是说，传感器每一次采样只会发生在前一个采样数据包到达之后或者被系统丢掉的时刻，因此数据包的传输错序现象将不会发生。

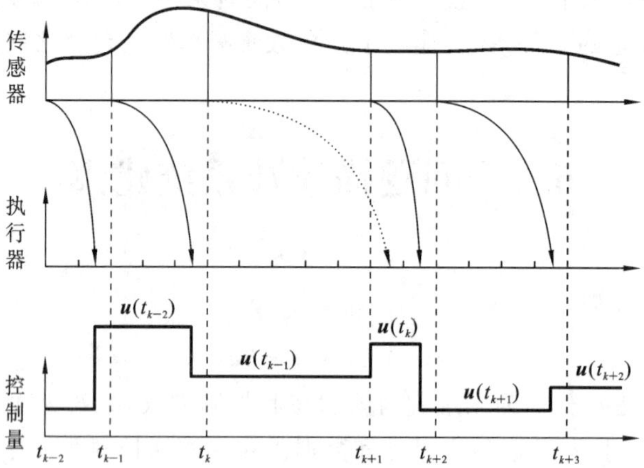

图 6-2 网络控制系统时变采样周期和丢包时序图

为便于分析，以下用 k 代表第 k 次采样时刻 t_k。其中 $\sigma_k\in\Omega=\{1,2,\cdots,n,n+1\}$是关于时间的切换分段常数，称为切换信号。

综上所述，当系统未发生数据丢包，即当 $\sigma_k\in\{1,2,\cdots,n\}$，令 $\tau'_k=h_k-\tau_k$，则有

$$\tau'_k\in(0,T_0),\quad \boldsymbol{\Phi}_{\sigma_k}=\mathrm{e}^{\boldsymbol{A}h_k},\quad \boldsymbol{\Gamma}_{\sigma_k}=\int_0^{h_k}\mathrm{e}^{\boldsymbol{A}s}\mathrm{d}s\cdot\boldsymbol{B},\quad \bar{\boldsymbol{F}}(\tau'_k)=\int_0^{\tau'_k}\mathrm{e}^{\boldsymbol{A}s}\mathrm{d}s$$

$$\sigma>\max_{\tau'_k\in[0,T_0]}\|\bar{\boldsymbol{F}}(\tau'_k)\|_2=\left\|\int_0^{T_0}\mathrm{e}^{\boldsymbol{A}s}\mathrm{d}s\right\|_2,\quad \boldsymbol{D}=\sigma,\quad \boldsymbol{E}=\boldsymbol{B},\quad \boldsymbol{F}(\tau'_k)=\sigma^{-1}\int_0^{\tau'_k}\mathrm{e}^{\boldsymbol{A}s}\mathrm{d}s$$

可得 $\boldsymbol{F}^{\mathrm{T}}(\tau'_k)\boldsymbol{F}(\tau'_k)=\sigma^{-2}\bar{\boldsymbol{F}}^{\mathrm{T}}(\tau'_k)\bar{\boldsymbol{F}}(\tau'_k)<\boldsymbol{I}$，并且令 $\lambda_{\max}(\boldsymbol{X})$、$\lambda_{\min}(\boldsymbol{X})$分别表示矩阵 $\boldsymbol{X}$ 的最大特征值和最小特征值，$*$ 代表矩阵的对称部分。因此连续时间被控对象的式(6-1)可离散化为模型 $S^{(0)}$：

$$\begin{aligned}\boldsymbol{x}(k+1)&=\mathrm{e}^{\boldsymbol{A}h_k}\boldsymbol{x}(k)+\int_0^{h_k-\tau_k}\mathrm{e}^{\boldsymbol{A}s}\mathrm{d}s\cdot\boldsymbol{B}\cdot\boldsymbol{u}(k)+\int_{h_k-\tau_k}^{h_k}\mathrm{e}^{\boldsymbol{A}s}\mathrm{d}s\cdot\boldsymbol{B}\cdot\boldsymbol{u}(k-1)\\&=\mathrm{e}^{\boldsymbol{A}h_k}\boldsymbol{x}(k)+\int_0^{\tau'_k}\mathrm{e}^{\boldsymbol{A}s}\mathrm{d}s\cdot\boldsymbol{B}\cdot\boldsymbol{u}(k)+\left(\int_0^{h_k}\mathrm{e}^{\boldsymbol{A}s}\mathrm{d}s-\int_0^{\tau'_k}\mathrm{e}^{\boldsymbol{A}s}\mathrm{d}s\right)\cdot\boldsymbol{B}\cdot\boldsymbol{u}(k-1)\\&=\boldsymbol{\Phi}_{\sigma_k}\boldsymbol{x}(k)+\boldsymbol{D}\boldsymbol{F}(\tau'_k)\boldsymbol{E}\cdot\boldsymbol{u}(k)+(\boldsymbol{\Gamma}_{\sigma_k}-\boldsymbol{D}\boldsymbol{F}(\tau'_k)\boldsymbol{E})\cdot\boldsymbol{u}(k-1)\end{aligned}\tag{6-2}$$

当系统发生数据丢包，即当 $\sigma(k)\in\{n+1\}$，采样周期为 $h_{n+1}=d_2$，则连续时间被控对象的式(6-1)可离散化为模型 $S^{(1)}$：

$$\boldsymbol{x}(k+1)=\boldsymbol{\Phi}_{\sigma_k}x(k)+\boldsymbol{\Gamma}_{\sigma_k}u(k-1)\tag{6-3}$$

其中：$\boldsymbol{\Phi}_{\sigma_k}=\mathrm{e}^{\boldsymbol{A}d_2}$，$\boldsymbol{\Gamma}_{\sigma_k}=\int_0^{d_2}\mathrm{e}^{\boldsymbol{A}s}\mathrm{d}s\cdot\boldsymbol{B}$

由于网络控制系统传输时延 τ_k 和系统数据丢包的随机性，因此系统的采样周期 h_k 将在有限集 M 内随机切换。其中

$$M=\{h_k=d_1+bT_0\mid b=1,\cdots,n\}$$

令系统的增广矩阵 $\boldsymbol{z}(k)=[\boldsymbol{x}^{\mathrm{T}}(k)\quad \boldsymbol{u}^{\mathrm{T}}(k-1)]^{\mathrm{T}}$，基于模型依赖的控制器为

$$\boldsymbol{u}(k)=\boldsymbol{K}_{\sigma_k}\boldsymbol{z}(k),\quad \sigma_k\in\{1,2,\cdots,n\}$$

当网络负载等条件发生变化时，系统传输时延将会随机改变，同时也会发生数据丢包，因此可将系统描述为随时间变化的有限个子系统的切换系统模型，即模型 $S^{(0)}$、$S^{(1)}$ 可重新统一描述为

$$\boldsymbol{z}(t_{k+1})=\widetilde{\boldsymbol{\Phi}}_{\sigma_k}\boldsymbol{z}(t_k),\quad \sigma_k\in\Omega \tag{6-4}$$

当系统未发生数据丢包，即 $\sigma_k\in\{1,2,\cdots n\}$，则有

$$\boldsymbol{z}(k+1)=\widetilde{\boldsymbol{\Phi}}_{\sigma_k}\boldsymbol{z}(k)=(\hat{\boldsymbol{\Phi}}_{\sigma_k}+\hat{\boldsymbol{\Gamma}}\boldsymbol{K}_{\sigma_k}+\hat{\boldsymbol{D}}\boldsymbol{F}(\tau'_k)(\hat{\boldsymbol{E}}+\boldsymbol{E}\boldsymbol{K}_{\sigma_k}))\boldsymbol{z}(k)$$

其中：$\hat{\boldsymbol{\Phi}}_{\sigma_k}=\begin{bmatrix}\boldsymbol{\Phi}_{\sigma_k} & \boldsymbol{\Gamma}_{\sigma_k}\\ 0 & 0\end{bmatrix}$，$\hat{\boldsymbol{\Gamma}}=\begin{bmatrix}0\\ \boldsymbol{I}\end{bmatrix}$，$\hat{\boldsymbol{D}}=\begin{bmatrix}D\\ 0\end{bmatrix}$，　$\hat{\boldsymbol{E}}=[0\quad -\boldsymbol{E}]$。

当系统发生数据丢包，即 $\sigma(k)\in\{n+1\}$，则有

$$\boldsymbol{z}(k+1)=\widetilde{\boldsymbol{\Phi}}_{\sigma_k}\boldsymbol{z}(k)=\hat{\boldsymbol{\Phi}}_{\sigma_k}\boldsymbol{z}(k)$$

其中：$\widetilde{\boldsymbol{\Phi}}_{\sigma_k}=\hat{\boldsymbol{\Phi}}_{\sigma_k}=\begin{bmatrix}\boldsymbol{\Phi}_{\sigma_k} & \boldsymbol{\Gamma}_{\sigma_k}\\ 0 & \boldsymbol{I}\end{bmatrix}$。

由于网络控制系统中存在着从传感器到控制器、从控制器到执行器的双边随机时延，因此本章结合了时延预估补偿的思想来设计系统工作方式，即传感器的采样数据分别与控制器事先预存的控制器增益相乘，然后在执行器端根据数据包的时间戳信息，分析计算从传感器到执行器的时延大小，并依此选择相应控制器增益和采样周期。

6.2　系统指数稳定性分析

定义 1　在一定的切换信号 σ_k 作用下，若存在常数 $\alpha>0$，$0<\gamma<1$，对于闭环离散时间切换系统模型式(6-4)，使得对于任意有限的初始状态 $\boldsymbol{x}(k_0)$ 满足：

$$\|\boldsymbol{x}(k)\|\leqslant\alpha\gamma^{(k-k_0)}\|\boldsymbol{x}(k_0)\|,\quad \forall k\geqslant k_0$$

则称系统的平衡点 $x=0$ 在切换信号作用下是全局一致指数稳定且具有指数衰减率 γ 的。

定义 2　令 $N_{\sigma i}(0,T_{\text{all}})$ 表示在时间区间 $[0,T_{\text{all}}]$ 内系统第 i 个子系统被激活的次数，T_{all}^{i} 表示该子系统被运行的总时间，若存在 τ_{ai} 使得

$$N_{\sigma i}(0,T_{\text{all}})\leqslant N_{0i}+\frac{T_{\text{all}}^{i}}{\tau_{ai}}$$

成立，则称 τ_{ai} 为该子系统切换信号的平均驻留时间，其中 N_{0i} 表示该子系统的颤抖界，通常 $N_{0i}=0$。

在图 6-1 所示的网络控制系统中，当数据包在网络传输中发生丢失，此时系统处于开环状态，将会造成系统性能下降，甚至会造成系统的不稳定。因此本节将系统未发生数据丢包和发生数据丢包时的情形分别进行建模，合理设计基于模型依赖的闭环控制器 $\boldsymbol{u}(k)=\boldsymbol{K}_{\sigma_k}\boldsymbol{z}(k)$，$\sigma_k\in\{1,2,\cdots,n\}$，保证在一定的丢包率下，系统仍然能满足指数衰减要求，并建立系统指数衰减率与丢包率的定量关系。

定理 1　针对闭环离散时间切换系统模型式(6-4)，若存在正标量 $0<\lambda_0<1$，$1<\lambda_1$，$1<\mu<1/\lambda_0$，以及矩阵 $\boldsymbol{P}_m$，$m\in\Omega$，使得以下不等式成立：

$$\begin{cases}\boldsymbol{\Omega}_m=\widetilde{\boldsymbol{\Phi}}_m^{\mathrm{T}}\boldsymbol{P}_m\widetilde{\boldsymbol{\Phi}}_m-\lambda_0\boldsymbol{P}_m<0, & m\in\{1,2,\cdots,n\}\\ \boldsymbol{\Omega}_m=\widetilde{\boldsymbol{\Phi}}_m^{\mathrm{T}}\boldsymbol{P}_m\widetilde{\boldsymbol{\Phi}}_m-\lambda_1\boldsymbol{P}_m<0, & m\in\{n+1\}\end{cases} \tag{6-5}$$

$$\boldsymbol{P}_p<\mu\boldsymbol{P}_q,\quad \forall\, p,q\in\Omega,p\neq q \tag{6-6}$$

令 k_{all}^-、k_{all}^+分别为系统未发生数据丢包和发生数据丢包的采样次数，满足

$$\frac{k_{\mathrm{all}}^-}{k_{\mathrm{all}}^+}>\frac{\ln\gamma^+-\ln\gamma^*}{\ln\gamma^*-\ln\gamma^-},\quad 0<\gamma^-<\gamma^*<1 \tag{6-7}$$

其中：$\gamma^-=\mu\lambda_0$，$\gamma^+=\mu\lambda_1$，则闭环离散时间切换系统模型式(6-4)是全局一致指数稳定且具有指数衰减率 γ^* 的。

证明 对于任意确定的 m，选取 $V_p(\boldsymbol{z}(k))=\boldsymbol{z}^{\mathrm{T}}(k)\boldsymbol{P}_m\boldsymbol{z}(k)$为子系统 $\boldsymbol{z}(k+1)=\boldsymbol{\Phi}_m\boldsymbol{z}(k)$的 Lyapunov 函数，当系统工作状态未发生跳变时，则有

$$V_m(k+1)=\boldsymbol{z}^{\mathrm{T}}(k+1)\boldsymbol{P}_m\boldsymbol{z}(k+1)-\lambda_s V_m+\lambda_s V_m=\boldsymbol{z}^{\mathrm{T}}(k)\boldsymbol{\Omega}_m\boldsymbol{z}(k)+\lambda_s V_m \tag{6-8}$$

其中：$s\in\{0,1\}$。结合式(6-5)和式(6-5)，可得

$$V_m(k+1)<\lambda_s V_m(k) \tag{6-9}$$

对于分段连续切换信号 σ_k，令 $t_{k_0}=0,t_{k_1},t_{k_2}\cdots t_{k_{i-1}},t_{k_i}(i\geqslant 1)$表示系统在间隔$[0,t_k)$内的切换点，同时满足 $t_{k_0}<t_{k_1}<\cdots<t_{k_i}<t_k$，且是右连续的。

当系统工作状态发生跳变时，由式(6-6)可得

$$\begin{aligned}V_{\sigma(t_{k_i})}(t_{k_i})&=\boldsymbol{z}^{\mathrm{T}}(t_{k_i})\boldsymbol{P}\sigma_{(t_{k_i})}\boldsymbol{z}(t_{k_i})=\boldsymbol{z}^{\mathrm{T}}(t_{k_i}^-)\boldsymbol{P}\sigma_{(t_{k_i})}\boldsymbol{z}(t_{k_i}^-)\\&<\mu\boldsymbol{z}^{\mathrm{T}}(t_{k_i}^-)\boldsymbol{P}\sigma_{(t_{k_i}^-)}\boldsymbol{z}(t_{k_i}^-)=\mu V\sigma_{(t_{k_i}^-)}(t_{k_i}^-)\end{aligned} \tag{6-10}$$

选取 $V_p(\boldsymbol{z}(k))=\boldsymbol{z}^{\mathrm{T}}(k)\boldsymbol{P}_m\boldsymbol{z}(k)$，$m\in\Omega$ 为系统模型式(6-4)的 Lyapunov 函数，$\sigma'_{t_k}\in\{0,1\}$结合式(6-7)、式(6-9)、式(6-10)，可得

$$\begin{aligned}V_{\sigma(t_k)}(t_k)&<\lambda_{\sigma'(t_{k_i})}^{(t_k-t_{k_i})/h_{k_i}}V_{\sigma(t_{k_i})}(t_{k_i})<\lambda_{\sigma'(t_{k_i})}^{(t_k-t_{k_i})/h_{k_i}}\mu V_{\sigma(t_{k_i}^-)}(t_{k_i}^-)\\&<\cdots<\mu^i\lambda_{\sigma'(t_{k_i})}^{\frac{t_k-t_{k_i}}{h_{k_i}}}\lambda_{\sigma'(t_{k_{i-1}})}^{\frac{t_k-t_{k_{i-1}}}{h_{k_{i-1}}}}\cdots\lambda_{\sigma'_0}^{\frac{t_{k_1}}{h_{k_0}}}V_{\sigma_0}(0)\\&=(\mu^{N_{\sigma(n+1)}(0,t_k)}\lambda_1^{\frac{T_{\mathrm{all}}^{n+1}}{d_2}})\left(\prod_{i=1}^{n}(\mu^{N_{\sigma i}(0,t_k)}\lambda_0^{\frac{T_{\mathrm{all}}^{i}}{h_i}})\right)V_{\sigma_0}(0)\\&=(\mu^{\frac{T_{\mathrm{all}}^{n+1}}{\tau_{a(n+1)}}}\lambda_1^{\frac{T_{\mathrm{all}}^{n+1}}{d_2}})\left(\prod_{i=1}^{n}\mu^{\frac{T_{\mathrm{all}}^{i}}{\tau_{ai}}}\lambda_0^{\frac{T_{\mathrm{all}}^{i}}{h_i}}\right)V_{\sigma_0}(0)\end{aligned}$$

对于实际工作的切换系统，其各个子系统切换信号的平均驻留时间一定满足 $\tau_{ap}\geqslant h_p$，$p\in\Omega$，同时 $0<\lambda_0<1$，$1<\lambda_1$，$\mu<1/\lambda_0$，因此在最保守的情况下，即时延在每个周期都分布在不同小区间内，则上述不等式可进一步推导如下：

$$\begin{aligned}V_{\sigma(t_k)}(t_k)&<(\mu^{\frac{T_{\mathrm{all}}^{n+1}}{\tau_{a(n+1)}}}\lambda_1^{\frac{T_{\mathrm{all}}^{n+1}}{d_2}})\left(\prod_{i=1}^{n}\mu^{\frac{T_{\mathrm{all}}^{i}}{\tau_{ai}}}\lambda_0^{\frac{T_{\mathrm{all}}^{i}}{h_i}}\right)V_{\sigma_0}(0)<(\mu^{\frac{T_{\mathrm{all}}^{n+1}}{d_2}}\lambda_1^{\frac{T_{\mathrm{all}}^{n+1}}{d_2}})\left(\prod_{i=1}^{n}\mu^{\frac{T_{\mathrm{all}}^{i}}{h_i}}\lambda_0^{\frac{T_{\mathrm{all}}^{i}}{h_i}}\right)V_{\sigma_0}(0)\\&=(\mu\lambda_1)^{k_{\mathrm{all}}^+}(\mu\lambda_0)^{k_{\mathrm{all}}^-}V_{\sigma_0}(0)=\gamma^{+k_{\mathrm{all}}^+}\gamma^{-k_{\mathrm{all}}^-}V_{\sigma_0}(0)\\&<\gamma^{*k_{\mathrm{all}}}V_{\sigma_0}(0)\end{aligned}$$

其中：$k_{\mathrm{all}}=k_{\mathrm{all}}^++k_{\mathrm{all}}^-$为系统总的采样周期数。

令 $\alpha_1=\min\limits_{\forall m\in\Omega}\lambda_{\min}(\boldsymbol{P}_m)$，$\alpha_2=\max\limits_{\forall m\in\Omega}\lambda_{\max}(\boldsymbol{P}_m)$，则有

$$\alpha_1\|\boldsymbol{z}(k)\|\leqslant V_{\sigma_{t_k}}(\boldsymbol{z}(k))<\gamma^{*k_{\mathrm{all}}}V_{\sigma_0}(\boldsymbol{z}(0))<\gamma^{*k_{\mathrm{all}}}\alpha_2\|\boldsymbol{z}(0)\|$$

因此 $\| z(k) \| \leqslant \frac{\alpha_2}{\alpha_1}\gamma^{*k_{\text{all}}} \| z(0) \|$。假设初始时刻 $\boldsymbol{u}(-1)=0$，可得

$$\| \boldsymbol{x}(k) \| \leqslant \| \boldsymbol{z}(k) \| \leqslant \alpha\gamma^{*k_{\text{all}}} \| \boldsymbol{z}(0) \| = \frac{\alpha_2}{\alpha_1}\gamma^{*k_{\text{all}}} \| \boldsymbol{x}(0) \|$$

显然式(6-7)保证了 $\gamma^* < 1$，则系统全局一致指数稳定。证毕。

由上述分析可知，未发生数据丢包时，式(6-5)表明切换系统模型中的各个子系统内部具有指数衰减率 λ_0。当划分时延区间个数增加时，在相同时间内，采样个数将会增加，系统状态衰减将会越快。但是随着时延区间范围划分个数的增加，必然会导致切换频率增加，系统工作模型将会在各个子系统之间频繁切换，每次发生切换，其指数衰减率都将会增加到 λ_s 的 μ 倍，这将会导致切换系统性能下降。因此在工程实践中，应根据当前网络的长期工作状况，依据时延在各个工况下的取值范围，进行合理的区间划分，减少系统切换的次数。

6.3　镇定控制器设计

引理 1(Schur 补引理)　假如存在矩阵 $\boldsymbol{S}_1$、$\boldsymbol{S}_2$ 和 $\boldsymbol{S}_3$，其中 $\boldsymbol{S}_2^{\mathrm{T}} = \boldsymbol{S}_2 > 0$，$\boldsymbol{S}_3^{\mathrm{T}} = \boldsymbol{S}_3$，则 $\boldsymbol{S}_1^{\mathrm{T}}\boldsymbol{S}_2\boldsymbol{S}_1 + \boldsymbol{S}_3 < 0$ 成立等价于

$$\begin{bmatrix} -\boldsymbol{S}_2^{-1} & \boldsymbol{S}_1 \\ \boldsymbol{S}_1^{\mathrm{T}} & \boldsymbol{S}_3 \end{bmatrix} < 0 \quad 或 \quad \begin{bmatrix} \boldsymbol{S}_3 & \boldsymbol{S}_1^{\mathrm{T}} \\ \boldsymbol{S}_1 & -\boldsymbol{S}_2^{-1} \end{bmatrix} < 0$$

引理 2　给定具有相应维数的矩阵 $\boldsymbol{W}$、$\boldsymbol{D}$ 和 $\boldsymbol{E}$，其中 $\boldsymbol{W}$ 为对称矩阵，对于所有满足 $\boldsymbol{F}^{\mathrm{T}}\boldsymbol{F} < \boldsymbol{I}$ 的矩阵 $\boldsymbol{F}$，有 $\boldsymbol{W} + \boldsymbol{DFE} + \boldsymbol{E}^{\mathrm{T}}\boldsymbol{F}^{\mathrm{T}}\boldsymbol{D}^{\mathrm{T}} < 0$，当且仅当存在标量 $\varepsilon > 0$，使得 $\boldsymbol{W} + \varepsilon\boldsymbol{DD}^{\mathrm{T}} + \varepsilon^{-1}\boldsymbol{E}^{\mathrm{T}}\boldsymbol{E} < 0$。

定理 2　若存在 $0 < \lambda_0 < 1$，$1 < \lambda_1$，$1 < u < 1/\lambda_0$，对于闭环离散时间切换系统模型式(6-4)，如果同时存在 $\boldsymbol{Y}_P$、$\boldsymbol{X}_p = \boldsymbol{X}_p^{\mathrm{T}} > 0$，$p \in \Omega$，以及 $\varepsilon_p > 0$ 满足以下线性矩阵不等式：

$$\begin{bmatrix} -\lambda_0\boldsymbol{X}_p & * & * \\ \hat{\boldsymbol{\Phi}}_p\boldsymbol{X}_p + \hat{\boldsymbol{\Gamma}}\boldsymbol{Y}_p & \varepsilon\hat{\boldsymbol{D}}\hat{\boldsymbol{D}}^{\mathrm{T}} - \boldsymbol{X}_p & * \\ \hat{\boldsymbol{E}}\boldsymbol{X}_p + \boldsymbol{E}\boldsymbol{Y}_p & 0 & -\varepsilon_p\boldsymbol{I} \end{bmatrix} < 0, \quad p \in \{1,2,\cdots,n\} \tag{6-11}$$

$$\begin{bmatrix} -\lambda_1\boldsymbol{X}_p & * \\ \hat{\boldsymbol{\Phi}}_p\boldsymbol{X}_p & -\boldsymbol{X}_p \end{bmatrix} < 0, \quad p \in \{n+1\} \tag{6-12}$$

$$\begin{bmatrix} -u_p\boldsymbol{X}_q & * \\ \boldsymbol{X}_q & -\boldsymbol{X}_p \end{bmatrix} < 0, \quad \forall\, p \neq q \in \Omega \tag{6-13}$$

且切换信号被激活时间满足式(6-7)，则系统全局一致指数稳定，此时基于模型依赖的时变控制器增益(反馈增益)为 $\boldsymbol{K}_p = \boldsymbol{Y}_p\boldsymbol{X}_p^{-1}$，$p \in \{1,2,\cdots,n\}$。

证明　采用引理 1，对式(6-5)、式(6-6)进行等效变换，可得

$$\begin{bmatrix} -\lambda_s\boldsymbol{P}_p & \widetilde{\boldsymbol{\Phi}}_p^{\mathrm{T}} \\ \widetilde{\boldsymbol{\Phi}}_p & -\boldsymbol{P}_p^{-1} \end{bmatrix} < 0, \quad \forall\, p \in \Omega, s \in \{0,1\} \tag{6-14}$$

$$\begin{bmatrix} -\mu\boldsymbol{P}_q & \boldsymbol{I} \\ \boldsymbol{I} & -\boldsymbol{P}_p^{-1} \end{bmatrix} < 0, \quad \forall\, p \neq q \in \Omega \tag{6-15}$$

令 $\boldsymbol{X}_p=\boldsymbol{P}_p^{-1}$、$\boldsymbol{X}_q=\boldsymbol{P}_q^{-1}(p、q\in\Omega)$，对式(6-14)左右分别乘以 $\mathrm{diag}(\boldsymbol{X}_p,\boldsymbol{I})$，对式(6-15)左右分别乘以 $\mathrm{diag}(\boldsymbol{X}_q,\boldsymbol{I})$，可得

$$\begin{bmatrix} -\lambda_s\boldsymbol{X}_p & * \\ \widetilde{\boldsymbol{\Phi}}_p\boldsymbol{X}_p & -\boldsymbol{X}_p \end{bmatrix}<0,\quad \forall p\in\Omega,s\in\{0,1\} \tag{6-16}$$

$$\begin{bmatrix} -u\boldsymbol{X}_q & * \\ \boldsymbol{X}_q & -\boldsymbol{X}_p \end{bmatrix}<0,\quad \forall p\neq q\in\Omega \tag{6-17}$$

其中式(6-17)即为(6-13)。当系统发生数据丢包时，即 $p\in\{n+1\},s=1$，式(6-16)即为式(6-12)。当系统未发生数据丢包时，即 $p\in\{1,2,\cdots,n\}$，由于数据在传输过程中发生了随机传输时延，因此根据式(6-16)可得

$$\left\{\begin{array}{l}\begin{bmatrix} -\lambda_0\boldsymbol{X}_p & * \\ \hat{\boldsymbol{\Phi}}_p\boldsymbol{X}_p+\hat{\boldsymbol{\Gamma}}\boldsymbol{Y}_p & -\boldsymbol{X}_p \end{bmatrix} \\ +\begin{bmatrix} 0 \\ \hat{\boldsymbol{D}} \end{bmatrix}\boldsymbol{F}(\tau_k')[\hat{\boldsymbol{E}}\boldsymbol{X}_p+\boldsymbol{E}\boldsymbol{Y}_p \quad 0] \\ +[\hat{\boldsymbol{E}}\boldsymbol{X}_p+\boldsymbol{E}\boldsymbol{Y}_p \quad 0]^{\mathrm{T}}\boldsymbol{F}^{\mathrm{T}}(\tau_k')\begin{bmatrix} 0 \\ \hat{\boldsymbol{D}} \end{bmatrix}\end{array}\right\}<0,\quad p\in\{1,2,\cdots,n\} \tag{6-18}$$

其中：$\boldsymbol{Y}_p=\boldsymbol{K}_p\boldsymbol{X}_p,p\in\{1,2,\cdots,n\}$。

由于 $\boldsymbol{F}^{\mathrm{T}}(\tau_k')\boldsymbol{F}(\tau_k')<\boldsymbol{I}$，根据引理 3，将式(6-18)等效为

$$\left\{\begin{array}{l}\begin{bmatrix} -\lambda_0\boldsymbol{X}_p & * \\ \hat{\boldsymbol{\Phi}}\boldsymbol{X}_p+\hat{\boldsymbol{\Gamma}}\boldsymbol{Y}_p & -\boldsymbol{X}_p \end{bmatrix}+\varepsilon\begin{bmatrix} 0 \\ \hat{\boldsymbol{D}} \end{bmatrix}[0 \quad \hat{\boldsymbol{D}}^{\mathrm{T}}] \\ +\varepsilon^{-1}\begin{bmatrix} (\hat{\boldsymbol{E}}\boldsymbol{X}_p+\boldsymbol{E}\boldsymbol{Y}_p)^{\mathrm{T}} \\ 0 \end{bmatrix}[\hat{\boldsymbol{E}}\boldsymbol{X}_p+\boldsymbol{E}\boldsymbol{Y}_p \quad 0]\end{array}\right\}<0 \tag{6-19}$$

继续采用引理 1，则式(6-19)和式(6-11)是等效的。证毕。

推论 1　若存在 $0<\lambda_0<1,1<\lambda_1,\boldsymbol{X}_p=\boldsymbol{X}_p^{\mathrm{T}}>0,\boldsymbol{Y}_p,\varepsilon_p>0,p\in\Omega$，对于闭环离散时间切换系统模型式(6-4)，满足式(6-11)至式(6-13)，并且选择合适的 μ 满足 $1<\mu<1/\lambda_0$，则系统丢包时间占整个工作时间的比值(丢包率)β 和指数衰减率 γ^* 的关系为

$$\beta=a\ln\gamma^*+b$$

其中：$a=\dfrac{1}{\ln(\lambda_1/\lambda_0)},b=-\dfrac{\ln(\mu\lambda_0)}{\ln(\lambda_1/\lambda_0)}$

证明　如前文所述，为了保证 $\gamma^-<1$，即要求 $1<\mu<1/\lambda_0$，同时它又满足了各个子系统的平均驻留时间要求。因此对于式(6-7)进行等价变换：

$$\frac{1}{\beta}=\frac{k_{\mathrm{all}}^{+}+k_{\mathrm{all}}^{-}}{k_{\mathrm{all}}^{+}}>\frac{\ln\gamma^{+}-\ln\gamma^{-}}{\ln\gamma^{*}-\ln\gamma^{-}}$$

其中：$0<\gamma^-=\mu\lambda_0<1,1<\gamma^+=\mu\lambda_1$，则系统采样周期的丢包率 β 和指数衰减率 γ^* 的关系为

$$\beta<\beta^*=a\ln\gamma^*+b$$

极端情况下，即每个周期时延值在各个区间内进行跳变且当 $\gamma^*=1$ 时，则 $\beta^*=b=-\ln(\mu\lambda_0)/\ln(\lambda_1/\lambda_0)$ 为系统丢包率上界；当系统未发生数据丢包时，系统指数衰减率上界为 $\gamma^*=u\lambda_0$。证毕。

6.4　数值算例仿真

算例 1　实际工作中的两轴磨粉机控制系统的连续时间被控对象状态空间模型：

$$\dot{\boldsymbol{x}}(t)=\begin{bmatrix}0 & 1 & 0 & 0\\0 & -18.18 & 0 & 0\\0 & 0 & 0 & 1\\0 & 0 & 0 & -17.86\end{bmatrix}\boldsymbol{x}(t)+\begin{bmatrix}0 & 0\\515.38 & 0\\0 & 0\\0 & 517.07\end{bmatrix}\boldsymbol{u}(t) \tag{6-20}$$

假设从传感器到执行器的最小时延值 $d_1=0.06$ s，并主要集中分布在 $\tau_k\in(0.06,0.18)$，当时延值 $\tau_k\geqslant 0.18$ s 时，则系统发生数据丢包。因此为了验证本章所提方法的有效性，将时延区间划分为四等份，其采样周期分别为 $h_1=0.09$ s，$h_2=0.12$ s、$h_3=0.15$ s 和 $h_4=0.18$ s，选取满足引理 1 的最小值 $\delta=0.031$，求出相应的可行解 $\lambda_0=0.87$，$\lambda_1=1.757$，$\mu=1.019$ 及基于模型依赖的时变控制器增益：

$$\boldsymbol{K}_1=\begin{bmatrix}-0.0278 & -0.0016 & 0 & 0 & 0.3057 & 0\\0 & 0 & -0.0260 & -0.0014 & 0 & 0.3447\end{bmatrix}$$

$$\boldsymbol{K}_2=\begin{bmatrix}-0.0365 & -0.0020 & 0 & 0 & 0.1067 & 0\\0 & 0 & -0.0332 & -0.0018 & 0 & 0.1583\end{bmatrix}$$

$$\boldsymbol{K}_3=\begin{bmatrix}-0.0438 & -0.0024 & 0 & 0 & -0.0788 & 0\\0 & 0 & -0.0396 & -0.0022 & 0 & -0.0117\end{bmatrix}$$

$$\boldsymbol{K}_4=\begin{bmatrix}-0.0503 & -0.0028 & 0 & 0 & -0.2550 & 0\\0 & 0 & -0.0453 & -0.0025 & 0 & -0.1711\end{bmatrix}$$

根据推论 1，给出表 6-1 所示的系统丢包率和系统指数衰减率的关系，当丢包率大于 17.14%时，系统有可能不能满足指数衰减要求。

表 6-1　系统丢包率与系统指数衰减率的关系

β^* /(%)	0	5	10	15	17	18
γ^*	0.8865	0.9182	0.9511	0.9851	0.9990	1.0061

图 6-3 所示为算例 1 对应的传感器到执行器的随机时延序列，其丢包率为 14%，在该丢包率下可得图 6-4 所示的系统状态轨迹图，从图中可以看出系统能够较快较平稳地趋于稳定。

算例 2　给出参考文献[13]中连续时间被控对象状态空间模型：

$$\dot{\boldsymbol{x}}(t)=\begin{bmatrix}0 & 1\\0 & -0.1\end{bmatrix}\boldsymbol{x}(t)+\begin{bmatrix}0\\0.1\end{bmatrix}\boldsymbol{u}(t) \tag{6-21}$$

同时系统初始状态 $\boldsymbol{x}(0)=[0.5\quad -0.5]^{\mathrm{T}}$。文献[13]考虑的是采样周期为 $T=0.3$ s、随机时延为 $\tau_k\in(0,0.1)$的情形，给出了丢包率为 10%的系统状态轨迹图，如图 6-5 所示。

根据本章所提的方法，假设从传感器到执行器的随机时延主要分布在 $\tau_k\in(0,\ 0.3)$。将时延区间二等分时，其采样周期分别为 $h_1=0.15$ s，$h_2=0.3$ s，当时延值 $\tau_k\geqslant 0.3$ s 时，则

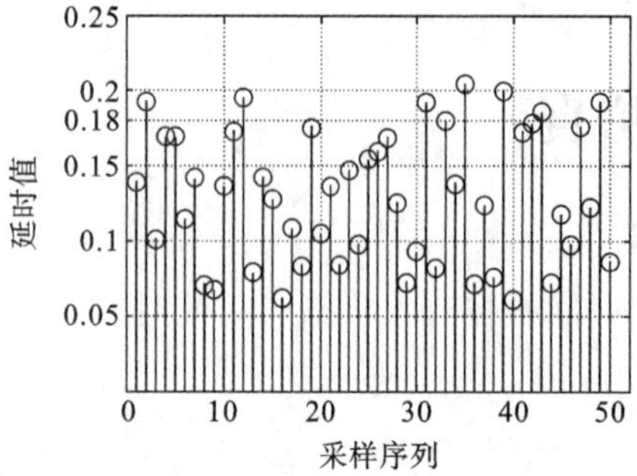

图 6-3　算例 1 对应的传感器到执行器的随机时延序列

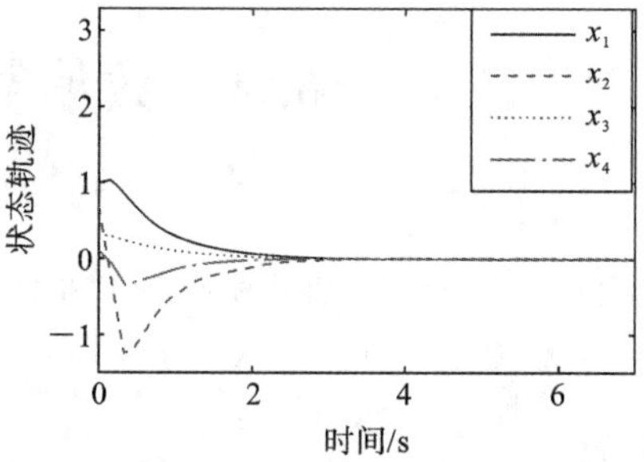

图 6-4　算例 1 对应丢包率为 14% 的系统状态轨迹图

扫码看彩图

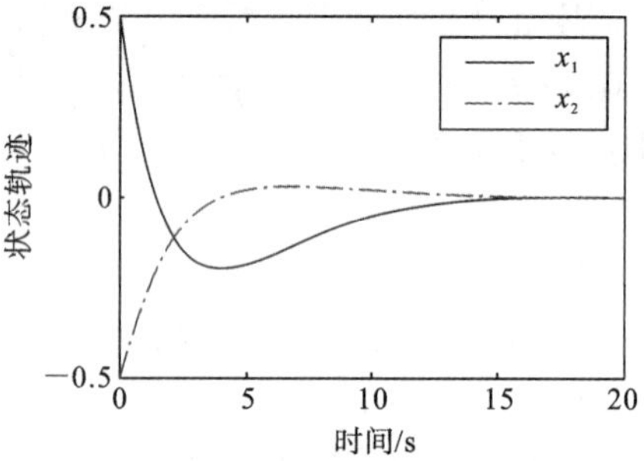

图 6-5　文献[13]对应丢包率为 10% 的系统状态轨迹图

系统发生数据丢包。选取满足引理 1 的最小值 $\delta=0.156$，求出相应的可行解 $\lambda_0=0.830$，$\lambda_1=1.994$，$\mu=1.050$ 及基于模型依赖的时变控制器增益：

$$\boldsymbol{K}_1=[-2.3920\quad -5.6020\quad 0.4776]$$

$$\boldsymbol{K}_2=[-5.2051\quad -12.3888\quad -0.2123]$$

根据推论 1，给出表 6-2 所示的系统丢包率和系统指数衰减率的关系。当不考虑系统发生数据丢包时，系统指数衰减率上界为 $\gamma^*=u\lambda_0=0.8715$。当丢包率大于 15.66% 时，系统有可能不能满足指数衰减要求。

表 6-2　系统丢包率与系统指数衰减率的关系

$\beta^*/(\%)$	0	5	10	12	15	16
γ^*	0.8715	0.9106	0.9515	0.9684	0.9942	1.003

图 6-6 所示为算例 2 对应的传感器到执行器的随机时延序列，其丢包率为 15.56%，在该丢包率下可得图 6-7 所示的系统状态轨迹图。对比文献[13]给出的仿真结果，本章所提方法能够使系统更快更平稳地收敛于稳定状态。

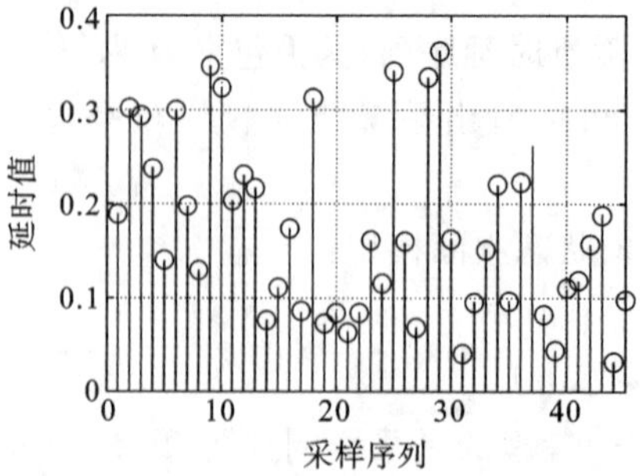

图 6-6　算例 2 对应的传感器到执行器的随机时延序列

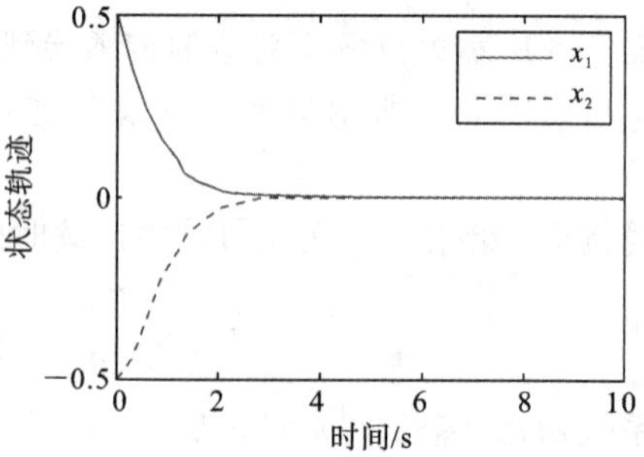

图 6-7　算例 2 对应丢包率为 15.56% 的系统状态轨迹图

6.5 本章小结

本章首先将系统的时延区间进行等间隔划分，采用主动变采样周期的方法，避免了长时延和数据包错序等问题。然后将网络控制系统中的网络诱导时延和数据丢包问题建立为切换系统模型，给出了系统满足指数衰减的控制器的设计方法，同时描述了指数衰减率和丢包率的定量关系。随着时延区间间隔划分越小，在相同时间内，一方面，采样次数会增加，系统状态衰减将会越快；另一方面，切换频率会增加，系统工作模型将会在各个子系统之间频繁切换，控制性能将会下降。因此，为了获得较好的控制性能，在实际的工程实践中应根据当前网络的长期工作状况，依据时延在各个工况下的取值范围，进行合理的区间划分，从而减少系统切换的次数。

参考文献

[1] ANTSAKLIS P, BAILLIEUL J. Special issue on technology of networked control systems[J]. Proceedings of the IEEE, 2007, 95(1):5-8.

[2] GE X H, YANG F W, HAN Q L. Distributed networked control systems: a brief overview[J]. Information Sciences. 2017,380: 117-131.

[3] 夏元清. 云控制系统及其面临的挑战[J]. 自动化学报,2016,42(1): 1-12.

[4] GUPTA R A,CHOW M Y. Networked control system: overview and research trends [J]. IEEE Transactions on Industrial Electronics, 2010, 57(7): 2527-2535.

[5] HESPANHA J P, NAGHSHTABRIZI P, XU Y G. A survey of recent results in networked control systems[J]. Proceedings of the IEEE. 2007, 95(1): 138-162.

[6] BU X H, HOU Z S. Stability of iterative learning control with data dropouts via asynchronous dynamical system[J]. International Journal of Automation and Computing. 2011, 8(1): 29-36.

[7] HALDER K, DAS S, DASGUPTA S, et al. Controller design for networked control systems-an approach based on L_2 induced norm[J]. Nonlinear Analysis: Hybrid Systems. 2016, 19: 134-145.

[8] 江兵,张崇巍. 具有时变时延和丢包的网络控制系统 H_∞ 优化控制[J]. 系统工程与电子技术,2010(7): 1501-1505.

[9] 樊卫华,谢蓉华,陈庆伟. 具有丢包的短时延网络控制系统的建模与分析[C] //中国自动化学会智能自动化专业委员会. 2011 年中国智能自动化会议论文集. 北京:科学出版社: 2011(42): 406-410.

[10] QIU L, LUO Q, GONG F, et al. Stability and stabilization of networked control

systems with random time delays and packet dropouts[J]. Journal of the Franklin Institute，2013，350(7)：1886-1907.

[11] WANG J H，ZHANG Q L，BAI F. Robust control of discrete-time singular Markovian jump systems with partly unknown transition probabilities by static output feedback[J]. International Journal of Control，Automation，and Systems，2015，13(6)：1313-1325.

[12] YANJ Y，WANG L，YU M. Switched system approach to stabilization of networked control systems[J]. International Journal of Robust and Nonlinear Control，2011(21)：1925-1945.

[13] WANG J F，YANG H Z. Exponential stability of a class of networked control systems with time delays and packet dropouts[J]. Applied Mathematics and Computation，2012，218(17)：8887-8894.

[14] TIAN G S，XIA F，TIAN Y C. Predictive compensation for variable network delays and packet losses in networked control systems[J]. Computers and Chemical Engineering，2012，39(10)：152-162.

[15] XIA Y Q，XIE W，LIU B，et al. Data-driven predictive control for networked control systems[J]. Information Sciences，2013，235：45-54.

[16] 樊金荣，方华京. 网络控制系统中采样周期问题的研究[J]. 武汉理工大学学报(信息与管理工程版)，2010，32(3)：348-352，356.

[17] 王玉龙，杨光红. 具有时变采样周期的网络控制系统的 H_∞ 控制[J]. 信息与控制，2007(3)：278-284.

[18] 樊金荣. 变采样周期网络控制系统的最优保性能控制[J]. 武汉大学学报(工学版)，2011，44(6)：806-811.

[19] XIE N，XIA B. Robust controller design for networked control systems with time-varying sampling periods[C] //International Conference on Wireless Communications，Networking and Mobile Computing. New York：IEEE，2012：1523-1225.

[20] 陈惠英，李祖欣，王培良. 变采样网络控制系统的最优保性能控制[J]. 信息与控制，2011，40(5)：646-651.

[21] LIU F C，YAO Y，HE F H，et al. Stability analysis of networked control systems with time-varying sampling periods[J]. Journal of Control Theory and Applications. 2008，6(1)：22-25.

[22] 李媛，张鹏飞，张庆灵. 丢包信息部分已知的变采样周期网络控制系统的 H_∞ 控制[J]. 东北大学学报(自然科学版)，2014，35(3)：305-308.

[23] WANG Y L，YANG G H. H_∞ controller design for networked control systems via active-varying sampling period method[J]. Acta Automatic Sinica. 2008，34(7)：814-818.

[24] 姚远，戴亚平，刘秀芝. 主动变采样周期方法在网络化控制系统中的应用[J]. 北京理工大学学报，2013，33(9)：970-975.

第7章　具有网络诱导时延与随机丢包的网络控制系统镇定研究

网络控制系统是一种伴随着网络技术不断发展而产生的分布式实时反馈控制系统，通信网络将分布在不同地域的传感器、执行器和控制器进行互联，从而形成闭合反馈回路。相对于传统的点对点控制系统，网络控制系统更易于设计成大规模系统，且具有容易安装和维护、布局布线方便、灵活性高等优点，广泛应用于工业控制网络、传感器网络、远程医疗、无人机以及基因调控网络等领域。然而在带宽有限的网络中，受到协议类型、拓扑结构、传输速率，以及负载变化等因素的影响，网络控制系统在数据传输的过程中不可避免地会产生网络诱导时延和数据丢包，它们将会给系统带来不利影响，甚至破坏其稳定性，因此也成为目前网络控制系统分析和设计主要考虑的问题之一[1-3]。

针对网络控制系统中存在的网络诱导时延和数据丢包问题，文献[4-7]采用带有事件约束率的异步动态系统来描述网络控制系统中的数据丢包，在需要求解双线性矩阵不等式的前提下，给出了系统满足指数稳定的充分条件。对于存在确定性时延和连续丢包有界的网络控制系统，文献[8,9]将其等效为时变时滞系统，给出了系统状态渐近稳定的充分条件。也有很多学者采用切换系统分析方法[10,11]对网络控制系统中的网络诱导时延和数据丢包问题进行研究[12-16]：文献[12]未考虑系统中的网络诱导时延而仅仅考虑了数据丢包问题；文献[13]考虑了采样周期内部分范围随机时延问题；文献[14]则将随机时延考虑为确定短时延；文献[15,16]中系统的控制器和执行器均采用缓冲器的方法来实现时间驱动，人为地增加了网络诱导时延的大小。

Markov 离散时间跳变系统能够有效描述参数和结构随时间变化而表现出的不同系统模态以及刻画它们之间的跳变关系，因此得到了广泛的应用，例如在经济领域的预测与决策、通信系统、无线伺服控制、飞行器控制等领域，其广泛的应用背景使它成为目前国内外学者研究的热点[17-21]。许多文献均采用 Markov 链随机过程来描述网络控制系统中时延在离散时间域中的随机跳变，或者系统随机丢包的特性，并且取得了许多有价值的成果。其中文献[22-26]考虑的是 Markov 链转移概率矩阵中的元素全部已知的情况。然而在实际的通信网络中，时延和丢包是随机的，Markov 链转移概率矩阵中的元素很难全部精确得到，或者需要付出很高的成本，一般情况下只能得到其估计值或部分概率。因此在网络控制系统中，在 Markov 链转移概率矩阵中的元素部分未知甚至完全未知时进行系统分析和设计更具有实际的意义。文献[27]未考虑网络控制系统的随机时延，而仅针对网络控制系统中被控对象模型的随机切换和通信过程中的随机丢包问题，利用具有两个独立 Markov 链的 Markov 离散时间跳变系统进行建模，在该 Markov 离散时间跳变系统模态的转移概率矩阵部分元素未知的情况下，给出了系统可镇定的充要条件和状态反馈控制器的设计方法；文献[28]利用变采样周期的方法，在状态转移概率部分未知的系统随机丢包特性的条件下，研究了网络控制系统的镇定问题;文献[29]将传感器与控制器、控制器与执行器之间存在随机丢包的网络控制系统建模为 Markov 离散时间跳变系统,给出了 H_∞ 状态反馈控制器的设计方法;文献[30,31]针对具有有限离散时间域的网络诱导时延的网络控制系统,将其时延跳变特性建模为有限状态的 Markov 链,并在其转移概率矩阵部分元素未知的条件下,分别研究了系统的状态反馈控制问题。

基于以上分析,本章更为一般化地考虑了在网络控制系统中传感器到控制器和控制器到执行器存在网络诱导时延和随机丢包的情况。结合系统随机丢包特点,建立了基于 Markov 链的参数不确定的离散时间跳变系统模型,同时给出了满足系统随机均方稳定的条件以及依赖于系统随机丢包特性的时变控制器的设计方法。最后通过数值算例仿真说明了本章所提方法在解决网络诱导时延和随机丢包问题方面是有效的。

7.1 问题描述及系统建模

如图 7-1 所示,对具有网络诱导时延与随机丢包的网络控制系统做如下合理假定:

(1) 传感器采用采样周期为 T 的时间驱动;

(2) 控制器和执行器均采用事件驱动,当有新的数据信息到达时,立刻执行相关操作,并且执行器采用零阶保持器输出;

(3) 不考虑控制器的运算时间以及执行器读取缓冲器数据的时间,只考虑传感器到控制器和控制器到执行器的随机传输时延 τ_k^{sc}、τ_k^{ca},并且满足 $\tau_k=\tau_k^{sc}+\tau_k^{ca}<T$;

(4) 网络数据单包传输,且带有时间戳(信息),系统状态可测且连续丢包数 d 有界,即满足 $d\leqslant\bar{d}$,其中 $\bar{d}$ 为已知的常数。

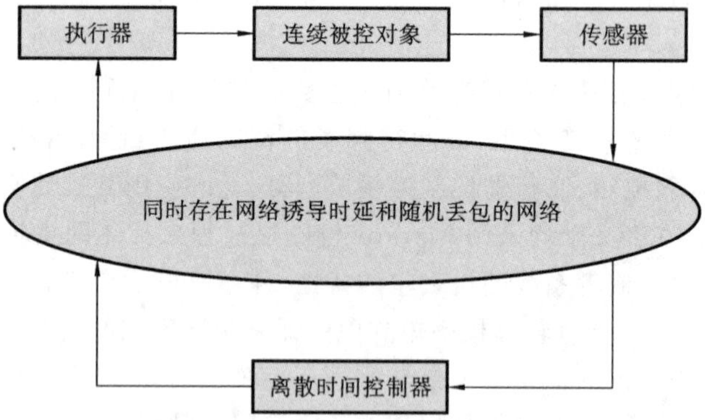

图 7-1 具有网络诱导时延与随机丢包的网络控制系统结构框图

设系统的连续时间被控对象的状态空间模型为

$$\dot{\boldsymbol{x}}(t)=\boldsymbol{A}\boldsymbol{x}(t)+\boldsymbol{B}\boldsymbol{u}(t) \tag{7-1}$$

其中:$\boldsymbol{x}(t)\in\mathbf{R}^n$ 为对象状态,$\boldsymbol{u}(t)\in\mathbf{R}^p$ 为控制输入,$\boldsymbol{A}$ 和 $\boldsymbol{B}$ 为适当维数的系数矩阵。

图 7-2 所示为具有网络诱导时延与随机丢包的网络控制系统信号时序图,可将其描述为以下模型:

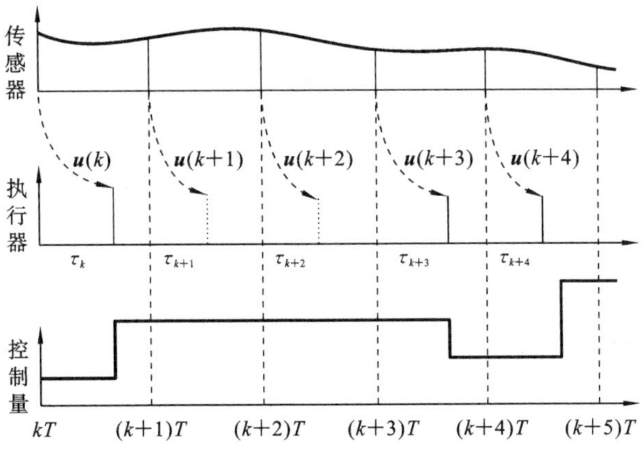

图 7-2　具有网络诱导时延与随机丢包的网络控制系统信号时序图

(1) 在当前周期$[(k+4)T,(k+5)T]$，以及前一个周期$[(k+3)T,(k+4)T]$均未发生丢包，则给出当前系统工作模型 $S^{(0)}$：

$$\boldsymbol{x}(k+1)=\boldsymbol{\Phi x}(k)+\boldsymbol{\Gamma}_0(\tau_k)\boldsymbol{u}(k)+\boldsymbol{\Gamma}_1(\tau_k)\boldsymbol{u}(k-1)$$

其中：$\boldsymbol{\Phi}=\mathrm{e}^{\boldsymbol{A}T}$，$\boldsymbol{\Gamma}_0(\tau_k)=\int_0^{T-\tau_k}\mathrm{e}^{\boldsymbol{A}s}\mathrm{d}s\cdot\boldsymbol{B}$，$\boldsymbol{\Gamma}_1(\tau_k)=\int_{T-\tau_k}^{T}\mathrm{e}^{\boldsymbol{A}s}\mathrm{d}s\cdot\boldsymbol{B}$。

(2) 在$[(k+1)T,(k+2)T]$和$[(k+2)T,(k+3)T]$周期，包括当前周期在内已经连续发生了 $n(1\leqslant n\leqslant\bar{d})$次丢包。此处，取 $n=1$ 和 $n=2$，则给出当前系统工作模型 $S_n^{(1)}$：

$$\boldsymbol{x}(k+1)=\boldsymbol{\Phi x}(k)+\boldsymbol{\Gamma}_2\boldsymbol{u}(k-n)$$

其中：$\boldsymbol{\Gamma}_2=\int_0^{T}\mathrm{e}^{\boldsymbol{A}s}\mathrm{d}s\cdot\boldsymbol{B}$。

(3) 在当前周期$[(k+3)T,(k+4)T]$没有发生丢包，而之前已经连续发生了 $n(1\leqslant n\leqslant\bar{d})$次丢包，则给出当前系统工作模型 $S_n^{(2)}$：

$$\boldsymbol{x}(k+1)=\boldsymbol{\Phi x}(k)+\boldsymbol{\Gamma}_0(\tau_k)\boldsymbol{u}(k)+\boldsymbol{\Gamma}_1(\tau_k)\boldsymbol{u}(k-1-n)$$

从以上分析可以看出，系统在每个采样周期内只能处于 $S^{(0)}$、$S_n^{(1)}$ 和 $S_n^{(2)}$ 工作模型状态中的某一个。当系统的丢包数上界为 $\bar{d}$ 时，系统存在着 $2\bar{d}+1$ 个子系统。在外界网络负载等条件发生变化时，系统将会在各个子系统之间进行跳变。如果将系统的跳变特性描述为一个基于 Markov 链的随机过程，则系统所处的子系统状态将由 Markov 链的状态来控制。

令 $\sigma_k\in\bar{\lambda}=\{0,1,\cdots,2\bar{d}\}$为 Markov 链的状态，则有

$$\sigma_k=0\rightarrow\text{系统处于 }S^{(0)}$$

$$\sigma_k=n\in\{1,2,\cdots,\bar{d}\}\rightarrow\text{系统处于 }S_n^{(1)}$$

$$\sigma_k=\bar{d}+n\in\{\bar{d}+1,\cdots,2\bar{d}\}\rightarrow\text{系统处于 }S_n^{(2)}$$

当网络负载等条件发生变化时，网络的丢包状态将随之改变，则 Markov 链的状态将从 σ_k 转变为 σ_{k+1}，相应的系统也会发生跳变。

设 $\Pr\{\sigma_{k+1}=j\mid\sigma_k=i\}=\pi_{ij}$ 为上述 Markov 链的一步状态转移概率。假设当前周期未发生丢包，上一个周期也未发生丢包，则当前状态对应为 $S^{(0)}$；如果下一个周期仍未发生丢包，则对应下一个状态仍然为 $S^{(0)}$；反之，如果下一个周期发生丢包，则对应状态为 $S_1^{(1)}$，因此系

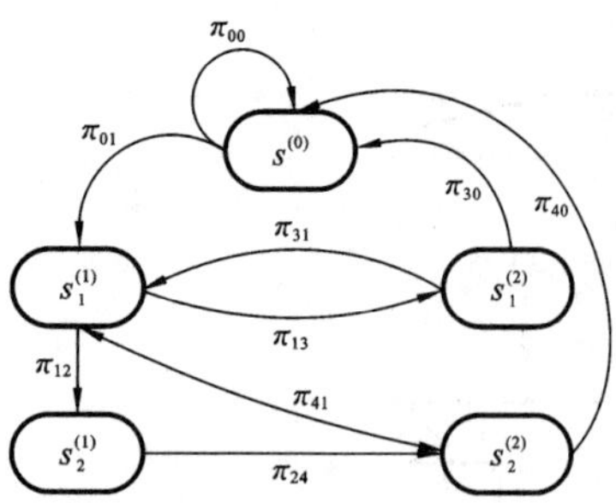

图 7-3　系统状态转移图

统丢包状态不是任意在 $S^{(0)}$、$S_n^{(1)}$ 和 $S_n^{(2)}$ 之间发生跳变的。假设系统丢包数上界为 $\bar{d}=2$，则系统状态之间的转移关系可描述为图 7-3 所示的过程。

由于通信网络的属性，一般很难获取转移概率矩阵中所有的转移概率，因此，本节更为一般化地考虑转移概率矩阵 $\boldsymbol{\pi}$ 中只有部分元素可以得到的情况，例如其一步状态转移概率矩阵为

$$\boldsymbol{\pi}=\begin{bmatrix} (\pi_{00}) & (\pi_{01}) & 0 & 0 & 0 \\ 0 & 0 & \pi_{12} & \pi_{13} & 0 \\ 0 & 0 & 0 & 0 & \pi_{24} \\ (\pi_{30}) & (\pi_{31}) & 0 & 0 & 0 \\ \pi_{40} & \pi_{41} & 0 & 0 & 0 \end{bmatrix}$$

其中："( )"表示矩阵元素未知。

为了更好地描述系统已知转移概率和未知转移概率的情形，取 $\forall i\in\bar{\lambda}$，$\bar{\lambda}=\bar{\lambda}_{\mathrm{K}}^{i}\cup\bar{\lambda}_{\mathrm{UK}}^{i}$。其中 $\bar{\lambda}_{\mathrm{K}}^{i}=\{j:\pi_{ij}$ 是已知的，且不恒为零的概率$\}$，$\bar{\lambda}_{\mathrm{UK}}^{i}=\{j:\pi_{ij}$ 是未知的$\}$。

进一步地，如果 $\bar{\lambda}_{\mathrm{K}}^{i}\neq\varnothing$，则有 $\bar{\lambda}_{\mathrm{K}}^{i}=\{\kappa_1^i,\cdots,\kappa_m^i\}$，$\forall\, 1\leqslant m\leqslant 2$。其中 $\kappa_m^i\in\mathbf{N}_+$ 表示转移概率矩阵 $\boldsymbol{\pi}$ 的第 i 行中第 m 个已知元素，同时有 $\sum\limits_{j\in\bar{\lambda}}\pi_{ij}=1$，$\pi_{\mathrm{K}}^{i}=\sum\limits_{j\in\bar{\lambda}_{\mathrm{K}}^{i}}\pi_{ij}$。

令 $\boldsymbol{z}(k)=[\boldsymbol{x}^{\mathrm{T}}(k)\quad \boldsymbol{u}^{\mathrm{T}}(k-1)\quad \boldsymbol{u}^{\mathrm{T}}(k-2)\quad \boldsymbol{u}^{\mathrm{T}}(k-3)]^{\mathrm{T}}$ 为系统的增广矩阵，则所有的子系统可以统一描述为基于 Markov 链的开环离散时间跳变系统模型 $S_{\mathrm{O}k}$：

$$\boldsymbol{z}(k+1)=\bar{\boldsymbol{\Phi}}_{\sigma_k}\boldsymbol{z}(k)+\bar{\boldsymbol{\Gamma}}_{\sigma_k}\boldsymbol{u}(k) \tag{7-2}$$

其中：当 $\sigma_k=0$ 时，$\bar{\boldsymbol{\Phi}}_0=\begin{bmatrix} \boldsymbol{\Phi} & \boldsymbol{\Gamma}_1(\tau_k) & 0 & 0 \\ 0 & 0 & 0 & 0 \\ 0 & \boldsymbol{I} & 0 & 0 \\ 0 & 0 & \boldsymbol{I} & 0 \end{bmatrix}$，$\bar{\boldsymbol{\Gamma}}_0=\begin{bmatrix} \boldsymbol{\Gamma}_0(\tau_k) \\ \boldsymbol{I} \\ 0 \\ 0 \end{bmatrix}$；

当 $\sigma_k\in\{1,2\}$ 时，$\bar{\boldsymbol{\Phi}}_1=\begin{bmatrix} \boldsymbol{\Phi} & \boldsymbol{\Gamma}_2 & 0 & 0 \\ 0 & \boldsymbol{I} & 0 & 0 \\ 0 & \boldsymbol{I} & 0 & 0 \\ 0 & 0 & \boldsymbol{I} & 0 \end{bmatrix}$，$\bar{\boldsymbol{\Gamma}}_1=0$，$\bar{\boldsymbol{\Phi}}_2=\begin{bmatrix} \boldsymbol{\Phi} & 0 & \boldsymbol{\Gamma}_2 & 0 \\ 0 & 0 & \boldsymbol{I} & 0 \\ 0 & \boldsymbol{I} & 0 & 0 \\ 0 & 0 & \boldsymbol{I} & 0 \end{bmatrix}$，$\bar{\boldsymbol{\Gamma}}_2=0$；

当 $\sigma_k\in\{3,4\}$ 时，$\bar{\boldsymbol{\Phi}}_3=\begin{bmatrix} \boldsymbol{\Phi} & 0 & \boldsymbol{\Gamma}_1(\tau_k) & 0 \\ 0 & 0 & 0 & 0 \\ 0 & \boldsymbol{I} & 0 & 0 \\ 0 & 0 & \boldsymbol{I} & 0 \end{bmatrix}$，$\bar{\boldsymbol{\Gamma}}_3=\begin{bmatrix} \boldsymbol{\Gamma}_0(\tau_k) \\ \boldsymbol{I} \\ 0 \\ 0 \end{bmatrix}$，

$$\bar{\boldsymbol{\Phi}}_4=\begin{bmatrix} \boldsymbol{\Phi} & 0 & 0 & \boldsymbol{\Gamma}_1(\tau_k) \\ 0 & 0 & 0 & 0 \\ 0 & \boldsymbol{I} & 0 & 0 \\ 0 & 0 & \boldsymbol{I} & 0 \end{bmatrix},\quad \bar{\boldsymbol{\Gamma}}_4=\begin{bmatrix} \boldsymbol{\Gamma}_0(\tau_k) \\ \boldsymbol{I} \\ 0 \\ 0 \end{bmatrix}。$$

令

$$\bar{\boldsymbol{F}}(\tau'_k)=\int_0^{-\tau'_k}\mathrm{e}^{\boldsymbol{A}s}\mathrm{d}s,\quad \tau'_k\in[-T/2,T/2]$$

$$\sigma>\max_{\tau'_k\in[-T/2,T/2]}\|\bar{\boldsymbol{F}}(\tau'_k)\|_2=\left\|\int_0^{T/2}\mathrm{e}^{\boldsymbol{A}s}\mathrm{d}s\right\|_2$$

$$\boldsymbol{\Gamma}_0=\int_0^{T/2}\mathrm{e}^{\boldsymbol{A}s}\mathrm{d}s\cdot\boldsymbol{B}$$

$$\boldsymbol{\Gamma}_1=\int_{T/2}^{T}\mathrm{e}^{\boldsymbol{A}s}\mathrm{d}s\cdot\boldsymbol{B}$$

$$\boldsymbol{D}=\sigma\mathrm{e}^{\boldsymbol{A}T/2}$$

$$\boldsymbol{F}(\tau'_k)=\sigma^{-1}\int_0^{-\tau'_k}\mathrm{e}^{\boldsymbol{A}s}\mathrm{d}s$$

$$\boldsymbol{E}=\boldsymbol{B}$$

则有

$$\begin{aligned}\boldsymbol{\Gamma}_0(\tau_k)&=\int_0^{T-\tau_k}\mathrm{e}^{\boldsymbol{A}s}\mathrm{d}s\cdot\boldsymbol{B}=\int_0^{T-T/2-\tau'_k}\mathrm{e}^{\boldsymbol{A}s}\mathrm{d}s\cdot\boldsymbol{B}=\int_0^{T/2}\mathrm{e}^{\boldsymbol{A}s}\mathrm{d}s\cdot\boldsymbol{B}+\sigma\mathrm{e}^{\boldsymbol{A}T/2}\cdot\sigma^{-1}\int_0^{-\tau'_k}\mathrm{e}^{\boldsymbol{A}s}\mathrm{d}s\cdot\boldsymbol{B}\\&=\boldsymbol{\Gamma}_0+\boldsymbol{D}\boldsymbol{F}(\tau'_k)\boldsymbol{E}\\\boldsymbol{\Gamma}_1(\tau_k)&=\int_{T-\tau_k}^{T}\mathrm{e}^{\boldsymbol{A}s}\mathrm{d}s\cdot\boldsymbol{B}=\int_{T-T/2-\tau'_k}^{T}\mathrm{e}^{\boldsymbol{A}s}\mathrm{d}s=\int_{T/2}^{T}\mathrm{e}^{\boldsymbol{A}s}\mathrm{d}s\cdot\boldsymbol{B}-\sigma\mathrm{e}^{\boldsymbol{A}T/2}\cdot\sigma^{-1}\int_0^{-\tau'_k}\mathrm{e}^{\boldsymbol{A}s}\mathrm{d}s\cdot\boldsymbol{B}\\&=\boldsymbol{\Gamma}_1-\boldsymbol{D}\boldsymbol{F}(\tau'_k)\boldsymbol{E}\end{aligned}$$

$$\boldsymbol{F}^{\mathrm{T}}(\tau')\boldsymbol{F}(\tau')<\boldsymbol{I}$$

针对开环离散时间跳变系统模型式(7-2)，采用增广矩阵进行状态反馈控制，对每个子系统采用不同的反馈增益。因此考虑无丢包时的 $S^{(0)}$ 和 $S_n^{(2)}$ 工作状态，并根据时变控制器 $\boldsymbol{u}(k)=\boldsymbol{K}_{\sigma_k}\boldsymbol{z}(k)$，则可得到带有不确定参数的闭环离散时间跳变系统模型 S_{Ck}：

$$\boldsymbol{z}(k+1)=\widetilde{\boldsymbol{\Phi}}_{\sigma_k}\boldsymbol{z}(k)\tag{7-3}$$

其中：$\widetilde{\boldsymbol{\Phi}}_0=\hat{\boldsymbol{\Phi}}_0+\hat{\boldsymbol{\Gamma}}\boldsymbol{K}_0+\hat{\boldsymbol{D}}\boldsymbol{F}(\tau'_k)(\hat{\boldsymbol{E}}_0+\boldsymbol{E}\boldsymbol{K}_0)$，$\widetilde{\boldsymbol{\Phi}}_1=\bar{\boldsymbol{\Phi}}_1$，$\widetilde{\boldsymbol{\Phi}}_2=\bar{\boldsymbol{\Phi}}_2$，

$\widetilde{\boldsymbol{\Phi}}_3=\hat{\boldsymbol{\Phi}}_3+\hat{\boldsymbol{\Gamma}}\boldsymbol{K}_3+\hat{\boldsymbol{D}}\boldsymbol{F}(\tau'_k)(\hat{\boldsymbol{E}}_3+\boldsymbol{E}\boldsymbol{K}_3)$，$\widetilde{\boldsymbol{\Phi}}_4=\hat{\boldsymbol{\Phi}}_4+\hat{\boldsymbol{\Gamma}}\boldsymbol{K}_4+\hat{\boldsymbol{D}}\boldsymbol{F}(\tau'_k)(\hat{\boldsymbol{E}}_4+\boldsymbol{E}\boldsymbol{K}_4)$，

$$\hat{\boldsymbol{\Phi}}_0=\begin{bmatrix}\boldsymbol{\Phi}&\boldsymbol{\Gamma}_1&0&0\\0&0&0&0\\0&\boldsymbol{I}&0&0\\0&0&\boldsymbol{I}&0\end{bmatrix},\ \hat{\boldsymbol{\Phi}}_3=\begin{bmatrix}\boldsymbol{\Phi}&0&\boldsymbol{\Gamma}_1&0\\0&0&0&0\\0&\boldsymbol{I}&0&0\\0&0&\boldsymbol{I}&0\end{bmatrix},\ \hat{\boldsymbol{\Phi}}_4=\begin{bmatrix}\boldsymbol{\Phi}&0&0&\boldsymbol{\Gamma}_1\\0&0&0&0\\0&\boldsymbol{I}&0&0\\0&0&\boldsymbol{I}&0\end{bmatrix},\ \hat{\boldsymbol{\Gamma}}=\begin{bmatrix}\boldsymbol{\Gamma}_0\\\boldsymbol{I}\\0\\0\end{bmatrix},$$

$\hat{\boldsymbol{D}}=[\boldsymbol{D}^{\mathrm{T}}\ \ 0\ \ 0\ \ 0]^{\mathrm{T}}$，$\hat{\boldsymbol{E}}_0=[0\ \ -\boldsymbol{E}\ \ 0\ \ 0]$，$\hat{\boldsymbol{E}}_3=[0\ \ 0\ \ -\boldsymbol{E}\ \ 0]$，

$\hat{\boldsymbol{E}}_4=[0\ \ 0\ \ 0\ \ -\boldsymbol{E}]$。

由于该网络控制系统存在着网络诱导时延与随机丢包，因此在设计系统工作方式时，采用了执行器端的预估补偿机制，具体工作流程如下：首先由传感器获取当前对象状态 $\boldsymbol{x}(k)$ 和执行器的控制输入 $\boldsymbol{u}(k-1)$、$\boldsymbol{u}(k-2)$ 和 $\boldsymbol{u}(k-3)$，构成增广矩阵 $\boldsymbol{z}(k)$。此时如果系统未发生随机丢包，则数据包经过反馈通道时延到达控制器，$\boldsymbol{z}(k)$ 和预先已存入控制器的所有反馈增益相乘，然后将得到的控制序列打包后输出，经过前向通道达到执行器，接着根据时间戳信息，执行器判断当前系统状态是处于 $S^{(0)}$ 还是 $S_n^{(2)}$，最后在控制序列中获取相应的控制量输出给控制对象。如果系统在前向通道或者反馈通道任意一侧发生数据包丢失，则系统处于 $S_n^{(1)}$ 状态。由于执行器采用零阶保持器输出，此时在当前整个周期内，执行器输出给对象的控制量保持不变。

同样为了方便，以下用 z_k 表示 $z(k)$，x_k 表示 $x(k)$，$\lambda_{\min}(X)$ 和 $\lambda_{\max}(X)$ 分别表示矩阵 X 的最小特征值和最大特征值，以及 $*$ 代表矩阵的对称部分。

7.2 系统随机稳定性分析

定义 1 针对闭环离散时间跳变系统模型式(7-3)，对于所有的有限初始状态 z_0 以及系统 Markov 链的初始模态 σ_0，如果存在一个有限的常数 $\widetilde{M}(z_0,\sigma_0)$，满足以下不等式：

$$\lim_{m\to\infty} E\left\{\sum_{k=0}^{m} \boldsymbol{x}_k^{\mathrm{T}}\boldsymbol{x}_k \mid z_0,\sigma_0\right\} < \widetilde{M}(z_0,\sigma_0)$$

则系统是随机均方稳定的，其中 $E(\cdot)$ 表示统计期望算子。

定理 1 对于闭环离散时间跳变系统模型式(7-3)，其数据丢包过程的转移概率矩阵为 $\boldsymbol{\pi}$，如果存在常数矩阵 $\boldsymbol{P}_i=\boldsymbol{P}_i^{\mathrm{T}}>0, i\in\bar{\lambda}$，以及标量 $0<\lambda<1$，满足以下线性矩阵不等式：

$$\boldsymbol{M}_i=\widetilde{\boldsymbol{\Phi}}_i^{\mathrm{T}}\widetilde{\boldsymbol{P}}_{\mathrm{K}}^i\widetilde{\boldsymbol{\Phi}}_i-\pi_{\mathrm{K}}^i\lambda\boldsymbol{P}_i<0 \tag{7-4}$$

$$\boldsymbol{N}_i=\widetilde{\boldsymbol{\Phi}}_i^{\mathrm{T}}\boldsymbol{P}_j\widetilde{\boldsymbol{\Phi}}_i-\lambda\boldsymbol{P}_i<0,\quad \forall j\in\bar{\lambda}_{\mathrm{UK}}^i \tag{7-5}$$

其中：$\widetilde{\boldsymbol{P}}_{\mathrm{K}}^i=\sum_{j\in\bar{\lambda}_{\mathrm{K}}^i}\pi_{ij}\boldsymbol{P}_j$，则系统是随机均方稳定的。

证明 对于闭环离散时间跳变系统模型式(7-3)中的各子系统，选取其系统 Lyapunov 函数 $V_k(\sigma_k)=\boldsymbol{z}_k^{\mathrm{T}}\boldsymbol{P}_{\sigma_k}\boldsymbol{z}_k$，由于 $0\leqslant\pi_{ij}\leqslant 1$ 及 $\sum_{j\in\bar{\lambda}}\pi_{ij}=1$，则有

$$\begin{aligned}
&E\{V_{k+1}(\sigma_{k+1}=j)\mid\sigma_k=i\}-\lambda V_k(\sigma_k=i)\\
&=\sum_{j\in\bar{\lambda}}\Pr(\sigma_{k+1}=j\mid\sigma_k=i)\cdot\boldsymbol{z}_{k+1}^{\mathrm{T}}\boldsymbol{P}_j\boldsymbol{z}_{k+1}-\boldsymbol{z}_k^{\mathrm{T}}\lambda\boldsymbol{P}_i\boldsymbol{z}_k\\
&=\boldsymbol{z}_k^{\mathrm{T}}\Big[\widetilde{\boldsymbol{\Phi}}_i^{\mathrm{T}}\big(\sum_{j\in\bar{\lambda}}\pi_{ij}\boldsymbol{P}_j\big)\widetilde{\boldsymbol{\Phi}}_i-\big(\sum_{j\in\bar{\lambda}}\pi_{ij}\big)\lambda\boldsymbol{P}_i\Big]\boldsymbol{z}_k\\
&=\boldsymbol{z}_k^{\mathrm{T}}\Big[\widetilde{\boldsymbol{\Phi}}_i^{\mathrm{T}}\widetilde{\boldsymbol{P}}_{\mathrm{K}}^i\widetilde{\boldsymbol{\Phi}}_i-\pi_{\mathrm{K}}^i\lambda\boldsymbol{P}_i+\sum_{j\in\bar{\lambda}_{\mathrm{UK}}^i}\pi_{ij}\big(\widetilde{\boldsymbol{\Phi}}_i^{\mathrm{T}}\boldsymbol{P}_j\widetilde{\boldsymbol{\Phi}}_i-\lambda\boldsymbol{P}_i\big)\Big]\boldsymbol{z}_k\\
&=\boldsymbol{z}_k^{\mathrm{T}}\Big[\boldsymbol{M}_i+\sum_{j\in\bar{\lambda}_{\mathrm{UK}}^i}\pi_{ij}\boldsymbol{N}_i\Big]\boldsymbol{z}_k
\end{aligned}$$

根据式(7-4)和式(7-5)，可得

$$\boldsymbol{\Omega}_i=\boldsymbol{M}_i+\sum_{j\in\bar{\lambda}_{\mathrm{UK}}^i}\pi_{ij}\boldsymbol{N}_i<0$$

由于 $\boldsymbol{z}(k)=[\boldsymbol{x}^{\mathrm{T}}(k)\quad\boldsymbol{u}^{\mathrm{T}}(k-1)\quad\boldsymbol{u}^{\mathrm{T}}(k-2)\quad\boldsymbol{u}^{\mathrm{T}}(k-3)]^{\mathrm{T}}$，显然有 $\|\boldsymbol{x}_k\|\leqslant\|\boldsymbol{z}_k\|$，并且根据 $\boldsymbol{\Omega}_i<0$ 及 $\boldsymbol{P}_i>0$，因此对于 $x_k\neq 0$ 有

$$\begin{aligned}
\frac{E\{V_{k+1}(\sigma_{k+1})\mid\sigma_k\}}{\lambda E\{V_k(\sigma_k)\}}-1&=\frac{E\{V_{k+1}(\sigma_{k+1})\mid\sigma_k\}-\lambda E\{V_k(\sigma_k)\}}{\lambda E\{V_k(\sigma_k)\}}=-\frac{\boldsymbol{z}_k^{\mathrm{T}}(-\boldsymbol{\Omega}_i)\boldsymbol{z}_k}{\boldsymbol{z}_k^{\mathrm{T}}\lambda\boldsymbol{P}_i\boldsymbol{z}_k}\\
&\leqslant-\min_{j\in\bar{\lambda}}\left\{\frac{\lambda_{\min}(-\boldsymbol{\Omega}_i)}{\lambda_{\max}(\lambda\boldsymbol{P}_i)}\right\}=\alpha-1
\end{aligned}$$

进一步推导可得

$$\alpha\geqslant\frac{E\{V_{k+1}(\sigma_{k+1})\mid\sigma_k\}}{\lambda E\{V_k(\sigma_k)\}}>0,\quad \alpha=1-\min_{j\in\bar{\lambda}}\left\{\frac{\lambda_{\min}(-\boldsymbol{\Omega}_i)}{\lambda_{\max}(\lambda\boldsymbol{P}_i)}\right\}<1$$

因此有 $0<\alpha<1, E\{V_{k+1}(\sigma_{k+1})\mid \boldsymbol{z}_k, \sigma_k\}<\alpha\lambda E\{V_k(\sigma_k)\}$。

根据文献[17,18]，可得

$$E\{V_k(\sigma_k)\mid z_0, \sigma_0\}<\alpha^k\lambda^k V_0(\sigma_0)$$

所以进一步可得

$$E\left\{\sum_{k=0}^{m}\boldsymbol{z}_k^{\mathrm{T}}\boldsymbol{P}(\sigma_k)\boldsymbol{z}_k \mid \sigma_0\right\}<\frac{V_0(\sigma_0)}{1-\alpha\lambda}$$

最后可得

$$\lim_{m\to\infty}E\left\{\sum_{k=0}^{m}\boldsymbol{z}_k^{\mathrm{T}}\boldsymbol{z}_k \mid \sigma_0\right\}\cdot(\min_{j\in\bar{\lambda}}\lambda_{\min}(\boldsymbol{P}_i))<\lim_{m\to\infty}E\left\{\sum_{k=0}^{m}\boldsymbol{z}_k^{\mathrm{T}}\boldsymbol{P}(\sigma_k)\boldsymbol{z}_k \mid \sigma_0\right\}<\frac{V_0(\sigma_0)}{1-\alpha\lambda}$$

令 $\widetilde{M}(z_0, \sigma_0)=(\min_{j\in\bar{\lambda}}\lambda_{\min}(\boldsymbol{P}_i))^{-1}\dfrac{V_0(\sigma_0)}{1-\alpha\lambda}$，则有

$$\lim_{m\to\infty}E\left\{\sum_{k=0}^{m}\boldsymbol{x}_k^{\mathrm{T}}\boldsymbol{x}_k \mid z_0, \sigma_0\right\}<\widetilde{M}(z_0, \sigma_0)$$

因此根据定义1，系统模型 S_{Ck} 是随机均方稳定的。证毕。

7.3 镇定控制器设计

引理1(Schur补引理) 假如存在矩阵 $\boldsymbol{S}_1$、$\boldsymbol{S}_2$ 和 $\boldsymbol{S}_3$，其中 $\boldsymbol{S}_2^{\mathrm{T}}=\boldsymbol{S}_2>0, \boldsymbol{S}_3^{\mathrm{T}}=\boldsymbol{S}_3$，则 $\boldsymbol{S}_1^{\mathrm{T}}\boldsymbol{S}_2\boldsymbol{S}_1+\boldsymbol{S}_3<0$ 成立等价于

$$\begin{bmatrix}-\boldsymbol{S}_2^{-1} & \boldsymbol{S}_1\\ \boldsymbol{S}_1^{\mathrm{T}} & \boldsymbol{S}_3\end{bmatrix}<0 \quad 或 \quad \begin{bmatrix}\boldsymbol{S}_3 & \boldsymbol{S}_1^{\mathrm{T}}\\ \boldsymbol{S}_1 & -\boldsymbol{S}_2^{-1}\end{bmatrix}<0$$

引理2 给定具有相应维数的矩阵 $\boldsymbol{W}$、$\boldsymbol{D}$ 和 $\boldsymbol{E}$，其中 $\boldsymbol{W}$ 为对称矩阵，对于所有满足 $\boldsymbol{F}^{\mathrm{T}}\boldsymbol{F}<\boldsymbol{I}$ 的矩阵 $\boldsymbol{F}$，有 $\boldsymbol{W}+\boldsymbol{DFE}+\boldsymbol{E}^{\mathrm{T}}\boldsymbol{F}^{\mathrm{T}}\boldsymbol{D}^{\mathrm{T}}<0$，当且仅当存在标量 $\varepsilon>0$，使得 $\boldsymbol{W}+\varepsilon\boldsymbol{DD}^{\mathrm{T}}+\varepsilon^{-1}\boldsymbol{E}^{\mathrm{T}}\boldsymbol{E}<0$。

定理2 对于闭环离散时间跳变系统模型式(7-3)，其数据丢包过程的转移概率矩阵为 $\boldsymbol{\pi}$，如果存在常数矩阵 $\boldsymbol{Y}_i$ 和 $\boldsymbol{X}_i=\boldsymbol{X}_i^{\mathrm{T}}>0, i\in\bar{\lambda}$，以及标量 $0<\lambda<1$ 和 $\varepsilon>0$，满足以下线性矩阵不等式：

当 $i\in\{0,3,4\}$ 时，有

$$\begin{bmatrix}-\pi_{\mathrm{K}}^{i}\lambda\boldsymbol{X}_i & * & * & *\\ \hat{\boldsymbol{\Phi}}_i\boldsymbol{X}_i+\hat{\boldsymbol{\Gamma}}\boldsymbol{Y}_i & \varepsilon\hat{\boldsymbol{D}}_i\hat{\boldsymbol{D}}_i^{\mathrm{T}}-\pi_{i\kappa_1^i}^{-1}\boldsymbol{X}_{\kappa_1^i} & * & *\\ \hat{\boldsymbol{\Phi}}_i\boldsymbol{X}_i+\hat{\boldsymbol{\Gamma}}\boldsymbol{Y}_i & \varepsilon\hat{\boldsymbol{D}}_i\hat{\boldsymbol{D}}_i^{\mathrm{T}} & \varepsilon\hat{\boldsymbol{D}}_i\hat{\boldsymbol{D}}_i^{\mathrm{T}}-\pi_{i\kappa_2^i}^{-1}\boldsymbol{X}_{\kappa_2^i} & *\\ \hat{\boldsymbol{E}}_i\boldsymbol{X}_i+\boldsymbol{E}\boldsymbol{Y}_i & 0 & 0 & -\varepsilon\boldsymbol{I}\end{bmatrix}<0 \tag{7-6}$$

$$\begin{bmatrix}-\lambda\boldsymbol{X}_i & * & *\\ \hat{\boldsymbol{\Phi}}_i\boldsymbol{X}_i+\hat{\boldsymbol{\Gamma}}\boldsymbol{Y}_i & \varepsilon\hat{\boldsymbol{D}}_i\hat{\boldsymbol{D}}_i^{\mathrm{T}}-\boldsymbol{X}_j & *\\ \hat{\boldsymbol{E}}_i\boldsymbol{X}_i+\boldsymbol{E}\boldsymbol{Y}_i & 0 & -\varepsilon\boldsymbol{I}\end{bmatrix}<0, \quad \forall j\in\bar{\lambda}_{\mathrm{UK}}^{i} \tag{7-7}$$

当 $i\in\{1\}$ 时，有

$$\begin{bmatrix} -\pi_{\mathrm{K}}^{i}\lambda\boldsymbol{X}_i & * & * \\ \bar{\boldsymbol{\Phi}}_i\boldsymbol{X}_i & -\pi_{i\kappa_1^i}^{-1}\boldsymbol{X}_{\kappa_1^i} & * \\ \bar{\boldsymbol{\Phi}}_i\boldsymbol{X}_i & 0 & -\pi_{i\kappa_2^i}^{-1}\boldsymbol{X}_{\kappa_2^i} \end{bmatrix}<0 \tag{7-8}$$

$$\begin{bmatrix} -\lambda\boldsymbol{X}_i & * \\ \bar{\boldsymbol{\Phi}}_i\boldsymbol{X}_i & -\boldsymbol{X}_j \end{bmatrix}<0,\quad \forall j\in\bar{\lambda}_{\mathrm{UK}}^{i} \tag{7-9}$$

当 $i\in\{2\}$ 时，有

$$\begin{bmatrix} -\pi_{\mathrm{K}}^{i}\lambda\boldsymbol{X}_i & * \\ \bar{\boldsymbol{\Phi}}_i\boldsymbol{X}_i & -\pi_{i\kappa_1^i}^{-1}\boldsymbol{X}_{\kappa_1^i} \end{bmatrix}<0 \tag{7-10}$$

则系统是随机均方稳定的。在系统未发生随机丢包的状态下，时变控制器增益为 $\boldsymbol{K}_i=\boldsymbol{Y}_i\boldsymbol{X}_i^{-1}$，$i\in\{0,3,4\}$。

证明　当 $i\in\{0,3,4\}$ 时，采用引理 1，对式(7-4)进行变换，可得

$$\begin{bmatrix} -\pi_{\mathrm{K}}^{i}\lambda\boldsymbol{P}_i & \widetilde{\boldsymbol{\Phi}}_i^{\mathrm{T}} \\ \widetilde{\boldsymbol{\Phi}}_i & -(\widetilde{\boldsymbol{P}}_{\mathrm{K}}^{i})^{-1} \end{bmatrix}<0 \tag{7-11}$$

进一步地，式(7-11)左右同时乘以 $\mathrm{diag}(\boldsymbol{X}_i,\boldsymbol{I})$，其中 $\boldsymbol{X}_i=\boldsymbol{P}_i^{-1}$，可得

$$\begin{bmatrix} -\pi_{\mathrm{K}}^{i}\lambda\boldsymbol{X}_i & \boldsymbol{X}_i\widetilde{\boldsymbol{\Phi}}_i^{\mathrm{T}} \\ \widetilde{\boldsymbol{\Phi}}_i\boldsymbol{X}_i & -(\widetilde{\boldsymbol{P}}_{\mathrm{K}}^{i})^{-1} \end{bmatrix}<0 \tag{7-12}$$

继续采用引理 1，对式(7-12)进行变换，可得

$$\begin{bmatrix} -\pi_{\mathrm{K}}^{i}\lambda\boldsymbol{X}_i & * & * \\ \widetilde{\boldsymbol{\Phi}}_i\boldsymbol{X}_i & -\pi_{i\kappa_1^i}^{-1}\boldsymbol{X}_{\kappa_1^i} & * \\ \widetilde{\boldsymbol{\Phi}}_i\boldsymbol{X}_i & 0 & -\pi_{i\kappa_2^i}^{-1}\boldsymbol{X}_{\kappa_2^i} \end{bmatrix}<0 \tag{7-13}$$

进一步地，可得

$$\left(\begin{bmatrix} -\pi_{\mathrm{K}}^{i}\lambda\boldsymbol{X}_i & * & * \\ \hat{\boldsymbol{\Phi}}_i\boldsymbol{X}_i+\hat{\boldsymbol{\Gamma}}\boldsymbol{Y}_i & -\pi_{i\kappa_1^i}^{-1}\boldsymbol{X}_{\kappa_1^i} & * \\ \hat{\boldsymbol{\Phi}}_i\boldsymbol{X}_i+\hat{\boldsymbol{\Gamma}}\boldsymbol{Y}_i & 0 & -\pi_{i\kappa_2^i}^{-1}\boldsymbol{X}_{\kappa_2^i} \end{bmatrix}+\begin{bmatrix} 0 \\ \hat{\boldsymbol{D}}_i \\ \hat{\boldsymbol{D}}_i \end{bmatrix}\boldsymbol{F}(\tau'_k)\begin{bmatrix} \hat{\boldsymbol{E}}_i\boldsymbol{X}_i+\boldsymbol{E}\boldsymbol{Y}_i & 0 & 0 \end{bmatrix}\right.$$
$$\left.+\begin{bmatrix} (\hat{\boldsymbol{E}}_i\boldsymbol{X}_i+\boldsymbol{E}\boldsymbol{Y}_i)^{\mathrm{T}} \\ 0 \\ 0 \end{bmatrix}\boldsymbol{F}^{\mathrm{T}}(\tau'_k)\begin{bmatrix} 0 & \hat{\boldsymbol{D}}_i^{\mathrm{T}} & \hat{\boldsymbol{D}}_i^{\mathrm{T}} \end{bmatrix}\right)<0 \tag{7-14}$$

由于 $\boldsymbol{F}^{\mathrm{T}}(\tau'_k)\boldsymbol{F}(\tau'_k)<\boldsymbol{I}$，根据引理 2，可得式(7-14)与式(7-15)是等效的：

$$\left(\begin{bmatrix} -\pi_{\mathrm{K}}^{i}\lambda\boldsymbol{X}_i & * & * \\ \hat{\boldsymbol{\Phi}}_i\boldsymbol{X}_i+\hat{\boldsymbol{\Gamma}}\boldsymbol{Y}_i & -\pi_{i\kappa_1^i}^{-1}\boldsymbol{X}_{\kappa_1^i} & * \\ \hat{\boldsymbol{\Phi}}_i\boldsymbol{X}_i+\hat{\boldsymbol{\Gamma}}\boldsymbol{Y}_i & 0 & -\pi_{i\kappa_2^i}^{-1}\boldsymbol{X}_{\kappa_2^i} \end{bmatrix}+\varepsilon\begin{bmatrix} 0 \\ \hat{\boldsymbol{D}}_i \\ \hat{\boldsymbol{D}}_i \end{bmatrix}\begin{bmatrix} 0 & \hat{\boldsymbol{D}}_i^{\mathrm{T}} & \hat{\boldsymbol{D}}_i^{\mathrm{T}} \end{bmatrix}\right.$$
$$\left.+\varepsilon^{-1}\begin{bmatrix} (\hat{\boldsymbol{E}}_i\boldsymbol{X}_i+\boldsymbol{E}\boldsymbol{Y}_i)^{\mathrm{T}} \\ 0 \\ 0 \end{bmatrix}\begin{bmatrix} \hat{\boldsymbol{E}}_i\boldsymbol{X}_i+\boldsymbol{E}\boldsymbol{Y}_i & 0 & 0 \end{bmatrix}\right)<0 \tag{7-15}$$

最后根据引理 1，由式(7-15)可得式(7-6)。如上证明过程，同理可得式(7-7)至式(7-10)。证毕。

对于以上式(7-6)至式(7-10)的求解，同样可以采用一维搜索法来获取最小的 λ，具体过程如下：首先选取一个使以上不等式有可行解的尽可能大的值 λ_0，然后逐渐减小，直到式(7-6)至式(7-10)无可行解，这样上一次有可行解时对应的 λ 取值就是最小值。

7.4　数值算例仿真

以下通过两个数值算例仿真来说明本章所提方法的有效性。

算例 1　给出参考文献[13]中的连续时间被控对象状态空间模型：

$$\dot{\boldsymbol{x}}(t)=\begin{bmatrix}0 & 1\\ 0 & -0.1\end{bmatrix}\boldsymbol{x}(t)+\begin{bmatrix}0\\ 0.1\end{bmatrix}\boldsymbol{u}(t)$$

选择传感器采样周期 $T=0.4$ s，相对于文献[32]给出的系统中存在的时变时延范围 $0<\tau_k<0.1$ s，本节考虑的是双边随机时变时延范围满足 $0<\tau_k=\tau_k^{sc}+\tau_k^{ca}<T$，同时系统存在的最大连续丢包数 $\bar{d}=2$。给定分别对应系统工作状态 $S^{(0)}$、$S_1^{(1)}$、$S_2^{(1)}$、$S_1^{(2)}$ 和 $S_2^{(2)}$ 的转移概率矩阵为

$$\boldsymbol{\pi}=\begin{bmatrix}(0.6) & (0.4) & 0 & 0 & 0\\ 0 & 0 & 0.3 & 0.7 & 0\\ 0 & 0 & 0 & 0 & 1\\ (0.75) & (0.25) & 0 & 0 & 0\\ (0.85) & (0.15) & 0 & 0 & 0\end{bmatrix}$$

根据 $\sigma>\left\|\int_0^{T/2}\mathrm{e}^{As}\,\mathrm{d}s\right\|_2$ 的要求，选取满足条件的最小值 $\sigma=0.21$，同时给出满足转移概率矩阵 $\boldsymbol{\pi}$ 的丢包序列时序图，如图 7-4 所示。

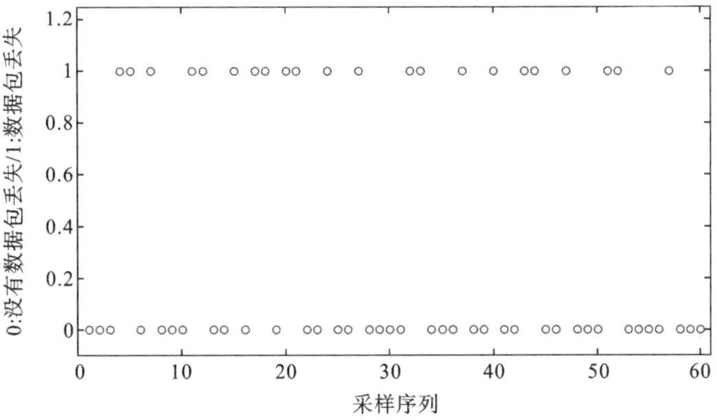

图 7-4　丢包序列时序图

(1) 当转移概率矩阵 $\boldsymbol{\pi}$ 中的元素全部已知时，根据定理 2，可计算得出 $\varepsilon=6.72\times10^{-4}$、$\lambda=0.65$ 以及系统时变反馈增益：

$$\boldsymbol{K}_0=[-5.0373\quad -12.905\quad -0.25046\quad 0.00011\quad 0]$$

$$\boldsymbol{K}_3=[-5.3355 \quad -13.461 \quad 0.00007 \quad -0.24635 \quad 0]$$

$$\boldsymbol{K}_4=[-5.6400 \quad -14.023 \quad 0.00004 \quad 0.00016 \quad -0.24031]$$

(2) 当转移概率矩阵 $\boldsymbol{\pi}$ 括号中的元素未知时，可计算得出 $\varepsilon=0.0593$、$\lambda=0.69$ 以及系统时变反馈增益：

$$\boldsymbol{K}_0=[-3.459 \quad -10.307 \quad -0.19871 \quad 0.00082 \quad 0]$$

$$\boldsymbol{K}_3=[-3.348 \quad -10.028 \quad 0.00573 \quad -0.1871 \quad 0]$$

$$\boldsymbol{K}_4=[-2.857 \quad -8.8708 \quad 0.01813 \quad 0.00441 \quad -0.16814]$$

(3) 最坏情况下，当转移概率矩阵 $\boldsymbol{\pi}$ 中的元素全部未知时，可计算得出 $\varepsilon=0.0087$、$\lambda=0.72$以及系统时变反馈增益：

$$\boldsymbol{K}_0=[-2.6097 \quad -8.7306 \quad -0.16818 \quad 0.00142 \quad 0]$$

$$\boldsymbol{K}_3=[-2.5337 \quad -8.5043 \quad 0.01028 \quad -0.15833 \quad 0]$$

$$\boldsymbol{K}_4=[-2.2956 \quad -7.8726 \quad 0.02245 \quad 0.00411 \quad -0.15087]$$

在满足转移概率矩阵 $\boldsymbol{\pi}$ 的丢包序列时序图中，一定时间范围内的丢包率为 36.7%。在该丢包率下，得到转移概率矩阵中的元素在三种不同条件下所对应的系统状态轨迹图，如图 7-5 所示。对比文献[13]采用切换系统分析方法给出的传感器采样周期为 $T=0.3$ s，以及丢包率为 10%的仿真结果，本章所提的方法具有以下特点：一方面，在相对更长的采样周期

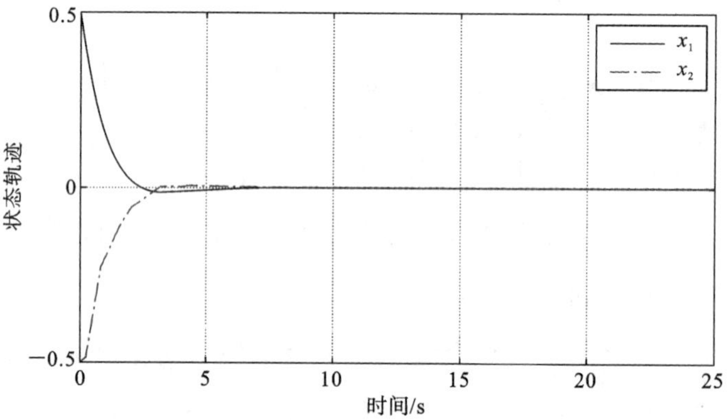

(a) 转移概率矩阵中的元素全部已知时的系统状态轨迹

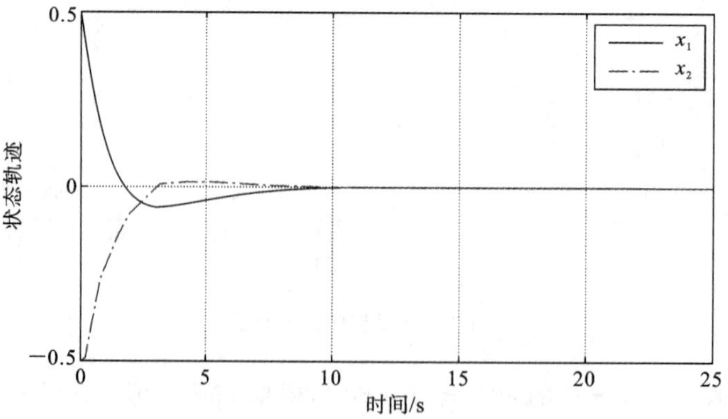

(b) 转移概率矩阵中的元素部分未知时的系统状态轨迹

图 7-5 算例 1 中三种不同条件和文献[32]对应的系统状态轨迹图

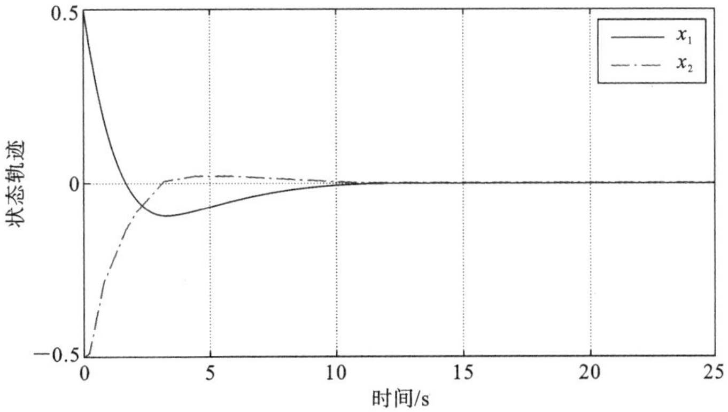

（c）转移概率矩阵中的元素全部未知时的系统状态轨迹

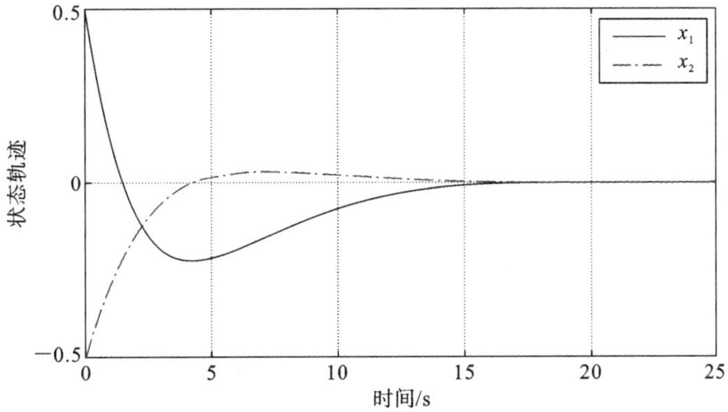

（d）文献[32]中的系统状态轨迹

续图 7-5

和更大的丢包率的情况下，使系统状态能更快更平稳地得到收敛；另一方面，在描述系统随机丢包特性的转移概率矩阵的已知元素越多时，对定理 2 中线性矩阵不等式的约束条件将越强，因此求出的可行解能使系统收敛的动态特性越好。

算例 2　给出文献[14]中两轴磨粉机控制系统的连续时间被控对象状态空间模型：

$$\dot{\boldsymbol{x}}(t)=\begin{bmatrix}0 & 1 & 0 & 0\\ 0 & -18.18 & 0 & 0\\ 0 & 0 & 0 & 1\\ 0 & 0 & 0 & -17.86\end{bmatrix}\boldsymbol{x}(t)+\begin{bmatrix}0 & 0\\ 515.38 & 0\\ 0 & 0\\ 0 & 517.07\end{bmatrix}\boldsymbol{u}(t)$$

选择与文献[14]相同的传感器采样周期 $T=0.1$ s，相对于文献[14]给出的存在固定时延 $\tau_k=0.05$ s 的情形，本节考虑的是双边随机时变时延范围满足 $\tau_k^{sc}+\tau_k^{ca}<T$，同时系统存在的最大连续丢包数 $\bar{d}=2$。假设考虑最糟糕的情况，即系统随机丢包的转移概率矩阵中的元素全部未知时，同样根据 $\sigma>\left\|\int_0^{T/2}e^{\boldsymbol{A}s}\,ds\right\|_2$ 的要求，选取满足条件的最小值 $\sigma=0.051$，得到可行解 $\varepsilon=0.3862$、$\lambda=0.945$ 以及系统时变反馈增益：

$$\boldsymbol{K}_0=\begin{bmatrix}-0.015 & -0.0008 & 0 & 0 & 0.1383 & 0 & 0 & 0 & 0 & 0\\ 0 & 0 & -0.0134 & -0.0007 & 0 & 0.2159 & 0 & 0 & 0 & 0\end{bmatrix}$$

$$\boldsymbol{K}_3=\begin{bmatrix} -0.0134 & -0.0007 & 0 & 0 & 0 & 0 & 0.2324 & 0 & 0 & 0 \\ 0 & 0 & -0.0122 & -0.0007 & 0 & 0 & 0 & 0.2801 & 0 & 0 \end{bmatrix}$$

$$\boldsymbol{K}_4=\begin{bmatrix} -0.0138 & -0.0007 & 0 & 0 & 10^{-5} & 0 & 0 & 0 & 0.2079 & 0 \\ 0 & 0 & -0.0125 & -0.0007 & 0 & 10^{-5} & 0 & 0 & 0 & 0.2556 \end{bmatrix}$$

设定系统的丢包序列为 0 0 1 0 0 1 1 0 0 0...，即每十个数据包中丢失三个，考虑系统初始状态 $\boldsymbol{x}(0)=[1.0\quad 0.7\quad 0.3\quad 0.1]$，得到对应的系统状态轨迹图如图 7-6 所示，从图中可以看出，系统状态能够较快较平稳地得到收敛。因此数值算例仿真结果表明了本章所提方法在考虑连续丢包数上界为 $\bar{d}=2$ 的同时，有效地解决了双边随机时变时延问题。

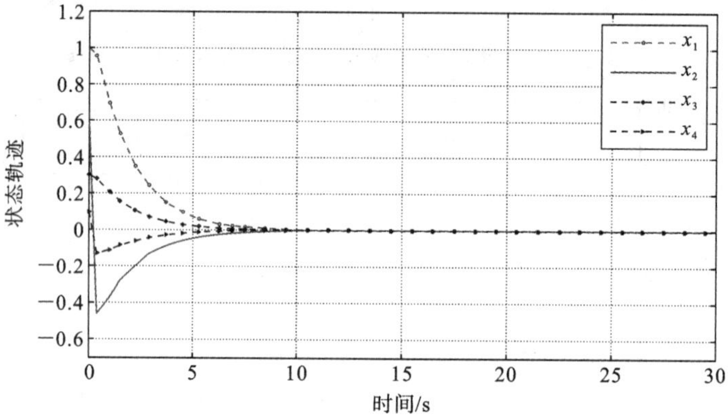

图 7-6　算例 2 对应的系统状态轨迹图

扫码看彩图

7.5　本章小结

在网络控制系统中，随着网络负载等条件的改变，网络诱导时延也随之改变，同时系统也存在着数据丢包。本章针对上述情形，采用增广矩阵的方法，建立了基于 Markov 链转移概率矩阵部分元素未知时的参数不确定的离散时间跳变系统模型，给出了系统满足随机均方稳定的时变控制器设计方法，并且运用数值算例仿真的结果验证了本章所提方法是有效的。从定理 1 中可以看出，为了使系统指数衰减性能更好，λ 的值要尽可能小。但是由于定理 2 给出的线性矩阵不等式求解控制器增益的方法中，变量 λ 和变量 $\boldsymbol{X}_i$ 是耦合在一起的，因此本章在现有的条件下仅仅给出了一维搜索法来获取具有可行解的最小 λ 值，并将寻求最优的 λ 值作为下一步的研究目标。

参考文献

[1] HESPANHA J P, NAGHSHTABRIZI P, XU Y G. A survey of recent results in net-

worked control systems[J]. Proceedings of the IEEE, 2007, 95(1): 138-162.
[2] GUPTA R A, CHOW M Y. Networked control system: overview and research trends [J]. IEEE Transactions on Industrial Electronics, 2010, 57(7): 2527-2535.
[3] YOU K Y, XIE L H. Survey of recent progress in networked control systems[J]. Acta Automatica Sinica, 2013, 39(2): 101-117.
[4] 杜昭平，张庆灵，刘丽丽. 具有时延及数据包丢失的广义网络控制系统稳定性分析[J]. 东北大学学报(自然科学版), 2009, 30(1): 17-20.
[5] 蔡云泽，潘宁，许晓鸣. 具有长时延及丢包的网络控制系统 H_∞ 鲁棒滤波[J]. 控制与决策, 2010(12): 1826-1830.
[6] BU X H, HOU Z S. Stability of iterative learning control with data dropouts via asynchronous dynamical system[J]. International Journal of Automation and Computing, 2011, 8(1): 29-36.
[7] HALDER K, DAS S, DASGUPTA S, et al. Controller design for networked control systems—an approach based on L_2 induced norm[J]. Nonlinear Analysis: Hybrid Systems, 2016, 19: 134-145.
[8] YU M, WANG L, CHU T G, et al. Stabilization of networked control systems with data packet dropout and transmission delays: continuous-time case[J]. European Journal of Control, 2005, 11(1): 40-49.
[9] 江兵，张崇巍. 具有时变时延和丢包的网络控制系统 H_∞ 优化控制[J]. 系统工程与电子技术, 2010, 32(7): 1501-1505.
[10] ZHAO X, ZHANG L, SHI P, et al. Stability and stabilization of switched linear systems with mode-dependent average dwell time[J]. IEEE Transactions on Automatic Control, 2012, 57(7): 1809-1815.
[11] ZHANG H B, XIE D, ZHANG H Y, et al. Stability analysis for discrete-time switched systems with unstable subsystems by a mode-dependent average dwell time approach[J]. ISA Transactions, 2014, 53(4): 1081-1086.
[12] SUN Y, QIN S. Stability of networked control systems with packet dropout: an average dwell time approach[J]. IET Control Theory and Applications, 2011, 5(1): 47-53.
[13] WANG J F, YANG H Z. Exponential stability of a class of networked control systems with time delays and packet dropouts[J]. Applied Mathematics and Computation, 2012, 218(17): 8887-8894.
[14] ZHANG W A, YU L. Modelling and control of networked control systems with both network-induced delay and packet-dropout[J]. Automatica, 2008, 44(12): 3206-3210.
[15] WANG J F, YANG H Z. H_∞ control of a class of networked control systems with time delay and packet dropout[J]. Applied Mathematics and Computation, 2011, 217(18): 7469-7477.

[16] 李玮，王青，董朝阳. 具有短时延和丢包的网络控制系统鲁棒 H_{∞} 控制[J]. 东北大学学报(自然科学版)，2014，35(6)：774-779.

[17] CAO Y Y, LAM J. Stochastic stabilizability and H_{∞} control for discrete-time jump linear systems with time delay[J]. Journal of the Franklin Institute, 1999, 366(8): 1263-1281.

[18] CAO Y Y, LAM J. Robust H_{∞} control of uncertain Markovian jump systems with time-delay[J]. IEEE Transactions on Automatic Control, 2000, 45(1): 77-83.

[19] DE SOUZA C E. Robust stability and stabilization of uncertain discrete time Markovian jump linear systems[J]. IEEE Transactions on Automatic Control, 2006, 51(5): 836-841.

[20] SHI P, BOUKAS E K, SHI Y. On stochastic stabilization of discrete-time Markovian jump systems with delay in state[J]. Stochastic Analysis and Applications, 2003, 21(4):935-951.

[21] SUN M, LAM J, XU S Y, et al. Robust exponential stabilization for Markovian jump systems with mode-dependent input delay[J]. Automatica, 2007, 43(10):1799-1807.

[22] 马卫国，邵诚. 网络控制系统随机稳定性研究[J]. 自动化学报，2007，33(8)：878-882.

[23] 宋杨，董豪，费敏锐. 基于切换频度的马尔科夫网络控制系统均方指数镇定[J]. 自动化学报，2012，38(5)：876-881.

[24] YANG R N, LIU G P, SHI P, et al. Predictive output feedback control for networked control systems[J]. IEEE Transactions on Industrial Electronics, 2014, 61(1): 512-520.

[25] WANG D, WANG J L, WANG W. H_{∞} controller design of networked control systems with Markov packet dropouts[J]. IEEE Transactions on Systems, Man, and Cybernetics: Systems, 2013, 43(3): 689-697.

[26] QIU L, YAO F Q, XU G, et al. Output feedback guaranteed cost control for networked control systems with random packet dropouts and time delays in forward and feedback communication links[J]. IEEE Transactions on Automation Science and Engineering, 2016, 13(1): 284-295.

[27] 朱进，王林鹏，奚宏生. 转移概率未知下具有双 Markov 链的网络控制系统控制器设计[J]. 控制与决策，2013，28(4)：489-494.

[28] 李媛，张鹏飞，张庆灵. 丢包信息部分已知的变采样周期网络控制系统的 H_{∞} 控制[J]. 东北大学学报(自然科学版)，2014，35(3)：305-308.

[29] 邱丽，胥布工，黎善斌. 具有数据包丢失及转移概率部分未知的网络控制系统 H_{∞} 控制[J]. 控制理论与应用，2011，28(8)：1105-1112.

[30] 王燕锋，王培良，陈惠英，等. 转移概率部分未知的网络控制系统状态反馈[J]. 控制工程，2015，22(4)：776-779.

[31] GUO C Y, ZHANG W D. H_∞ estimation for stochastic time delays in networked control systems by partly unknown transition probabilities of Markovian chains[J]. Journal of Dynamic Systems, Measurement, and Control, 2013, 135(1): 145081-1450816.

[32] TIAN G S, XIA F, TIAN Y C. Predictive compensation for variable network delays and packet losses in networked control systems[J]. Computers and Chemical Engineering, 2012, 39(10): 152-162.

第8章 具有随机时变时延与数据丢包的网络控制系统镇定研究

网络控制系统是将分布在不同地域的控制对象、执行器和控制器通过网络进行互联，从而形成的一种闭环反馈控制系统。相对于传统的点对点控制系统，网络控制系统具有布局布线方便、安装和维护容易、灵活性高等优点，且易于设计成大规模系统，广泛应用于基因调控网络、云控制系统、工业控制网络、远程医疗以及无人机等领域[1-3]。

然而由于网络数据传输的特点，网络诱导时延和数据丢包问题不可避免地会产生，这些问题将会影响系统的性能，甚至破坏其稳定性。因此对存在网络诱导时延和数据丢包的网络控制系统进行分析和设计就显得非常重要[4,5]。针对网络控制系统中存在的时延和丢包问题，文献[6-9]将其等效为时变时滞系统，给出了当网络存在固定时延和连续丢包有界时系统渐近稳定的条件。文献[10-12]则采用带有事件约束的异步动态系统来描述，并给出了系统满足指数稳定的充分条件，但该方法面临着求解双线性矩阵不等式的困难。文献[13-19]在需要已知或部分已知丢包转移概率矩阵的前提条件下，将系统随机丢包的特性描述为Markov跳变过程，采用随机系统分析方法给出了系统满足随机均方稳定的条件。文献[20]则在丢包转移概率矩阵完全已知的条件下，考虑了具有长时延的系统保性能控制。文献[21]未考虑系统丢包问题，仅仅考虑了系统时延的Markov跳变特性，并在其转移概率矩阵部分未知时给出了系统指数稳定的充分条件。但是在实际的工程实践中，是很难获得满足Markov跳变特性的系统时延和丢包的转移概率矩阵的。

切换系统由于能够有效描述自然、社会以及工程系统根据外界环境的变化而表现出的不同模态，因此广泛应用于输电系统、交通控制系统、模糊分析系统等领域[22]。近年来切换系统稳定性分析和设计方法吸引了大批学者进行研究[23-27]。其中，文献[26]针对一类严格反馈非线性切换系统，采用基于公共Lyapunov函数方法和增加幂次积分技术，设计了确保系统全局有限时间稳定的控制器。文献[27]针对一类切换线性中立系统，采用基于平均驻留时间和自由权矩阵的方法，给出了基于采样数据的状态反馈控制器设计方法，保证了系统满足指数稳定。在网络控制系统中，带宽有限的网络将受到协议类型、拓扑结构、传输速率，以及负载变化等因素的影响，不可避免地会产生网络诱导时延和数据丢包，将会造成在各个采样周期内到达执行器端的控制量的形式及数量不相同，从而导致系统模型的表现形式也不相同，因此具有网络诱导时延和数据丢包的网络控制系统具有切换系统的性质。文献[28]采用缓冲器将随机时延转化为固定时延，并将固定时延和连续丢包有界的情形描述为系统参数依采样率变化的切换系统，给出了保证系统一致稳定的条件。文献[29]提出了状态预估的补偿策略，将系统建模为参数随时延变化的切换系统，给出了最大连续丢包数有界时，满足H_∞控制性能的系统一致稳定的设计方法。文献[30-34]本质上均采用基于平均驻留时间方法，给出了网络控制系统存在数据丢包的切换系统控制的指数稳定性条件。其中：

文献[30]未考虑网络诱导时延的问题；文献[31,32]仅考虑了系统存在的是固定短时延的情形；文献[33]利用参数依赖 Lyapunov 函数的方法考虑了采样周期内部分范围存在随机时延的问题；文献[34]则是在控制器和执行器中均采用时间驱动的方式，将随机短时延问题变为固定短时延问题，提高了系统设计的保守性。

基于以上分析，本章更为一般化地考虑了控制对象本身是开环稳定或者不稳定的，而且在网络控制系统中同时存在双边随机时变时延和数据丢包的情况，基于模型依赖的平均驻留时间的分析方法，给出了满足系统指数稳定的条件，并建立了系统丢包率和系统稳定性的定量关系。

8.1　问题描述及系统建模

假设系统的连续时间被控对象的状态空间模型为

$$\dot{\boldsymbol{x}}(t)=\boldsymbol{A}\boldsymbol{x}(t)+\boldsymbol{B}\boldsymbol{u}(t) \tag{8-1}$$

其中：$\boldsymbol{x}(t)\in\mathbf{R}^n$，$\boldsymbol{u}(t)\in\mathbf{R}^p$ 分别为系统的对象状态和控制输入，$\boldsymbol{A}$、$\boldsymbol{B}$ 为适当维数的系数矩阵。

在第 7 章具有网络诱导时延与随机丢包的网络控制系统建模中注意到，当连续丢包个数较多时，需要建立的工作模型状态将会很多，随机系统模型将会变得非常复杂。因此，本节进一步建立了当前周期内发生数据丢包和未发生数据丢包两种简单的工作模型状态。

对于具有双边随机时变时延和数据丢包的网络控制系统做如下合理假定：

(1) 传感器采用采样周期为 T 的时间驱动。

(2) 控制器和执行器均采用事件驱动，当有新的数据信息到达时，立刻执行相关操作；并且执行器采用零阶保持器输出，当系统发生数据丢包时，执行器在当前周期将得不到更新，保持上一周期的输出值不变。

(3) 不考虑控制器的运算时间以及执行器读取缓冲器数据的时间，只考虑传感器到控制器和控制器到执行器的随机传输时延 τ_k^{sc}、τ_k^{ca}，并且满足 $\tau_k=\tau_k^{sc}+\tau_k^{ca}<T$。

(4) 由于执行器、被控对象和传感器都在本地，因此传感器可将当前对象的状态信息和执行器最近一次输出给对象的控制量打包一并传输给控制器。

数据包在通信网络中传输时，将会不可避免地产生双边随机时变时延，假设如前所述，双边随机时变时延 τ_k 小于一个采样周期，如图 8-1 所示，在$[kT,(k+1)T]$和$[(k+3)T,(k+4)T]$等时间周期内，系统的连续状态空间模型式(8-1)将变为当前系统工作模型 $S^{(0)}$：

$$\boldsymbol{x}(k+1)=\boldsymbol{\Phi}\boldsymbol{x}(k)+\boldsymbol{\Gamma}_0(\tau_k)\boldsymbol{u}(k)+\boldsymbol{\Gamma}_1(\tau_k)\boldsymbol{u}(k-1) \tag{8-2}$$

其中：$\boldsymbol{\Phi}=\mathrm{e}^{\boldsymbol{A}T}$，$\boldsymbol{\Gamma}_0(\tau_k)=\int_0^{T-\tau_k}\mathrm{e}^{\boldsymbol{A}s}\mathrm{d}s\cdot\boldsymbol{B}$，$\boldsymbol{\Gamma}_1(\tau_k)=\int_{T-\tau_k}^{T}\mathrm{e}^{\boldsymbol{A}s}\mathrm{d}s\cdot\boldsymbol{B}$。

数据包在通信网络中传输时，除了存在双边随机时变时延外，还可能受到网络负载变化或者外界强烈干扰影响而产生数据丢包。当发生数据丢包时，由于执行器采用了零阶保持器输出方式，执行器将保持前一时刻的值，即 $\boldsymbol{u}(k)=\boldsymbol{u}(k-1)$，在$[(k+1)T,(k+2)T)]$、$[(k+2)T,(k+3)T)]$等时间周期内，系统的连续状态空间模型式(8-1)变为当前系统工作

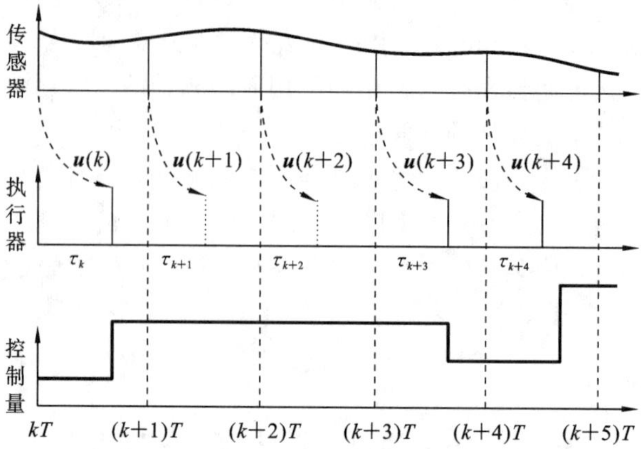

图 8-1　具有双边随机时变时延与数据丢包的网络控制系统信号时序图

模型 $S^{(1)}$：

$$\boldsymbol{x}(k+1)=\boldsymbol{\Phi x}(k)+\boldsymbol{\Gamma}_2\boldsymbol{u}(k-1) \tag{8-3}$$

其中：$\boldsymbol{\Gamma}_2=\int_0^T \mathrm{e}^{\boldsymbol{A}s}\mathrm{d}s\cdot\boldsymbol{B}$。

令系统的增广矩阵 $\boldsymbol{z}(k)=[\boldsymbol{x}^{\mathrm{T}}(k)\quad \boldsymbol{u}^{\mathrm{T}}(k-1)]^{\mathrm{T}}$，则系统工作模型式(8-2)和式(8-3)可以重新统一描述为开环离散时间切换系统模型 S_{OK}：

$$\boldsymbol{z}(k+1)=\overline{\boldsymbol{\Phi}}_{\sigma(k)}\boldsymbol{z}(k)+\overline{\boldsymbol{\Gamma}}_{\sigma(k)}\boldsymbol{u}(k) \tag{8-4}$$

其中：当 $\sigma(k)=0$ 时，$\overline{\boldsymbol{\Phi}}_0=\begin{bmatrix}\boldsymbol{\Phi} & \boldsymbol{\Gamma}_1(\tau_k)\\ 0 & 0\end{bmatrix}$，$\overline{\boldsymbol{\Gamma}}_0=\begin{bmatrix}\boldsymbol{\Gamma}_0(\tau_k)\\ \boldsymbol{I}\end{bmatrix}$；当 $\sigma(k)=1$ 时，$\overline{\boldsymbol{\Phi}}_1=\begin{bmatrix}\boldsymbol{\Phi} & \boldsymbol{\Gamma}_2\\ 0 & \boldsymbol{I}\end{bmatrix}$，$\overline{\boldsymbol{\Gamma}}_1=0$。令

$$\overline{\boldsymbol{F}}(\tau'_k)=\int_0^{-\tau'_k}\mathrm{e}^{\boldsymbol{A}s}\mathrm{d}s,\quad \tau'_k\in[-T/2,T/2]$$

$$\sigma>\max_{\tau'_k\in[-T/2,T/2]}\|\overline{\boldsymbol{F}}(\tau'_k)\|_2=\left\|\int_0^{T/2}\mathrm{e}^{\boldsymbol{A}s}\mathrm{d}s\right\|_2$$

$$\boldsymbol{\Gamma}_0=\int_0^{T/2}\mathrm{e}^{\boldsymbol{A}s}\mathrm{d}s\cdot\boldsymbol{B}$$

$$\boldsymbol{\Gamma}_1=\int_{T/2}^{T}\mathrm{e}^{\boldsymbol{A}s}\mathrm{d}s\cdot\boldsymbol{B}$$

$$\boldsymbol{D}=\sigma\mathrm{e}^{\boldsymbol{A}T/2}$$

$$\boldsymbol{E}=\boldsymbol{B}$$

$$\boldsymbol{F}(\tau'_k)=\sigma^{-1}\int_0^{-\tau'_k}\mathrm{e}^{\boldsymbol{A}s}\mathrm{d}s$$

则有

$$\begin{aligned}\boldsymbol{\Gamma}_0(\tau_k)&=\int_0^{T-\tau_k}\mathrm{e}^{\boldsymbol{A}s}\mathrm{d}s\cdot\boldsymbol{B}=\int_0^{T-T/2-\tau'_k}\mathrm{e}^{\boldsymbol{A}s}\mathrm{d}s\cdot\boldsymbol{B}=\int_0^{T/2}\mathrm{e}^{\boldsymbol{A}s}\mathrm{d}s\cdot\boldsymbol{B}+\sigma\mathrm{e}^{\boldsymbol{A}T/2}\cdot\sigma^{-1}\int_0^{-\tau'_k}\mathrm{e}^{\boldsymbol{A}s}\mathrm{d}s\cdot\boldsymbol{B}\\&=\boldsymbol{\Gamma}_0+\boldsymbol{DF}(\tau'_k)\boldsymbol{E}\end{aligned}$$

$$\begin{aligned}\boldsymbol{\Gamma}_1(\tau_k)&=\int_{T-\tau_k}^{T}\mathrm{e}^{\boldsymbol{A}s}\mathrm{d}s\cdot\boldsymbol{B}=\int_{T-T/2-\tau'_k}^{T}\mathrm{e}^{\boldsymbol{A}s}\mathrm{d}s\cdot\boldsymbol{B}=\int_{T/2}^{T}\mathrm{e}^{\boldsymbol{A}s}\mathrm{d}s\cdot\boldsymbol{B}-\sigma\mathrm{e}^{\boldsymbol{A}T/2}\cdot\sigma^{-1}\int_0^{-\tau'_k}\mathrm{e}^{\boldsymbol{A}s}\mathrm{d}s\cdot\boldsymbol{B}\\&=\boldsymbol{\Gamma}_1-\boldsymbol{DF}(\tau'_k)\boldsymbol{E}\end{aligned}$$

所以 $\boldsymbol{F}^{\mathrm{T}}(\tau'_k)\boldsymbol{F}(\tau'_k)=\sigma^{-2}\overline{\boldsymbol{F}}^{\mathrm{T}}(\tau'_k)\overline{\boldsymbol{F}}(\tau'_k)<\boldsymbol{I}$。同时令 $\lambda_{\max}(\boldsymbol{X})$、$\lambda_{\min}(\boldsymbol{X})$分别表示矩阵 $\boldsymbol{X}$ 的最大特征值和最小特征值，以及 * 代表矩阵的对称部分。

针对开环离散时间切换系统模型式(8-4)，采用增广矩阵进行状态反馈控制，给出控制器$\boldsymbol{u}(k)=\boldsymbol{Kz}(k)$，则可以得到参数不确定的闭环离散时间切换系统模型 S_{CK}：

$$\boldsymbol{z}(k+1)=\widetilde{\boldsymbol{\Phi}}_{\sigma(k)}\boldsymbol{z}(k) \tag{8-5}$$

其中：$\widetilde{\boldsymbol{\Phi}}_0=\hat{\boldsymbol{\Phi}}_0+\hat{\boldsymbol{\Gamma}}K+\hat{\boldsymbol{D}}\boldsymbol{F}(\tau'_k)(\hat{\boldsymbol{E}}_0+\boldsymbol{EK})$，$\hat{\boldsymbol{\Phi}}_0=\begin{bmatrix}\boldsymbol{\Phi} & \boldsymbol{\Gamma}_1\\ 0 & 0\end{bmatrix}$，$\widetilde{\boldsymbol{\Phi}}_1=\overline{\boldsymbol{\Phi}}_1$，$\hat{\boldsymbol{\Gamma}}=\begin{bmatrix}\boldsymbol{\Gamma}_0\\ \boldsymbol{I}\end{bmatrix}$，

$\hat{\boldsymbol{D}}=\begin{bmatrix}\boldsymbol{D}\\ 0\end{bmatrix}$，$\hat{\boldsymbol{E}}_0=[0\quad -\boldsymbol{E}]$。

当网络负载等条件变化时，系统的数据丢包状态将随之改变。因此，可将上述系统描述为有限个子系统的切换系统。令 $\sigma(k)\in\Omega=\{0,1\}$是一个关于时间的切换分段常数，称为切换信号，当 $\sigma(k)$取不同值时对应着不同的子系统，即

$$\sigma(k)=0\Rightarrow S^{(0)}\text{，当前系统未发生数据丢包}$$

$$\sigma(k)=1\Rightarrow S^{(1)}\text{，当前系统发生数据丢包}$$

针对系统网络诱导时延与数据丢包的建模问题，文献[31]考虑了固定短时延，并采用了包含当前和过去状态信息的增广矩阵来将丢包情形建模为具有 $2\bar{d}+1$ 个子系统的切换系统(其中 $\bar{d}$ 是系统丢包数上界)，由于增广矩阵中未包含控制量信息，因此数据丢包不能从增广矩阵工作模型中直接体现出来。类似于文献[33]，本节所选择的增广矩阵既包含了系统控制对象的状态信息，又包含了执行器控制量信息。但是，相对于文献[33]给出的当前系统状态反馈控制器，本节给出了基于增广矩阵的反馈控制器，使切换系统模型能较直接地反映系统随机时延与丢包的情形。

8.2　系统指数稳定性分析

定义 1　对任意的 $k_2>k_1\geqslant 0$，令 $N_{\sigma i}(k_2,k_1)$表示在时间区间$[k_1,k_2]$内第 i 个子系统被激活的次数，$T_i(k_2,k_1)$表示在时间区间$[k_1,k_2]$上第 i 个子系统被激活的总时间周期数，若存在 τ_{ai}使得

$$N_{\sigma i}(k_2,k_1)\leqslant N_{0i}+\frac{T_i(k_2,k_1)}{\tau_{ai}}$$

成立，则称 τ_{ai}为系统切换信号的平均驻留时间，其中 N_{0i}表示系统的颤抖界，通常 $N_{0i}=0$。

当网络发生数据丢包时，当前系统性能会下降，甚至稳定性会遭到破坏(当系统控制对象开环不稳定时更为突出)。因此，为了更好地描述切换系统，将模型 S_{CK}式(8-5)分为两个部分，即系统未发生数据丢包的模型 $S^{(0)}$和发生数据丢包的模型 $S^{(1)}$。当系统未发生数据丢包时，可以通过设计合适的反馈控制器使相应的子系统能够按照指数衰减；当系统发生数据丢包时，则此时的系统很难满足指数衰减要求。因此，本章的主要目的是根据定义 1 中模型依赖的平均驻留时间，合理设计反馈控制器增益，要求在一段时间内满足一定丢包率的同时，整个系统仍能满足全局一致指数稳定的要求。

引理 1[24]　针对闭环离散时间切换系统模型式(8-5)，给定常数 λ_p，假定存在 $\mathbb{C}^1$ 函数 $V_p(\boldsymbol{z}(k)):\mathbf{R}^n\to\mathbf{R}$，及 κ_∞ 类函数 κ_1、κ_2，对于 $\forall\, p\in\Omega$，若有

$$\kappa_1(\|\boldsymbol{z}(k)\|)\leqslant V_p(\boldsymbol{z}(k))\leqslant\kappa_2(\|\boldsymbol{z}(k)\|)$$

$$\Delta V_p(\boldsymbol{z}(k))<\lambda_p V_p(\boldsymbol{z}(k))$$

则对于 $\forall\,(\sigma(k_i)=p,\sigma(k_i^-)=q)\in\Omega\times\Omega,p\neq q$，存在 $u_p\geqslant1$，使得 $V_p(\boldsymbol{z}(k_i))<u_pV_q(\boldsymbol{z}(k_i^-))$ 成立，同时切换信号的模型依赖的平均驻留时间满足

$$\begin{cases}\tau_{a0}>\tau_{a0}^*=-\dfrac{\ln u_0}{\ln(1+\lambda_0)}, & -1<\lambda_0<0\\ \tau_{a1}>\tau_{a1}^*, \quad \lambda_1>0,\forall\,\tau_{a1}^*>0 \\ \dfrac{T^-}{T^+}>\dfrac{\ln\gamma^+-\ln\gamma^*}{\ln\gamma^*-\ln\gamma^-}, & 0<\gamma^-<\gamma^*<1\end{cases}\tag{8-6}$$

其中：$\gamma^-=u_0^{\frac{1}{\tau_{a0}}}(1+\lambda_0)$，$\gamma^+=u_1^{\frac{1}{\tau_{a1}}}(1+\lambda_1)$；$T^-$、$T^+$ 分别对应未发生数据丢包的模型 $S^{(0)}$ 和发生数据丢包的模型 $S^{(1)}$ 的总的运行时间周期数，那么该系统全局一致指数稳定，其指数衰减率为 γ^*。

定理 1　针对闭环离散时间切换系统模型式(8-5)，给定 $u_p>1,p\in\Omega,-1<\lambda_0<0$，$0<\lambda_1<1$，如果存在对称矩阵 $\boldsymbol{P}_p>0,\boldsymbol{P}_q>0$，$\forall\,(p,q)\in\Omega\times\Omega,p\neq q$，使得以下不等式成立：

$$T^+=T_1(k,k_0)$$

$$\widetilde{\boldsymbol{\Phi}}_p^{\mathrm{T}}\boldsymbol{P}_p\widetilde{\boldsymbol{\Phi}}_p-(1+\lambda_p)\boldsymbol{P}_p<0\tag{8-7}$$

$$\boldsymbol{P}_p<u_p\boldsymbol{P}_q\tag{8-8}$$

且其切换信号的平均驻留时间满足式(8-6)，则该系统是全局一致指数稳定的。

证明　令时间序列 $k_0,k_1,k_2\cdots k_i,k_{i+1}\cdots k_{N_\sigma(nT,0)}$ 是 nT 个时间周期内各个子系统的切换点，且是右连续的。令 $V_p(\boldsymbol{z}(k))=\boldsymbol{z}^{\mathrm{T}}(k)\boldsymbol{P}_p\boldsymbol{z}(k)$ 为子系统的 Lyapunov 函数，$\bar{\lambda}_p=1+\lambda_p$，$p\in\Omega$，则对于 $k\in[k_i,k_{i+1}]$，反复利用式(8-7)和式(8-8)，得

$$\begin{aligned}V_{\sigma(k_i)}(\boldsymbol{z}(k))&<\bar{\lambda}_{\sigma(k_i)}^{(k-k_i)}V_{\sigma(k_i)}(\boldsymbol{z}(k_i))<\mu_{\sigma(k_i)}\bar{\lambda}_{\sigma(k_i)}^{(k-k_i)}V_{\sigma(k_i^-)}(\boldsymbol{z}(k_i^-))\\&<\mu_{\sigma(k_i)}\bar{\lambda}_{\sigma(k_i)}^{(k-k_i)}\bar{\lambda}_{\sigma(k_{i-1})}^{(k_i-k_{i-1})}V_{\sigma(k_{i-1})}(\boldsymbol{z}(k_{i-1}))\\&<\mu_{\sigma(k_i)}\mu_{\sigma(k_{i-1})}\bar{\lambda}_{\sigma(k_i)}^{(k-k_i)}\bar{\lambda}_{\sigma(k_{i-1})}^{(k_i-k_{i-1})}V_{\sigma(k_{i-1}^-)}(\boldsymbol{z}(k_{i-1}^-))\\&\ \ \vdots\\&<\prod_{s=1}^{i}\mu_{\sigma(k_s)}\bar{\lambda}_{\sigma(k_i)}^{(k-k_i)}\bar{\lambda}_{\sigma(k_{i-1})}^{(k_i-k_{i-1})}\cdots\bar{\lambda}_{\sigma(k_1)}^{(k_2-k_1)}\bar{\lambda}_{\sigma(k_0)}^{(k_1-k_0)}V_{\sigma(k_0)}(\boldsymbol{z}(k_0))\end{aligned}$$

令 $k_0=0$，$V_{\sigma(k)}(\boldsymbol{z}(k))=V_{\sigma(k_i)}(\boldsymbol{z}(k_i))$，则根据模型依赖的平均驻留时间式(8-6)有

$$\begin{aligned}V_{\sigma(k)}(\boldsymbol{z}(k))&<\mu_0^{N_{\sigma0}(k,0)}\mu_1^{N_{\sigma1}(k,0)}\cdot\bar{\lambda}_0^{T_0(k,0)}\bar{\lambda}_1^{T_1(k,0)}V_{\sigma(0)}(\boldsymbol{z}(0))\\&\leqslant\mu_0^{N_{00}(k,0)+\frac{T_0(k,0)}{\tau_{a0}}}\mu_1^{N_{01}(k,0)+\frac{T_1(k,0)}{\tau_{a1}}}\cdot\bar{\lambda}_0^{T_0(k,0)}\bar{\lambda}_1^{T_1(k,0)}V_{\sigma(0)}(\boldsymbol{z}(0))\\&=\exp\Big(\sum_{p=0}^{1}N_{0p}\ln\mu_p\Big)\big(\mu_0^{\frac{1}{\tau_{a0}}}\bar{\lambda}_0\big)^{T_0(k,0)}\cdot\big(\mu_1^{\frac{1}{\tau_{a1}}}\bar{\lambda}_1\big)^{T_1(k,0)}V_{\sigma(0)}(\boldsymbol{z}(0))\\&=\exp\Big(\sum_{p=0}^{1}N_{0p}\ln\mu_p\Big)\gamma^{-T^-}\gamma^{+T^+}V_{\sigma(0)}(\boldsymbol{z}(0))\\&<\exp\Big(\sum_{p=0}^{1}N_{0p}\ln\mu_p\Big)\gamma^{*k}V_{\sigma(0)}(\boldsymbol{z}(0))\end{aligned}$$

定义 $\beta_1=\min\limits_{\forall m\in\Omega}\lambda_{\min}(\boldsymbol{P}_m)$，$\beta_2=\max\limits_{\forall m\in\Omega}\lambda_{\max}(\boldsymbol{P}_m)$，则有

$$\beta_1\|\boldsymbol{z}(k)\|\leqslant V_{\sigma(k)}(\boldsymbol{z}(k))<\exp\left(\sum_{p=0}^{1}N_{0p}\ln\mu_p\right)\gamma^{*k}V_{\sigma(k_0)}(\boldsymbol{z}(0))$$
$$<\exp\left(\sum_{p=0}^{1}N_{0p}\ln\mu_p\right)\gamma^{*k}\cdot\beta_2\|\boldsymbol{z}(0)\|$$

令 $\alpha=\dfrac{\exp\left(\sum\limits_{p=1}^{N}N_{0p}\ln\mu_p\right)\beta_2}{\beta_1}$，可得

$$\|\boldsymbol{z}(k)\|\leqslant\alpha\gamma^{*k}\|\boldsymbol{z}(0)\|$$

假设初始时刻 $\boldsymbol{u}(-1)=0$，则 $\|\boldsymbol{x}(k)\|\leqslant\|\boldsymbol{z}(k)\|\leqslant\alpha\gamma^{*k}\|\boldsymbol{z}(0)\|=\alpha\gamma^{*k}\|\boldsymbol{x}(0)\|$。当 $\gamma^*<1$，即满足式(8-6)，则系统全局一致指数稳定。证毕。

8.3　镇定控制器设计

引理 2(Schur 补引理)　假如存在矩阵 $\boldsymbol{S}_1$、$\boldsymbol{S}_2$ 和 $\boldsymbol{S}_3$，其中 $\boldsymbol{S}_2^{\mathrm{T}}=\boldsymbol{S}_2>0$，$\boldsymbol{S}_3^{\mathrm{T}}=\boldsymbol{S}_3$，则 $\boldsymbol{S}_1^{\mathrm{T}}\boldsymbol{S}_2\boldsymbol{S}_1+\boldsymbol{S}_3<0$ 成立等价于

$$\begin{bmatrix}-\boldsymbol{S}_2^{-1} & \boldsymbol{S}_1\\ \boldsymbol{S}_1^{\mathrm{T}} & \boldsymbol{S}_3\end{bmatrix}<0\quad\text{或}\quad\begin{bmatrix}\boldsymbol{S}_3 & \boldsymbol{S}_1^{\mathrm{T}}\\ \boldsymbol{S}_1 & -\boldsymbol{S}_2^{-1}\end{bmatrix}<0$$

引理 3　给定具有相应维数的矩阵 $\boldsymbol{W}$、$\boldsymbol{D}$ 和 $\boldsymbol{E}$，其中 $\boldsymbol{W}$ 为对称矩阵，对于所有满足 $\boldsymbol{F}^{\mathrm{T}}\boldsymbol{F}<\boldsymbol{I}$ 的矩阵 $\boldsymbol{F}$，有 $\boldsymbol{W}+\boldsymbol{DFE}+\boldsymbol{E}^{\mathrm{T}}\boldsymbol{F}^{\mathrm{T}}\boldsymbol{D}^{\mathrm{T}}<0$，当且仅当存在标量 $\varepsilon>0$，使得 $\boldsymbol{W}+\varepsilon\boldsymbol{DD}^{\mathrm{T}}+\varepsilon^{-1}\boldsymbol{E}^{\mathrm{T}}\boldsymbol{E}<0$。

定理 2　若存在 $-1<\lambda_0<0$，$0<\lambda_1<1$，$u_p>1$，$p\in\Omega$，对于闭环离散时间切换系统模型式(8-5)，如果同时存在 $\boldsymbol{Y}_0$、$\boldsymbol{X}_p=\boldsymbol{X}_p^{\mathrm{T}}>0$，$p\in\Omega$，以及 $\varepsilon>0$ 满足以下线性矩阵不等式：

$$\begin{bmatrix}-(1+\lambda_p)\boldsymbol{X}_p & * & *\\ \hat{\boldsymbol{\Phi}}_p\boldsymbol{X}_p+\hat{\boldsymbol{\Gamma}}\boldsymbol{Y}_p & \varepsilon\hat{\boldsymbol{D}}\hat{\boldsymbol{D}}^{\mathrm{T}}-\boldsymbol{X}_p & *\\ \hat{\boldsymbol{E}}_0\boldsymbol{X}_p+\boldsymbol{E}\boldsymbol{Y}_p & 0 & -\varepsilon\boldsymbol{I}\end{bmatrix}<0,\quad p=0\tag{8-9}$$

$$\begin{bmatrix}-(1+\lambda_p)\boldsymbol{X}_p & *\\ \bar{\boldsymbol{\Phi}}_p\boldsymbol{X}_p & -\boldsymbol{X}_p\end{bmatrix}<0,\quad p=1\tag{8-10}$$

$$\begin{bmatrix}-u_p\boldsymbol{X}_q & *\\ \boldsymbol{X}_q & -\boldsymbol{X}_p\end{bmatrix}<0,\quad\forall p\neq q\in\Omega\tag{8-11}$$

且切换信号满足模型依赖的平均驻留时间式(8-6)，则系统全局一致指数稳定，此时系统的状态反馈增益 $\boldsymbol{K}=\boldsymbol{Y}_0\boldsymbol{X}_0^{-1}$。

证明　采用引理 2，对式(8-7)和式(8-8)进行等效变换，可得

$$\begin{bmatrix}-(1+\lambda_p)\boldsymbol{P}_p & \widetilde{\boldsymbol{\Phi}}_p^{\mathrm{T}}\\ \widetilde{\boldsymbol{\Phi}}_p & -\boldsymbol{P}_p^{-1}\end{bmatrix}<0,\quad\forall p\in\Omega\tag{8-12}$$

$$\begin{bmatrix}-\mu_p\boldsymbol{P}_q & \boldsymbol{I}\\ \boldsymbol{I} & -\boldsymbol{P}_q^{-1}\end{bmatrix}<0,\quad\forall p\neq q\in\Omega\tag{8-13}$$

令 $\boldsymbol{X}_p=\boldsymbol{P}_p^{-1}, \boldsymbol{X}_q=\boldsymbol{P}_q^{-1}, p,q\in\Omega$，对式(8-12)左右分别乘以 $\mathrm{diag}(\boldsymbol{X}_p,\boldsymbol{I})$，对式(8-13)左右分别乘以 $\mathrm{diag}(\boldsymbol{X}_q,\boldsymbol{I})$，可得

$$\begin{bmatrix} -(1+\lambda_p)\boldsymbol{X}_p & (\widetilde{\boldsymbol{\Phi}}_p\boldsymbol{X}_p)^{\mathrm{T}} \\ \widetilde{\boldsymbol{\Phi}}_p\boldsymbol{X}_p & -\boldsymbol{X}_p \end{bmatrix}<0,\quad \forall\, p\in\Omega \tag{8-14}$$

$$\begin{bmatrix} -u_p\boldsymbol{X}_q & * \\ \boldsymbol{X}_q & -\boldsymbol{X}_p \end{bmatrix}<0,\quad \forall\, p\neq q\in\Omega \tag{8-15}$$

对于 $p=1$，系统在数据传输过程中发生了丢包，通过前面建立的模型，有 $\widetilde{\boldsymbol{\Phi}}_1=\overline{\boldsymbol{\Phi}}_1$，因此由式(8-14)和式(8-15)分别可得式(8-10)和式(8-11)。

对于 $p=0$，系统虽未发生数据丢包，但数据在传输过程中发生了随机传输时延，因此由式(8-14)可得

$$\begin{bmatrix} \begin{bmatrix} -(1+\lambda_p)\boldsymbol{X}_p & * \\ \widetilde{\boldsymbol{\Phi}}_p\boldsymbol{X}_p+\hat{\boldsymbol{\Gamma}}\boldsymbol{Y}_p & -\boldsymbol{X}_p \end{bmatrix}+\begin{bmatrix} 0 \\ \hat{\boldsymbol{D}} \end{bmatrix}\boldsymbol{F}(\tau'_k)[\hat{\boldsymbol{E}}_0\boldsymbol{X}_p+\boldsymbol{E}\boldsymbol{Y}_p \quad 0] \\ +[\hat{\boldsymbol{E}}_0\boldsymbol{X}_p+\boldsymbol{E}\boldsymbol{Y}_p \quad 0]^{\mathrm{T}}\boldsymbol{F}^{\mathrm{T}}(\tau'_k)\begin{bmatrix} 0 \\ \hat{\boldsymbol{D}} \end{bmatrix} \end{bmatrix}<0 \tag{8-16}$$

其中：$\boldsymbol{Y}_p=\boldsymbol{K}\boldsymbol{X}_p$。由于 $\boldsymbol{F}^{\mathrm{T}}(\tau'_k)\boldsymbol{F}(\tau'_k)<\boldsymbol{I}$，根据引理 3，将上式等效为

$$\begin{bmatrix} \begin{bmatrix} -(1+\lambda_p)\boldsymbol{X}_p & * \\ \widetilde{\boldsymbol{\Phi}}_p\boldsymbol{X}_p+\hat{\boldsymbol{\Gamma}}\boldsymbol{Y}_p & -\boldsymbol{X}_p \end{bmatrix}+\varepsilon\begin{bmatrix} 0 \\ \hat{\boldsymbol{D}} \end{bmatrix}[0 \quad \hat{\boldsymbol{D}}^{\mathrm{T}}] \\ +\varepsilon^{-1}\begin{bmatrix} (\hat{\boldsymbol{E}}_0\boldsymbol{X}_p+\boldsymbol{E}\boldsymbol{Y}_p)^{\mathrm{T}} \\ 0 \end{bmatrix}[\hat{\boldsymbol{E}}_0\boldsymbol{X}_p+\boldsymbol{E}\boldsymbol{Y}_p \quad 0] \end{bmatrix}<0 \tag{8-17}$$

再继续采用引理 2，可得式(8-17)和式(8-9)是等效的。证毕。

推论 1　若存在 $-1<\lambda_0<0, 0<\lambda_1<1$，对于闭环离散时间切换系统模型式(8-5)，选择合适的 μ 满足：

$$u_p=\mu<1/(1+\lambda_0),\quad p\in\Omega \tag{8-18}$$

如果存在 $\boldsymbol{Y}_0$、$\boldsymbol{X}_p=\boldsymbol{X}_p^{\mathrm{T}}>0, p\in\Omega$，以及 $\varepsilon>0$ 满足式(8-9)至式(8-11)，则系统丢包率 β 和指数衰减率 γ^* 的关系为

$$\beta<\beta^*=a\ln\gamma^*-b \tag{8-19}$$

其中：$a=\dfrac{1}{\ln((1+\lambda_1)/(1+\lambda_0))}, b=\dfrac{\ln(\mu(1+\lambda_0))}{\ln((1+\lambda_1)/(1+\lambda_0))}$。

证明　对于实际工作的闭环离散时间切换系统模型式(8-5)，每个子系统的平均驻留时间必有 $\tau_{ap}\geqslant 1, p\in\Omega$。根据式(8-6)各个子系统的平均驻留时间要求，选择 $\mu=u_p<1/(1+\lambda_0)$，则有 $\tau_{a0}^*<1$，所以系统无论怎么发生切换跳变，其平均驻留时间是一定满足要求的。对式(8-6)中的第三个不等式进行等价变换：

$$\frac{1}{\beta}=\frac{T^++T^-}{T^+}=\frac{T^-}{T^+}+1>\frac{\ln\gamma^+-\ln\gamma^-}{\ln\gamma^*-\ln\gamma^-}$$

其中：$0<\gamma^-\leqslant u(1+\lambda_0)<1, 1<\gamma^+\leqslant u(1+\lambda_1)$。则系统丢包率和系统指数衰减率的关系为

$$\beta<\frac{\ln\gamma^*-\ln\gamma^-}{\ln\gamma^+-\ln\gamma^-}<\beta^*=a\ln\gamma^*-b$$

证毕。

8.4　数值算例仿真

算例 1　参考文献[32,33]中连续时间被控对象状态空间模型如下：

$$\dot{\boldsymbol{x}}(t)=\begin{bmatrix}0 & 1\\ 0 & -0.1\end{bmatrix}\boldsymbol{x}(t)+\begin{bmatrix}0\\ 0.1\end{bmatrix}\boldsymbol{u}(t) \tag{8-20}$$

系统初始状态 $\boldsymbol{x}(0)=[0.5\quad -0.5]^{\mathrm{T}}$，同样选择传感器采样周期 $T=0.3$ s，相对于文献[32]给出的系统固定时延，以及文献[33]给出的随机时延变化范围，本节更为一般地考虑了整个采样周期内变化的双边随机时变时延，即 $\tau_k^{sc}+\tau_k^{ca}<T$。选取满足条件的最小值 $\sigma=0.16$，并选择合适的参数 $\mu=1.05$，$\lambda_0=-0.307$，$\lambda_1=0.995$，再根据定理 2，可得控制器增益的可行解为 $\boldsymbol{K}=[-3.6525\quad -8.6643\quad 0.1785]$。根据推论 1，可得相应的系统丢包率上界与系统指数衰减率下界的关系，如表 8-1 所示。给出任意系统丢包率为 30％的时序图，如图 8-2 所示，在该丢包率下，得到图 8-3 所示的系统状态轨迹图。对比文献[33]给出的丢包率为 10％的系统状态轨迹，如图 8-4 所示，在相对更高丢包率的情况下，本章所提方法能使系统更快更平稳地趋于稳定。

表 8-1　系统丢包率上界与系统指数衰减率下界的关系(算例 1)

β^*/(％)	0	5	10	15	20	30
γ^*	0.728	0.767	0.809	0.853	0.899	0.993

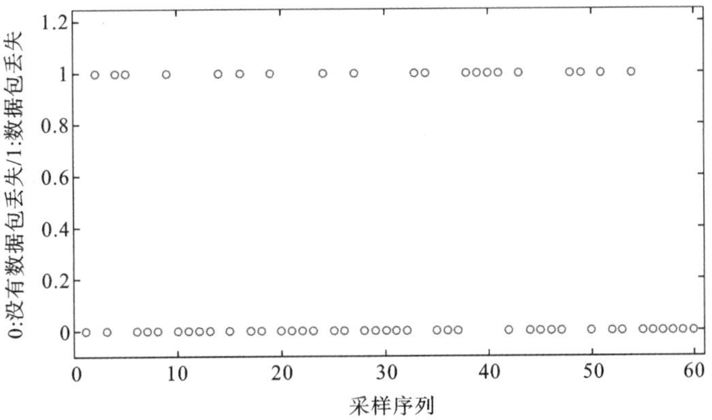

图 8-2　任意系统丢包率为 30％的时序图

算例 2　参考文献[31]中两轴磨粉机控制系统的连续时间被控对象状态空间模型如下：

$$\dot{\boldsymbol{x}}(t)=\begin{bmatrix}0 & 1 & 0 & 0\\ 0 & -18.18 & 0 & 0\\ 0 & 0 & 0 & 1\\ 0 & 0 & 0 & -17.86\end{bmatrix}\boldsymbol{x}(t)+\begin{bmatrix}0 & 0\\ 515.38 & 0\\ 0 & 0\\ 0 & 517.07\end{bmatrix}\boldsymbol{u}(t)$$

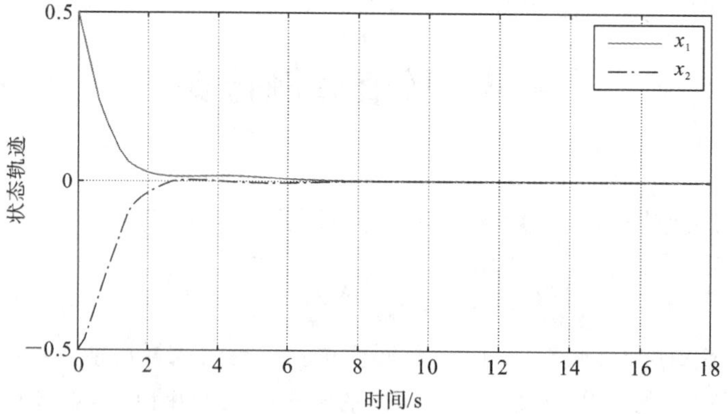

图 8-3　对应丢包率为 30%的系统状态轨迹图(算例 1)

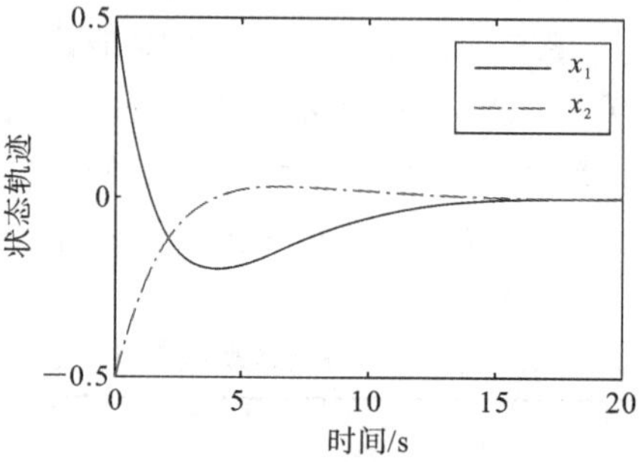

图 8-4　文献[33]对应丢包率为 10%的系统状态轨迹图

选择相同的传感器采样周期 $T=0.1$ s，相对于文献[31]给出的系统固定时延 $\tau_k=0.05$ s 的情形，本节考虑的是双边随机时变时延范围满足 $\tau_k^{sc}+\tau_k^{ca}<T$，但对于系统连续丢包数没有相关规定的情形。给出满足条件的最小值 $\sigma=0.051$，并选择合适的参数 $\mu=1.05$，$\lambda_0=-0.096$，$\lambda_1=0.135$，求解式(8-9)至式(8-11)，可得控制器增益 $\boldsymbol{K}=\begin{bmatrix}-0.2688 & -0.0015 & 0 & 0 & 0.1483 & 0\\ 0 & 0 & -0.0224 & -0.0012 & 0 & 0.2601\end{bmatrix}$。根据推论 1，可得相应的系统丢包率上界与系统指数衰减率下界的关系，如表 8-2 所示。

表 8-2　系统丢包率上界与系统指数衰减率下界的关系(算例 2)

β^*/(%)	0	5	10	15	20	22
γ^*	0.949	0.960	0.971	0.982	0.993	0.998

考虑系统初始状态 $\boldsymbol{x}(0)=[1.0\quad 0.7\quad 0.3\quad 0.1]$，给出前 50 个采样周期内的丢包时序图(后续时间的丢包序列是该序列的重复)，如图 8-5 所示，其丢包率在 50 个采样周期内为 22%。该丢包率对应的系统状态轨迹图如图 8-6 所示，从图中可以看出，系统能够较快较平稳地得到收敛。相对于文献[34]中给出的假设条件(固定时延 $\tau_k=0.05$ s，最大连续丢包数 $\bar{d}=2$)，本节所提算例未规定连续丢包的限制，同时也有效地解决了双边随机时变时延的问题。

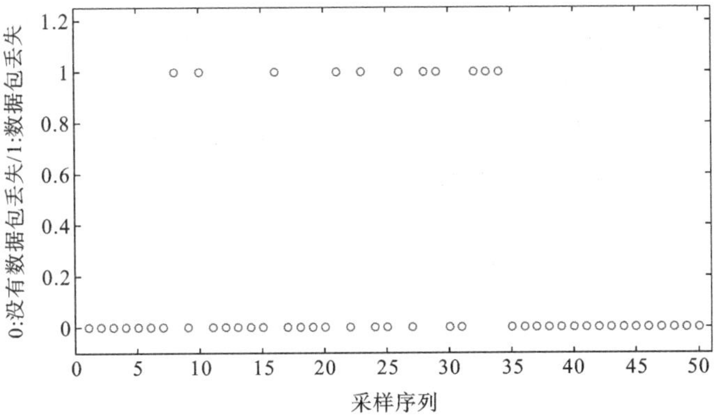

图 8-5　丢包率为 22%的时序图(算例 2)

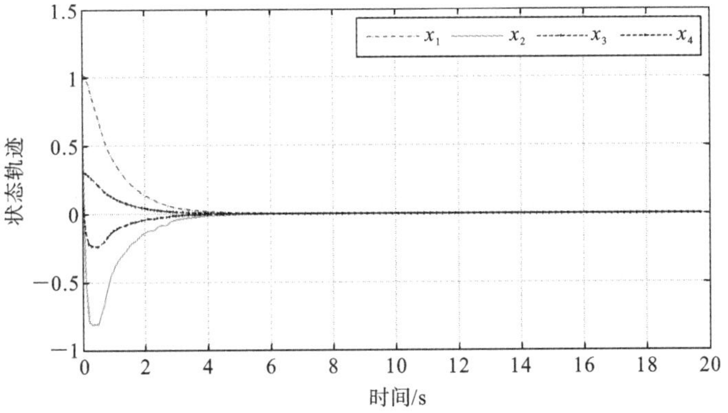

图 8-6　丢包率为 22%的系统状态轨迹图(算例 2)

扫码看彩图

8.5 实　　验

本节采用第 5 章所构建的实验模拟平台来进行实验研究。

除了考虑网络本身的时延以外，在控制器(PC2)端人为增加了随机分布在 0～60 ms 范围内的时延，即考虑系统中存在 0～80 ms 范围内变化的网络诱导时延。采集卡采集状态信息，输出的周期此时设定为 80 ms。给出满足条件的最小值 $\sigma=0.041$，并选择合适的参数 $\mu=1.01$，$\lambda_0=-0.08$，$\lambda_1=0.76$，求解式(8-9)至式(8-11)，得到控制器增益的可行解为

$$\boldsymbol{K}=\begin{bmatrix} -6.9464 & -3.2069 & 1.3712 & -8.8486 & -1.8404 & 2.5591 & -2.0258 & 0.31823 & 0.24505 & -0.10605 \\ -6.9464 & 3.2069 & -1.3712 & -8.8486 & 1.8404 & -2.5591 & -2.0258 & -0.31823 & -0.10605 & 0.24505 \end{bmatrix}$$

因此根据推论 1，可得相应的系统丢包率上界与系统指数衰减率下界的关系，如表 8-3 所示。

表 8-3　三自由度直升机实验系统丢包率上界与指数衰减率下界的关系

β^* /(%)	0	3	6	9	11	15
γ^*	0.929	0.948	0.966	0.985	0.998	1.024

同样地，在所构建的实验系统中，由于采用了局域网的连接形式，丢包率极小，因此在实验系统中人为地设定了分别为 0 0 1 0 0 0 0 0 0 0 和 0 0 1 0 0 1 1 0 0 0 的重复传输的丢包序列，其中 0 表示从传感器到执行器采样数据被成功传输(没有数据包丢失)，1 表示数据包发生了丢失(数据包丢失)，其丢包率分别为 10%和 30%。

将求出的控制器增益带入实际的实验系统中，得到不同丢包率对应的三自由度直升机运行轨迹图，如图 8-7 至图 8-9 所示。

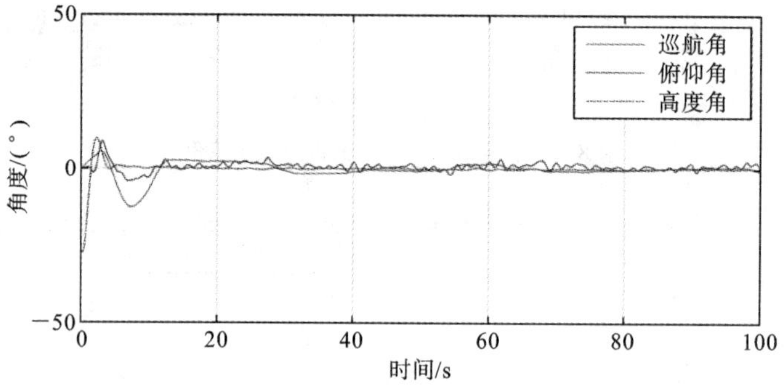

图 8-7　丢包率为 10%的三自由度直升机运行轨迹图

扫码看彩图

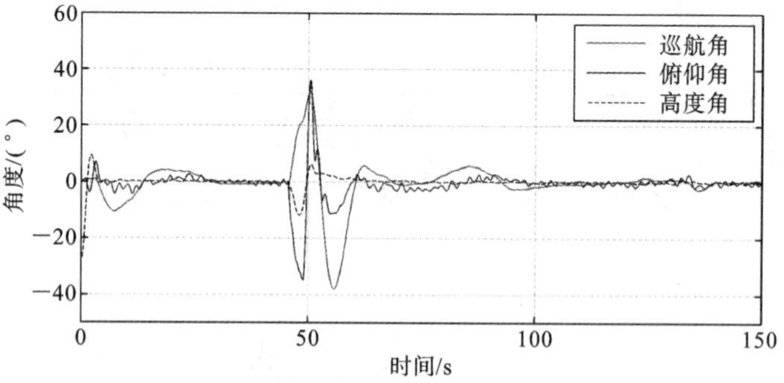

图 8-8　丢包率为 10%且存在干扰的三自由度直升机运行轨迹图

扫码看彩图

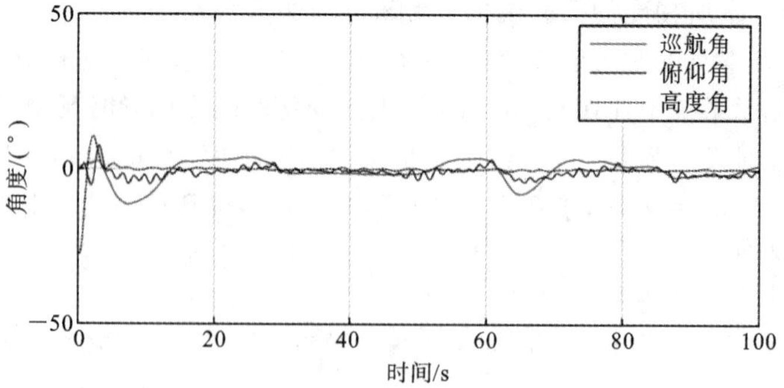

图 8-9　丢包率为 30%的三自由度直升机运行轨迹图

扫码看彩图

从图 8-7 和图 8-9 可以看出，数据丢包造成了三自由度直升机俯仰角的波动，即数据丢包对系统的稳定性造成了较大的影响。系统数据丢包越少，系统输出稳定性越好。在 10%

的丢包率下，人为地对实验系统造成较大的干扰，从图 8-8 中可以看出，干扰过后的实验系统仍能趋于稳定。因此，实验结果表明在同时具有双边随机时变时延与数据丢包的网络约束条件下，本章所提方法是有效的。

8.6　本章小结

在网络控制系统中，随着网络负载等条件的改变，网络诱导时延也随之改变，同时系统也存在着数据丢包。针对上述情形，第 7 章和第 8 章分别运用随机系统分析方法和切换系统分析方法，解决了同时具有双边随机时变时延与数据丢包的网络控制系统镇定性问题。

在随机系统分析方法中，采用增广矩阵的方法，建立了基于 Markov 链转移概率矩阵部分元素未知时的参数不确定的离散时间跳变系统模型，给出了系统满足随机均方稳定的控制器设计方法。从第 7 章定理 1 中可以看出，为了使系统指数衰减性能更好，λ 的值要尽可能小。但是由于第 7 章定理 2 给出的线性矩阵不等式求解控制器增益的方法中，变量 λ 和变量 X_i 是耦合在一起的，因此在现有的条件下仅仅给出了一维搜索法来获取具有可行解的最小 λ 值，如何寻求最优的 λ 值仍需要进一步地研究。通过数值算例仿真可以看出，为了获得更好的低保守性设计结果，使系统收敛的动态特性更好，在相同条件下，随机系统分析方法需要知道系统丢包转移概率矩阵中更多的元素。然而在实际的工程实践中，获得系统丢包的转移概率是比较困难的。因此，第 8 章提出了切换系统分析方法。在该方法中，针对同时存在的双边随机时变时延与数据丢包问题，采用增广矩阵的方法建立了参数不确定的离散时间切换系统模型，给出了系统满足指数稳定的条件，接着进一步建立了系统指数衰减率和任意丢包率的定量关系。但是随着丢包率的增加，切换频率也会增加，系统工作模型将会在各个子系统之间频繁切换，控制性能又将会下降。最后，以上两种方法均给出了数值算例仿真或实验，结果均验证了所提方法的可行性和有效性。

第 7 章和第 8 章的研究都是基于时间触发通信机制(时间驱动的方式)而展开的，它的采样执行周期常常是按照系统情况预先来设计的，所有的采样信号均需要通过网络发送，而不考虑被控对象状态变化的影响。显然，时间触发通信机制不能对有限网络资源进行充分利用，甚至会加重网络负担，破坏网络控制系统的性能。由于事件触发机制能够在系统运行时根据被控对象状态实时调整采样间隔，有效降低网络资源消耗，同时也能获得较好的控制性能，因此在下一章中，将从节约网络资源及保证系统控制性能的角度来对网络控制系统进行研究。

参考文献

[1] ANTSAKLIS P, BAILLIEUL J. Special issue on technology of networked control systems[J]. Proceedings of the IEEE, 2007, 95(1):5-8.

[2] 游科友，谢立华. 网络控制系统的最新研究综述[J]. 自动化学报，2013，39(2)：101-118.

[3] 夏元清. 云控制系统及其面临的挑战[J]. 自动化学报，2016，42(1)：1-12.

[4] HESPANHA J P, NAGHSHTABRIZI P, XU Y G. A survey of recent results in networked control systems[J]. Proceedings of the IEEE, 2007, 95(1): 138-162.

[5] GUPTA R A, CHOW M Y. Networked control system: overview and research trends [J]. IEEE Transactions on Industrial Electronics, 2010, 57(7): 2527-2535.

[6] 江兵，张崇巍. 具有时变时延和丢包的网络控制系统 H_∞ 优化控制[J]. 系统工程与电子技术，2010，32(7)：1501-1505.

[7] 樊卫华，谢蓉华，陈庆伟. 具有丢包的短时延网络控制系统的建模与分析[C] //中国自动化学会智能自动化专业委员会. 2011 年中国智能自动化会议论文集. 北京：科学出版社，2011：406-410.

[8] YU M, WANG L, CHU T G, et al. Stabilization of networked control systems with data packet dropout and transmission delays: continuous-time case[J]. European Journal of Control, 2005, 11(1):40-49.

[9] TAVASSOLI B, MARALANI P J. Robust design of networked control systems with randomly varying delays packet losses[C] //IEEE Conference on Decision and Control. New York:IEEE, 2005:1601-1606.

[10] HASSIBI A, BOYD S P, HOW J P. Control of asynchronous dynamical systems with rate constraints on events[J]. IEEE Conference on Decision and Control, 1999 (2):1345-1351.

[11] RABELLO A, BHAYA A. Stability of asynchronous dynamical systems with rate constraints and applications[J]. IEE Proceedings, Control Theory and Applications, 2003, 150(5):546-550.

[12] 刘明，张庆灵，邱占芝. 有时延和数据包丢失的网络控制系统反馈控制[J]. 系统工程与电子技术，2007(2)：262-268.

[13] ZHANG L X, BOUKAS E K. Stability and stabilization of Markovian jump linear systems with partly unknown transition probabilities[J]. Automatica, 2009, 2(45), 463-468.

[14] 邱丽，胥布工，黎善斌. 具有数据包丢失及转移概率部分未知的网络控制系统 H_∞ 控制[J]. 控制理论与应用，2011，28(8)：1105-1112.

[15] WANG J H, ZHANG Q L, BAI F. Robust control of discrete-time singular Markovian jump systems with partly unknown transition probabilities by static output feedback[J]. International Journal of Control, Automation, and Systems, 2015, 13 (6): 1313-1325.

[16] GUO C Y, ZHANG W D. H_∞ estimation for stochastic time delays in networked control systems by partly unknown transition probabilities of Markovian chains[J]. Journal of Dynamic Systems, Measurement, and Control, 2013, 135 (1): 145081-1450816.

[17] XIONG J L, LAM J. Stabilization of linear systems over networks with bounded

packet loss[J]. Automatica, 2007, 43(1): 80-87.
[18] 谢德晓,韩笑冬,黄鹤,等. 具有时延和丢包的网络控制系统 H_∞ 状态反馈控制[J]. 控制与决策,2009,24(4): 588-597.
[19] QIU L, LUO Q, GONG F, et al. Stability and stabilization of networked control systems with random time delays and packet dropouts[J]. Journal of the Franklin Institute,2013, 350(7): 1886-1907.
[20] 于宝琦,王军义,王燕锋. 长时延和丢包的网络控制系统保性能控制[J]. 控制工程, 2013(1):59-62.
[21] 王燕锋,王培良,陈惠英,等. 转移概率部分未知的网络控制系统状态反馈[J]. 控制工程, 2015,22(4):776-779.
[22] 程代展,郭宇骞. 切换系统进展[J]. 控制理论与应用, 2005,22(6): 954-960.
[23] ZHANG H B, XIE D H, ZHANG H Y, et al. Stability analysis for discrete-time switched systems with unstable subsystems by a mode-dependent average dwell time approach[J]. ISA Transactions, 2014, 53(4): 1081-1086.
[24] ZHAO X, ZHANG L, SHI P, et al. Stability and stabilization of switched linear systems with mode-dependent average dwell time[J]. IEEE Transactions on Automatic Control, 2012, 57(7): 1809-1815.
[25] LU Q G, ZHANG L X, KARIMI H R, et al. H_∞ control for asynchronously switched linear parameter-varying systems with mode-dependent average dwell time [J]. IET Control Theory and Application, 2013, 7(5):673-683.
[26] FU J, MA R C, CHAI T Y. Global finite-time stabilization of a class of switched nonlinear systems with the powers of positive odd rational numbers[J]. Automatica, 2015, 54(12): 360-373.
[27] FU J, LI T F, CHAI T Y, et al. Sampled-data-based stabilization of switched linear neutral systems[J]. Automatica, 2016, 72(10): 92-99.
[28] YAN J Y, WANG L, YU M. Switched system approach to stabilization of networked control systems[J]. International Journal of Robust and Nonlinear Control, 2011 (21): 1925-1945.
[29] WANG R, LIU G P, WANG W, et al. H_∞ control for networked predictive control systems based on the switched Lyapunov function method[J]. IEEE Transactions on Industrial Electronics,2010, 57(10):3565-3571.
[30] SUN Y, QIN S. Stability of networked control systems with packet dropout: an average dwell time approach[J]. IET Control Theory and Applications, 2011, 5(1):47-53.
[31] ZHANG W A, YU L. Modeling and control of networked control systems with both network-induced delay and packet-dropout[J]. Automatica, 2008, 44(12): 3206-3210.
[32] WANG J F, YANG H Z. H_∞ control of a class of networked control systems with time delay and packet dropout[J]. Applied Mathematics and Computation, 2011, 217 (18): 7469-7477.

[33] WANG J F, YANG H Z. Exponential stability of a class of networked control systems with time delays and packet dropouts[J]. Applied Mathematics and Computation, 2012, 218(17): 8887-8894.

[34] 李玮,王青,董朝阳. 具有短时延和丢包的网络控制系统鲁棒 H_∞ 控制[J]. 东北大学学报(自然科学版), 2014,35(6): 774-779.

第9章 混合事件触发机制下的不确定网络化系统建模与控制

近年来，通过网络连接传感器、控制器和执行器等节点来完成数据交换的网络控制系统受到了广泛的关注和研究。相对于传统的点对点控制系统，网络控制系统实现了远程信息资源共享，节约了系统设计成本，增强了系统的可维护性以及具有灵活性高等优点，广泛应用于工业控制网络、传感器网络、远程医疗手术以及无人机等领域[1-3]。但是，网络的引入在带来便利的同时也带来了一些不可避免的问题，例如数据传输时延、数据包丢失等，使得系统的分析与设计变得复杂[4-6]。现有的大部分对网络控制系统的研究都是基于时间触发通信机制而展开的，它的执行周期常常是按照系统最坏的情况来设计的，因此所有的采样信号均需要通过网络发送，而不考虑被控对象状态变化的影响。显然，时间触发通信机制不能对有限的网络资源进行充分利用，甚至会加重网络负担，破坏网络控制系统的性能[7,8]。

为了节约网络资源，同时保证系统控制性能，基于事件触发机制的分析和设计方法近年来受到了广泛的关注[9-12]。事件触发机制的基本思想就是在保证系统具有一定性能的前提下，只有当预先设定的触发条件成立时，才传输采样值，执行控制任务，即控制任务按需执行并满足系统性能要求。与周期采样机制相比，事件触发机制能够在系统运行时根据对象状态实时调整采样间隔，有效降低系统资源消耗[13-15]。事件触发机制主要包括相对事件触发机制和绝对事件触发机制。在相对事件触发机制中，利用对象状态、系统输出或观测器状态等系统相关信息设计触发机制的阈值，当满足事件触发条件时触发，否则不触发。例如，文献[16-20]采用状态反馈控制方法，提出了当前和已触发状态信息的差值二次型与已触发状态信息的加权二次型比较的触发条件。文献[21,22]分别采用了静态输出反馈和动态输出反馈控制方法，提出了当前和已触发系统输出的差值二次型与已触发系统输出的加权二次型比较的触发条件。文献[23]采用基于状态观测器的控制方法，提出了观测器和预测器状态的差值范数与观测器状态的加权范数比较的触发条件。在绝对事件触发机制中，触发条件通常设计为常数阈值或时变函数阈值等。例如，文献[24，25]提出了当前状态范数值与常数阈值比较的触发条件。文献[26]提出了当前和已触发状态信息的差值范数与常数阈值比较的触发条件。文献[27]提出了系统对象状态信息和控制器状态信息的差值范数与常数阈值比较的触发条件。文献[28]提出了当前和已触发状态信息的差值范数与常数阈值或单调递减时变函数阈值比较的触发条件。文献[29，30]提出了当前和已触发观测器状态信息的差值范数与指数递减时变函数阈值比较的触发条件。

从以上文献结果中可以看出，与周期采样机制相比，相对和绝对事件触发机制均能有效降低数据传输率，但是，对于相对事件触发机制，当系统接近平衡点运行时，其依赖于状态相关信息的触发阈值较小，所以其数据传输率较高；对于绝对事件触发机制，当系统远离平衡点运行时，其依赖于状态无关信息的触发阈值较小（为保证最终收敛界较小，其触发阈值一般较小)，所以其数据传输率较高，即相对和绝对事件触发机制均不能有效降低系统全程运行期间的数据传输率。因此，不同于相对和绝对事件触发机制，文献[31]采用静态输出反馈控制方法，并将系统输出的加权二次型与常量值之和作为触发阈值；文献[32]采用动态输出反馈控制方法，将系统输出的加权二次型与按指数衰减的时变值之和作为触发阈值，均有效降低了系统全程运行期间的数据传输率。

基于以上分析，本章利用时滞系统分析方法，并综合利用系统状态相关信息和无关信息，建立了混合事件触发机制的网络控制系统模型。相对于文献[31]和[32]，本章在考虑了系统对象参数的不确定性以及网络诱导时延分段连续可微特性的基础上，采用自由权矩阵和互逆凸组合方法[33]，给出了系统满足全局一致有界稳定的条件和控制器设计方法。

9.1 问题描述及系统建模

9.1.1 混合事件触发机制的建立

具有不确定性参数的系统对象状态空间模型：

$$\dot{\boldsymbol{x}}(t)=\boldsymbol{A}\boldsymbol{x}(t)+\boldsymbol{B}\boldsymbol{u}(t)=(\boldsymbol{A}_0+\Delta A)\boldsymbol{x}(t)+(\boldsymbol{B}_0+\Delta B)\boldsymbol{u}(t) \tag{9-1}$$

其中：$\boldsymbol{x}(t)\in\mathbf{R}^n$，$\boldsymbol{u}(t)\in\mathbf{R}^p$ 分别为系统的对象状态和控制输入，$[\Delta A \quad \Delta B]=\boldsymbol{GF}(t)[\boldsymbol{E}_a \quad \boldsymbol{E}_b]$，$\boldsymbol{A}_0$、$\boldsymbol{B}_0$、$\boldsymbol{G}$、$\boldsymbol{E}_a$ 和 $\boldsymbol{E}_b$ 为适当维数的矩阵，$\boldsymbol{F}(t)$为时变的未知矩阵且满足 $\|\boldsymbol{F}^{\mathrm{T}}(t)\boldsymbol{F}(t)\|\leqslant\boldsymbol{I}$。

如图 9-1 所示，针对基于事件触发机制(event-triggered mechanism，ETM)的网络控制系统做如下合理假定：

(1) 传感器采用采样周期为常数 h 的时间驱动，采样时刻序列集合为 $S_1=\{0, h, 2h, \cdots, kh\}$，$k\in N$。

(2) 采样数据是否应通过通信网络传输将由混合事件触发机制单元决定，通过传感器采样并传输到网络上的采样时刻序列集合为 $S_2=\{t_0h, t_1h, \cdots, t_kh\}$，$S_2\subseteq S_1$，其中 $t_k\in\mathbf{N}$，

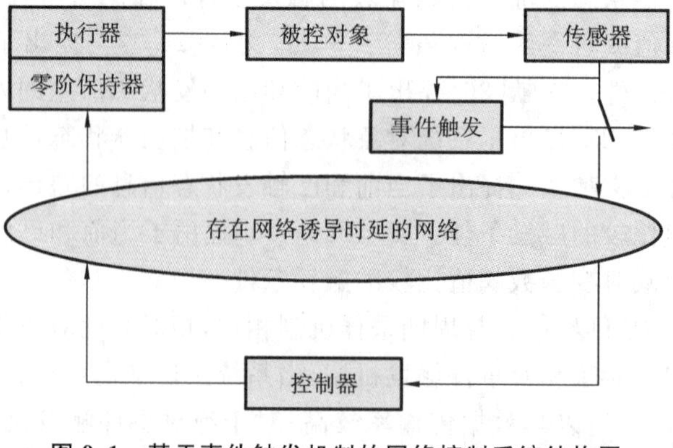

图 9-1 基于事件触发机制的网络控制系统结构图

并且 $t_0=0$ 和$\lim\limits_{k\to\infty}t_k\to\infty$。

(3) 由传感器采样，满足触发条件的采样数据将会通过网络从传感器端经过控制器传输到执行器端，数据在网络传输中不可避免地会经历时延 τ_k。令 τ_k^{sc}、τ_k^{ca} 分别表示从传感器到控制器、从控制器到执行器的随机传输时延，则有 $\tau_k=\tau_k^{sc}+\tau_k^{ca}$，数据在网络中以单包的形式传输，且不考虑数据丢包问题。

考虑到网络带宽的限制，根据式(9-1)提出了一种混合事件触发机制，用于确定当前采样数据是否应发送到控制器。具体地说，当上一次成功发送的数据是 $\boldsymbol{x}(t_kh)$时，下一发送时刻的数据 $\boldsymbol{x}(t_{k+1}h)$将由式(9-2)决定：

$$\begin{aligned}t_{k+1}h=t_kh+\min_{l}\{l\in\mathbf{N}\mid(\boldsymbol{x}(i_kh)-\boldsymbol{x}(t_kh))^{\mathrm{T}}\boldsymbol{\Phi}(\boldsymbol{x}(i_kh)-\boldsymbol{x}(t_kh))\\>\sigma\boldsymbol{x}^{\mathrm{T}}(t_kh)\boldsymbol{\Phi}\boldsymbol{x}(t_kh)+\gamma\varepsilon^{-\alpha(i_kh)}+\phi\}\end{aligned}\tag{9-2}$$

其中：$i_kh=t_kh+lh$，$\sigma>0$ 为给定常数；$\boldsymbol{\Phi}>0$ 且为待求的权重矩阵；$\boldsymbol{x}(i_kh)$和 $\boldsymbol{x}(t_kh)$分别表示当前采样时刻 i_kh 和成功在网络上输出的上一采样时刻 t_kh 的采样数据；$\gamma\varepsilon^{-\alpha(i_kh)}+\phi$ 为指数参数阈值，$\gamma\geqslant0$，$\varepsilon>1$，$\alpha>0$，$\phi\geqslant0$。

根据合理假定条件(2)，采样数据被传输的时刻 $t_0h,t_1h,t_2h,\cdots,t_kh$ 取决于混合事件触发机制式(9-2)。令 $s_kh=t_{k+1}h-t_kh$，表述为两个相邻采样数据的触发时间周期。由于数据在网络上进行传输，不可避免地存在时延 τ_k，令 $\tau_k\in[\underline{\tau},\bar{\tau}]$，因此采样数据 $\boldsymbol{x}(t_0h)$，$\boldsymbol{x}(t_1h)$，$\cdots$，$x(t_kh)$分别将会在 $\boldsymbol{x}(t_0h)+\tau_0$，$\boldsymbol{x}(t_1h)+\tau_1$，$\cdots$，$\boldsymbol{x}(t_kh)+\tau_k$ 时刻通过网络抵达执行器端。

从以上混合事件触发事件机制可以看出，数据传输条件由混合事件触发机制式(9-2)中的 σ、$\boldsymbol{\Phi}$、γ、ε、α、ϕ 所决定。显然，较大(较小)的 σ 会导致较低(较高)的数据传输率。如果 $\sigma>0$、$\gamma=0$ 和 $\phi=0$，则混合事件触发机制式(9-2)演变为相对事件触发机制；如果 $\sigma=0$、$\gamma\geqslant0$、$\alpha\geqslant0$、$\varepsilon>1$ 和 $\phi\geqslant0$，则混合事件触发机制式(9-2)演变为绝对事件触发机制。因此混合事件触发机制显然是前两者的统一形式。一旦当前时刻的采样数据满足混合事件触发机制式(9-2)中的触发条件，即$(\boldsymbol{x}(i_kh)-\boldsymbol{x}(t_kh))^{\mathrm{T}}\boldsymbol{\Phi}(\boldsymbol{x}(i_kh)-\boldsymbol{x}(t_kh))$大于 $\sigma\boldsymbol{x}^{\mathrm{T}}(t_kh)\boldsymbol{\Phi}\boldsymbol{x}(t_kh)+\gamma\varepsilon^{-\alpha(i_kh)}+\phi$ 时，则当前时刻的采样数据将会被立刻传输到网上，否则就会被丢弃，因此触发时间周期 $s_kh=t_{k+1}h-t_kh$ 是不均匀的，存在 $S_2\subset S_1$。特别地，如果触发阈值参数 σ 和 $\gamma\varepsilon^{-\alpha(i_kh)}+\phi$ 选得足够小，则所有的采样数据都将会被传输，此时 $S_1=S_2$，混合事件触发机制将会蜕变为周期性的事件触发机制。

另外，在系统暂态响应期间，系统状态变化剧烈且有较大范数，所以与相对事件触发机制类似，系统状态相关阈值 $\sigma\boldsymbol{x}^{\mathrm{T}}(t_kh)\boldsymbol{\Phi}\boldsymbol{x}(t_kh)$对降低数据传输率起主要作用，同时调整参数$(\gamma$、$\varepsilon$、$\alpha)$能够调节系统的暂态过渡性能；在系统稳态期间，系统状态变化小，且相关阈值 $\gamma\varepsilon^{-\alpha(i_kh)}$会逐渐减小到零，因此与绝对事件触发机制类似，数据触发结果最终由参数 φ 决定。基于以上分析，针对绝对事件触发机制在系统暂态响应期间数据传输率较高，以及相对事件触发机制在系统稳态响应期间数据传输率较高的问题，本章所提的混合事件触发机制能同时利用状态相关信息和无关信息，有效降低系统全程运行期间的数据传输率。

9.1.2　系统模型的建立

在本节中，我们将事件触发控制系统重新定义为状态误差相关的时滞系统，这有助于将通信和控制机制组合成一个统一的框架。

基于混合事件触发机制式(9-2),在两个发送的采样数据之间存在着一些未发送的采样数据,如图 9-2 所示。由于混合事件触发机制被用来确定当前的采样数据是否被传送,因此,传感器端的零阶保持器的保持时间为$[t_kh+\tau_k,\ t_{k+1}h+\tau_{k+1})$。基于状态反馈控制器的$\boldsymbol{u}(t)=\boldsymbol{K}\boldsymbol{x}(t_kh)$,则系统模型可描述为

$$\dot{\boldsymbol{x}}(t)=\boldsymbol{A}\boldsymbol{x}(t)+\boldsymbol{B}\boldsymbol{u}(t)=(\boldsymbol{A}_0+\Delta A)\boldsymbol{x}(t)+(\boldsymbol{B}_0+\Delta B)\boldsymbol{u}(t_kh),\quad t\in[t_kh+\tau_k,t_{k+1}h+\tau_{k+1}) \tag{9-3}$$

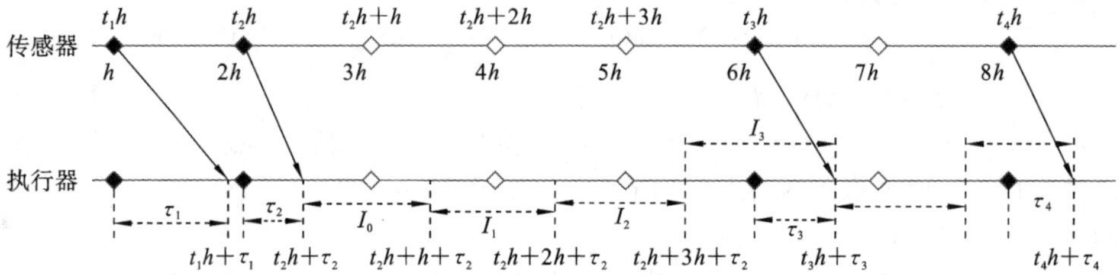

图 9-2　信号时序图

接下来,从以下两种情况对信号时序进行分析。

情况 1:当$t\in[t_kh+\tau_k,\ t_{k+1}h+\tau_{k+1})$时,如果$t_kh+h+\bar{\tau}>t_{k+1}h+\tau_{k+1}$,定义$\tau(t)=t-t_kh$,显然有$\tau_k\leqslant\tau(t)\leqslant(t_{k+1}-t_k)h+\tau_{k+1}\leqslant h+\bar{\tau}$。

情况 2:当$t\in[t_kh+\tau_k,\ t_{k+1}h+\tau_{k+1})$时,如果$t_kh+h+\bar{\tau}<t_{k+1}h+\tau_{k+1}$,引入一个正整数$d_{\mathrm{M}}$,令其满足$t_kh+d_{\mathrm{M}}h+\bar{\tau}<t_{k+1}h+\tau_{k+1}\leqslant t_kh+(d_{\mathrm{M}}+1)h+\bar{\tau}$。

将采样数据发送的时间间隔$[t_kh+\tau_k,\ t_{k+1}h+\tau_{k+1})$划分为以下子区间:

$$\begin{cases}I_0=[t_kh+\tau_k,t_kh+h+\tau_k)\\ I_i=\bigcup_{i-1}^{d_{\mathrm{M}}-1}[t_kh+ih+\tau_k,t_kh+ih+h+\tau_k)\\ I_{d_{\mathrm{M}}}=[t_kh+d_{\mathrm{M}}h+\tau_k,t_{k+1}h+\tau_{k+1})\end{cases}$$

采样数据发送的时间间隔$[t_2h+\tau_2,\ t_3h+\tau_3)$划分情况可参看图 9-2。

定义$\tau_{\mathrm{m}}=\underline{\tau}$,$\tau_{\mathrm{M}}=h+\bar{\tau}$,以及

$$\tau(t)=\begin{cases}t-t_kh,\quad t\in I_0\\ t-t_kh-ih,\quad t\in I_i,i=1,2,\cdots,d_{\mathrm{M}}-1\\ t-t_kh-d_{\mathrm{M}}h,\quad t\in I_{d_{\mathrm{M}}}\end{cases}$$

因此,当$t\in[t_kh+\tau_k,\ t_{k+1}h+\tau_{k+1})$时,无论上述哪种情况,可推导得$\tau_{\mathrm{m}}\leqslant\tau(t)\leqslant\tau_{\mathrm{M}}$。进一步地,当$t\in[t_kh+\tau_k,\ t_{k+1}h+\tau_{k+1})$时,在情况 1 中,定义$\boldsymbol{e}_k(t)=0$;在情况 2 中,则定义

$$\boldsymbol{e}_k(t)=\begin{cases}0,\quad t\in I_0\\ \boldsymbol{x}(t_kh+ih)-\boldsymbol{x}(t_kh),\quad t\in I_i,i=1,2,\cdots,d_{\mathrm{M}}-1\\ \boldsymbol{x}(t_kh+d_{\mathrm{M}}h)-\boldsymbol{x}(t_kh),\quad t\in I_{d_{\mathrm{M}}}\end{cases}$$

利用$\boldsymbol{e}_k(k)$和$\tau(t)$的定义,将混合事件触发机制的触发条件推导为

$$\begin{aligned}&\boldsymbol{e}_k^{\mathrm{T}}(t)\boldsymbol{\Phi}\boldsymbol{e}_k(t)>\{\sigma(\boldsymbol{x}(t-\tau(t))-\boldsymbol{e}_k(t))\boldsymbol{\Phi}(\boldsymbol{x}(t-\tau(t))-\boldsymbol{e}_k(t))^{\mathrm{T}}\\&+\gamma\varepsilon^{-\alpha((t_k+i)h)}+\phi\},\quad t\in[t_kh+\tau_k,\ t_{k+1}h+\tau_{k+1})\end{aligned} \tag{9-4}$$

由式(9-3)可进一步得到闭环系统的一般时滞模型:

$$\dot{\boldsymbol{x}}(t)=\boldsymbol{A}\boldsymbol{x}(t)+\boldsymbol{B}(\boldsymbol{x}(t-\tau(t))-\boldsymbol{e}_k(t)),\quad t\in[t_kh+\tau_k,t_{k+1}h+\tau_{k+1}) \tag{9-5}$$

其中：$\boldsymbol{A}=\boldsymbol{A}_0+\Delta A$，$\boldsymbol{B}=\boldsymbol{B}_0+\Delta B$；$\boldsymbol{x}(t)=\boldsymbol{\phi}(t)$，$t\in[-\tau_{\mathrm{M}},0)$，$\boldsymbol{\phi}(t)$为在$t\in[-\tau_{\mathrm{M}},0)$时间范围内的连续函数。

根据$\tau(t)$的定义可知其是分段线性的，且一阶导数满足$\dot{\tau}(t)=1$。因此，后续研究将考虑这一特性，并将其用于降低时滞系统的分析和设计保守性[33]。

9.2 系统稳定性分析

在本节中，应用 Lyapunov-Krasovskii 泛函，给出了闭环系统式(9-5)的全局一致最终有界(globally uniformly ultimately bounded, GUUB)的稳定性和控制器设计的充分条件。

定义 1[32] 对于连续时间系统的任意初始状态$\boldsymbol{x}(0)\in\mathbf{R}^n$，如果存在正实数$\varepsilon$及时间常数$T$满足条件$\boldsymbol{x}(t)\in\{\boldsymbol{x}:\|\boldsymbol{x}\|\leqslant\varepsilon\}$，$\forall t\geqslant T$，则该连续时间系统的状态$\boldsymbol{x}(t)$是全局一致最终有界的，且该连续时间系统是最终有界稳定的。

引理 1[34]（互逆凸组合方法） 假设$f_1,f_2,\cdots,f_N:\mathbf{R}^m\to\mathbf{R}$在开集$D$的子集中有正值，$D\in\mathbf{R}^m$。那么在集合$D$中$f_i$的相互组合满足：

$$\min_{\{\beta_i|\beta_i>0,\sum_i\beta_i=1\}}\sum_i\frac{1}{\beta_i}f_i(t)=\sum_i f_i(t)+\max_{g_{i,j}}\sum_{i\neq j}g_{i,j}(t)$$

其中：$g_{i,j}$满足$\mathbf{R}^m\to\mathbf{R}$，$g_{i,j}(t)=g_{j,i}(t)$，$\begin{bmatrix}f_i(t) & g_{j,i}(t)\\ g_{i,j}(t) & f_j(t)\end{bmatrix}\geqslant0$。

引理 2[32] 对任意合适维数的矩阵$\boldsymbol{\Xi}_i(i=1,2)$、$\boldsymbol{\Omega}$，以及关于$t$的函数$\eta(t)$，$0\leqslant\eta(t)\leqslant\bar{\eta}$，当且仅当满足$\bar{\eta}\boldsymbol{\Xi}_1+\boldsymbol{\Omega}\leqslant0$以及$\bar{\eta}\boldsymbol{\Xi}_2+\boldsymbol{\Omega}\leqslant0$时，不等式$\eta(t)\boldsymbol{\Xi}_1+(\bar{\eta}-\eta(t))\boldsymbol{\Xi}_2+\boldsymbol{\Omega}<0$成立。

引理 3[35] 考虑常微分方程$\dot{u}(t)=f(t,u(t))$，$u(t_0)=u_0$，其中$f(t,u(t))$在$t\geqslant0$上是连续的，并且在$u\in\Psi\subset\mathbf{R}$上是 Lipschitz 连续的。设$[t_0,t_{\mathrm{M}})$（$t_{\mathrm{M}}$可以是无穷大）是解$u(t)$的最大区间，并且当$t\in[t_0,t_{\mathrm{M}})$时，$u(t)\in\Psi$。若连续函数$v(t)$的右上倒数满足微分不等式

$$D^+v(t)\leqslant f(t,v(t)),\quad v(t_0)\leqslant u_0$$

其中：$D^+v(t)=\limsup\limits_{\mu\to0^+}\dfrac{v(t+\mu)-v(t)}{\mu}$，$v(t)\in\Psi$，$t\in[t_0,t_{\mathrm{M}})$，那么$v(t)\leqslant u(t)$，$t\in[t_0,t_{\mathrm{M}})$。

引理 4[36] 给定适当维数的矩阵$\boldsymbol{Y}$、$\boldsymbol{N}$、$\boldsymbol{E}$，其中$\boldsymbol{Y}$是对称的，对于$\boldsymbol{F}^{\mathrm{T}}(t)\boldsymbol{F}(t)<\boldsymbol{I}$，不等式$\boldsymbol{Y}+\boldsymbol{N}\boldsymbol{F}(t)\boldsymbol{E}+\boldsymbol{E}^{\mathrm{T}}\boldsymbol{F}^{\mathrm{T}}(t)\boldsymbol{N}^{\mathrm{T}}<0$成立，当且仅当存在一个常数$\beta>0$时，不等式$\boldsymbol{Y}+\beta\boldsymbol{N}\boldsymbol{N}^{\mathrm{T}}+\beta^{-1}\boldsymbol{E}^{\mathrm{T}}\boldsymbol{E}<0$。

定理 1 给定常数标量$0<\tau_{\mathrm{m}}<\tau_{\mathrm{M}}$，$\phi>0$，$\alpha>0$，$\varepsilon>1$，$\gamma\geqslant0$以及控制器增益$\boldsymbol{K}$，在混合事件触发机制式(9-2)的作用下，如果存在标量$\delta>0$，$\beta>0$，$0<\sigma<1$，以及适当维数的矩阵$\boldsymbol{X}>0$，$\boldsymbol{Y}>0$，$\boldsymbol{Q}_1>0$，$\boldsymbol{Q}_2>0$，$\boldsymbol{R}_1>0$，$\boldsymbol{R}_2>0$，$\boldsymbol{H}>0$，$\boldsymbol{\Phi}>0$，$\boldsymbol{P}>0$，$\boldsymbol{G}>0$，$\boldsymbol{M}$以及$\boldsymbol{U}$，使得以下不等式成立，则闭环系统式(9-5)是全局一致最终有界的，且收敛于有界区域$B_{\mathrm{d}}(\phi)=\left\{\boldsymbol{x}(t)\mid\|\boldsymbol{x}(t)\|\leqslant\sqrt{\dfrac{\phi}{\delta\lambda_{\min}(\boldsymbol{P})}}\right\}$。

$$\begin{bmatrix} \boldsymbol{R}_2 & * \\ \boldsymbol{U} & \boldsymbol{R}_2 \end{bmatrix} > 0 \tag{9-6}$$

$$\begin{bmatrix}
\boldsymbol{\Psi}'_{11} & * & * & * & * & * & * & * & * & * & * \\
\boldsymbol{\Psi}'_{21} & \boldsymbol{\Psi}'_{22} & * & * & * & * & * & * & * & * & * \\
\boldsymbol{\Psi}'_{31} & \boldsymbol{\Psi}'_{32} & \boldsymbol{\Psi}'_{33} & * & * & * & * & * & * & * & * \\
\boldsymbol{\Psi}'_{41} & \boldsymbol{\Psi}'_{42} & \boldsymbol{\Psi}'_{43} & \boldsymbol{\Psi}'_{44} & * & * & * & * & * & * & * \\
\boldsymbol{\Psi}'_{51} & 0 & \boldsymbol{\Psi}'_{53} & 0 & \boldsymbol{\Psi}'_{55} & * & * & * & * & * & * \\
\boldsymbol{\Psi}'_{61} & \boldsymbol{\Psi}'_{62} & \boldsymbol{\Psi}'_{63} & \boldsymbol{\Psi}'_{64} & \boldsymbol{\Psi}'_{65} & \boldsymbol{\Psi}'_{66} & * & * & * & * & * \\
\boldsymbol{\Psi}'_{71} & 0 & \boldsymbol{\Psi}'_{73} & 0 & \boldsymbol{\Psi}'_{75} & 0 & \boldsymbol{\Psi}'_{77} & * & * & * & * \\
\boldsymbol{\Psi}'_{81} & 0 & \boldsymbol{\Psi}'_{83} & 0 & \boldsymbol{\Psi}'_{85} & 0 & 0 & \boldsymbol{\Psi}'_{88} & * & * & * \\
\boldsymbol{\Psi}'_{91} & 0 & \boldsymbol{\Psi}'_{93} & 0 & \boldsymbol{\Psi}'_{95} & 0 & 0 & 0 & \boldsymbol{\Psi}'_{99} & * & * \\
\boldsymbol{\Psi}'_{101} & 0 & 0 & 0 & 0 & 0 & \boldsymbol{\Psi}'_{107} & \boldsymbol{\Psi}'_{108} & \boldsymbol{\Psi}'_{109} & \boldsymbol{\Psi}'_{1010} & * \\
\boldsymbol{\Psi}'_{111} & 0 & \boldsymbol{\Psi}'_{113} & 0 & \boldsymbol{\Psi}'_{115} & 0 & 0 & 0 & 0 & 0 & \boldsymbol{\Psi}'_{1111}
\end{bmatrix} < 0 \tag{9-7}$$

$$\begin{bmatrix}
\boldsymbol{\theta}'_{11} & * & * & * & * & * & * & * & * & * \\
\boldsymbol{\theta}'_{21} & \boldsymbol{\theta}'_{22} & * & * & * & * & * & * & * & * \\
\boldsymbol{\theta}'_{31} & \boldsymbol{\theta}'_{32} & \boldsymbol{\theta}'_{33} & * & * & * & * & * & * & * \\
\boldsymbol{\theta}'_{41} & \boldsymbol{\theta}'_{42} & \boldsymbol{\theta}'_{43} & \boldsymbol{\theta}'_{44} & * & * & * & * & * & * \\
\boldsymbol{\theta}'_{51} & 0 & \boldsymbol{\theta}'_{53} & 0 & \boldsymbol{\theta}'_{55} & * & * & * & * & * \\
\boldsymbol{\theta}'_{61} & \boldsymbol{\theta}'_{62} & \boldsymbol{\theta}'_{63} & \boldsymbol{\theta}'_{64} & \boldsymbol{\theta}'_{65} & \boldsymbol{\theta}'_{66} & * & * & * & * \\
\boldsymbol{\theta}'_{71} & 0 & \boldsymbol{\theta}'_{73} & 0 & \boldsymbol{\theta}'_{75} & 0 & \boldsymbol{\theta}'_{77} & * & * & * \\
\boldsymbol{\theta}'_{81} & 0 & \boldsymbol{\theta}'_{83} & 0 & \boldsymbol{\theta}'_{85} & 0 & 0 & \boldsymbol{\theta}'_{88} & * & * \\
\boldsymbol{\theta}'_{91} & 0 & 0 & 0 & 0 & 0 & \boldsymbol{\theta}'_{97} & \boldsymbol{\theta}'_{98} & \boldsymbol{\theta}'_{99} & * \\
\boldsymbol{\theta}'_{101} & 0 & \boldsymbol{\theta}'_{103} & 0 & \boldsymbol{\theta}'_{105} & 0 & 0 & 0 & 0 & \boldsymbol{\theta}'_{1010}
\end{bmatrix} < 0 \tag{9-8}$$

其中：$\boldsymbol{\theta}'_{11}=\boldsymbol{\Psi}'_{11}=\delta\boldsymbol{P}+\boldsymbol{A}_0^{\mathrm{T}}\boldsymbol{P}+\boldsymbol{P}\boldsymbol{A}_0+\boldsymbol{Q}_1-\mathrm{e}^{-\delta\tau_{\mathrm{m}}}\boldsymbol{R}_1+\boldsymbol{M}_1+\boldsymbol{M}_1^{\mathrm{T}}$，$\boldsymbol{\theta}'_{21}=\boldsymbol{\Psi}'_{21}=\mathrm{e}^{-\delta\tau_{\mathrm{m}}}\boldsymbol{R}_1+\boldsymbol{M}_2$，$\boldsymbol{\theta}'_{22}=\boldsymbol{\Psi}'_{22}=\mathrm{e}^{-\delta\tau_{\mathrm{m}}}(\boldsymbol{Q}_2-\boldsymbol{Q}_1)-\mathrm{e}^{-\delta\tau_{\mathrm{m}}}\boldsymbol{R}_1-\mathrm{e}^{-\delta\tau_{\mathrm{M}}}\boldsymbol{R}_2$，$\boldsymbol{\theta}'_{31}=\boldsymbol{\Psi}'_{31}=\boldsymbol{K}^{\mathrm{T}}\boldsymbol{B}_0^{\mathrm{T}}\boldsymbol{P}+\boldsymbol{M}_3-\boldsymbol{M}_1^{\mathrm{T}}$，$\boldsymbol{\theta}'_{32}=\boldsymbol{\Psi}'_{32}=-\mathrm{e}^{-\delta\tau_{\mathrm{M}}}(\boldsymbol{U}-\boldsymbol{R}_2)-\boldsymbol{M}_2^{\mathrm{T}}$，$\boldsymbol{\theta}'_{33}=\boldsymbol{\Psi}'_{33}=-\mathrm{e}^{-\delta\tau_{\mathrm{M}}}(2\boldsymbol{R}_2-\boldsymbol{U}^{\mathrm{T}}-\boldsymbol{U})+\sigma\boldsymbol{\Phi}-\boldsymbol{M}_3-\boldsymbol{M}_3^{\mathrm{T}}$，$\boldsymbol{\theta}'_{41}=\boldsymbol{\Psi}'_{41}=\boldsymbol{M}_4$，$\boldsymbol{\theta}'_{42}=\boldsymbol{\Psi}'_{42}=\mathrm{e}^{-\delta\tau_{\mathrm{M}}}\boldsymbol{U}$，$\boldsymbol{\theta}'_{43}=\boldsymbol{\Psi}'_{43}=-\mathrm{e}^{-\delta\tau_{\mathrm{M}}}(\boldsymbol{U}-\boldsymbol{R}_2)-\boldsymbol{M}_4$，$\boldsymbol{\theta}'_{44}=\boldsymbol{\Psi}'_{44}=-\mathrm{e}^{-\delta\tau_{\mathrm{M}}}\boldsymbol{Q}_2-\mathrm{e}^{-\delta\tau_{\mathrm{M}}}\boldsymbol{R}_2$，$\boldsymbol{\theta}'_{51}=\boldsymbol{\Psi}'_{51}=-\boldsymbol{K}^{\mathrm{T}}\boldsymbol{B}_0^{\mathrm{T}}\boldsymbol{P}+\boldsymbol{M}_5$，$\boldsymbol{\theta}'_{53}=\boldsymbol{\Psi}'_{53}=-\sigma\boldsymbol{\Phi}-\boldsymbol{M}_5$，$\boldsymbol{\theta}'_{55}=\boldsymbol{\Psi}'_{55}=(\sigma-1)\boldsymbol{\Phi}$，$\boldsymbol{\theta}'_{61}=\sqrt{\tau_{\mathrm{M}}}\boldsymbol{M}_1^{\mathrm{T}}$，$\boldsymbol{\theta}'_{62}=\sqrt{\tau_{\mathrm{M}}}\boldsymbol{M}_2^{\mathrm{T}}$，$\boldsymbol{\theta}'_{63}=\sqrt{\tau_{\mathrm{M}}}\boldsymbol{M}_3^{\mathrm{T}}$，$\boldsymbol{\theta}'_{64}=\sqrt{\tau_{\mathrm{M}}}\boldsymbol{M}_4^{\mathrm{T}}$，$\boldsymbol{\theta}'_{65}=\sqrt{\tau_{\mathrm{M}}}\boldsymbol{M}_6^{\mathrm{T}}$，$\boldsymbol{\Psi}'_{61}=\sqrt{\tau_{\mathrm{m}}}\boldsymbol{M}_1^{\mathrm{T}}$，$\boldsymbol{\Psi}'_{62}=\sqrt{\tau_{\mathrm{m}}}\boldsymbol{M}_2^{\mathrm{T}}$，$\boldsymbol{\Psi}'_{63}=\sqrt{\tau_{\mathrm{m}}}\boldsymbol{M}_3^{\mathrm{T}}$，$\boldsymbol{\Psi}'_{64}=\sqrt{\tau_{\mathrm{m}}}\boldsymbol{M}_4^{\mathrm{T}}$，$\boldsymbol{\Psi}'_{65}=\sqrt{\tau_{\mathrm{m}}}\boldsymbol{M}_6^{\mathrm{T}}$，$\boldsymbol{\theta}'_{66}=\boldsymbol{\Psi}'_{66}=-\mathrm{e}^{-\delta\tau_{\mathrm{M}}}\boldsymbol{H}$，$\boldsymbol{\theta}'_{71}=\boldsymbol{\Psi}'_{71}=\tau_{\mathrm{m}}\boldsymbol{R}_1\boldsymbol{A}_0$，$\boldsymbol{\theta}'_{73}=\boldsymbol{\Psi}'_{73}=\tau_{\mathrm{m}}\boldsymbol{R}_1\boldsymbol{B}_0\boldsymbol{K}$，$\boldsymbol{\theta}'_{75}=\boldsymbol{\Psi}'_{75}=-\tau_{\mathrm{m}}\boldsymbol{R}_1\boldsymbol{B}_0\boldsymbol{K}$，$\boldsymbol{\theta}'_{77}=\boldsymbol{\Psi}'_{77}=-\boldsymbol{R}_1$，$\boldsymbol{\theta}'_{81}=\boldsymbol{\Psi}'_{81}=(\tau_{\mathrm{M}}-\tau_{\mathrm{m}})\boldsymbol{R}_2\boldsymbol{A}_0$，$\boldsymbol{\theta}'_{83}=\boldsymbol{\Psi}'_{83}=(\tau_{\mathrm{M}}-\tau_{\mathrm{m}})\boldsymbol{R}_2\boldsymbol{B}_0\boldsymbol{K}$，$\boldsymbol{\theta}'_{85}=\boldsymbol{\Psi}'_{85}=-(\tau_{\mathrm{M}}-\tau_{\mathrm{m}})\boldsymbol{R}_2\boldsymbol{B}_0\boldsymbol{K}$，$\boldsymbol{\theta}'_{88}=\boldsymbol{\Psi}'_{88}=-\boldsymbol{R}_2$，$\boldsymbol{\Psi}'_{91}=\sqrt{(\tau_{\mathrm{M}}-\tau_{\mathrm{m}})}\boldsymbol{H}\boldsymbol{A}_0$，$\boldsymbol{\Psi}'_{93}=\sqrt{(\tau_{\mathrm{M}}-\tau_{\mathrm{m}})}\boldsymbol{H}\boldsymbol{B}_0\boldsymbol{K}$，$\boldsymbol{\Psi}'_{95}=-\sqrt{(\tau_{\mathrm{M}}-\tau_{\mathrm{m}})}\boldsymbol{H}\boldsymbol{B}_0\boldsymbol{K}$，$\boldsymbol{\Psi}'_{99}=-\boldsymbol{H}$，$\boldsymbol{\theta}'_{91}=\boldsymbol{\Psi}'_{101}=(\beta\boldsymbol{P}\boldsymbol{G})^{\mathrm{T}}$，$\boldsymbol{\theta}'_{97}=\boldsymbol{\Psi}'_{107}=\tau_{\mathrm{m}}(\beta\boldsymbol{R}_1\boldsymbol{G})^{\mathrm{T}}$，$\boldsymbol{\theta}'_{98}=\boldsymbol{\Psi}'_{108}=(\tau_{\mathrm{M}}-\tau_{\mathrm{m}})(\beta\boldsymbol{R}_2\boldsymbol{G})^{\mathrm{T}}$，$\boldsymbol{\Psi}'_{109}=\sqrt{\tau_{\mathrm{M}}-\tau_{\mathrm{m}}}\beta\boldsymbol{G}^{\mathrm{T}}$，$\boldsymbol{\theta}'_{99}=\boldsymbol{\Psi}'_{1010}=-\beta\boldsymbol{I}$，$\boldsymbol{\theta}'_{101}=\boldsymbol{\Psi}'_{111}=\boldsymbol{E}_{\mathrm{a}}$，$\boldsymbol{\theta}'_{103}=\boldsymbol{\Psi}'_{113}=\boldsymbol{E}_{\mathrm{b}}\boldsymbol{K}$，

$\boldsymbol{\theta}'_{105}=\boldsymbol{\Psi}'_{115}=-\boldsymbol{E}_b\boldsymbol{K}$，$\boldsymbol{\theta}'_{1010}=\boldsymbol{\Psi}'_{1111}=-\beta\boldsymbol{I}$。

证明　构建 Lyapunov-Krasovskii 泛函 $V(t)=\sum_{i=1}^{4}V(t,\boldsymbol{x}_t)$，其中

$$V_1(t,\boldsymbol{x}_t)=\boldsymbol{x}^{\mathrm{T}}(t)\boldsymbol{P}\boldsymbol{x}(t),V_2(t,\boldsymbol{x}_t)=\int_{t-\tau_m}^{t}\mathrm{e}^{\delta(s-t)}\boldsymbol{x}^{\mathrm{T}}(s)\boldsymbol{Q}_1\boldsymbol{x}(s)\mathrm{d}s+\int_{t-\tau_M}^{t-\tau_m}\mathrm{e}^{\delta(s-t)}\boldsymbol{x}^{\mathrm{T}}(s)\boldsymbol{Q}_2\boldsymbol{x}(s)\mathrm{d}s,$$

$$V_3(t,\boldsymbol{x}_t)=\tau_m\int_{t-\tau_m}^{t}\int_{s}^{t}\mathrm{e}^{\delta(s-t)}\dot{\boldsymbol{x}}^{\mathrm{T}}(v)\boldsymbol{R}_1\dot{\boldsymbol{x}}(v)\mathrm{d}v\mathrm{d}s+(\tau_M-\tau_m)\int_{t-\tau_M}^{t-\tau_m}\int_{s}^{t}\mathrm{e}^{\delta(s-t)}\dot{\boldsymbol{x}}^{\mathrm{T}}(v)\boldsymbol{R}_2\dot{\boldsymbol{x}}(v)\mathrm{d}v\mathrm{d}s,$$

$$V_4(t,\boldsymbol{x}_t)=(\tau_M-\tau(t))\int_{t-\tau(t)}^{t}\mathrm{e}^{\delta(s-t)}\dot{\boldsymbol{x}}^{\mathrm{T}}(s)\boldsymbol{H}\dot{\boldsymbol{x}}(s)\mathrm{d}s$$

对 $V_i(t,\boldsymbol{x}_t)$ 求导，可得

$$\dot{V}_1(t,\boldsymbol{x}_t)=-\delta V_1(t,\boldsymbol{x}_t)+\delta\boldsymbol{x}^{\mathrm{T}}(t)\boldsymbol{P}\boldsymbol{x}(t)+2\dot{\boldsymbol{x}}^{\mathrm{T}}(t)\boldsymbol{P}\boldsymbol{x}(t)\tag{9-9}$$

$$\begin{aligned}\dot{V}_2(t,\boldsymbol{x}_t)=&-\delta V_2(t,\boldsymbol{x}_t)+\boldsymbol{x}^{\mathrm{T}}(t)\boldsymbol{Q}_1\boldsymbol{x}(t)+\mathrm{e}^{-\delta\tau_m}\boldsymbol{x}^{\mathrm{T}}(t-\tau_m)(\boldsymbol{Q}_2-\boldsymbol{Q}_1)\boldsymbol{x}(t-\tau_m)\\&-\mathrm{e}^{-\delta\tau_M}\boldsymbol{x}^{\mathrm{T}}(t-\tau_M)\boldsymbol{Q}_2\boldsymbol{x}(t-\tau_M)\end{aligned}\tag{9-10}$$

$$\begin{aligned}\dot{V}_3(t,\boldsymbol{x}_t)=&-\delta V_3(t,\boldsymbol{x}_t)+\tau_m^2\dot{\boldsymbol{x}}^{\mathrm{T}}(t)\boldsymbol{R}_1\dot{\boldsymbol{x}}(t)-\tau_m\int_{t-\tau_m}^{t}\mathrm{e}^{\delta(s-t)}\dot{\boldsymbol{x}}^{\mathrm{T}}(s)\boldsymbol{R}_1\dot{\boldsymbol{x}}(s)\mathrm{d}s\\&+(\tau_M-\tau_m)^2\dot{\boldsymbol{x}}^{\mathrm{T}}(t)\boldsymbol{R}_2\dot{\boldsymbol{x}}(t)-(\tau_M-\tau_m)\int_{t-\tau_M}^{t-\tau_m}\mathrm{e}^{\delta(s-t)}\dot{\boldsymbol{x}}^{\mathrm{T}}(s)\boldsymbol{R}_2\dot{\boldsymbol{x}}(s)\mathrm{d}s\\\leqslant&-\delta V_3(t,x_t)+\tau_m^2\dot{\boldsymbol{x}}^{\mathrm{T}}(t)\boldsymbol{R}_1\dot{\boldsymbol{x}}(t)-\tau_m\mathrm{e}^{-\delta\tau_m}\int_{t-\tau_m}^{t}\dot{\boldsymbol{x}}^{\mathrm{T}}(s)\boldsymbol{R}_1\dot{\boldsymbol{x}}(s)\mathrm{d}s\\&+(\tau_M-\tau_m)^2\dot{\boldsymbol{x}}^{\mathrm{T}}(t)\boldsymbol{R}_2\dot{\boldsymbol{x}}(t)-(\tau_M-\tau_m)\mathrm{e}^{-\delta\tau_M}\int_{t-\tau_M}^{t-\tau_m}\dot{\boldsymbol{x}}^{\mathrm{T}}(s)\boldsymbol{R}_2\dot{\boldsymbol{x}}(s)\mathrm{d}s\end{aligned}\tag{9-11}$$

$$\begin{aligned}\dot{V}_4(t,\boldsymbol{x}_t)=&-\delta V_4(t,\boldsymbol{x}_t)-\int_{t-\tau(t)}^{t}\mathrm{e}^{\delta(s-t)}\dot{\boldsymbol{x}}^{\mathrm{T}}(s)\boldsymbol{H}\dot{\boldsymbol{x}}(s)\mathrm{d}s+(\tau_M-\tau(t))\dot{\boldsymbol{x}}^{\mathrm{T}}(t)\boldsymbol{H}\dot{\boldsymbol{x}}(t)\\\leqslant&-\delta V_4(t,\boldsymbol{x}_t)-\mathrm{e}^{-\delta\tau_M}\int_{t-\tau(t)}^{t}\dot{\boldsymbol{x}}^{\mathrm{T}}(s)\boldsymbol{H}\dot{\boldsymbol{x}}(s)\mathrm{d}s+(\tau_M-\tau(t))\dot{\boldsymbol{x}}^{\mathrm{T}}(t)\boldsymbol{H}\dot{\boldsymbol{x}}(t)\end{aligned}\tag{9-12}$$

根据 Jensen 积分不等式处理式(9-11)中的积分项，可得

$$\begin{aligned}-\tau_m\mathrm{e}^{-\delta\tau_m}\int_{t-\tau_m}^{t}\dot{\boldsymbol{x}}^{\mathrm{T}}(s)\boldsymbol{R}_1\dot{\boldsymbol{x}}(s)\mathrm{d}s\leqslant&-\mathrm{e}^{-\delta\tau_m}\begin{bmatrix}\boldsymbol{x}^{\mathrm{T}}(t) & \boldsymbol{x}^{\mathrm{T}}(t-\tau_m)\end{bmatrix}\begin{bmatrix}\boldsymbol{R}_1 & *\\-\boldsymbol{R}_1 & \boldsymbol{R}_1\end{bmatrix}\begin{bmatrix}\boldsymbol{x}(t)\\\boldsymbol{x}(t-\tau_m)\end{bmatrix}\\=&\ \mathrm{e}^{-\delta\tau_m}[-\boldsymbol{x}^{\mathrm{T}}(t)\boldsymbol{R}_1\boldsymbol{x}(t)+\boldsymbol{x}^{\mathrm{T}}(t)\boldsymbol{R}_1\boldsymbol{x}(t-\tau_m)\\&+\boldsymbol{x}^{\mathrm{T}}(t-\tau_m)\boldsymbol{R}_1\boldsymbol{x}(t)-\boldsymbol{x}^{\mathrm{T}}(t-\tau_m)\boldsymbol{R}_1\boldsymbol{x}(t-\tau_m)]\end{aligned}\tag{9-13}$$

$$\begin{aligned}&-(\tau_M-\tau_m)\mathrm{e}^{-\delta\tau_M}\int_{t-\tau_M}^{t-\tau_m}\dot{\boldsymbol{x}}^{\mathrm{T}}(s)\boldsymbol{R}_2\dot{\boldsymbol{x}}(s)\mathrm{d}s\\&=-(\tau_M-\tau_m)\mathrm{e}^{-\delta\tau_M}\int_{t-\tau(t)}^{t-\tau_m}\dot{\boldsymbol{x}}^{\mathrm{T}}(s)\boldsymbol{R}_2\dot{\boldsymbol{x}}(s)\mathrm{d}s-(\tau_M-\tau_m)\mathrm{e}^{-\delta\tau_M}\int_{t-\tau_M}^{t-\tau(t)}\dot{\boldsymbol{x}}^{\mathrm{T}}(s)R_2\dot{\boldsymbol{x}}(s)\mathrm{d}s\\&\leqslant\mathrm{e}^{-\delta\tau_M}\Big\{-\frac{\tau_M-\tau_m}{\tau(t)-\tau_m}[\boldsymbol{x}^{\mathrm{T}}(t-\tau_m)-\boldsymbol{x}^{\mathrm{T}}(t-\tau(t))]\boldsymbol{R}_2[\boldsymbol{x}(t-\tau_m)-\boldsymbol{x}(t-\tau(t))]\\&\quad-\frac{\tau_M-\tau_m}{\tau_M-\tau(t)}[\boldsymbol{x}^{\mathrm{T}}(t-\tau(t))-\boldsymbol{x}^{\mathrm{T}}(t-\tau_M)]\boldsymbol{R}_2[\boldsymbol{x}(t-\tau(t))-\boldsymbol{x}(t-\tau_M)]\Big\}\end{aligned}\tag{9-14}$$

若存在矩阵 $\boldsymbol{U}$ 满足式(9-6)，根据引理 1，由式(9-14)可得

$$\begin{aligned}&-(\tau_M-\tau_m)\mathrm{e}^{-\delta\tau_M}\int_{t-\tau_M}^{t-\tau_m}\dot{\boldsymbol{x}}^{\mathrm{T}}(s)\boldsymbol{R}_2\dot{\boldsymbol{x}}(s)\mathrm{d}s\\&\leqslant-\mathrm{e}^{-\delta\tau_M}[\boldsymbol{x}^{\mathrm{T}}(t-\tau_m)\boldsymbol{R}_2\boldsymbol{x}(t-\tau_m)+\boldsymbol{x}^{\mathrm{T}}(t-\tau_m)(\boldsymbol{U}^{\mathrm{T}}-\boldsymbol{R}_2)\boldsymbol{x}(t-\tau(t))-\boldsymbol{x}^{\mathrm{T}}(t-\tau_m)\boldsymbol{U}^{\mathrm{T}}\boldsymbol{x}(t-\tau_M)\end{aligned}$$

$$+\boldsymbol{x}^{\mathrm{T}}(t-\tau(t))(\boldsymbol{U}-\boldsymbol{R}_2)\boldsymbol{x}(t-\tau_{\mathrm{m}})+\boldsymbol{x}^{\mathrm{T}}(t-\tau(t))(2\boldsymbol{R}_2-\boldsymbol{U}^{\mathrm{T}}-\boldsymbol{U})\boldsymbol{x}(t-\tau(t))$$
$$+\boldsymbol{x}^{\mathrm{T}}(t-\tau(t))(\boldsymbol{U}^{\mathrm{T}}-\boldsymbol{R}_2)\boldsymbol{x}(t-\tau_{\mathrm{M}})-\boldsymbol{x}^{\mathrm{T}}(t-\tau_{\mathrm{M}})\boldsymbol{U}\boldsymbol{x}(t-\tau_{\mathrm{m}})$$
$$+\boldsymbol{x}(t-\tau_{\mathrm{M}})(\boldsymbol{U}-\boldsymbol{R}_2)\boldsymbol{x}(t-\tau(t))+\boldsymbol{x}^{\mathrm{T}}(t-\tau_{\mathrm{M}})\boldsymbol{R}_2\boldsymbol{x}(t-\tau_{\mathrm{M}})] \tag{9-15}$$

令 $\boldsymbol{\xi}^{\mathrm{T}}(t)=[\boldsymbol{x}^{\mathrm{T}}(t)\quad \boldsymbol{x}^{\mathrm{T}}(t-\tau_{\mathrm{m}})\quad \boldsymbol{x}^{\mathrm{T}}(t-\tau(t))\quad \boldsymbol{x}^{\mathrm{T}}(t-\tau_{\mathrm{M}})\quad \boldsymbol{e}_k^{\mathrm{T}}(t)]$，采用牛顿-莱布尼茨公式，以及选取合适维数的自由权矩阵 $\hat{\boldsymbol{M}}$，则有

$$2\mathrm{e}^{-\frac{\delta}{2}\tau_{\mathrm{M}}}\cdot\boldsymbol{\xi}^{\mathrm{T}}(t)\hat{\boldsymbol{M}}\left[\boldsymbol{x}(t)-\boldsymbol{x}(t-\tau(t))-\int_{t-\tau(t)}^{t}\dot{\boldsymbol{x}}(s)\mathrm{d}s\right]=0 \tag{9-16}$$

运用柯西不等式可得

$$-2\mathrm{e}^{-\frac{\delta}{2}\tau_{\mathrm{M}}}\cdot\boldsymbol{\xi}^{\mathrm{T}}(t)\hat{\boldsymbol{M}}\int_{t-\tau(t)}^{t}\dot{\boldsymbol{x}}(s)\mathrm{d}s\leqslant\tau(t)\boldsymbol{\xi}^{\mathrm{T}}(t)\hat{\boldsymbol{M}}\boldsymbol{H}^{-1}\hat{\boldsymbol{M}}^{\mathrm{T}}\boldsymbol{\xi}(t)+\mathrm{e}^{-\delta\tau_{\mathrm{M}}}\int_{t-\tau(t)}^{t}\dot{\boldsymbol{x}}^{\mathrm{T}}(s)\boldsymbol{H}\dot{\boldsymbol{x}}(s)\mathrm{d}s \tag{9-17}$$

由式(9-4)，可结合式(9-9)至式(9-17)，得

$$\dot{V}(t)+\delta V(t)\leqslant\boldsymbol{\xi}^{\mathrm{T}}(t)[\boldsymbol{\Xi}+\tau(t)\boldsymbol{M}(\mathrm{e}^{\delta\tau_{\mathrm{M}}})^{-1}\boldsymbol{M}^{\mathrm{T}}+2\boldsymbol{M}(\boldsymbol{e}_1-\boldsymbol{e}_3)$$
$$+(\tau_{\mathrm{M}}-\tau_{\mathrm{m}})\boldsymbol{\Gamma}^{\mathrm{T}}(t)\boldsymbol{H}\boldsymbol{\Gamma}]\boldsymbol{\xi}(t)+\gamma\varepsilon^{-\alpha(t-\tau(t))}+\phi \tag{9-18}$$

其中：$\boldsymbol{M}=\mathrm{e}^{-\frac{\delta}{2}\tau_{\mathrm{M}}}\hat{\boldsymbol{M}}=[\boldsymbol{M}_1^{\mathrm{T}}\quad \boldsymbol{M}_2^{\mathrm{T}}\quad \boldsymbol{M}_3^{\mathrm{T}}\quad \boldsymbol{M}_4^{\mathrm{T}}\quad \boldsymbol{M}_5^{\mathrm{T}}]^{\mathrm{T}}$，$\boldsymbol{\Gamma}=[\boldsymbol{A}\quad 0\quad \boldsymbol{BK}\quad 0\quad -\boldsymbol{BK}]$，

$$\boldsymbol{\Xi}=\begin{bmatrix}\boldsymbol{\Xi}_{11} & * & * & * & * \\ \boldsymbol{\Xi}_{21} & \boldsymbol{\Xi}_{22} & * & * & * \\ \boldsymbol{\Xi}_{31} & \boldsymbol{\Xi}_{32} & \boldsymbol{\Xi}_{33} & * & * \\ 0 & \boldsymbol{\Xi}_{42} & \boldsymbol{\Xi}_{43} & \boldsymbol{\Xi}_{44} & * \\ \boldsymbol{\Xi}_{51} & 0 & \boldsymbol{\Xi}_{53} & 0 & \boldsymbol{\Xi}_{55}\end{bmatrix},\boldsymbol{e}_1=[\boldsymbol{I}\quad 0\quad 0\quad 0\quad 0],\ \boldsymbol{e}_3=[0\quad 0\quad \boldsymbol{I}\quad 0\quad 0],$$

$\boldsymbol{\Xi}_{11}=\delta\boldsymbol{P}+\boldsymbol{A}^{\mathrm{T}}\boldsymbol{P}+\boldsymbol{P}\boldsymbol{A}+\boldsymbol{Q}_1+\tau_{\mathrm{m}}^2\boldsymbol{A}^{\mathrm{T}}\boldsymbol{R}_1\boldsymbol{A}+(\tau_{\mathrm{M}}-\tau_m)^2\boldsymbol{A}^{\mathrm{T}}\boldsymbol{R}_2\boldsymbol{A}-\mathrm{e}^{-\delta\tau_{\mathrm{m}}}\boldsymbol{R}_1$，

$\boldsymbol{\Xi}_{21}=\mathrm{e}^{-\delta\tau_{\mathrm{m}}}\boldsymbol{R}_1$，$\boldsymbol{\Xi}_{22}=\mathrm{e}^{-\delta\tau_{\mathrm{m}}}(\boldsymbol{Q}_2-\boldsymbol{Q}_1)-\mathrm{e}^{-\delta\tau_{\mathrm{m}}}\boldsymbol{R}_1-\mathrm{e}^{-\delta\tau_{\mathrm{M}}}\boldsymbol{R}_2$，

$\boldsymbol{\Xi}_{31}=\boldsymbol{K}^{\mathrm{T}}\boldsymbol{B}^{\mathrm{T}}\boldsymbol{P}+\tau_{\mathrm{m}}^2\boldsymbol{K}^{\mathrm{T}}\boldsymbol{B}^{\mathrm{T}}\boldsymbol{R}_1\boldsymbol{A}+(\tau_{\mathrm{M}}-\tau_{\mathrm{m}})^2\boldsymbol{K}^{\mathrm{T}}\boldsymbol{B}^{\mathrm{T}}\boldsymbol{R}_2\boldsymbol{A}$，$\boldsymbol{\Xi}_{32}=-\mathrm{e}^{-\delta\tau_{\mathrm{M}}}(\boldsymbol{U}-\boldsymbol{R}_2)$，

$\boldsymbol{\Xi}_{33}=\tau_{\mathrm{m}}^2\boldsymbol{K}^{\mathrm{T}}\boldsymbol{B}^{\mathrm{T}}\boldsymbol{R}_1\boldsymbol{BK}+(\tau_{\mathrm{M}}-\tau_{\mathrm{m}})^2\boldsymbol{K}^{\mathrm{T}}\boldsymbol{B}^{\mathrm{T}}\boldsymbol{R}_2\boldsymbol{BK}-\mathrm{e}^{-\delta\tau_{\mathrm{M}}}(2\boldsymbol{R}_2-\boldsymbol{U}^{\mathrm{T}}-\boldsymbol{U})+\sigma\boldsymbol{\Phi}$，

$\boldsymbol{\Xi}_{42}=\mathrm{e}^{-\delta\tau_{\mathrm{M}}}\boldsymbol{U}$，$\boldsymbol{\Xi}_{43}=-\mathrm{e}^{-\delta\tau_{\mathrm{M}}}(\boldsymbol{U}-\boldsymbol{R}_2)$，$\boldsymbol{\Xi}_{44}=-\mathrm{e}^{-\delta\tau_{\mathrm{M}}}\boldsymbol{Q}_2-\mathrm{e}^{-\delta\tau_{\mathrm{M}}}\boldsymbol{R}_2$，

$\boldsymbol{\Xi}_{51}=-\boldsymbol{K}^{\mathrm{T}}\boldsymbol{B}^{\mathrm{T}}\boldsymbol{P}-\tau_{\mathrm{m}}^2\boldsymbol{K}^{\mathrm{T}}\boldsymbol{B}^{\mathrm{T}}\boldsymbol{R}_1\boldsymbol{A}-(\tau_{\mathrm{M}}-\tau_{\mathrm{m}})^2\boldsymbol{K}^{\mathrm{T}}\boldsymbol{B}^{\mathrm{T}}\boldsymbol{R}_2\boldsymbol{A}$，

$\boldsymbol{\Xi}_{53}=-\tau_{\mathrm{m}}^2\boldsymbol{K}^{\mathrm{T}}\boldsymbol{B}^{\mathrm{T}}\boldsymbol{R}_1\boldsymbol{BK}-\sigma\boldsymbol{\Phi}-(\tau_{\mathrm{M}}-\tau_{\mathrm{m}})^2\boldsymbol{K}^{\mathrm{T}}\boldsymbol{B}^{\mathrm{T}}\boldsymbol{R}_2\boldsymbol{BK}$，

$\boldsymbol{\Xi}_{55}=\tau_{\mathrm{m}}^2\boldsymbol{K}^{\mathrm{T}}\boldsymbol{B}^{\mathrm{T}}\boldsymbol{R}_1\boldsymbol{BK}+(\sigma-1)\boldsymbol{\Phi}+(\tau_{\mathrm{M}}-\tau_{\mathrm{m}})^2\boldsymbol{K}^{\mathrm{T}}\boldsymbol{B}^{\mathrm{T}}\boldsymbol{R}_2\boldsymbol{BK}$。

根据引理 2，当不等式

$$\boldsymbol{\Xi}_1=\boldsymbol{\Xi}+\tau_{\mathrm{m}}\boldsymbol{M}(\mathrm{e}^{-\delta\tau_{\mathrm{M}}}H)^{-1}\boldsymbol{M}^{\mathrm{T}}+\boldsymbol{M}(\boldsymbol{e}_1-\boldsymbol{e}_3)+(\boldsymbol{e}_1-\boldsymbol{e}_3)^{\mathrm{T}}\boldsymbol{M}^{\mathrm{T}}+(\tau_{\mathrm{M}}-\tau_{\mathrm{m}})\boldsymbol{\Gamma}^{\mathrm{T}}\boldsymbol{H}\boldsymbol{\Gamma}\leqslant0 \tag{9-19}$$

$$\boldsymbol{\Xi}_2=\boldsymbol{\Xi}+\tau_{\mathrm{M}}\boldsymbol{M}(\mathrm{e}^{-\delta\tau_{\mathrm{M}}}H)^{-1}\boldsymbol{M}^{\mathrm{T}}+\boldsymbol{M}(\boldsymbol{e}_1-\boldsymbol{e}_3)+(\boldsymbol{e}_1-\boldsymbol{e}_3)^{\mathrm{T}}\boldsymbol{M}^{\mathrm{T}}\leqslant0 \tag{9-20}$$

成立，则

$$\boldsymbol{\Xi}+\tau(t)\boldsymbol{M}(\mathrm{e}^{-\delta\tau_{\mathrm{M}}}\boldsymbol{H})^{-1}\boldsymbol{M}^{\mathrm{T}}+2\boldsymbol{M}(\boldsymbol{e}_1-\boldsymbol{e}_3)+(\tau_{\mathrm{M}}-\tau(t))\boldsymbol{\Gamma}^{\mathrm{T}}(t)\boldsymbol{H}\boldsymbol{\Gamma}<0$$

当且仅当存在常数 β 时，由式(9-19)和式(9-20)，根据引理 2 可得到定理 1 中的条件式(9-7)和式(9-8)，因此式(9-18)可重写为

$$\dot{V}(t)+\delta V(t)\leqslant\gamma\varepsilon^{\tau_{\mathrm{M}}}\varepsilon^{-\alpha t}+\phi \tag{9-21}$$

对式(9-21)应用引理 3，可得

$$V(t)\leqslant\mathrm{e}^{-\delta t}V(0)+\int_0^t\mathrm{e}^{-\delta(t-s)}(\bar{\gamma}\mathrm{e}^{-\alpha s}+\phi)\mathrm{d}s \tag{9-22}$$

其中：$\bar{\gamma}=\gamma\varepsilon^{\tau_M}$。显然有 $\varepsilon^{-\alpha s}=\mathrm{e}^{-(\alpha\ln\varepsilon)s}$，因此由式(9-22)可得

$$V(t)\leqslant \mathrm{e}^{-\delta t}\left(V(0)-\frac{\phi}{\delta}\right)+\frac{\phi}{\delta}+\bar{\gamma}\mathrm{e}^{-\delta t}\int_0^t \mathrm{e}^{(\delta-\alpha\ln\varepsilon)s}\mathrm{d}s \tag{9-23}$$

考虑以下两种情况，并对式(9-23)进行相应推导。

(1) 当 $\delta-\alpha\ln\varepsilon=0$，则有

$$V(t)\leqslant \mathrm{e}^{-\delta t}\left(V(0)-\frac{\phi}{\delta}+\bar{\gamma}t\right)+\frac{\phi}{\delta} \tag{9-24}$$

(2) 当 $\delta-\alpha\ln\varepsilon\neq 0$，则有

$$V(t)\leqslant \mathrm{e}^{-\delta t}\left(V(0)-\frac{\phi}{\delta}-\frac{\bar{\gamma}}{\delta-\alpha\ln\varepsilon}\right)+\frac{\phi}{\delta}+\frac{\bar{\gamma}\varepsilon^{-\alpha t}}{\delta-\alpha\ln\varepsilon} \tag{9-25}$$

结合上述(1)(2)情况分析，可得 $\lim\limits_{t\to\infty}V(t)=\dfrac{\phi}{\delta}$。由于 $\boldsymbol{x}^{\mathrm{T}}(t)\boldsymbol{P}\boldsymbol{x}(t)\leqslant V(t)$，因此系统全局一致最终有界稳定且收敛于有界区域 $B_{\mathrm{d}}(\phi)=\left\{\boldsymbol{x}(t)\mid \|\boldsymbol{x}(t)\|\leqslant\sqrt{\dfrac{\phi}{\delta\lambda_{\min}(\boldsymbol{P})}}\right\}$。证毕。

由于 $(\tau_M-\tau(t))\int_{t-\tau(t)}^{t}\mathrm{e}^{\delta(s-t)}\dot{\boldsymbol{x}}^{\mathrm{T}}(s)\boldsymbol{H}\dot{\boldsymbol{x}}(s)\mathrm{d}s$ 包含在所构造的 Lyapunov-Krasovskii 泛函中，若对其进行求导，可有效利用时变时延 $\tau(t)$ 的一阶导数满足 $\dot{\tau}(t)=1$ 的特点，还可以引入自由权矩阵来消除时滞相关交叉项 $\int_{t-\tau(t)}^{t}\dot{\boldsymbol{x}}^{\mathrm{T}}(s)\boldsymbol{H}\dot{\boldsymbol{x}}(s)\mathrm{d}s$，结合已有的时滞系统研究成果可知，利用这些方法和手段可获得系统低保守性的结果。

9.3　镇定控制器设计

在本节中，我们在定理 1 的基础上，给出了混合事件触发机制下的不确定网络控制系统控制器设计方法。

引理 5(Schur 补引理)　假如存在矩阵 $\boldsymbol{S}_1$、$\boldsymbol{S}_2$ 和 $\boldsymbol{S}_3$，其中 $\boldsymbol{S}_2^{\mathrm{T}}=\boldsymbol{S}_2>0$，$\boldsymbol{S}_3^{\mathrm{T}}=\boldsymbol{S}_3$，则 $\boldsymbol{S}_1^{\mathrm{T}}\boldsymbol{S}_2\boldsymbol{S}_1+\boldsymbol{S}_3<0$ 成立等价于

$$\begin{bmatrix}-\boldsymbol{S}_2^{-1} & \boldsymbol{S}_1\\ \boldsymbol{S}_1^{\mathrm{T}} & \boldsymbol{S}_3\end{bmatrix}<0 \quad 或 \quad \begin{bmatrix}\boldsymbol{S}_3 & \boldsymbol{S}_1^{\mathrm{T}}\\ \boldsymbol{S}_1 & -\boldsymbol{S}_2^{-1}\end{bmatrix}<0$$

定理 2　给定常数 $0<\tau_m<\tau_M$，$0<\sigma<1$，在混合事件触发机制式(9-2)的作用下，如果存在标量 $\delta>0$，$\beta>0$，合适维数的矩阵 $\boldsymbol{X}>0$，$\boldsymbol{Y}>0$，$\widetilde{\boldsymbol{Q}}_1>0$，$\widetilde{\boldsymbol{Q}}_2>0$，$\widetilde{\boldsymbol{R}}_1>0$，$\widetilde{\boldsymbol{R}}_2>0$，$\widetilde{\boldsymbol{H}}>0$，$\boldsymbol{\Phi}>0$，$\boldsymbol{G}>0$，$\widetilde{\boldsymbol{M}}$ 和 $\widetilde{\boldsymbol{U}}$，使式(9-26)至式(9-28)成立，则闭环系统式(9-5)全局一致最终有界且收敛于有界区域 $B_{\mathrm{d}}(\varepsilon_0)=\left\{\boldsymbol{x}(t)\mid \|\boldsymbol{x}(t)\|\leqslant\sqrt{\dfrac{\phi}{\delta\lambda_{\min}(\boldsymbol{P})}}\right\}$，控制器增益 $\boldsymbol{K}=\boldsymbol{Y}\boldsymbol{X}^{-1}$，触发权重矩阵 $\boldsymbol{\Phi}=\boldsymbol{X}^{-1}\widetilde{\boldsymbol{\Phi}}\boldsymbol{X}^{-1}$。

$$\begin{bmatrix}\widetilde{\boldsymbol{R}}_2 & *\\ \widetilde{\boldsymbol{U}} & \widetilde{\boldsymbol{R}}_2\end{bmatrix}>0 \tag{9-26}$$

$$\begin{bmatrix} \boldsymbol{\Psi}_{11} & * & * & * & * & * & * & * & * & * & * \\ \boldsymbol{\Psi}_{21} & \boldsymbol{\Psi}_{22} & * & * & * & * & * & * & * & * & * \\ \boldsymbol{\Psi}_{31} & \boldsymbol{\Psi}_{32} & \boldsymbol{\Psi}_{33} & * & * & * & * & * & * & * & * \\ \boldsymbol{\Psi}_{41} & \boldsymbol{\Psi}_{42} & \boldsymbol{\Psi}_{43} & \boldsymbol{\Psi}_{44} & * & * & * & * & * & * & * \\ \boldsymbol{\Psi}_{51} & 0 & \boldsymbol{\Psi}_{53} & 0 & \boldsymbol{\Psi}_{55} & * & * & * & * & * & * \\ \boldsymbol{\Psi}_{61} & \boldsymbol{\Psi}_{62} & \boldsymbol{\Psi}_{63} & \boldsymbol{\Psi}_{64} & \boldsymbol{\Psi}_{65} & \boldsymbol{\Psi}_{66} & * & * & * & * & * \\ \boldsymbol{\Psi}_{71} & 0 & \boldsymbol{\Psi}_{73} & 0 & \boldsymbol{\Psi}_{75} & 0 & \boldsymbol{\Psi}_{77} & * & * & * & * \\ \boldsymbol{\Psi}_{81} & 0 & \boldsymbol{\Psi}_{83} & 0 & \boldsymbol{\Psi}_{85} & 0 & 0 & \boldsymbol{\Psi}_{88} & * & * & * \\ \boldsymbol{\Psi}_{91} & 0 & \boldsymbol{\Psi}_{93} & 0 & \boldsymbol{\Psi}_{95} & 0 & 0 & 0 & \boldsymbol{\Psi}_{99} & * & * \\ \boldsymbol{\Psi}_{101} & 0 & 0 & 0 & 0 & 0 & \boldsymbol{\Psi}_{107} & \boldsymbol{\Psi}_{108} & \boldsymbol{\Psi}_{109} & \boldsymbol{\Psi}_{1010} & * \\ \boldsymbol{\Psi}_{111} & 0 & \boldsymbol{\Psi}_{113} & 0 & \boldsymbol{\Psi}_{115} & 0 & 0 & 0 & 0 & 0 & \boldsymbol{\Psi}_{1111} \end{bmatrix} < 0 \tag{9-27}$$

$$\begin{bmatrix} \boldsymbol{\theta}_{11} & * & * & * & * & * & * & * & * & * \\ \boldsymbol{\theta}_{21} & \boldsymbol{\theta}_{22} & * & * & * & * & * & * & * & * \\ \boldsymbol{\theta}_{31} & \boldsymbol{\theta}_{32} & \boldsymbol{\theta}_{33} & * & * & * & * & * & * & * \\ \boldsymbol{\theta}_{41} & \boldsymbol{\theta}_{42} & \boldsymbol{\theta}_{43} & \boldsymbol{\theta}_{44} & * & * & * & * & * & * \\ \boldsymbol{\theta}_{51} & 0 & \boldsymbol{\theta}_{53} & 0 & \boldsymbol{\theta}_{55} & * & * & * & * & * \\ \boldsymbol{\theta}_{61} & \boldsymbol{\theta}_{62} & \boldsymbol{\theta}_{63} & \boldsymbol{\theta}_{64} & \boldsymbol{\theta}_{65} & \boldsymbol{\theta}_{66} & * & * & * & * \\ \boldsymbol{\theta}_{71} & 0 & \boldsymbol{\theta}_{73} & 0 & \boldsymbol{\theta}_{75} & 0 & \boldsymbol{\theta}_{77} & * & * & * \\ \boldsymbol{\theta}_{81} & 0 & \boldsymbol{\theta}_{83} & 0 & \boldsymbol{\theta}_{85} & 0 & 0 & \boldsymbol{\theta}_{88} & * & * \\ \boldsymbol{\theta}_{91} & 0 & 0 & 0 & 0 & 0 & \boldsymbol{\theta}_{97} & \boldsymbol{\theta}_{98} & \boldsymbol{\theta}_{99} & * \\ \boldsymbol{\theta}_{101} & 0 & \boldsymbol{\theta}_{103} & 0 & \boldsymbol{\theta}_{105} & 0 & 0 & 0 & 0 & \boldsymbol{\theta}_{1010} \end{bmatrix} < 0 \tag{9-28}$$

其中：$\widetilde{\boldsymbol{M}} = [\widetilde{\boldsymbol{M}}_1^{\mathrm{T}} \quad \widetilde{\boldsymbol{M}}_2^{\mathrm{T}} \quad \widetilde{\boldsymbol{M}}_3^{\mathrm{T}} \quad \widetilde{\boldsymbol{M}}_4^{\mathrm{T}} \quad \widetilde{\boldsymbol{M}}_5^{\mathrm{T}}]^{\mathrm{T}}$，

$\boldsymbol{\theta}_{11} = \boldsymbol{\Psi}_{11} = \delta \boldsymbol{X} + \boldsymbol{X}\boldsymbol{A}_0^{\mathrm{T}} + \boldsymbol{A}_0\boldsymbol{X} + \widetilde{\boldsymbol{Q}}_1 - \mathrm{e}^{-\delta\tau_{\mathrm{m}}}\widetilde{\boldsymbol{R}}_1 + \widetilde{\boldsymbol{M}}_1 + \widetilde{\boldsymbol{M}}_1^{\mathrm{T}}$，$\boldsymbol{\theta}_{21} = \boldsymbol{\Psi}_{21} = \mathrm{e}^{-\delta\tau_{\mathrm{m}}}\widetilde{\boldsymbol{R}}_1 + \widetilde{\boldsymbol{M}}_2$，

$\boldsymbol{\theta}_{22} = \boldsymbol{\Psi}_{22} = \mathrm{e}^{-\delta\tau_{\mathrm{m}}}(\widetilde{\boldsymbol{Q}}_2 - \widetilde{\boldsymbol{Q}}_1) - \mathrm{e}^{-\delta\tau_{\mathrm{m}}}\widetilde{\boldsymbol{R}}_1 - \mathrm{e}^{-\delta\tau_{\mathrm{M}}}\widetilde{\boldsymbol{R}}_2$，$\boldsymbol{\theta}_{31} = \boldsymbol{\Psi}_{31} = \boldsymbol{Y}^{\mathrm{T}}\boldsymbol{B}_0^{\mathrm{T}} + \widetilde{\boldsymbol{M}}_3 - \widetilde{\boldsymbol{M}}_1^{\mathrm{T}}$，

$\boldsymbol{\theta}_{32} = \boldsymbol{\Psi}_{32} = -\mathrm{e}^{-\delta\tau_{\mathrm{M}}}(\widetilde{\boldsymbol{U}} - \widetilde{\boldsymbol{R}}_2) - \widetilde{\boldsymbol{M}}_2^{\mathrm{T}}$，$\boldsymbol{\theta}_{33} = \boldsymbol{\Psi}_{33} = -\mathrm{e}^{-\delta\tau_{\mathrm{M}}}(2\widetilde{\boldsymbol{R}}_2 - \widetilde{\boldsymbol{U}}^{\mathrm{T}} - \widetilde{\boldsymbol{U}}) + \sigma\widetilde{\boldsymbol{\Phi}} - \widetilde{\boldsymbol{M}}_3 - \widetilde{\boldsymbol{M}}_3^{\mathrm{T}}$，

$\boldsymbol{\theta}_{41} = \boldsymbol{\Psi}_{41} = \widetilde{\boldsymbol{M}}_4$，$\boldsymbol{\theta}_{42} = \boldsymbol{\Psi}_{42} = \mathrm{e}^{-\delta\tau_{\mathrm{M}}}\widetilde{\boldsymbol{U}}$，$\boldsymbol{\theta}_{43} = \boldsymbol{\Psi}_{43} = -\mathrm{e}^{-\delta\tau_{\mathrm{M}}}(\widetilde{\boldsymbol{U}} - \widetilde{\boldsymbol{R}}_2) - \widetilde{\boldsymbol{M}}_4$，

$\boldsymbol{\theta}_{44} = \boldsymbol{\Psi}_{44} = -\mathrm{e}^{-\delta\tau_{\mathrm{M}}}(\boldsymbol{Q}_2 + \boldsymbol{R}_2)$，$\boldsymbol{\theta}_{51} = \boldsymbol{\Psi}_{51} = -\boldsymbol{Y}^{\mathrm{T}}\boldsymbol{B}_0^{\mathrm{T}} + \widetilde{\boldsymbol{M}}_5$，$\boldsymbol{\theta}_{53} = \boldsymbol{\Psi}_{53} = -\sigma\widetilde{\boldsymbol{\Phi}} - \widetilde{\boldsymbol{M}}_5$，

$\boldsymbol{\theta}_{55} = \boldsymbol{\Psi}_{55} = (\sigma - 1)\widetilde{\boldsymbol{\Phi}}$，$\boldsymbol{\theta}_{61} = \sqrt{\tau_{\mathrm{M}}}\widetilde{\boldsymbol{M}}_1^{\mathrm{T}}$，$\boldsymbol{\theta}_{62} = \sqrt{\tau_{\mathrm{M}}}\widetilde{\boldsymbol{M}}_2^{\mathrm{T}}$，$\boldsymbol{\theta}_{63} = \sqrt{\tau_{\mathrm{M}}}\widetilde{\boldsymbol{M}}_3^{\mathrm{T}}$，$\boldsymbol{\theta}_{64} = \sqrt{\tau_{\mathrm{M}}}\widetilde{\boldsymbol{M}}_4^{\mathrm{T}}$，

$\boldsymbol{\theta}_{65} = \sqrt{\tau_{\mathrm{M}}}\widetilde{\boldsymbol{M}}_5^{\mathrm{T}}$，$\boldsymbol{\Psi}_{61} = \sqrt{\tau_{\mathrm{M}}}\widetilde{\boldsymbol{M}}_1^{\mathrm{T}}$，$\boldsymbol{\Psi}_{62} = \sqrt{\tau_{\mathrm{m}}}\widetilde{\boldsymbol{M}}_2^{\mathrm{T}}$，$\boldsymbol{\Psi}_{63} = \sqrt{\tau_{\mathrm{m}}}\widetilde{\boldsymbol{M}}_3^{\mathrm{T}}$，$\boldsymbol{\Psi}_{64} = \sqrt{\tau_{\mathrm{m}}}\widetilde{\boldsymbol{M}}_4^{\mathrm{T}}$，

$\boldsymbol{\Psi}_{65} = \sqrt{\tau_{\mathrm{m}}}\widetilde{\boldsymbol{M}}_5^{\mathrm{T}}$，$\boldsymbol{\theta}_{66} = \boldsymbol{\Psi}_{66} = -\mathrm{e}^{-\delta\tau_{\mathrm{M}}}\widetilde{\boldsymbol{H}}$，$\boldsymbol{\theta}_{71} = \boldsymbol{\Psi}_{71} = \tau_{\mathrm{m}}\boldsymbol{A}_0\boldsymbol{X}$，$\boldsymbol{\theta}_{73} = \boldsymbol{\Psi}_{73} = \tau_{\mathrm{m}}\boldsymbol{B}_0\boldsymbol{Y}$，

$\boldsymbol{\theta}_{75} = \boldsymbol{\Psi}_{75} = -\tau_{\mathrm{m}}\boldsymbol{B}_0\boldsymbol{Y}$，$\boldsymbol{\theta}_{77} = \boldsymbol{\Psi}_{77} = -\boldsymbol{X}\widetilde{\boldsymbol{R}}_1^{-1}\boldsymbol{X}$，$\boldsymbol{\theta}_{81} = \boldsymbol{\Psi}_{81} = (\tau_{\mathrm{M}} - \tau_{\mathrm{m}})\boldsymbol{A}_0\boldsymbol{X}$，

$\boldsymbol{\theta}_{83} = \boldsymbol{\Psi}_{83} = (\tau_{\mathrm{M}} - \tau_{\mathrm{m}})\boldsymbol{B}_0\boldsymbol{Y}$，$\boldsymbol{\theta}_{85} = \boldsymbol{\Psi}_{85} = -(\tau_{\mathrm{M}} - \tau_{\mathrm{m}})\boldsymbol{B}_0\boldsymbol{Y}$，$\boldsymbol{\theta}_{88} = \boldsymbol{\Psi}_{88} = -\boldsymbol{X}\widetilde{\boldsymbol{R}}_2^{-1}\boldsymbol{X}$，

$\boldsymbol{\Psi}_{91} = \sqrt{(\tau_{\mathrm{M}} - \tau_{\mathrm{m}})}\boldsymbol{A}_0\boldsymbol{X}$，$\boldsymbol{\Psi}_{93} = \sqrt{(\tau_{\mathrm{M}} - \tau_{\mathrm{m}})}\boldsymbol{B}_0\boldsymbol{Y}$，$\boldsymbol{\Psi}_{95} = -\sqrt{(\tau_{\mathrm{M}} - \tau_{\mathrm{m}})}\boldsymbol{B}_0\boldsymbol{Y}$，

$\boldsymbol{\Psi}_{99} = -\boldsymbol{X}\widetilde{\boldsymbol{H}}^{-1}\boldsymbol{X}$，$\boldsymbol{\theta}_{91} = \boldsymbol{\Psi}_{101} = \beta\boldsymbol{G}^{\mathrm{T}}$，$\boldsymbol{\theta}_{97} = \boldsymbol{\Psi}_{107} = \tau_{\mathrm{m}}\beta\boldsymbol{G}^{\mathrm{T}}$，$\boldsymbol{\theta}_{98} = \boldsymbol{\Psi}_{108} = (\tau_{\mathrm{M}} - \tau_{\mathrm{m}})\beta\boldsymbol{G}^{\mathrm{T}}$，

$\boldsymbol{\Psi}_{109} = \sqrt{(\tau_{\mathrm{M}} - \tau_{\mathrm{m}})}\beta\boldsymbol{G}^{\mathrm{T}}$，$\boldsymbol{\theta}_{99} = \boldsymbol{\Psi}_{1010} = -\beta\boldsymbol{I}$，$\boldsymbol{\theta}_{101} = \boldsymbol{\Psi}_{111} = \boldsymbol{E}_{\mathrm{a}}\boldsymbol{X}$，$\boldsymbol{\theta}_{103} = \boldsymbol{\Psi}_{113} = \boldsymbol{E}_{\mathrm{b}}\boldsymbol{Y}$，

$\boldsymbol{\theta}_{105} = \boldsymbol{\Psi}_{115} = -\boldsymbol{E}_{\mathrm{b}}\boldsymbol{Y}$，$\boldsymbol{\theta}_{1010} = \boldsymbol{\Psi}_{1111} = -\beta\boldsymbol{I}$。

证明　定义 $\boldsymbol{X} = \boldsymbol{P}^{-1}$，$\boldsymbol{Y} = \boldsymbol{K}\boldsymbol{X}$，$\widetilde{\boldsymbol{Q}}_1 = \boldsymbol{X}\boldsymbol{Q}_1\boldsymbol{X}$，$\widetilde{\boldsymbol{Q}}_2 = \boldsymbol{X}\boldsymbol{Q}_2\boldsymbol{X}$，$\widetilde{\boldsymbol{R}}_1 = \boldsymbol{X}\widetilde{\boldsymbol{R}}_1\boldsymbol{X}$，$\widetilde{\boldsymbol{R}}_2 = \boldsymbol{X}\widetilde{\boldsymbol{R}}_2\boldsymbol{X}$，$\widetilde{\boldsymbol{\Phi}} =$

$\boldsymbol{X\Phi X}$，$\widetilde{\boldsymbol{M}}_j=\boldsymbol{XM}_j\boldsymbol{X}$，$1\leqslant j\leqslant 5$，然后对式(9-7)左右分别乘以对称矩阵 $\mathrm{diag}(\boldsymbol{P}^{-1},\boldsymbol{P}^{-1},\boldsymbol{P}^{-1},\boldsymbol{P}^{-1},P^{-1},\boldsymbol{P}^{-1},\boldsymbol{R}_1^{-1},\boldsymbol{R}_2^{-1},\boldsymbol{H}^{-1},\boldsymbol{I},\boldsymbol{I})$ 以及它的转置矩阵，则可得式(9-27)。对式(9-6)左右分别乘以矩阵 $\mathrm{diag}(\boldsymbol{X},\boldsymbol{X})$ 以及它的转置矩阵，可得式(9-26)。同理可得式(9-28)。证毕。

对于定理 2 中的非线性项 $\boldsymbol{X}\widetilde{\boldsymbol{R}}_1^{-1}\boldsymbol{X}$，$\boldsymbol{X}\widetilde{\boldsymbol{R}}_2^{-1}\boldsymbol{X}$，$\boldsymbol{XH}^{-1}\boldsymbol{X}$，首先，假设存在矩阵 $\boldsymbol{L}_1>0$，$\boldsymbol{L}_2>0$，$\boldsymbol{L}_3>0$，满足式

$$-\boldsymbol{L}_3\geqslant-\boldsymbol{X}\widetilde{\boldsymbol{H}}^{-1}\boldsymbol{X},\quad -\boldsymbol{L}_j\geqslant-\boldsymbol{X}\widetilde{\boldsymbol{R}}_i^{-1}\boldsymbol{X},\quad i=1,2;\ j=1,2,3 \tag{9-29}$$

然后利用引理 5，式(9-29)等价于

$$\begin{bmatrix}-\widetilde{\boldsymbol{H}}^{-1} & \boldsymbol{X}^{-1}\\ \boldsymbol{X}^{-1} & -\boldsymbol{L}_3^{-1}\end{bmatrix}\leqslant 0,\quad \begin{bmatrix}-\widetilde{\boldsymbol{R}}_i^{-1} & \boldsymbol{X}^{-1}\\ \boldsymbol{X}^{-1} & -\boldsymbol{L}_j^{-1}\end{bmatrix}\leqslant 0,\quad i=1,2;\ j=1,2,3 \tag{9-30}$$

引入新的变量 $\boldsymbol{X}_{\mathrm{N}}$，$\boldsymbol{R}_{1\mathrm{N}}$，$\boldsymbol{R}_{2\mathrm{N}}$，$\boldsymbol{L}_{1\mathrm{N}}$，$\boldsymbol{L}_{2\mathrm{N}}$，$\boldsymbol{L}_{3\mathrm{N}}$，式(9-30)可重新写为

$$\begin{bmatrix}-\widetilde{\boldsymbol{H}}_{\mathrm{N}} & \boldsymbol{X}_{\mathrm{N}}\\ \boldsymbol{X}_{\mathrm{N}} & -\boldsymbol{L}_{3\mathrm{N}}\end{bmatrix}\leqslant 0,\quad \begin{bmatrix}-\widetilde{\boldsymbol{R}}_{i\mathrm{N}} & \boldsymbol{X}_{\mathrm{N}}\\ \boldsymbol{X}_{\mathrm{N}} & -\boldsymbol{L}_{j\mathrm{N}}\end{bmatrix}\leqslant 0,\quad i=1,2;\ j=1,2,3 \tag{9-31}$$

其中：$\boldsymbol{XX}_{\mathrm{N}}=\boldsymbol{I}$，$\widetilde{\boldsymbol{R}}_1\widetilde{\boldsymbol{R}}_{1\mathrm{N}}=\boldsymbol{I}$，$\widetilde{\boldsymbol{R}}_2\widetilde{\boldsymbol{R}}_{2\mathrm{N}}=\boldsymbol{I}$，$\widetilde{\boldsymbol{H}}\widetilde{\boldsymbol{H}}_{\mathrm{N}}=\boldsymbol{I}$，$\boldsymbol{L}_1\boldsymbol{L}_{1\mathrm{N}}=\boldsymbol{I}$，$\boldsymbol{L}_2\boldsymbol{L}_{2\mathrm{N}}=\boldsymbol{I}$，$\boldsymbol{L}_3\boldsymbol{L}_{3\mathrm{N}}=\boldsymbol{I}$。

因此，定理 2 中的不等式条件能够转化为式(9-32)中的基于线性矩阵不等式的求解最小值的问题，其中非线性项 $\boldsymbol{X}\widetilde{\boldsymbol{R}}_1^{-1}\boldsymbol{X}$，$\boldsymbol{X}\widetilde{\boldsymbol{R}}_2^{-1}\boldsymbol{X}$，$\boldsymbol{XH}^{-1}\boldsymbol{X}$ 分别被 $\boldsymbol{L}_1$，$\boldsymbol{L}_2$，$\boldsymbol{L}_3$ 所代替。

$$\text{Minimize}\ \mathrm{tr}\left(\boldsymbol{XX}_{\mathrm{N}}+\widetilde{\boldsymbol{R}}_1\widetilde{\boldsymbol{R}}_{1\mathrm{N}}+\widetilde{\boldsymbol{R}}_2\widetilde{\boldsymbol{R}}_{2\mathrm{N}}+\widetilde{\boldsymbol{H}}\widetilde{\boldsymbol{H}}_{\mathrm{N}}+\sum_{j=1}^{3}\boldsymbol{L}_j\boldsymbol{L}_{j\mathrm{N}}\right) \tag{9-32}$$

$$\begin{bmatrix}\boldsymbol{X} & *\\ 0 & \boldsymbol{X}_{\mathrm{N}}\end{bmatrix}>0,\begin{bmatrix}\widetilde{\boldsymbol{R}}_i & *\\ 0 & \widetilde{\boldsymbol{R}}_{i\mathrm{N}}\end{bmatrix}>0,\quad i=1,2$$

$$\begin{bmatrix}\widetilde{\boldsymbol{H}} & *\\ 0 & \widetilde{\boldsymbol{H}}_{N}\end{bmatrix}>0,\begin{bmatrix}\widetilde{\boldsymbol{L}}_j & *\\ 0 & \widetilde{\boldsymbol{L}}_{j\mathrm{N}}\end{bmatrix}>0,\quad j=1,2,3$$

继而可以根据文献[37]提出的改进型锥补线性化算法，求出混合事件触发机制下的不确定网络控制系统的控制器增益。

通过以上稳定性分析和控制器设计可以看出，只有式(9-2)中的参数 σ、$\boldsymbol{\Phi}$ 和控制器增益 $\boldsymbol{K}$ 可以通过定理 2 计算得到，但是参数 γ、ε、α、ϕ 不能。因此，有必要提出一种算法来获取期望的式(9-2)中的相关参数和控制器增益，使网络负载和控制性能达到所期望的水平。

作为评价混合事件触发机制性能指标的传输采样率被定义为

$$R_{\mathrm{T}}=\frac{N_{\mathrm{T}}}{N_{\mathrm{s}}}$$

其中：N_{T} 和 N_{s} 分别表示被成功传输数据和传感器采样数据的个数（对于时间触发通信机制，$R_{\mathrm{T}}=100\%$，即发送所有采样数据）。对于给定期望的传输采样率 R_{T}^*，为了得到式(9-2)的相关参数和控制器增益，使 $R_{\mathrm{T}}=R_{\mathrm{T}}^*$，并保证一定的控制性能，我们提出了如下算法。

算法　运用给定的参数 τ_{m}、τ_{M} 和 σ，获取参数 $\boldsymbol{\Phi}$、$\boldsymbol{K}$、δ、φ、γ 和 ε。

步骤 1：首先设定参数 τ_{m}、τ_{M}、σ、γ_0、ε_0、α_0 和 φ_0 的初始值，同时设定步长因子 $\Delta\gamma$、$\Delta\varepsilon$、$\Delta\alpha$、$\Delta\phi$，以及仿真时间 $[0,t_{\mathrm{T}}]$。

步骤 2：求解定理 2 中的不等式，获得可行解的控制器增益 $\boldsymbol{K}$、触发权重矩阵 $\boldsymbol{\Phi}$ 以及最大允许指数衰减率 δ。

步骤 3：为获得最终有界收敛区域 $B_{\mathrm{d}}(\phi)$，设计了一个循环来搜索合适的 ϕ。

```
for ϕ=ϕ0:−Δϕ:Δϕ do
```

```
        if Bd(ϕ)能够被满足
            保存当前ϕ,并退出循环
        end if
    end for
```

步骤 4:设置 $\gamma=\gamma_0,\varepsilon=\varepsilon_0,\alpha=\alpha_0$,以及在时间$[0,t_T]$内期望的传输采样率 R_T^*。

```
for α= α0:-Δα:Δα do
    for ε= ε0:-Δε:1+Δε do
        for γ= Δγ:Δγ:γ0 do
            通过仿真计算在时间[0,tT]内实际的传输采样率 RT
            if RT< RT*
            保存当前α、ε、γ,并退出循环
            end if
        end for
    end for
end for
```

从定理 2 中的不等式可以看出,其可行解依赖于给定的参数 δ 和 σ。一般来说,δ 和 σ 的值选得越小,越有利于求解定理 2 中的不等式。但从式(9-24)和式(9-25)可以看出,如果将参数 δ 和 σ 选得太小,则闭环系统的传输采样率、收敛速度和最终有界收敛区域都将受到不利影响。

从式(9-2)中可以看出,在闭环系统的暂态和稳态响应过程中,传输采样率主要受参数 σ、ϕ、γ、ε 和 α 影响。为此,在给出的算法的步骤 2 中,求解过程被设计为通过求解定理 2 中的不等式来找到可行解的控制器增益 $\boldsymbol{K}$、触发权重矩阵 $\boldsymbol{\Phi}$ 和最大允许指数衰减率 δ。在步骤 3 中,为了获得期望的最终有界收敛区域 $B_d(\phi)$,设计了一个循环来搜索合适的 ϕ。同样,在步骤 4 中,为了在闭环系统的瞬态响应期间降低混合事件触发机制的传输采样率,并在整个仿真时间内获得预期的传输采样率 R_T^*,基于步骤 2 和步骤 3 的结果,设计了另一个循环来搜索期望的 γ、ε 和 α,以满足闭环系统在仿真时间内的传输采样率 $R_T<R_T^*$。

9.4 数值算例仿真与实验

9.4.1 数值算例仿真

为了说明本章所提方法的有效性,本节使用了文献[32]中的卫星控制系统,并考虑了相关的不确定参数。模型可以描述为式(9-1),其相应的参数为

$$\boldsymbol{A}_0=\begin{bmatrix}0 & 1 & 0 & 0\\ -0.09 & -0.0219 & 0.09 & 0.0219\\ 0 & 0 & 0 & 1\\ 0.09 & 0.0219 & -0.09 & -0.029\end{bmatrix},\quad \boldsymbol{B}_0=\begin{bmatrix}0\\0\\0\\1\end{bmatrix},\quad \boldsymbol{G}=\begin{bmatrix}0 & 0 & 0 & 0\\ -0.13 & -0.1 & 0.13 & 0.1\\ 0 & 0 & 0 & 0\\ 0.13 & 0.1 & -0.13 & -0.1\end{bmatrix}$$

$$\boldsymbol{F}(t)=\begin{bmatrix}\sin t & 0 & 0 & 0\\ 0 & \cos t & 0 & 0\\ 0 & 0 & \sin t & 0\\ 0 & 0 & 0 & \cos t\end{bmatrix},\quad \boldsymbol{E}_a=\begin{bmatrix}0.1 & 0 & 0 & 0\\ 0 & 0.02 & 0 & 0\\ 0 & 0 & 0.1 & 0\\ 0 & 0 & 0 & 0.02\end{bmatrix},\quad \boldsymbol{E}_b=\begin{bmatrix}0\\ 0\\ 0\\ 0.01\end{bmatrix}$$

若设置参数 $h=0.2$ s，$\underline{\tau}=0.02$ s，$\bar{\tau}=0.2$ s，可得相应的 $\tau_m=0.02$ s，$\tau_M=0.4$ s，同时设定参数 $\sigma=0.03$，$\phi_0=1\times10^{-4}$，$\gamma_0=3$，$\varepsilon_0=2$，$\alpha_0=1$，$\Delta\phi=2\times10^{-5}$，$\Delta\gamma=0.2$，$\Delta\varepsilon=0.1$，$\Delta\alpha=0.1$，$R_T^*=20\%$，以及仿真时间 $t_T=30$ s，系统的初始状态设定为 $\boldsymbol{x}(0)=[2\quad -3\quad 3\quad -2]^T$，再利用算法 1，可求得

$$\boldsymbol{\Phi}=\begin{bmatrix}0.2859 & 5.4077 & 1.0422 & 1.1825\\ 5.4077 & 102.3333 & 19.7212 & 22.3773\\ 1.0422 & 19.7212 & 3.8007 & 4.3124\\ 1.1825 & 22.3773 & 4.3124 & 4.8934\end{bmatrix}$$

$$\phi=1\times10^{-4},\quad \delta=0.35,\quad \gamma=2.6$$

$$\varepsilon=1.2,\quad \alpha=1,\quad \boldsymbol{K}=[-0.6150\quad -11.6369\quad -2.2428\quad -2.5445]$$

接下来，对式(9-2)中的不同参数进行设置，以说明该算法的有效性。

情况 1：设置参数 $\sigma=0.03$，$\phi=0$，$\gamma=0$，可得对应的仿真结果，如图 9-3、图 9-4 所示。

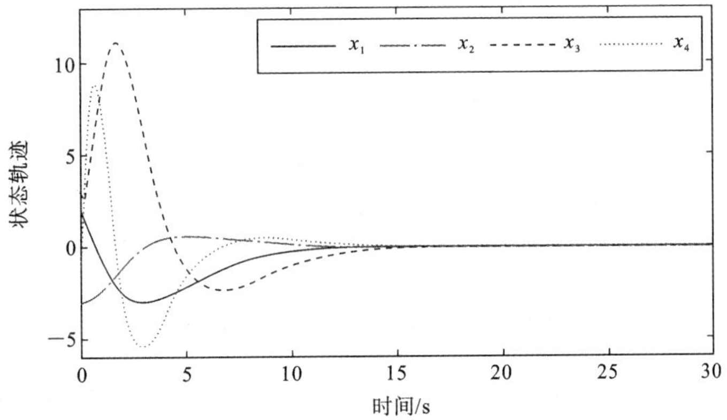

图 9-3　系统状态轨迹-1

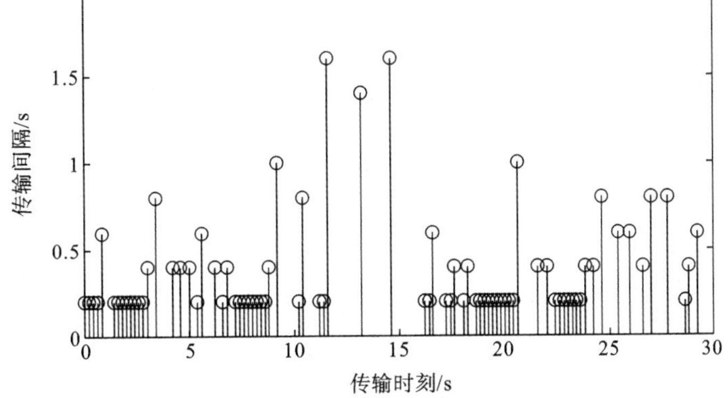

图 9-4　采样数据传输时刻和传输间隔-1

情况 2：设置参数 $\sigma=0.03$，$\phi=1\times10^{-4}$，$\gamma=0$，可得对应的仿真结果，如图 9-5、图 9-6 所示。

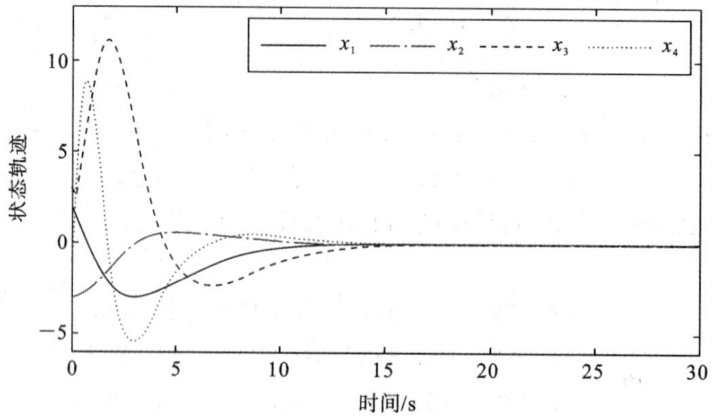

图 9-5　系统状态轨迹-2

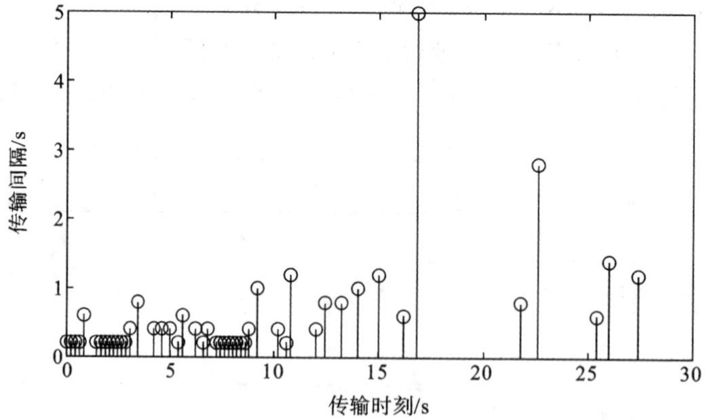

图 9-6　采样数据传输时刻和传输间隔-2

情况 3：设置参数 $\sigma=0.03$，$\phi=1\times10^{-4}$，$\gamma=2.6$，$\varepsilon=1.2$，$\alpha=1$，可得对应的仿真结果，如图 9-7 和图 9-8 所示。

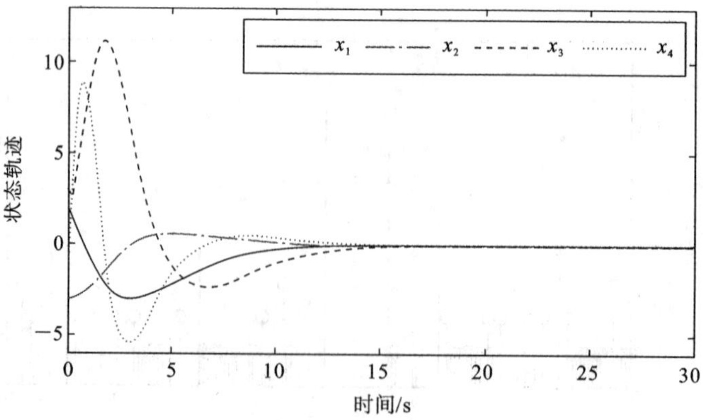

图 9-7　系统状态轨迹-3

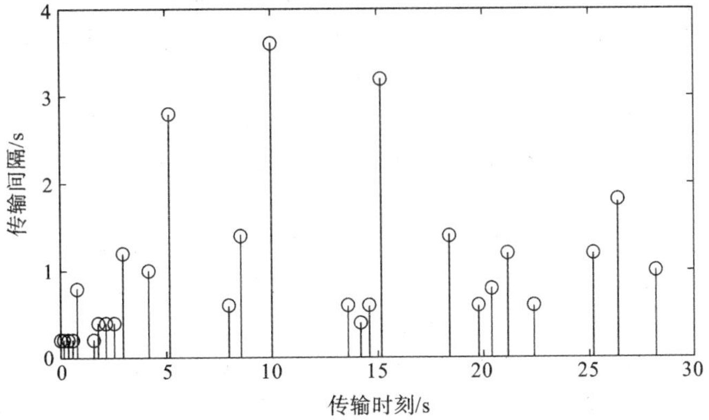

图 9-8　采样数据传输时刻和传输间隔-3

表 9-1 列出了不同参数事件触发下的数据传输次数 N、传输采样率 R_{T} 和平均传输周期 $h_{\mathrm{av}}=\frac{t_{\mathrm{T}}}{N_{\mathrm{s}}}$。可以看出，在本节所提出的情况 3 中，$R_{\mathrm{T}}$ 达到了预期的传输采样率 R_{T}^{*}。与时间触发通信机制相比，混合事件触发机制可以节省 81.33%的网络资源，同时在一定程度上同样保证了系统的稳定性。

表 9-1　不同参数事件触发下的结果-1

参数	$\sigma=0.03$，$\phi=0$，$\gamma=0$	$\sigma=0.03$，$\phi=1\times10^{-4}$，$\gamma=0$	$\sigma=0.03$，$\phi=1\times10^{-4}$，$\gamma=2.6$，$\varepsilon=1.2$，$\alpha=1$
N/次	79	48	28
R_{T}/(%)	52.67	32.00	18.67
h_{av}/s	0.380	0.625	1.071

根据以上结果，可以得出以下结论。在情况 1 中，系统在稳态响应期间(大约 15 s 后)仍具有较高的事件触发率。在情况 2 中，将比例阈值乘以最后系统输出的加权二次型与常量值之和，并将乘积设置为事件触发阈值，使系统处于稳态响应期间也可以有效降低传输采样率。在情况 3 中，为了进一步降低闭环系统暂态响应期间(0～15 s)的事件触发率，指数衰减的时变值(阈值)在触发条件中起着重要作用。如图 9-3、图 9-5 和图 9-7 所示，系统最终都趋于稳定，且控制性能也较为相似，但在所提出的式(9-2)下，整个仿真时间内的传输采样率可以进一步地降低。

9.4.2　实验

本节采用第 5 章所构建的实验模拟平台来进行实验研究。

由于混合事件触发机制中存在主动丢包问题，因此在该实验中考虑 0～40 ms 范围内变化的网络诱导时延。采集卡采集状态信息并输出的周期此时设定为 40 ms。可得相应的 $\tau_{\mathrm{m}}=0$ s，$\tau_{\mathrm{M}}=0.08$ s，同时设定参数 $\sigma=0.006$，$\phi_0=0.45$，$\gamma_0=0.8$，$\varepsilon_0=2.5$，$\alpha_0=1$，$\Delta\phi=$

0.01，$\Delta\gamma=0.1$，$\Delta\varepsilon=0.1$，$\Delta\alpha=0.1$，$R_{\mathrm{T}}^{*}=20\%$，以及仿真时间 $t_{\mathrm{T}}=100$ s，系统的初始状态设定为 $\boldsymbol{x}(0)=[-27.5\quad 0\quad 0\quad 0\quad 0\quad 0\quad 0\quad 0]^{\mathrm{T}}$。利用算法 1，可求得

$$\boldsymbol{\Phi}=\begin{bmatrix} 18.5461 & 0 & 0 & 48.5620 & 0 & 0 & 12.7813 & 0 \\ 0 & 14.1568 & -7.1880 & 0 & 10.5960 & -14.7578 & 0 & -1.5381 \\ 0 & -7.1880 & 4.3549 & 0 & -2.9920 & 2.8832 & 0 & -0.1284 \\ 48.5620 & 0 & 0 & 229.1978 & 0 & 0 & 80.8223 & 0 \\ 0 & 10.5960 & -2.9920 & 0 & 35.3233 & -55.5014 & 0 & -8.2803 \\ 0 & -14.7578 & 2.8832 & 0 & -55.5014 & 88.6168 & 0 & 13.5986 \\ 12.7813 & 0 & 0 & 80.8223 & 0 & 0 & 30.9164 & 0 \\ 0 & -1.5381 & -0.1284 & 0 & -8.2803 & 13.5986 & 0 & 2.1892 \end{bmatrix}$$

$$\boldsymbol{K}=\begin{bmatrix} -15.3778 & -6.0457 & 2.6641 & -26.5268 & -2.922 & 4.5066 & -9.3296 & 0.555 \\ -15.3778 & 6.0457 & -2.6641 & -26.5268 & 2.922 & -4.5066 & -9.3296 & -0.555 \end{bmatrix}$$

$$\phi=0.31,\quad \delta=0.1,\quad \gamma=1.1,\quad \varepsilon=1.8,\quad \alpha=0.3$$

情况 1：设置参数 $\sigma=0.006$，$\phi=0$，$\gamma=0$，可得对应的实验结果，如图 9-9 和图 9-10 所示。

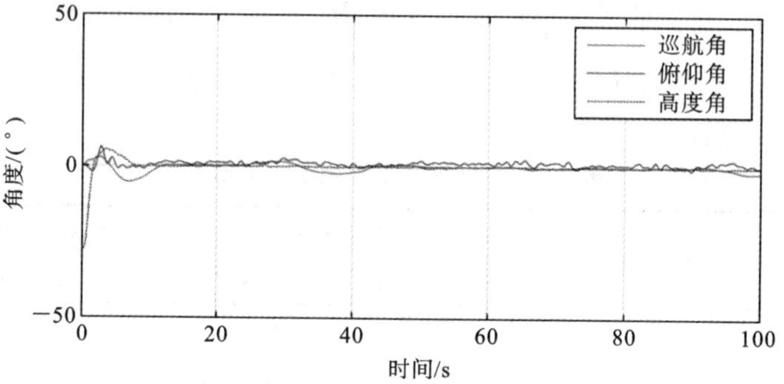

图 9-9　系统状态轨迹-1

扫码看彩图

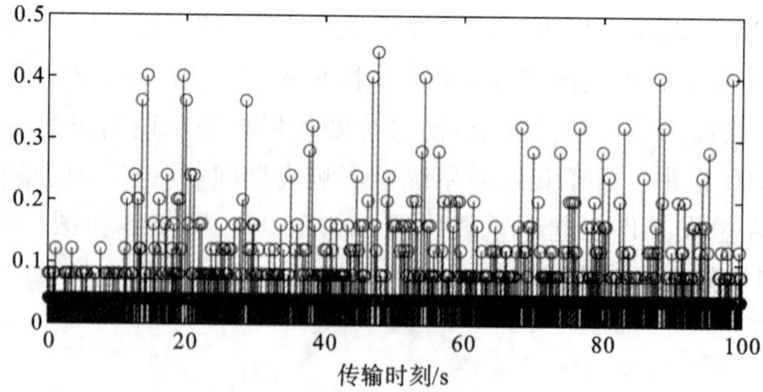

图 9-10　采样数据传输时刻和传输间隔-1

情况 2：设置参数 $\sigma=0.006$，$\phi=0.31$，$\gamma=0$，可得对应的实验结果，如图 9-11 和图 9-12 所示。

情况 3：设置参数 $\sigma=0.006$，$\phi=0.31$，$\gamma=1.1$，$\varepsilon=1.8$，$\alpha=0.3$，可得对应的实验结果，如图 9-13 和图 9-14 所示。

图 9-9 至图 9-14 的实验结果和前面仿真结果的结论基本一致。从表9-2 中可以看出，

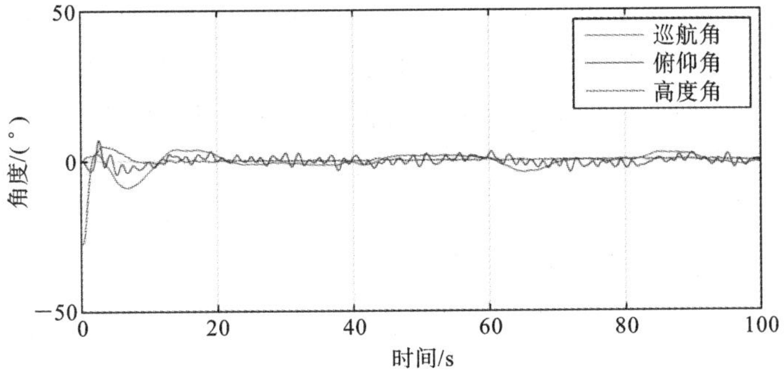

图 9-11　系统状态轨迹-2

扫码看彩图

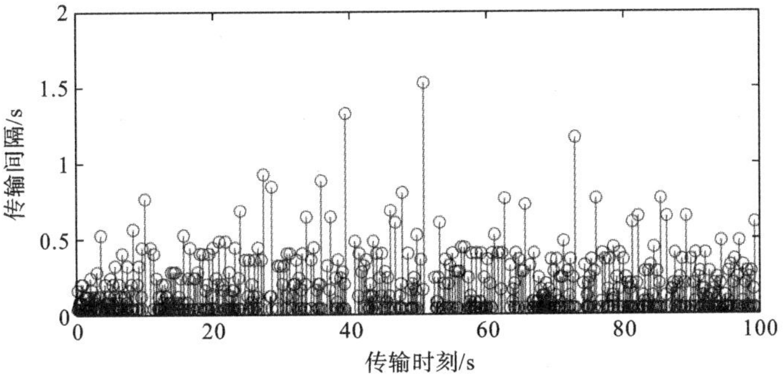

图 9-12　采样数据传输时刻和传输间隔-2

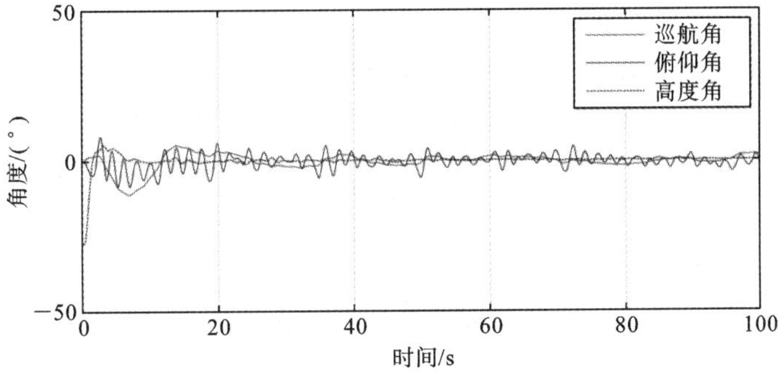

图 9-13　系统状态轨迹-3

扫码看彩图

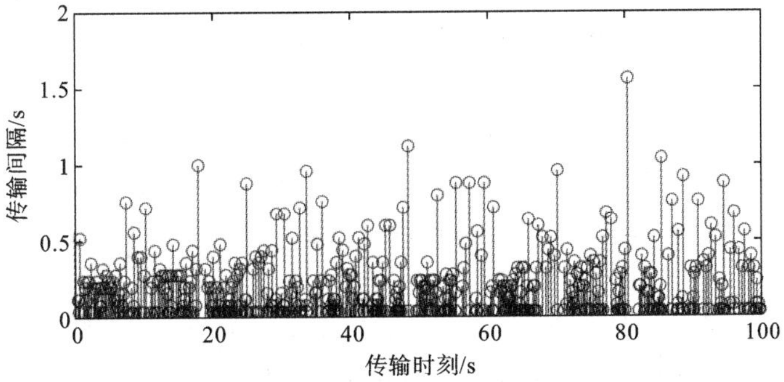

图 9-14　采样数据传输时刻和传输间隔-3

在混合事件触发机制下，传输采样率仅为19.80%，且平均传输周期提高到了202 ms。相对于时间触发通信机制下采用40 ms的采样周期，混合事件触发机制极大地减少了在网络上传输的数据，节约了网络资源。由于建立的三自由度直升机实验系统模型不能与实际系统完全严格一致，因此在情况3的混合事件触发机制下，为了达到系统预期的事件触发率，出现了系统的主动丢包率较高、平衡性能下降，以及直升机俯仰角抖动较大的结果。但是系统在一定波动范围内仍具有全局一致最终有界的稳定性。

表9-2 不同参数事件触发下的结果-2

参数	$\sigma=0.006$，$\phi=0$，$\gamma=0$	$\sigma=0.006$，$\phi=0.31$，$\gamma=0$	$\sigma=0.006$，$\phi=0.31$，$\gamma=1.1$，$\varepsilon=1.8$，$\alpha=0.3$
N/次	1714	599	495
R_T/(%)	68.56	23.96	19.80
h_{av}/s	0.058	0.167	0.202

9.5 本章小结

本章提出了一种用于网络控制系统的混合事件触发机制。利用系统状态相关和无关信息，建立了一种新的混合事件触发机制。在该触发机制下，系统可以在整个工作时间内获得较低的数据传输率。基于所提出的统一框架下的时滞模型，本章考虑了双边的网络诱导时延及系统参数的不确定性，给出了保证网络控制系统全局一致最终有界稳定的条件以及控制器设计方法。最后，本章通过数值算例仿真与实验，表明所提出的混合事件触发机制在保持系统期望性能的同时，也能有效降低系统整个工作时间内的数据传输率。

参考文献

[1] GUPTA R A，CHOW M Y. Networked control system：overview and research trends [J]. IEEE Transactions on Industrial Electronics，2010，57(7)：2527-2535.

[2] HESPANHA J P，NAGHSHTABRIZI P，XU Y G. A survey of recent results in networked control systems[J]. Proceedings of the IEEE，2007，95(1)：138-162.

[3] ZHANG D，SHI P，WANG Q G，et al. Analysis and synthesis of networked control systems：a survey of recent advances and challenges[J]. ISA Transactions，2017，66(1)：376-392.

[4] KIM D S，LEE Y S，KWON W H，et al. Maximum allowable delay bounds of networked control systems[J]. Control Engineering Practice，2003，11(11)：1301-1313.

[5] GAO H J，CHEN T W，LAM J. A new delay system approach to network-based con-

trol[J]. Automatica, 2008, 44(1):39-52.

[6] TAN C, LI L, ZHANG H S. Stabilization of networked control systems with both network-induced delay and packet dropout[J]. Automatica. 2015, 59(6): 194-199.

[7] BENEDETTO M D D, JOHANSSON K H, JOHANSSON M, et al. Industrial control over wireless networks[J]. International Journal of Robust and Nonlinear Control, 2010, 20(2):119-122.

[8] WILLIG A, MATHEUS K, WOLISZ A. Wireless technology in industrial networks [J]. Proceedings of the IEEE, 2005, 93(6):1130-1151.

[9] AARZEN K E. A simple event-based PID controller[J]. IFAC Proceedings Volumes, 1999, 32(2):8687-8692.

[10] TABUADA P. Event-triggered real-time scheduling of stabilizing control tasks[J]. IEEE Transactions on Automatic Control, 2007, 52(9):1680-1685.

[11] WANG X F, LEMMON M D. Event-triggering in distributed networked control systems[J]. IEEE Transactions on Automatic Control, 2011, 56(3):586-601.

[12] DONKERS M C F, HEEMELS W P M H. Output-based event-triggered control with guaranteed L_∞-gain and improved event-triggering[J]. IEEE Transactions on Automatic Control, 2012, 57(6):1362-1376.

[13] ZHANG D W, HAN Q L, JIA X C. Network-based output tracking control for T-S fuzzy systems using an event-triggered communication scheme[J]. Fuzzy Sets and Systems, 2015, 273(6): 26-48.

[14] CHEN P, TIAN E, ZHANG J, et al. Decentralized event-triggering communication scheme for large-scale systems under network environments[J]. Information Sciences, 2017, 380:132-144.

[15] YUE D, TIAN E, HAN Q L. A delay system method for designing event-triggered controllers of networked control systems[J]. IEEE Transactions on Automatic Control, 2013, 58(2):475-481.

[16] PENG C, YANG T C. Event-triggered communication and H_∞ control co-design for networked control systems[J]. Automatica, 2013, 49(5): 1326-1332.

[17] PENG C, HAN Q L. A novel event-triggered transmission scheme and L_2 control co-design for sampled-data control systems[J]. IEEE Transactions on Automatic Control, 2013, 58(10): 2620-2626.

[18] WEN S X, GOU G, WONG W S. Hybrid event-time-triggered networked control systems: scheduling-event-control co-design[J]. Information Sciences, 2015, 305: 269-284.

[19] ZHA L J, FANG J A, LIU J L. Two channel event-triggering communication schemes for networked control systems[J]. Neurocomputing, 2016, 197:45-52.

[20] ZHANG J, PENG C, DU D J, et al. Adaptive event-triggered communication scheme for networked control systems with randomly occurring nonlinearities and uncertainties[J]. Neurocomputing, 2016, 174:475-482.

[21] SHEN M Q, YAN S, ZHANG G M. A new approach to event-triggered static output feedback control of networked control systems[J]. ISA Transactions, 2016, 65(1): 468-474.

[22] ZHANG X M, HAN Q L. Event-triggered dynamic output feedback control for networked control systems [J]. IET Control Theory and Applications, 2014, 8: 226-234.

[23] HEEMELS W P M H, DONKERS M C F. Model-based periodic event-triggered control for linear systems[J]. Automatica, 2013, 49(3): 698-711.

[24] MENG X Y, CHEN T W. Optimal sampling and performance comparison of periodic and event based impulse control[J]. IEEE Transactions on Automatic Control, 2012, 57 (12): 3252-3259.

[25] QUEVEDO D E, GUPTA V J, MA W J, et al. Stochastic stability of event-triggered anytime control [J]. IEEE Transactions on Automatic Control, 2014, 59 (12): 3373-3379.

[26] ORIHUELA L, MILLAN P, VIVAS C, et al. Event-based H_2/H_∞ controllers for networked control systems [J]. International Journal of Control, 2014, 87 (12): 2488-2498.

[27] LUNZE J, LEHMANN D. A state-feedback approach to event-based control[J]. Automatica, 2010, 46(1): 211-215.

[28] MAZO M, CAO M. Asynchronous decentralized event-triggered control[J]. Automatica, 2014, 50(12): 3197-3203.

[29] ZHANG J H, FENG G. Event-driven observer-based output feedback control for linear systems[J]. Automatica, 2014, 50(7): 1852-1859.

[30] YAN S, SHEN M Q, ZHANG G M. Extended event-driven observer-based output control of networked control systems [J]. Nonlinear Dynamics, 2016, 86 (3): 1639-1648.

[31] PENG C, ZHANG J. Event-triggered output-feedback H_∞ control for networked control systems with time-varying sampling [J]. IET Control Theory and Applications, 2015, 9(9):1384-1391.

[32] LI F Q, FU J Q, DU D J. An improved event-triggered communication mechanism and L_∞ control co-design for network control systems [J]. Information Sciences, 2016, 370:743-762.

[33] ZHU X L, YANG G H. New results on stability analysis of networked control systems[J]. American Control Conference, 2008:3792-3797.

[34] PARK P, KO J, JEONG C. Reciprocally convex approach to stability of systems with time-varying delays[J]. Automatica, 2011, 47(1):235-238.

[35] TIAN E, YUE D, ZHANG Y J. Delay-dependent robust H_∞ control for T-S fuzzy system with interval time-varying delay[J]. Fuzzy Sets and Systems, 2009, 160(12): 1708-1719.

[36] WANG C, SHEN Y. Delay-dependent non-fragile robust stabilization and H_∞ control of uncertain stochastic systems with time-varying delay and nonlinearity[J]. Journal of the Franklin Institute, 2011, 348(8):2174-2190.

[37] HE Y, WU M, LIU G P, et al. Output feedback stabilization for a discrete-time system with a time-varying delay[J]. IEEE Transactions on Automatic Control, 2008, 53(10):2372-2377.

第 10 章　不确定网络化系统的鲁棒 H_∞ 输出跟踪控制

与传统的点对点控制系统相比，网络控制系统具有安装简单、维护方便、布局方便、灵活性高等优点，可以设计成大规模系统，在许多领域得到广泛应用。然而，将通信网络集成到反馈控制回路中，会导致网络服务质量不理想，出现网络延迟、数据包丢失和错序等问题。这使得网络控制系统的分析和设计比传统控制系统更为复杂[1-3]。因此，系统稳定性分析和镇定控制器设计问题受到了极大的关注[4-8]。跟踪控制广泛应用于机械系统、机器人控制、飞行控制等领域，其除了满足系统稳定性的要求外，还必须使被控对象的输出轨迹符合给定的参考轨迹[9-12]。但由于网络控制系统的通信限制，其反馈控制信号会导致输出误差。因此，在参数不确定性和外部干扰的影响下，系统想要实现期望的跟踪性能则更具挑战性。迄今为止，网络跟踪控制的研究主要分为两大类，一种是预测控制，另一种是鲁棒控制。前者的代表是文献[13-16]中的研究。文献[13]针对具有 Markov 时滞的网络控制系统，设计了一种时滞相关跟踪控制器。然而，该文献只考虑了网络诱导时延，并且必须事先知道 Markov 链转移概率矩阵。文献[14，15]研究了网络化输出跟踪控制问题，采用预测控制对网络引起的时延和丢包进行主动补偿。但是，参数不确定性和外部干扰的影响没有得到研究。文献[16]将跟踪误差和状态变量结合起来进行优化，以处理随机丢包和不确定参数下的网络控制系统，但也只考虑了固定短时延情况。后者的典型研究在文献[17-22]中，研究人员讨论了鲁棒 H_∞ 意义下的网络化跟踪控制问题。在文献[20]中，研究人员利用粒子群优化技术研究了基于观测器的网络控制系统输出跟踪控制，并给出了基于线性矩阵不等式的稳定性判据。文献[21，22]采用网格化方法将闭环网络控制系统建模为有限个子系统，分别采用随机系统分析方法和切换系统分析方法得到模式相关的鲁棒输出跟踪控制器。

在过去的十年中，学者们通过构建不同的 Lyapunov-Krasovskii 泛函来减少保持时滞系统和网络控制系统稳定性的所需条件。为此各种技术的应用相继出现，例如自由加权矩阵[23，24]、基于 Wirtinger 的积分不等式[25]、松弛积分不等式[26]、交互凸方法[27，28]和延迟划分方法[29，30]。例如，文献[31]通过构造一个新的 Lyapunov-Krasovskii 泛函来研究区间延迟信息的问题，并使用凸优化方法得到了一个系统保守性较低的结果。

基于上述分析，本章研究了分段连续时滞系统的鲁棒 H_∞ 输出跟踪控制问题，设计了一种状态反馈控制器，以实现网络控制系统的输出跟踪性能。需要指出的是，该方法同样适用于网络控制系统的稳定性研究，且所得结果的保守性较低。本章所提方法的主要贡献如下。

（1）与预测控制分析方法相比，该方法研究了更一般的具有网络诱导时延、数据丢包、参数不确定性和外部干扰的网络控制系统。

（2）利用该方法可以将所研究的输出跟踪控制转化为鲁棒 H_∞ 输出跟踪控制，得到保守性较低的判据。

10.1　问题描述及系统建模

考虑图10-1所示的网络化跟踪控制系统框图,并假设被控对象由以下模型给出:

$$\begin{cases}\dot{\boldsymbol{x}}_{\mathrm{p}}(t)=(\boldsymbol{A}_{\mathrm{p}}+\Delta A_{\mathrm{p}})\boldsymbol{x}_{\mathrm{p}}(t)+(\boldsymbol{B}_{\mathrm{p}}+\Delta B_{\mathrm{p}})\boldsymbol{u}(t)+\boldsymbol{B}_{\omega}\boldsymbol{\omega}(t)\\ \boldsymbol{y}_{\mathrm{p}}(t)=(\boldsymbol{C}_{\mathrm{p}}+\Delta C_{\mathrm{p}})\boldsymbol{x}_{\mathrm{p}}(t)+(\boldsymbol{D}_{\mathrm{p}}+\Delta D_{\mathrm{p}})\boldsymbol{u}(t)\end{cases}\tag{10-1}$$

其中:$\boldsymbol{x}_{\mathrm{p}}(t)\in\mathbf{R}^{n}$, $\boldsymbol{u}(t)\in\mathbf{R}^{m}$ 分别为系统状态和控制输入;$\boldsymbol{y}_{\mathrm{p}}(t)\in\mathbf{R}^{q}$ 为系统输出;$\boldsymbol{\omega}(t)$为外部干扰输入;$\boldsymbol{A}_{\mathrm{p}}$, $\boldsymbol{B}_{\mathrm{p}}$, $\boldsymbol{C}_{\mathrm{p}}$, $\boldsymbol{D}_{\mathrm{p}}$ 和 $\boldsymbol{B}_{\omega}$ 为常数矩阵;ΔA_{p},ΔB_{p},ΔC_{p} 和 ΔD_{p} 为不确定性参数,其满足$[\Delta A_{\mathrm{p}}\quad \Delta B_{\mathrm{p}}]=\boldsymbol{G}_{\mathrm{p}}\boldsymbol{F}_{\mathrm{p}}(t)[\boldsymbol{E}_{\mathrm{pa}}\quad \boldsymbol{E}_{\mathrm{pb}}]$和$[\Delta C_{\mathrm{p}}\quad \Delta D_{\mathrm{p}}]=\boldsymbol{N}_{\mathrm{p}}\boldsymbol{\Delta}_{\mathrm{p}}(t)[\boldsymbol{E}_{\mathrm{pc}}\quad \boldsymbol{E}_{\mathrm{pd}}]$,其中 $\boldsymbol{F}_{\mathrm{p}}(t)$和$\boldsymbol{\Delta}_{\mathrm{p}}(t)$为未知的时变矩阵,满足 $\|\boldsymbol{F}_{\mathrm{p}}^{\mathrm{T}}(t)\boldsymbol{F}_{\mathrm{p}}(t)\|_2<\boldsymbol{I}$ 以及 $\|\boldsymbol{\Delta}_{\mathrm{p}}^{\mathrm{T}}(t)\boldsymbol{\Delta}_{\mathrm{p}}(t)\|_2<\boldsymbol{I}$, $\forall t$。

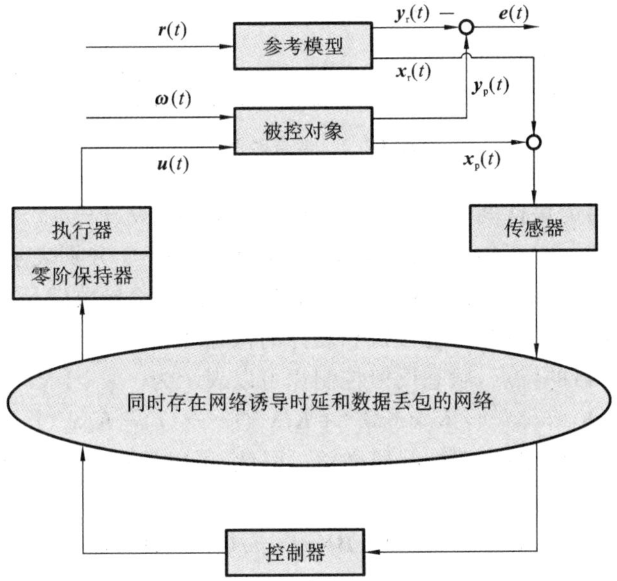

图10-1　网络化跟踪控制系统框图

本章的目标是设计控制器,使网络控制系统的输出能够跟踪一个参考信号,以达到所要求的跟踪性能。假设参考信号由式(10-2)中的 $\boldsymbol{y}_{\mathrm{r}}(t)$确定,得

$$\begin{cases}\dot{\boldsymbol{x}}_{\mathrm{r}}(t)=\boldsymbol{A}_{\mathrm{r}}\boldsymbol{x}_{\mathrm{r}}(t)+\boldsymbol{B}_{\mathrm{r}}\boldsymbol{r}(t)\\ \boldsymbol{y}_{\mathrm{r}}(t)=\boldsymbol{C}_{\mathrm{r}}\boldsymbol{x}_{\mathrm{r}}(t)\end{cases}\tag{10-2}$$

其中:$\boldsymbol{y}_{\mathrm{r}}(t)$具有与 $\boldsymbol{y}_{\mathrm{p}}(t)$相同的维数;$\boldsymbol{x}_{\mathrm{r}}(t)$和 $\boldsymbol{r}(t)\in\mathbf{R}^{r}$ 分别是参考模型式(10-2)的状态以及能量有界的参考输入;$\boldsymbol{A}_{\mathrm{r}}$,$\boldsymbol{B}_{\mathrm{r}}$ 以及 $\boldsymbol{C}_{\mathrm{r}}$ 是具有适当维数的常数矩阵,$\boldsymbol{A}_{\mathrm{r}}$ 是 Hurwitz 矩阵。

参考模型式(10-2)是人为设计的确定性对象。它可以根据输入输出的需要确定模型的各个参数。由于被控对象式(10-1)工作在实际环境中,其模型的参数不确定性、外部输入的干扰以及网络诱导时延和数据丢包等问题都会对系统的输出产生负面影响,甚至导致系统不稳定。因此,本章将设计一个控制器,使系统输出 $\boldsymbol{y}_{\mathrm{p}}(t)$渐近跟踪给定的确定性参考信号 $\boldsymbol{y}_{\mathrm{r}}(t)$。

如图10-1所示,网络诱导时延和数据丢包在传感器到控制器和控制器到执行器的通道中均存在。在进一步研究之前，对网络控制系统进行如下合理假设。

(1) h 是传感器的采样周期，$t_k h\ (t_k \in \mathbf{N})$ 是采样时刻。数据采用单包传送，当数据包发生错序时，错序包则会被丢弃。

(2) 控制器和执行器均采用事件驱动，当有新的数据信息到达时，立刻执行相关操作，且执行器采用零阶保持器输出。

(3) 定义 $\tau_k=\tau_k^{\mathrm{sc}}+\tau_k^{\mathrm{ca}}$，其中 τ_k^{sc} 和 τ_k^{ca} 分别表示网络在传感器到控制器和控制器到执行器的通道中引起的随机传输时延。此外，网络控制系统中的连续丢包数 d 具有上界 $\bar{d}$。

如图 10-2 所示，考虑到双边网络诱导时延和数据丢包的影响，传感器采样数据 $\boldsymbol{x}(t_k h)$ 将会在 $t_{k+1}h+\tau_{k+1}$ 时刻到达执行器。

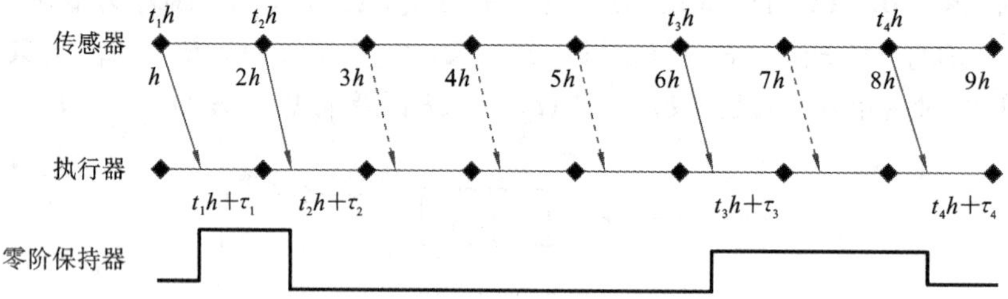

图 10-2 信号时序图

同时，零阶保持器的保持间隔是$[t_k h+\tau_k, t_{k+1}h+(d+1)h+\tau_{k+1})$。通过定义 $\tau(t)=t-t_k h$，可以得到 $\tau_1 \triangleq \tau_{\mathrm{m}} \leqslant \tau(t) \leqslant (\bar{d}+1)h+\tau_{\mathrm{M}} \triangleq \tau_2$，其中 τ_{M} 和 τ_{m} 分别表示网络诱导时延 τ_k 的最大值和最小值。从 $\tau(t)$ 的定义来看，$\tau(t)$ 是分段线性且一阶导数满足 $\dot{\tau}(t)=1$ 的，因此，本节同样考虑了这一特点，以降低系统分析和设计的保守性。

考虑到零阶保持器的特点，状态反馈控制律可以表示为

$$\boldsymbol{u}(t)=\boldsymbol{K}_1\boldsymbol{x}_{\mathrm{p}}(t_k h)+\boldsymbol{K}_2\boldsymbol{x}_{\mathrm{r}}(t_k h)=\boldsymbol{K}_1\boldsymbol{x}_{\mathrm{p}}(t-\tau(t))+\boldsymbol{K}_2\boldsymbol{x}_{\mathrm{r}}(t-\tau(t)) \tag{10-3}$$

其中：$\boldsymbol{K}_1$ 和 $\boldsymbol{K}_2$ 为待求的状态反馈控制器增益。因此，可以从式(10-1)至式(10-3)得到增广闭环系统(状态空间模型)：

$$\begin{cases}\dot{\boldsymbol{x}}(t)=\bar{\boldsymbol{A}}\boldsymbol{x}(t)+\bar{\boldsymbol{B}}\boldsymbol{K}\boldsymbol{x}(t-\tau(t))+\bar{\boldsymbol{B}}_{\tilde{\omega}}\tilde{\boldsymbol{\omega}}(t)\\ \boldsymbol{e}(t)=\bar{\boldsymbol{C}}\boldsymbol{x}(t)+\bar{\boldsymbol{D}}\boldsymbol{K}\boldsymbol{x}(t-\tau(t))\end{cases} \tag{10-4}$$

其中：$\boldsymbol{e}(t)=\boldsymbol{y}_{\mathrm{p}}(t)-\boldsymbol{y}_{\mathrm{r}}(t)$，$\boldsymbol{x}(t)=\begin{bmatrix}\boldsymbol{x}_{\mathrm{p}}(t)\\ \boldsymbol{x}_{\mathrm{r}}(t)\end{bmatrix}$，$\tilde{\boldsymbol{\omega}}(t)=\begin{bmatrix}\boldsymbol{\omega}(t)\\ \boldsymbol{r}(t)\end{bmatrix}$，$\boldsymbol{K}=[\boldsymbol{K}_1\quad \boldsymbol{K}_2]$，

$$\bar{\boldsymbol{A}}=\boldsymbol{A}+\boldsymbol{G}\boldsymbol{F}_{\mathrm{p}}(t)\boldsymbol{E}_{\mathrm{a}},\ \bar{\boldsymbol{B}}=\boldsymbol{B}+\boldsymbol{G}\boldsymbol{F}_{\mathrm{p}}(t)\boldsymbol{E}_{\mathrm{b}},\ \bar{\boldsymbol{B}}_{\tilde{\omega}}=\begin{bmatrix}\boldsymbol{B}_{\omega} & 0\\ 0 & \boldsymbol{B}_{\mathrm{r}}\end{bmatrix},\ \boldsymbol{A}=\begin{bmatrix}\boldsymbol{A}_{\mathrm{p}} & 0\\ 0 & \boldsymbol{A}_{\mathrm{r}}\end{bmatrix},\ \boldsymbol{B}=\begin{bmatrix}\boldsymbol{B}_{\mathrm{p}}\\ 0\end{bmatrix},$$

$$\boldsymbol{G}=\begin{bmatrix}\boldsymbol{G}_{\mathrm{p}} & 0\\ 0 & 0\end{bmatrix},\ \boldsymbol{E}_{\mathrm{a}}=\begin{bmatrix}\boldsymbol{E}_{\mathrm{pa}} & 0\\ 0 & 0\end{bmatrix},\ \boldsymbol{E}_{\mathrm{b}}=\begin{bmatrix}\boldsymbol{E}_{\mathrm{pb}}\\ 0\end{bmatrix},\ \bar{\boldsymbol{C}}=\boldsymbol{C}+\boldsymbol{N}\boldsymbol{\Delta}_{\mathrm{p}}(t)\boldsymbol{E}_{\mathrm{c}},\ \boldsymbol{D}=\boldsymbol{D}_{\mathrm{p}},$$

$$\boldsymbol{C}=[\boldsymbol{C}_{\mathrm{p}}\quad -\boldsymbol{C}_{\mathrm{r}}],\ \bar{\boldsymbol{D}}=\boldsymbol{D}+\boldsymbol{N}\boldsymbol{\Delta}_{\mathrm{p}}(t)\boldsymbol{E}_{\mathrm{d}},\ \boldsymbol{N}=[\boldsymbol{N}_{\mathrm{p}}\quad 0],\ \boldsymbol{E}_{\mathrm{c}}=\boldsymbol{E}_{\mathrm{pc}},\ \boldsymbol{E}_{\mathrm{d}}=\begin{bmatrix}\boldsymbol{E}_{\mathrm{pd}}\\ 0\end{bmatrix}。$$

基于以上的系统分析和模型建立，输出跟踪性能的要求如下。

(1) 当外部干扰输入 $\tilde{\boldsymbol{\omega}}(t)=0$ 时，增广闭环系统式(10-4)是渐近稳定的。

(2) 外部干扰输入 $\tilde{\boldsymbol{\omega}}(t)$ 对跟踪误差 $\boldsymbol{e}(t)$ 的影响满足 H_∞ 性能，即要求 $\|\boldsymbol{e}(t)\|_2 \leqslant \gamma\|\tilde{\boldsymbol{\omega}}(t)\|_2$，其中 $\gamma>0$，为系统鲁棒 H_∞ 输出跟踪性能指标。

通过增广闭环系统式(10-4)可以看出，网络诱导时延、丢包率和采样周期统一被看作时变输入时延 $\tau(t)$，而 $\tilde{\boldsymbol{\omega}}(t)=[\boldsymbol{\omega}^{\mathrm{T}}(t)\quad \boldsymbol{r}^{\mathrm{T}}(t)]^{\mathrm{T}}$ 被统一视为系统的外部干扰输入，将实际被控对象式(10-1)的输出 $\boldsymbol{y}_{\mathrm{p}}(t)$ 和跟踪参考模型式(10-2)的输出 $\boldsymbol{y}_{\mathrm{r}}(t)$ 的问题转化为时滞系统的鲁棒 H_∞ 输出跟踪控制问题。因此，本章的目的是设计一个鲁棒的状态反馈控制器，在鲁棒 H_∞ 的意义上保证系统的输出跟踪性能。

10.2　鲁棒 H_∞ 输出跟踪性能分析

本节研究了鲁棒 H_∞ 输出跟踪性能分析问题。更具体地说，假设控制器增益 $\boldsymbol{K}$ 已知，以下定理 1 给出了增广闭环系统式(10-4)渐近稳定并达到鲁棒 H_∞ 输出跟踪性能的条件。

引理 1[27]（互逆凸组合方法）　假设 $f_1,f_2,\cdots,f_N:\mathbf{R}^m\to\mathbf{R}$ 在开集 D 的子集中有正值，$D\subset\mathbf{R}^m$。那么在集合 D 中 f_i 的相互组合满足：

$$\min_{\{\beta_i|\beta_i>0,\sum_i\beta_i=1\}}\sum_i\frac{1}{\beta_i}f_i(t)=\sum_i f_i(t)+\max_{g_{i,j}}\sum_{i\neq j}g_{i,j}(t)$$

其中：$g_{i,j}$ 满足 $\mathbf{R}^m\to\mathbf{R}$，$g_{i,j}(t)=g_{j,i}(t)$，$\begin{bmatrix} f_i(t) & g_{j,i}(t)\\ g_{i,j}(t) & f_j(t)\end{bmatrix}\geqslant 0$。

引理 2[32]　对任意合适维数的矩阵 $\boldsymbol{\Xi}_i(i=1,2)$、$\boldsymbol{\Omega}$，以及关于 t 的函数 $\eta(t)$，$0\leqslant\eta(t)\leqslant\bar{\eta}$，当且仅当满足 $\bar{\eta}\boldsymbol{\Xi}_1+\boldsymbol{\Omega}<0$ 以及 $\bar{\eta}\boldsymbol{\Xi}_2+\boldsymbol{\Omega}<0$ 时，不等式 $\eta(t)\boldsymbol{\Xi}_1+(\bar{\eta}-\eta(t))\boldsymbol{\Xi}_2+\boldsymbol{\Omega}<0$ 成立。

定理 1　给定常数标量 γ,τ_1,τ_2，以及控制器增益 $\boldsymbol{K}$，如果存在合适维数的矩阵 $\boldsymbol{X}>0$，$\boldsymbol{Y}>0$，$\boldsymbol{Q}_1>0$，$\boldsymbol{Q}_2>0$，$\boldsymbol{R}_1>0$，$\boldsymbol{R}_2>0$，$\boldsymbol{H}>0$，$\boldsymbol{P}>0$，$\boldsymbol{M}$ 和 $\boldsymbol{U}$，满足式(10-5)至式(10-7)，则增广闭环系统式(10-4)是渐近稳定的，且可以实现具有 γ 指标的鲁棒 H_∞ 输出跟踪性能。

$$\begin{bmatrix}\boldsymbol{R}_2 & *\\ \boldsymbol{U} & \boldsymbol{R}_2\end{bmatrix}>0 \tag{10-5}$$

$$\boldsymbol{\Xi}_1=\boldsymbol{\Xi}+\tau_1\boldsymbol{M}\boldsymbol{H}^{-1}\boldsymbol{M}^{\mathrm{T}}+\boldsymbol{M}(\boldsymbol{e}_1-\boldsymbol{e}_3)+(\boldsymbol{e}_1-\boldsymbol{e}_3)^{\mathrm{T}}\boldsymbol{M}^{\mathrm{T}}+(\tau_2-\tau_1)\boldsymbol{\Gamma}^{\mathrm{T}}\boldsymbol{H}\boldsymbol{\Gamma}<0 \tag{10-6}$$

$$\boldsymbol{\Xi}_2=\boldsymbol{\Xi}+\tau_2\boldsymbol{M}\boldsymbol{H}^{-1}\boldsymbol{M}^{\mathrm{T}}+\boldsymbol{M}(\boldsymbol{e}_1-\boldsymbol{e}_3)+(\boldsymbol{e}_1-\boldsymbol{e}_3)^{\mathrm{T}}\boldsymbol{M}^{\mathrm{T}}<0 \tag{10-7}$$

其中：$\boldsymbol{\Xi}=\begin{bmatrix}\boldsymbol{\Xi}_{11} & * & * & * & *\\ \boldsymbol{\Xi}_{21} & \boldsymbol{\Xi}_{22} & * & * & *\\ \boldsymbol{\Xi}_{31} & \boldsymbol{\Xi}_{32} & \boldsymbol{\Xi}_{33} & * & *\\ 0 & \boldsymbol{\Xi}_{42} & \boldsymbol{\Xi}_{43} & \boldsymbol{\Xi}_{44} & *\\ \boldsymbol{\Xi}_{51} & 0 & \boldsymbol{\Xi}_{53} & 0 & \boldsymbol{\Xi}_{55}\end{bmatrix}$，$\boldsymbol{\Gamma}=[\bar{\boldsymbol{A}}\quad 0\quad \bar{\boldsymbol{B}}\boldsymbol{K}\quad 0\quad \bar{\boldsymbol{B}}_{\tilde{\omega}}]$，

$\boldsymbol{e}_1=[\boldsymbol{I}\quad 0\quad 0\quad 0\quad 0]$，$\boldsymbol{e}_3=[0\quad 0\quad \boldsymbol{I}\quad 0\quad 0]$，$\boldsymbol{M}=[\boldsymbol{M}_1^{\mathrm{T}}\quad \boldsymbol{M}_2^{\mathrm{T}}\quad \boldsymbol{M}_3^{\mathrm{T}}\quad \boldsymbol{M}_4^{\mathrm{T}}\quad \boldsymbol{M}_5^{\mathrm{T}}]^{\mathrm{T}}$，

$\boldsymbol{\Xi}_{11}=(\bar{\boldsymbol{A}}^{\mathrm{T}}\boldsymbol{P}+\boldsymbol{P}\bar{\boldsymbol{A}}+\tau_1^2\bar{\boldsymbol{A}}^{\mathrm{T}}\boldsymbol{R}_1\bar{\boldsymbol{A}}+(\tau_2-\tau_1)^2\bar{\boldsymbol{A}}^{\mathrm{T}}\boldsymbol{R}_2\bar{\boldsymbol{A}}+\boldsymbol{Q}_1-\boldsymbol{R}_1+\bar{\boldsymbol{C}}^{\mathrm{T}}\bar{\boldsymbol{C}})$，$\boldsymbol{\Xi}_{21}=\boldsymbol{R}_1$，

$\boldsymbol{\Xi}_{22}=\boldsymbol{Q}_2-\boldsymbol{Q}_1-\boldsymbol{R}_1-\boldsymbol{R}_2$，$\boldsymbol{\Xi}_{31}=(\boldsymbol{K}^{\mathrm{T}}\bar{\boldsymbol{B}}^{\mathrm{T}}\boldsymbol{P}+\tau_1^2\boldsymbol{K}^{\mathrm{T}}\bar{\boldsymbol{B}}^{\mathrm{T}}\boldsymbol{R}_1\bar{\boldsymbol{A}}+(\tau_2-\tau_1)^2\boldsymbol{K}^{\mathrm{T}}\bar{\boldsymbol{B}}^{\mathrm{T}}\boldsymbol{R}_2\bar{\boldsymbol{A}}+\boldsymbol{K}^{\mathrm{T}}\bar{\boldsymbol{D}}^{\mathrm{T}}\bar{\boldsymbol{C}}^{\mathrm{T}})$，

$\boldsymbol{\Xi}_{32}=-\boldsymbol{U}+\boldsymbol{R}_2$，$\boldsymbol{\Xi}_{33}=\tau_1^2\boldsymbol{K}^{\mathrm{T}}\bar{\boldsymbol{B}}^{\mathrm{T}}\boldsymbol{R}_1\bar{\boldsymbol{B}}\boldsymbol{K}+(\tau_2-\tau_1)^2\boldsymbol{K}^{\mathrm{T}}\bar{\boldsymbol{B}}^{\mathrm{T}}\boldsymbol{R}_2\bar{\boldsymbol{B}}\boldsymbol{K}-2\boldsymbol{R}_2+\boldsymbol{U}^{\mathrm{T}}+\boldsymbol{U}+\boldsymbol{K}^{\mathrm{T}}\bar{\boldsymbol{D}}^{\mathrm{T}}\bar{\boldsymbol{D}}\boldsymbol{K}^{\mathrm{T}}$，

$\boldsymbol{\Xi}_{42}=\boldsymbol{U}$，$\boldsymbol{\Xi}_{43}=-\boldsymbol{U}+\boldsymbol{R}_2$，$\boldsymbol{\Xi}_{44}=-\boldsymbol{Q}_2-\boldsymbol{R}_2$，$\boldsymbol{\Xi}_{51}=\bar{\boldsymbol{B}}_{\tilde{\omega}}^{\mathrm{T}}\boldsymbol{P}+\tau_1^2\bar{\boldsymbol{B}}_{\tilde{\omega}}^{\mathrm{T}}\boldsymbol{R}_1\bar{\boldsymbol{A}}+(\tau_2-\tau_1)^2\bar{\boldsymbol{B}}_{\tilde{\omega}}^{\mathrm{T}}\boldsymbol{R}_2\bar{\boldsymbol{A}}$，

$\boldsymbol{\Xi}_{53}=\tau_1^2\bar{\boldsymbol{B}}_{\tilde{\omega}}^{\mathrm{T}}\boldsymbol{R}_1\bar{\boldsymbol{B}}\boldsymbol{K}+(\tau_2-\tau_1)^2\bar{\boldsymbol{B}}_{\tilde{\omega}}^{\mathrm{T}}\boldsymbol{R}_2\bar{\boldsymbol{B}}\boldsymbol{K}$，$\boldsymbol{\Xi}_{55}=\tau_1^2\bar{\boldsymbol{B}}_{\tilde{\omega}}^{\mathrm{T}}\boldsymbol{R}_1\bar{\boldsymbol{B}}_{\tilde{\omega}}+(\tau_2-\tau_1)^2\bar{\boldsymbol{B}}_{\tilde{\omega}}^{\mathrm{T}}\boldsymbol{R}_2\bar{\boldsymbol{B}}_{\tilde{\omega}}-\gamma^2\boldsymbol{I}$。

证明 构建 Lyapunov-Krasovskii 泛函 $V(t)=\sum_{i=1}^{4}V_i(t,\boldsymbol{x}_t)$，其中

$$V_1(t,\boldsymbol{x}_t)=\boldsymbol{x}^{\mathrm{T}}(t)\boldsymbol{P}\boldsymbol{x}(t)$$

$$V_2(t,\boldsymbol{x}_t)=\int_{t-\tau_1}^{t}\boldsymbol{x}^{\mathrm{T}}(s)\boldsymbol{Q}_1\boldsymbol{x}(s)\mathrm{d}s+\int_{t-\tau_2}^{t-\tau_1}\boldsymbol{x}^{\mathrm{T}}(s)\boldsymbol{Q}_2\boldsymbol{x}(s)\mathrm{d}s$$

$$V_3(t,\boldsymbol{x}_t)=\tau_1\int_{t-\tau_1}^{t}\int_{s}^{t}\dot{\boldsymbol{x}}^{\mathrm{T}}(v)\boldsymbol{R}_1\dot{\boldsymbol{x}}(v)\mathrm{d}v\mathrm{d}s+(\tau_2-\tau_1)\int_{t-\tau_2}^{t-\tau_1}\int_{s}^{t}\dot{\boldsymbol{x}}^{\mathrm{T}}(v)\boldsymbol{R}_2\dot{\boldsymbol{x}}(v)\mathrm{d}v\mathrm{d}s$$

$$V_4(t,\boldsymbol{x}_t)=(\tau_2-\tau(t))\int_{t-\tau(t)}^{t}\dot{\boldsymbol{x}}^{\mathrm{T}}(s)\boldsymbol{H}\dot{\boldsymbol{x}}(s)\mathrm{d}s$$

沿着增广闭环系统式(10-4)轨线对 $V_i(t,\boldsymbol{x}_t)$ 求导，可得

$$\dot{V}_1(t,\boldsymbol{x}_t)=2\dot{\boldsymbol{x}}^{\mathrm{T}}(t)\boldsymbol{P}\boldsymbol{x}(t) \tag{10-8}$$

$$\dot{V}_2(t,\boldsymbol{x}_t)=\boldsymbol{x}^{\mathrm{T}}(t)\boldsymbol{Q}_1\boldsymbol{x}(t)+\boldsymbol{x}^{\mathrm{T}}(t-\tau_1)(\boldsymbol{Q}_2-\boldsymbol{Q}_1)\boldsymbol{x}(t-\tau_1)-\boldsymbol{x}^{\mathrm{T}}(t-\tau_2)\boldsymbol{Q}_2\boldsymbol{x}(t-\tau_2) \tag{10-9}$$

$$\begin{aligned}\dot{V}_3(t,\boldsymbol{x}_t)=&\tau_1^2\dot{\boldsymbol{x}}^{\mathrm{T}}(t)\boldsymbol{R}_1\dot{\boldsymbol{x}}(t)-\tau_1\int_{t-\tau_1}^{t}\dot{\boldsymbol{x}}^{\mathrm{T}}(s)\boldsymbol{R}_1\dot{\boldsymbol{x}}(s)\mathrm{d}s+(\tau_2-\tau_1)^2\dot{\boldsymbol{x}}^{\mathrm{T}}(t)\boldsymbol{R}_2\dot{\boldsymbol{x}}(t)\\&-(\tau_2-\tau_1)\int_{t-\tau_2}^{t-\tau_1}\dot{\boldsymbol{x}}^{\mathrm{T}}(s)\boldsymbol{R}_2\dot{\boldsymbol{x}}(s)\mathrm{d}s\end{aligned} \tag{10-10}$$

$$\dot{V}_4(t,\boldsymbol{x}_t)=-\int_{t-\tau(t)}^{t}\dot{\boldsymbol{x}}^{\mathrm{T}}(s)\boldsymbol{H}\dot{\boldsymbol{x}}(s)\mathrm{d}s+(\tau_2-\tau(t))\dot{\boldsymbol{x}}^{\mathrm{T}}(t)\boldsymbol{H}\dot{\boldsymbol{x}}(t) \tag{10-11}$$

利用 Jensen[33] 不等式处理式(10-10)中的积分项，可得

$$-\tau\int_{t-\tau_1}^{t}\dot{\boldsymbol{x}}^{\mathrm{T}}(s)\boldsymbol{R}_1\dot{\boldsymbol{x}}(s)\mathrm{d}s\leqslant-\begin{bmatrix}\boldsymbol{x}^{\mathrm{T}}(t) & \boldsymbol{x}^{\mathrm{T}}(t-\tau_1)\end{bmatrix}\begin{bmatrix}\boldsymbol{R}_1 & *\\-\boldsymbol{R}_1 & \boldsymbol{R}_1\end{bmatrix}\begin{bmatrix}\boldsymbol{x}(t)\\\boldsymbol{x}(t-\tau_1)\end{bmatrix} \tag{10-12}$$

对于满足式(10-5)的矩阵 $\boldsymbol{U}$，利用引理 1，则有

$$\begin{aligned}&-(\tau_2-\tau_1)\int_{t-\tau_2}^{t-\tau_1}\dot{\boldsymbol{x}}^{\mathrm{T}}(s)\boldsymbol{R}_2\dot{\boldsymbol{x}}(s)\mathrm{d}s\\&\leqslant-[\boldsymbol{x}^{\mathrm{T}}(t-\tau_1)\boldsymbol{R}_2\boldsymbol{x}(t-\tau_1)+\boldsymbol{x}^{\mathrm{T}}(t-\tau_1)(\boldsymbol{U}^{\mathrm{T}}-\boldsymbol{R}_2)\boldsymbol{x}(t-\tau(t))-\boldsymbol{x}^{\mathrm{T}}(t-\tau_1)\boldsymbol{U}^{\mathrm{T}}\boldsymbol{x}(t-\tau_2)+\\&\quad\boldsymbol{x}^{\mathrm{T}}(t-\tau(t))(\boldsymbol{U}-\boldsymbol{R}_2)\boldsymbol{x}(t-\tau_1)+\boldsymbol{x}^{\mathrm{T}}(t-\tau(t))(2\boldsymbol{R}_2-\boldsymbol{U}^{\mathrm{T}}-\boldsymbol{U})\boldsymbol{x}(t-\tau(t))+\\&\quad\boldsymbol{x}^{\mathrm{T}}(t-\tau(t))(\boldsymbol{U}^{\mathrm{T}}-\boldsymbol{R}_2)\boldsymbol{x}(t-\tau_2)-\boldsymbol{x}^{\mathrm{T}}(t-\tau_2)\boldsymbol{U}\boldsymbol{x}(t-\tau_1)+\boldsymbol{x}^{\mathrm{T}}(t-\tau_2)(\boldsymbol{U}-\boldsymbol{R}_2)\boldsymbol{x}(t-\tau(t))+\\&\quad\boldsymbol{x}^{\mathrm{T}}(t-\tau_2)\boldsymbol{R}_2\boldsymbol{x}(t-\tau_2)]\end{aligned} \tag{10-13}$$

然后，利用牛顿-莱布尼茨公式和具有适当维数的自由加权矩阵 $\boldsymbol{M}$，易得

$$2\boldsymbol{\xi}^{\mathrm{T}}(t)\boldsymbol{M}\left[\boldsymbol{x}(t)-\boldsymbol{x}(t-\tau(t))-\int_{t-\tau(t)}^{t}\dot{\boldsymbol{x}}(s)\mathrm{d}s\right]=0 \tag{10-14}$$

其中：$\boldsymbol{\xi}^{\mathrm{T}}(t)=[\boldsymbol{x}^{\mathrm{T}}(t)\quad\boldsymbol{x}^{\mathrm{T}}(t-\tau_1)\quad\boldsymbol{x}^{\mathrm{T}}(t-\tau(t))\quad\boldsymbol{x}^{\mathrm{T}}(t-\tau_2)\quad\boldsymbol{\omega}(t)]$

利用柯西不等式，可得

$$-2\boldsymbol{\xi}^{\mathrm{T}}(t)\boldsymbol{M}\int_{t-\tau(t)}^{t}\dot{\boldsymbol{x}}(s)\mathrm{d}s\leqslant\tau(t)\boldsymbol{\xi}^{\mathrm{T}}(t)\boldsymbol{M}\boldsymbol{H}^{-1}\boldsymbol{M}^{\mathrm{T}}\boldsymbol{\xi}(t)+\int_{t-\tau(t)}^{t}\dot{\boldsymbol{x}}^{\mathrm{T}}(s)\boldsymbol{H}\dot{\boldsymbol{x}}(s)\mathrm{d}s \tag{10-15}$$

综合式(10-8)至式(10-15)，则有

$$\begin{aligned}&\dot{V}(t)+\boldsymbol{e}^{\mathrm{T}}(t)\boldsymbol{e}(t)-\gamma^2\tilde{\boldsymbol{\omega}}^{\mathrm{T}}(t)\tilde{\boldsymbol{\omega}}(t)\\&\leqslant\boldsymbol{\xi}^{\mathrm{T}}(t)[\boldsymbol{\Xi}+\tau(t)\boldsymbol{M}\boldsymbol{H}^{-1}\boldsymbol{M}^{\mathrm{T}}+2\boldsymbol{M}(\boldsymbol{e}_1-\boldsymbol{e}_3)+(\tau_2-\tau(t))\boldsymbol{\Gamma}^{\mathrm{T}}\boldsymbol{H}\boldsymbol{\Gamma}]\boldsymbol{\xi}(t)\end{aligned} \tag{10-16}$$

其中：$\boldsymbol{\Gamma}=[\bar{\boldsymbol{A}}\quad 0\quad \bar{\boldsymbol{B}}\boldsymbol{K}\quad 0\quad \bar{\boldsymbol{B}}_{\tilde{\omega}}]$，$\boldsymbol{e}_1=[\boldsymbol{I}\quad 0\quad 0\quad 0\quad 0]$，$\boldsymbol{e}_3=[0\quad 0\quad \boldsymbol{I}\quad 0\quad 0]$。

当定理 1 中的式(10-6)、式(10-7)成立时，应用引理 2，可得

$$\boldsymbol{\Xi}+\tau(t)\boldsymbol{M}\boldsymbol{H}^{-1}\boldsymbol{M}^{\mathrm{T}}+2\boldsymbol{M}(\boldsymbol{e}_1-\boldsymbol{e}_3)+(\tau_2-\tau(t))\boldsymbol{\Gamma}^{\mathrm{T}}\boldsymbol{H}\boldsymbol{\Gamma}<0$$

因此 $\dot{V}(t)<\gamma^2\tilde{\boldsymbol{\omega}}^{\mathrm{T}}(t)\tilde{\boldsymbol{\omega}}(t)-\boldsymbol{e}^{\mathrm{T}}(t)\boldsymbol{e}(t)$ 成立。当 $\tilde{\boldsymbol{\omega}}(t)=0$ 时，显然系统渐近稳定；当 $\tilde{\boldsymbol{\omega}}(t)\neq0$

且系统初始状态为零时，针对所有非零 $\tilde{\boldsymbol{\omega}}(t)$，有 $\|\boldsymbol{e}(t)\|_2<\gamma^2\|\tilde{\boldsymbol{\omega}}(t)\|_2$ 的结论。证毕。

在时滞系统的稳定性分析中，Jensen 不等式和互逆凸组合方法在已有的研究结果中起着非常重要的作用。本节在所构建的 Lyapunov-Krasovskii 泛函 $V_4(t,\boldsymbol{x}_t)=(\tau_2-\tau(t))\int_{t-\tau(t)}^{t}\dot{\boldsymbol{x}}^{\mathrm{T}}(s)\boldsymbol{H}\dot{\boldsymbol{x}}(s)\mathrm{d}s$ 中，引入了自由加权矩阵，利用时变输入时延 $\tau(t)$ 的一阶导数的有效信息，进一步获得了系统低保守性的稳定性条件。

10.3　鲁棒 H_∞ 输出跟踪控制器设计

在本节中，我们根据定理 1 给出了求解鲁棒 H_∞ 输出跟踪控制器的方法。

引理 3(Schur 补引理)　假如存在矩阵 $\boldsymbol{S}_1$、$\boldsymbol{S}_2$ 和 $\boldsymbol{S}_3$，其中 $\boldsymbol{S}_2^{\mathrm{T}}=\boldsymbol{S}_2>0$，$\boldsymbol{S}_3^{\mathrm{T}}=\boldsymbol{S}_3$，则 $\boldsymbol{S}_1^{\mathrm{T}}\boldsymbol{S}_2\boldsymbol{S}_1+\boldsymbol{S}_3<0$ 成立等价于

$$\begin{bmatrix}-\boldsymbol{S}_2^{-1} & \boldsymbol{S}_1\\ \boldsymbol{S}_1^{\mathrm{T}} & \boldsymbol{S}_3\end{bmatrix}<0 \quad \text{或} \quad \begin{bmatrix}\boldsymbol{S}_3 & \boldsymbol{S}_1^{\mathrm{T}}\\ \boldsymbol{S}_1 & -\boldsymbol{S}_2^{-1}\end{bmatrix}<0$$

引理 4[34]　给定具有相应维数的矩阵 $\boldsymbol{W}$、$\boldsymbol{D}$ 和 $\boldsymbol{E}$，其中 $\boldsymbol{W}$ 为对称矩阵，对于所有满足 $\boldsymbol{F}^{\mathrm{T}}\boldsymbol{F}<\boldsymbol{I}$ 的矩阵 $\boldsymbol{F}$，有 $\boldsymbol{W}+\boldsymbol{DFE}+\boldsymbol{E}^{\mathrm{T}}\boldsymbol{F}^{\mathrm{T}}\boldsymbol{D}^{\mathrm{T}}<0$，当且仅当存在标量 $\varepsilon>0$，使得 $\boldsymbol{W}+\varepsilon\boldsymbol{DD}^{\mathrm{T}}+\varepsilon^{-1}\boldsymbol{E}^{\mathrm{T}}\boldsymbol{E}<0$。

定理 2　给定常数标量 γ,τ_1,τ_2，如果存在合适维数的矩阵 $\boldsymbol{X}>0$，$\boldsymbol{Y}>0$，$\tilde{\boldsymbol{Q}}_1>0$，$\tilde{\boldsymbol{Q}}_2>0$，$\tilde{\boldsymbol{R}}_1>0$，$\tilde{\boldsymbol{R}}_2>0$，$\tilde{\boldsymbol{H}}>0$，$\boldsymbol{G}>0$，$\tilde{\boldsymbol{M}}$，$\tilde{\boldsymbol{U}}$，以及前述标量 ε 和 β，满足式(10-17)至式(10-19)，则增广闭环系统式(10-4)是渐近稳定的，且可以实现具有 γ 指标的鲁棒 H_∞ 输出跟踪性能。其中式(10-3)形式的控制器增益 $\boldsymbol{K}=[\boldsymbol{K}_1\quad \boldsymbol{K}_2]=\boldsymbol{YX}^{-1}$。

$$\begin{bmatrix}\tilde{\boldsymbol{R}}_2 & *\\ \tilde{\boldsymbol{U}} & \tilde{\boldsymbol{R}}_2\end{bmatrix}>0 \tag{10-17}$$

$$\begin{bmatrix}
\boldsymbol{\Psi}_{11} & * & * & * & * & * & * & * & * & * & * & * & * & *\\
\boldsymbol{\Psi}_{21} & \boldsymbol{\Psi}_{22} & * & * & * & * & * & * & * & * & * & * & * & *\\
\boldsymbol{\Psi}_{31} & \boldsymbol{\Psi}_{32} & \boldsymbol{\Psi}_{33} & * & * & * & * & * & * & * & * & * & * & *\\
\boldsymbol{\Psi}_{41} & \boldsymbol{\Psi}_{42} & \boldsymbol{\Psi}_{43} & \boldsymbol{\Psi}_{44} & * & * & * & * & * & * & * & * & * & *\\
\boldsymbol{\Psi}_{51} & 0 & \boldsymbol{\Psi}_{53} & 0 & \boldsymbol{\Psi}_{55} & * & * & * & * & * & * & * & * & *\\
\boldsymbol{\Psi}_{61} & \boldsymbol{\Psi}_{62} & \boldsymbol{\Psi}_{63} & \boldsymbol{\Psi}_{64} & \boldsymbol{\Psi}_{65} & \boldsymbol{\Psi}_{66} & * & * & * & * & * & * & * & *\\
\boldsymbol{\Psi}_{71} & 0 & \boldsymbol{\Psi}_{73} & 0 & \boldsymbol{\Psi}_{75} & 0 & \boldsymbol{\Psi}_{77} & * & * & * & * & * & * & *\\
\boldsymbol{\Psi}_{81} & 0 & \boldsymbol{\Psi}_{83} & 0 & \boldsymbol{\Psi}_{85} & 0 & 0 & \boldsymbol{\Psi}_{88} & * & * & * & * & * & *\\
\boldsymbol{\Psi}_{91} & 0 & \boldsymbol{\Psi}_{93} & 0 & \boldsymbol{\Psi}_{95} & 0 & 0 & 0 & \boldsymbol{\Psi}_{99} & * & * & * & * & *\\
\boldsymbol{\Psi}_{101} & 0 & 0 & 0 & 0 & 0 & \boldsymbol{\Psi}_{107} & \boldsymbol{\Psi}_{108} & \boldsymbol{\Psi}_{109} & \boldsymbol{\Psi}_{1010} & * & * & * & *\\
\boldsymbol{\Psi}_{111} & 0 & \boldsymbol{\Psi}_{113} & 0 & 0 & 0 & 0 & 0 & 0 & 0 & \boldsymbol{\Psi}_{1111} & * & * & *\\
\boldsymbol{\Psi}_{121} & 0 & \boldsymbol{\Psi}_{123} & 0 & 0 & 0 & 0 & 0 & 0 & 0 & 0 & \boldsymbol{\Psi}_{1212} & * & *\\
0 & 0 & 0 & 0 & 0 & 0 & 0 & 0 & 0 & 0 & 0 & \boldsymbol{\Psi}_{1312} & \boldsymbol{\Psi}_{1313} & *\\
\boldsymbol{\Psi}_{141} & 0 & \boldsymbol{\Psi}_{143} & 0 & 0 & 0 & 0 & 0 & 0 & 0 & 0 & 0 & 0 & \boldsymbol{\Psi}_{1414}
\end{bmatrix}<0 \tag{10-18}$$

$$
\begin{bmatrix}
\boldsymbol{\theta}_{11} & * & * & * & * & * & * & * & * & * & * & * & * \\
\boldsymbol{\theta}_{21} & \boldsymbol{\theta}_{22} & * & * & * & * & * & * & * & * & * & * & * \\
\boldsymbol{\theta}_{31} & \boldsymbol{\theta}_{32} & \boldsymbol{\theta}_{33} & * & * & * & * & * & * & * & * & * & * \\
\boldsymbol{\theta}_{41} & \boldsymbol{\theta}_{42} & \boldsymbol{\theta}_{43} & \boldsymbol{\theta}_{44} & * & * & * & * & * & * & * & * & * \\
\boldsymbol{\theta}_{51} & 0 & \boldsymbol{\theta}_{53} & 0 & \boldsymbol{\theta}_{55} & * & * & * & * & * & * & * & * \\
\boldsymbol{\theta}_{61} & \boldsymbol{\theta}_{62} & \boldsymbol{\theta}_{63} & \boldsymbol{\theta}_{64} & \boldsymbol{\theta}_{65} & \boldsymbol{\theta}_{66} & * & * & * & * & * & * & * \\
\boldsymbol{\theta}_{71} & 0 & \boldsymbol{\theta}_{73} & 0 & \boldsymbol{\theta}_{75} & 0 & \boldsymbol{\theta}_{77} & * & * & * & * & * & * \\
\boldsymbol{\theta}_{81} & 0 & \boldsymbol{\theta}_{83} & 0 & \boldsymbol{\theta}_{85} & 0 & 0 & \boldsymbol{\theta}_{88} & * & * & * & * & * \\
\boldsymbol{\theta}_{91} & 0 & 0 & 0 & 0 & 0 & \boldsymbol{\theta}_{97} & \boldsymbol{\theta}_{98} & \boldsymbol{\theta}_{99} & * & * & * & * \\
\boldsymbol{\theta}_{101} & 0 & \boldsymbol{\theta}_{103} & 0 & 0 & 0 & 0 & 0 & 0 & \boldsymbol{\theta}_{1010} & * & * & * \\
\boldsymbol{\theta}_{111} & 0 & \boldsymbol{\theta}_{113} & 0 & 0 & 0 & 0 & 0 & 0 & 0 & \boldsymbol{\theta}_{1111} & * & * \\
0 & 0 & 0 & 0 & 0 & 0 & 0 & 0 & 0 & 0 & \boldsymbol{\theta}_{1211} & \boldsymbol{\theta}_{1212} & * \\
\boldsymbol{\theta}_{131} & 0 & \boldsymbol{\theta}_{133} & 0 & 0 & 0 & 0 & 0 & 0 & 0 & 0 & 0 & \boldsymbol{\theta}_{1313}
\end{bmatrix} \leqslant 0 \quad (10\text{-}19)
$$

其中：$\boldsymbol{\theta}_{11}=\boldsymbol{\Psi}_{11}=\boldsymbol{X}\boldsymbol{A}^{\mathrm{T}}+\boldsymbol{A}\boldsymbol{X}+\widetilde{\boldsymbol{Q}}_1-\widetilde{\boldsymbol{R}}_1+\widetilde{\boldsymbol{M}}_1+\widetilde{\boldsymbol{M}}_1^{\mathrm{T}}$，$\boldsymbol{\theta}_{21}=\boldsymbol{\Psi}_{21}=\widetilde{\boldsymbol{R}}_1+\widetilde{\boldsymbol{M}}_2$，

$\boldsymbol{\theta}_{22}=\boldsymbol{\Psi}_{22}=\widetilde{\boldsymbol{Q}}_2-\widetilde{\boldsymbol{Q}}_1-\widetilde{\boldsymbol{R}}_1-\widetilde{\boldsymbol{R}}_2$，$\boldsymbol{\theta}_{31}=\boldsymbol{\Psi}_{31}=\boldsymbol{Y}^{\mathrm{T}}\boldsymbol{B}^{\mathrm{T}}+\widetilde{\boldsymbol{M}}_3-\widetilde{\boldsymbol{M}}_1^{\mathrm{T}}$，$\boldsymbol{\theta}_{32}=\boldsymbol{\Psi}_{32}=-\widetilde{\boldsymbol{U}}+\widetilde{\boldsymbol{R}}_2-\widetilde{\boldsymbol{M}}_2^{\mathrm{T}}$，

$\boldsymbol{\theta}_{33}=\boldsymbol{\Psi}_{33}=-2\widetilde{\boldsymbol{R}}_2+\widetilde{\boldsymbol{U}}^{\mathrm{T}}+\widetilde{\boldsymbol{U}}-\widetilde{\boldsymbol{M}}_3-\widetilde{\boldsymbol{M}}_3^{\mathrm{T}}$，$\boldsymbol{\theta}_{41}=\boldsymbol{\Psi}_{41}=\widetilde{\boldsymbol{M}}_4$，$\boldsymbol{\theta}_{42}=\boldsymbol{\Psi}_{42}=\widetilde{\boldsymbol{U}}$，$\boldsymbol{\theta}_{44}=-\widetilde{\boldsymbol{Q}}_2-\widetilde{\boldsymbol{R}}_2$，

$\boldsymbol{\theta}_{43}=\boldsymbol{\Psi}_{43}=-\widetilde{\boldsymbol{U}}+\widetilde{\boldsymbol{R}}_2-\widetilde{\boldsymbol{M}}_4$，$\boldsymbol{\theta}_{51}=\boldsymbol{\Psi}_{51}=\bar{\boldsymbol{B}}_{\bar{\omega}}^{\mathrm{T}}+\widetilde{\boldsymbol{M}}_5$，$\boldsymbol{\theta}_{53}=\boldsymbol{\Psi}_{53}=-\widetilde{\boldsymbol{M}}_5$，$\boldsymbol{\theta}_{55}=\boldsymbol{\Psi}_{55}=-\gamma^2\boldsymbol{I}$，

$\boldsymbol{\theta}_{61}=\sqrt{\tau_2}\widetilde{\boldsymbol{M}}_1^{\mathrm{T}}$，$\boldsymbol{\theta}_{62}=\sqrt{\tau_2}\widetilde{\boldsymbol{M}}_2^{\mathrm{T}}$，$\boldsymbol{\theta}_{63}=\sqrt{\tau_2}\widetilde{\boldsymbol{M}}_3^{\mathrm{T}}$，$\boldsymbol{\theta}_{64}=\sqrt{\tau_2}\widetilde{\boldsymbol{M}}_4^{\mathrm{T}}$，$\boldsymbol{\theta}_{65}=\sqrt{\tau_2}\widetilde{\boldsymbol{M}}_5^{\mathrm{T}}$，$\boldsymbol{\Psi}_{61}=\sqrt{\tau_1}\widetilde{\boldsymbol{M}}_1^{\mathrm{T}}$，

$\boldsymbol{\Psi}_{62}=\sqrt{\tau_1}\widetilde{\boldsymbol{M}}_2^{\mathrm{T}}$，$\boldsymbol{\Psi}_{63}=\sqrt{\tau_1}\widetilde{\boldsymbol{M}}_3^{\mathrm{T}}$，$\boldsymbol{\Psi}_{64}=\sqrt{\tau_1}\widetilde{\boldsymbol{M}}_4^{\mathrm{T}}$，$\boldsymbol{\Psi}_{65}=\sqrt{\tau_1}\widetilde{\boldsymbol{M}}_5^{\mathrm{T}}$，$\boldsymbol{\theta}_{66}=\boldsymbol{\Psi}_{66}=-\widetilde{\boldsymbol{H}}$，

$\boldsymbol{\theta}_{71}=\boldsymbol{\Psi}_{71}=\tau_1\boldsymbol{A}\boldsymbol{X}$，$\boldsymbol{\theta}_{73}=\boldsymbol{\Psi}_{73}=\tau_1\boldsymbol{B}\boldsymbol{Y}$，$\boldsymbol{\theta}_{75}=\boldsymbol{\Psi}_{75}=\tau_1\bar{\boldsymbol{B}}_{\bar{\omega}}$，$\boldsymbol{\theta}_{77}=\boldsymbol{\Psi}_{77}=-\boldsymbol{X}\widetilde{\boldsymbol{R}}_1^{-1}\boldsymbol{X}$，

$\boldsymbol{\theta}_{81}=\boldsymbol{\Psi}_{81}=(\tau_2-\tau_1)\boldsymbol{A}\boldsymbol{X}$，$\boldsymbol{\theta}_{83}=\boldsymbol{\Psi}_{83}=(\tau_2-\tau_1)\boldsymbol{B}\boldsymbol{Y}$，$\boldsymbol{\theta}_{85}=\boldsymbol{\Psi}_{85}=(\tau_2-\tau_1)\bar{\boldsymbol{B}}_{\bar{\omega}}$，

$\boldsymbol{\theta}_{88}=\boldsymbol{\Psi}_{88}=-\boldsymbol{X}\widetilde{\boldsymbol{R}}_2^{-1}\boldsymbol{X}$，$\boldsymbol{\Psi}_{91}=\sqrt{(\tau_2-\tau_1)}\boldsymbol{A}\boldsymbol{X}$，$\boldsymbol{\Psi}_{93}=\sqrt{(\tau_2-\tau_1)}\boldsymbol{B}\boldsymbol{Y}$，$\boldsymbol{\Psi}_{95}=-\sqrt{(\tau_2-\tau_1)}\bar{\boldsymbol{B}}_{\bar{\omega}}$，

$\boldsymbol{\Psi}_{99}=-\boldsymbol{X}\widetilde{\boldsymbol{H}}^{-1}\boldsymbol{X}$，$\boldsymbol{\theta}_{91}=\boldsymbol{\Psi}_{101}=\varepsilon\boldsymbol{G}^{\mathrm{T}}$，$\boldsymbol{\theta}_{97}=\boldsymbol{\Psi}_{107}=\tau_1\varepsilon\boldsymbol{G}^{\mathrm{T}}$，$\boldsymbol{\theta}_{98}=\boldsymbol{\Psi}_{108}=(\tau_2-\tau_1)\varepsilon\boldsymbol{G}^{\mathrm{T}}$，

$\boldsymbol{\Psi}_{109}=\sqrt{(\tau_2-\tau_1)}\varepsilon\boldsymbol{G}^{\mathrm{T}}$，$\boldsymbol{\theta}_{99}=\boldsymbol{\Psi}_{1010}=-\varepsilon\boldsymbol{I}$，$\boldsymbol{\theta}_{101}=\boldsymbol{\Psi}_{111}=\boldsymbol{E}_{\mathrm{a}}\boldsymbol{X}$，$\boldsymbol{\theta}_{103}=\boldsymbol{\Psi}_{113}=\boldsymbol{E}_{\mathrm{b}}\boldsymbol{Y}$，

$\boldsymbol{\theta}_{1010}=\boldsymbol{\Psi}_{1111}=-\varepsilon\boldsymbol{I}$，$\boldsymbol{\theta}_{111}=\boldsymbol{\Psi}_{121}=\boldsymbol{C}\boldsymbol{X}$，$\boldsymbol{\theta}_{113}=\boldsymbol{\Psi}_{123}=\boldsymbol{D}\boldsymbol{Y}$，$\boldsymbol{\theta}_{1111}=\boldsymbol{\Psi}_{1212}=-\boldsymbol{I}$，

$\boldsymbol{\theta}_{1211}=\boldsymbol{\Psi}_{1312}=\beta\boldsymbol{N}^{\mathrm{T}}$，$\boldsymbol{\theta}_{1212}=\boldsymbol{\Psi}_{1313}=-\beta\boldsymbol{I}$，$\boldsymbol{\theta}_{131}=\boldsymbol{\Psi}_{141}=\boldsymbol{E}_{\mathrm{c}}\boldsymbol{X}$，$\boldsymbol{\theta}_{133}=\boldsymbol{\Psi}_{143}=\boldsymbol{E}_{\mathrm{d}}\boldsymbol{Y}$，

$\boldsymbol{\theta}_{1313}=\boldsymbol{\Psi}_{1414}=-\beta\boldsymbol{I}$，$\widetilde{\boldsymbol{M}}=[\widetilde{\boldsymbol{M}}_1^{\mathrm{T}}\quad \widetilde{\boldsymbol{M}}_2^{\mathrm{T}}\quad \widetilde{\boldsymbol{M}}_3^{\mathrm{T}}\quad \widetilde{\boldsymbol{M}}_4^{\mathrm{T}}\quad \widetilde{\boldsymbol{M}}_5^{\mathrm{T}}]^{\mathrm{T}}$。

证明　由于 $\|\boldsymbol{F}_{\mathrm{p}}^{\mathrm{T}}(t)\boldsymbol{F}_{\mathrm{p}}(t)\|_2<\boldsymbol{I}$ 和 $\|\boldsymbol{\Delta}_{\mathrm{p}}^{\mathrm{T}}(t)\boldsymbol{\Delta}_{\mathrm{p}}(t)\|_2<\boldsymbol{I}$，因此不确定项 $\boldsymbol{F}_{\mathrm{p}}(t)$ 和 $\boldsymbol{\Delta}_{\mathrm{p}}(t)$ 可以通过对式(10-6)应用引理 3 和引理 4 来消除。继续对所得的不等式左右分别乘以

$$\mathrm{diag}(\boldsymbol{X},\boldsymbol{X},\boldsymbol{X},\boldsymbol{X},\boldsymbol{I},\boldsymbol{R}_1^{-1},\boldsymbol{R}_2^{-1},\boldsymbol{H}^{-1},\boldsymbol{I},\boldsymbol{I},\boldsymbol{I},\boldsymbol{I},\boldsymbol{I})$$

以及它的转置矩阵，其中 $\boldsymbol{X}=\boldsymbol{P}^{-1}$。

定义

$$\boldsymbol{Y}=\boldsymbol{K}\boldsymbol{X},\widetilde{\boldsymbol{M}}=[(\boldsymbol{X}\boldsymbol{M}_1\boldsymbol{X})^{\mathrm{T}}\quad (\boldsymbol{X}\boldsymbol{M}_2\boldsymbol{X})^{\mathrm{T}}\quad (\boldsymbol{X}\boldsymbol{M}_3\boldsymbol{X})^{\mathrm{T}}\quad (\boldsymbol{X}\boldsymbol{M}_4\boldsymbol{X})^{\mathrm{T}}\quad (\boldsymbol{M}_5\boldsymbol{X})^{\mathrm{T}}]^{\mathrm{T}}$$

$$\widetilde{\boldsymbol{Q}}_1=\boldsymbol{X}\boldsymbol{Q}_1\boldsymbol{X},\quad \widetilde{\boldsymbol{Q}}_2=\boldsymbol{X}\boldsymbol{Q}_2\boldsymbol{X},\quad \widetilde{\boldsymbol{R}}_1=\boldsymbol{X}\widetilde{\boldsymbol{R}}_1\boldsymbol{X},\quad \widetilde{\boldsymbol{R}}_2=\boldsymbol{X}\widetilde{\boldsymbol{R}}_2\boldsymbol{X}$$

易得到式(10-18)。通过分别对式(10-15)的左右两边分别乘以 diag$(\boldsymbol{X},\boldsymbol{X})$ 及其转置矩阵，可得式(10-17)。类似于获得式(10-18)的过程，我们可以从式(10-7)中得到式(10-19)。证毕。

定理 2 包含一些非线性项，即 $\boldsymbol{X}\widetilde{\boldsymbol{R}}_1^{-1}\boldsymbol{X}$，$\boldsymbol{X}\widetilde{\boldsymbol{R}}_2^{-1}\boldsymbol{X}$ 和 $\boldsymbol{X}\boldsymbol{H}^{-1}\boldsymbol{X}$，对非线性项一般有两种处理方法：

(1) 利用边界不等式 $-\boldsymbol{X}\widetilde{\boldsymbol{H}}^{-1}\boldsymbol{X}\leqslant\widetilde{\boldsymbol{H}}^{-1}-2\boldsymbol{X}$，$-\boldsymbol{X}\widetilde{\boldsymbol{R}}_i^{-1}\boldsymbol{X}\leqslant\widetilde{\boldsymbol{R}}_i^{-1}-2\boldsymbol{X}$ $(i=1,2)$，将非线性矩阵不等式转化为线性矩阵不等式。

(2) 采用第 9 章中应用的改进型锥补线性化算法。

对于第一种边界不等式，如果分别用 $\alpha_i^2\widetilde{\boldsymbol{H}}^{-1}$，$\alpha_i^2\widetilde{\boldsymbol{R}}_i^{-1}$ 和 $\alpha_i\boldsymbol{X}$ 来代替 $\widetilde{\boldsymbol{H}}^{-1}$，$\widetilde{\boldsymbol{R}}_i^{-1}$ 和 $\boldsymbol{X}$，我们将得到不等式

$$-\boldsymbol{X}\widetilde{\boldsymbol{H}}^{-1}\boldsymbol{X}\leqslant\alpha_i^2\widetilde{\boldsymbol{H}}^{-1}-2\alpha_i\boldsymbol{X},\quad -\boldsymbol{X}\widetilde{\boldsymbol{R}}_i^{-1}\boldsymbol{X}\leqslant\alpha_i^2\widetilde{\boldsymbol{R}}_i^{-1}-2\alpha_i\boldsymbol{X},\quad i=1,2$$

通过附加参数可获得较低的保守性。对于第二种改进型锥补线性化算法，即将定理 2 中的非线性矩阵不等式转化为线性矩阵不等式约束下的最小化问题。相对于方法(1)，方法(2)将承担更多的计算工作，但对于系统设计的保守性而言是一个更好的选择。

为了求解控制器增益，采用改进型锥补线性化算法将定理 2 中的不等式条件进一步转换。对于式(10-18)和式(10-19)中的非线性项 $\boldsymbol{X}\widetilde{\boldsymbol{R}}_1^{-1}\boldsymbol{X}$，$\boldsymbol{X}\widetilde{\boldsymbol{R}}_2^{-1}\boldsymbol{X}$ 和 $\boldsymbol{X}\boldsymbol{H}^{-1}\boldsymbol{X}$，首先假设存在矩阵 $\boldsymbol{L}_1>0$，$\boldsymbol{L}_2>0$，$\boldsymbol{L}_3>0$ 满足式

$$-\boldsymbol{L}_3\geqslant-\boldsymbol{X}\widetilde{\boldsymbol{H}}^{-1}\boldsymbol{X},\quad -\boldsymbol{L}_j\geqslant-\boldsymbol{X}\widetilde{\boldsymbol{R}}_i^{-1}\boldsymbol{X},\quad i=1,2;\ j=1,2,3 \tag{10-20}$$

然后利用引理 3，式(10-20)可等价于

$$\begin{bmatrix}-\widetilde{\boldsymbol{H}}^{-1} & \boldsymbol{X}^{-1}\\ \boldsymbol{X}^{-1} & -\boldsymbol{L}_3^{-1}\end{bmatrix}\leqslant0,\quad \begin{bmatrix}-\widetilde{\boldsymbol{R}}_i^{-1} & \boldsymbol{X}^{-1}\\ \boldsymbol{X}^{-1} & -\boldsymbol{L}_j^{-1}\end{bmatrix}\leqslant0,\quad i=1,2;\ j=1,2,3 \tag{10-21}$$

引入新的变量 $\boldsymbol{X}_{\mathrm{N}}$，$\boldsymbol{R}_{1\mathrm{N}}$，$\boldsymbol{R}_{2\mathrm{N}}$，$\boldsymbol{L}_{1\mathrm{N}}$，$\boldsymbol{L}_{2\mathrm{N}}$，$\boldsymbol{L}_{3\mathrm{N}}$，式(10-21)可重新写为

$$\begin{bmatrix}-\widetilde{\boldsymbol{H}}_{\mathrm{N}} & \boldsymbol{X}_{\mathrm{N}}\\ \boldsymbol{X}_{\mathrm{N}} & -\boldsymbol{L}_{3\mathrm{N}}\end{bmatrix}\leqslant0,\quad \begin{bmatrix}-\widetilde{\boldsymbol{R}}_{i\mathrm{N}} & \boldsymbol{X}_{\mathrm{N}}\\ \boldsymbol{X}_{\mathrm{N}} & -\boldsymbol{L}_{j\mathrm{N}}\end{bmatrix}\leqslant0,\quad i=1,2;\ j=1,2,3 \tag{10-22}$$

其中：$\boldsymbol{X}\boldsymbol{X}_{\mathrm{N}}=\boldsymbol{I}$，$\widetilde{\boldsymbol{R}}_1\widetilde{\boldsymbol{R}}_{1\mathrm{N}}=\boldsymbol{I}$，$\widetilde{\boldsymbol{R}}_2\widetilde{\boldsymbol{R}}_{2\mathrm{N}}=\boldsymbol{I}$，$\widetilde{\boldsymbol{H}}\widetilde{\boldsymbol{H}}_{\mathrm{N}}=\boldsymbol{I}$，$\boldsymbol{L}_1\boldsymbol{L}_{1\mathrm{N}}=\boldsymbol{I}$，$\boldsymbol{L}_2\boldsymbol{L}_{2\mathrm{N}}=\boldsymbol{I}$，$\boldsymbol{L}_3\boldsymbol{L}_{3\mathrm{N}}=\boldsymbol{I}$。

因此，定理 2 中的不等式条件能够转化为式(10-23)的基于线性矩阵不等式的求解最小值的问题，其中非线性项 $\boldsymbol{X}\widetilde{\boldsymbol{R}}_1^{-1}\boldsymbol{X}$，$\boldsymbol{X}\widetilde{\boldsymbol{R}}_2^{-1}\boldsymbol{X}$，$\boldsymbol{X}\boldsymbol{H}^{-1}\boldsymbol{X}$ 分别被 $\boldsymbol{L}_1$，$\boldsymbol{L}_2$，$\boldsymbol{L}_3$ 所代替。

$$\text{Minimize tr}\left(\boldsymbol{X}\boldsymbol{X}_{\mathrm{N}}+\widetilde{\boldsymbol{R}}_1\widetilde{\boldsymbol{R}}_{1\mathrm{N}}+\widetilde{\boldsymbol{R}}_2\widetilde{\boldsymbol{R}}_{2\mathrm{N}}+\widetilde{\boldsymbol{H}}\widetilde{\boldsymbol{H}}_{\mathrm{N}}+\sum_{j=1}^{3}\boldsymbol{L}_j\boldsymbol{L}_{j\mathrm{N}}\right) \tag{10-23}$$

$$\begin{bmatrix}\boldsymbol{X} & *\\ 0 & \boldsymbol{X}_{\mathrm{N}}\end{bmatrix}>0,\ \begin{bmatrix}\widetilde{\boldsymbol{R}}_i & *\\ 0 & \widetilde{\boldsymbol{R}}_{i\mathrm{N}}\end{bmatrix}>0,\ i=1,2$$

$$\begin{bmatrix}\widetilde{\boldsymbol{H}} & *\\ 0 & \widetilde{\boldsymbol{H}}_{\mathrm{N}}\end{bmatrix}>0,\ \begin{bmatrix}\widetilde{\boldsymbol{L}}_j & *\\ 0 & \widetilde{\boldsymbol{L}}_{j\mathrm{N}}\end{bmatrix}>0,\ j=1,2,3$$

类似于第 9 章，本节采用文献[35]提出的改进型锥补线性化算法，可求出满足不确定网络化系统的鲁棒 H_∞ 输出跟踪控制器增益 $\boldsymbol{K}=\boldsymbol{Y}\boldsymbol{X}^{-1}$。

10.4　数值算例仿真

本节第一个例子是利用 QUANSER 公司的直流伺服电动机驱动模型来说明本章提出的鲁棒 H_∞ 输出跟踪控制方法对于具有网络诱导时延、数据丢包、参数不确定性和外部干扰

的网络控制系统是有效的。然后第二个例子是通过与文献[17,19,21,22]中的结果进行比较，说明本章提出的方法可以得到较低的保守性。最后，以实际卫星控制系统的输出跟踪控制设计为例，通过仿真验证本章所提方法的优越性。

算例 1 控制对象采用 QUANSER 公司的直流伺服电动机驱动模型，网络采用基于 MATLAB/SIMULINK 的 TrueTime 工具箱模拟实现。

图 10-3 所示为直流伺服电动机电枢回路和齿轮传动的工作原理图，可建立其电动机输入电压 V_i 和负载转动角 θ_l 的传递函数形式：

$$\frac{\theta_l(s)}{V_i(s)}=\frac{\eta_g K_g \eta_m k_t}{s(R_m(\eta_g K_g^2 J_m+J_l)s+k_m\eta_g K_g^2\eta_m k_t+R_m B_l)}$$

其中：$R_m=2.6\ \Omega$、$k_t=7.68\times10^{-3}\ \mathrm{N\cdot m/A}$、$\eta_m=0.69$、$k_m=7.68\times10^{-3}\ \mathrm{V/(rad\cdot s^{-1})}$、$J_m=4.61\times10^{-7}\ \mathrm{kg\cdot m^2}$、$K_g=70$、$J_l=1.5\times10^{-3}\ \mathrm{kg\cdot m^2}$、$B_l=1.5\times10^{-2}\ \mathrm{N\cdot m/(rad\cdot s^{-1})}$、$\eta_g=0.90$ 分别表示电动机电枢电阻、电动机转矩常数、电动机效率、电动机反电动势常数、电动机驱动轴转动惯量、齿轮箱齿轮传动效率、电动机负载轴转动惯量、电动机负载轴黏性阻尼系数以及发电机效率。

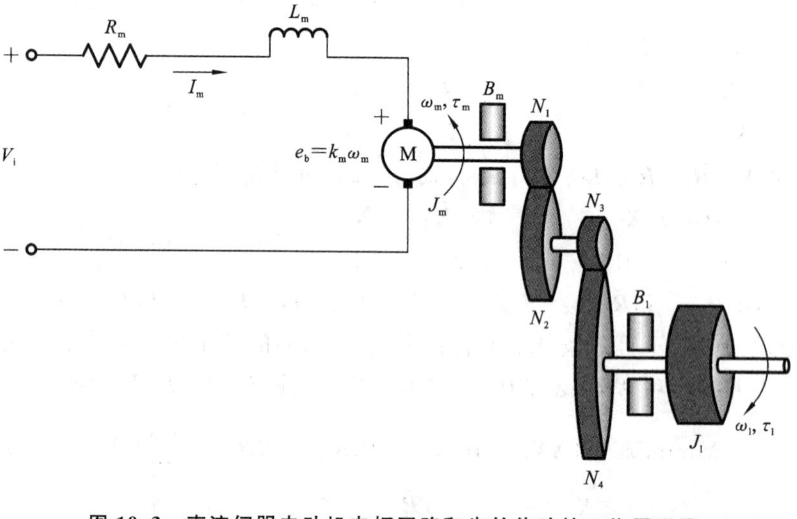

图 10-3 直流伺服电动机电枢回路和齿轮传动的工作原理图

带入相应的值可得其电动机输入电压 V_i 和输出负载转动角 θ_l 的二阶模型：

$$\frac{\theta_l(s)}{V_i(s)}=\frac{b_0}{s^2+a_1 s}$$

其中：$a_1=24.15$，$b_0=36.96$。假如考虑系统的参数不确定性以及外部的干扰，则可获得相应的状态空间模型：

$$\begin{cases}\dot{\boldsymbol{x}}(t)=\boldsymbol{A}\boldsymbol{x}(t)+\boldsymbol{B}\boldsymbol{u}(t)+\boldsymbol{B}_\omega\boldsymbol{\omega}(t)\\ \boldsymbol{y}(t)=\boldsymbol{C}\boldsymbol{x}(t)\end{cases}$$

其中：$\boldsymbol{A}=\begin{bmatrix}0 & 1\\ 0 & -a_1+\Delta A\end{bmatrix}$，$\boldsymbol{B}=\begin{bmatrix}0\\ b_0+\Delta B\end{bmatrix}$，$\boldsymbol{B}_\omega=\begin{bmatrix}0\\ b_\omega\end{bmatrix}$，$\boldsymbol{C}=[1\quad 0]$，$\Delta A$ 和 ΔB 为系统模型式(10-1)中所表示的不确定性参数，b_ω 为外部的干扰。

进一步地，根据式(10-1)可得相应的状态空间模型参数：

$$A_p=\begin{bmatrix}0 & 1\\0 & -24.15\end{bmatrix},\ B_p=\begin{bmatrix}0\\36.96\end{bmatrix},\ C_p=[1\quad 0]$$

令参考模型描述如下：

$$\begin{cases}\dot{x}_r(t)=-x_r(t)+r(t)\\ y_r(t)=0.5x_r(t)\end{cases}$$

假设采样周期 $h=15$ ms，网络诱导时延 $\tau_k\in(5,h)$，连续丢包数的上界 $\bar{d}=2$，所以 $\tau_1=5$ ms 和 $\tau_2=60$ ms。

接下来，我们将分别研究系统在不同参数不确定性和外部干扰输入矩阵 B_ω 下的跟踪性能。首先假设系统模型是时不变的，分析系统在不同干扰输入矩阵下的性能，如表 10-1 所示。

表 10-1　不同干扰输入矩阵 B_ω 下的最小 γ 值和控制器增益 K

B_ω	γ	K
$[0\quad 0]^T$	0.055	$[-12.9840\quad -0.5767\quad 6.3553]$
$[0\quad 3]^T$	0.056	$[-12.8433\quad -0.5750\quad 6.2728]$
$[0\quad 10]^T$	0.064	$[-11.9483\quad -0.5040\quad 5.9049]$
$[0\quad 20]^T$	0.088	$[-10.0768\quad -0.2803\quad 5.0873]$
$[0\quad 36.96]^T$	0.141	$[-9.8245\quad -0.2402\quad 4.9231]$

当 $B_\omega=[0\quad 10]^T$，系统的参数不确定度分别为 5%、10%、15%和 20%时，对系统的性能进行了分析。基于参数不确定性，可以设置矩阵 $F_p(t)=\begin{bmatrix}0 & 0\\0 & 0.98\cos t\end{bmatrix}$，$G_p=\begin{bmatrix}0 & 0\\0 & 1.9\end{bmatrix}$，$E_{pa}=\begin{bmatrix}0 & 0\\0 & 0.65i\end{bmatrix}$和 $E_{pb}=\begin{bmatrix}0\\i\end{bmatrix}$，其中 $i=1,2,3,4$ 分别对应的参数不确定度为 5%、10%、15%和 20%。根据定理 2，可以得到相应的性能指标和控制器增益，如表10-2 所示。当参数的不确定度为 20%以及 $B_\omega=[0\quad 36.96]^T$ 时，可以求出最小保证输出跟踪性能指标 $\gamma=0.204$ 和控制器增益 $K=[-8.8997\quad -0.2438\quad 3.9532]$。

表 10-2　不同参数不确定度下的最小 γ 值和控制器增益 K

参数不确定度	γ	K
0	0.055	$[-12.9840\quad -0.5767\quad 6.3553]$
5%	0.069	$[-11.7625\quad -0.4746\quad 5.7214]$
10%	0.075	$[-11.7809\quad -0.4528\quad 5.6287]$
15%	0.81	$[-11.5014\quad -0.4216\quad 5.3751]$
20%	0.88	$[-10.8374\quad -0.3726\quad 4.9848]$

系统初始状态分别设置为 $x(t)=[0\quad 0]^T$ 和 $x_r(t)=0$。假设丢包序列为 011011011…011011，其中 0 表示没有数据包丢失，1 表示数据包丢失。

如图 10-4 所示，展示三种情况的响应输出结果。情况 1：系统模型是时不变的，且 $B_\omega=[0\quad 0]^T$。情况 2：参数不确定度为 15%，且 $B_\omega=[0\quad 10]^T$。情况 3：参数不确定度为 20%，且 $B_\omega=[0\quad 36.96]^T$。如图 10-4 所示，从仿真图中可以清楚地看到，当系统存在参数不确定性、外部干扰、网络诱导时延和数据丢包时，系统均具有良好的输出跟踪轨迹，但是输出与参考输入之间始终存在着一定的跟踪误差。

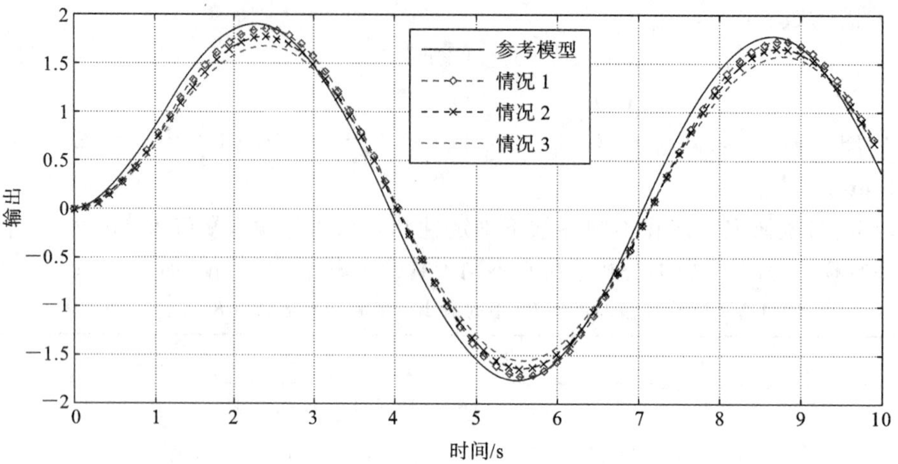

图 10-4 参考模型输出 $y_r(t)$和系统被控对象输出 $y(t)$(算例 1)

扫码看彩图

算例 2 文献[17,19]中给出了确定性的系统模型参数 $\boldsymbol{A}_p=\begin{bmatrix}0 & 1\\ -1 & -2\end{bmatrix}$，$\boldsymbol{B}_p=\begin{bmatrix}0\\1\end{bmatrix}$，$\boldsymbol{B}_\omega=\begin{bmatrix}0.2\\0.1\end{bmatrix}$，$\boldsymbol{C}_p=[1\quad 0]$，$\boldsymbol{D}_p=0.5$，以及控制器增益 $\boldsymbol{K}=[-1\quad 1\quad 1]$。同时参考模型与算例 1 中的一样，假设 $\tau_2=430$ ms，针对不同取值的 τ_1，给出最小保证输出跟踪性能指标 γ，如表 10-3 所示。表 10-3 列出了文献[17,19]的结果，从表中可以看出，本章所提方法求得的结果比文献[17,19]中的结果要好得多。

表 10-3 $\tau_2=430$ ms 时的最小 γ 值

方法		τ_1				
		0	50 ms	100 ms	150 ms	200 ms
γ	文献[17]	3.9018	3.1017	2.5700	2.1922	1.91
	文献[19]	1.6283	1.5795	1.5296	1.4783	1.4783
	定理 2	0.6402	0.8806	0.9595	0.9913	0.9798

此外，文献[21,22]中的系统模型为

$$\begin{cases}\dot{\boldsymbol{x}}_p(t)=\begin{bmatrix}0 & 1\\ -2 & -3\end{bmatrix}\boldsymbol{x}_p(t)+\begin{bmatrix}1\\2\end{bmatrix}\boldsymbol{u}(t)+\begin{bmatrix}0.5\\1\end{bmatrix}\boldsymbol{\omega}(t)\\ \boldsymbol{y}_p(t)=[1\quad 0]\boldsymbol{x}(t)\end{cases}$$

其参考模型为

$$\begin{cases}\dot{\boldsymbol{x}}_r(t)=-\boldsymbol{x}_r(t)+\boldsymbol{r}(t)\\ \boldsymbol{y}_r(t)=\boldsymbol{x}_r(t)\end{cases}$$

假设 $\tau(t)\in[0,\ 1.5)$，单位为 ms，与文献[21，22]有相同的最大时延区间。应用定理 2 可得保证输出跟踪性能指标 $\gamma=0.08$，该指标明显优于文献[21,22]中的 $\gamma=3.012$ 和 $\gamma=3.74$ 的结果。

算例 3　采用文献[17,19,31]中的实际卫星控制系统。该系统由两个柔性连接件连接在一起的刚性体组成。其状态空间模型表示为

$$\begin{cases}\begin{bmatrix}\dot{\boldsymbol{\theta}}_1(t)\\ \dot{\boldsymbol{\theta}}_2(t)\\ \ddot{\boldsymbol{\theta}}_1(t)\\ \ddot{\boldsymbol{\theta}}_2(t)\end{bmatrix}=\begin{bmatrix}0 & 0 & 1 & 0\\ 0 & 0 & 0 & 1\\ -0.09 & 0.09 & -0.04 & 0.04\\ 0.09 & -0.09 & 0.04 & -0.04\end{bmatrix}\begin{bmatrix}\boldsymbol{\theta}_1(t)\\ \boldsymbol{\theta}_2(t)\\ \dot{\boldsymbol{\theta}}_1(t)\\ \dot{\boldsymbol{\theta}}_2(t)\end{bmatrix}+\begin{bmatrix}0\\0\\1\\0\end{bmatrix}\boldsymbol{u}(t)+\begin{bmatrix}0\\0\\0\\1\end{bmatrix}\boldsymbol{\omega}(t)\\ \boldsymbol{y}(t)=\begin{bmatrix}0 & 1 & 0 & 0\end{bmatrix}\begin{bmatrix}\boldsymbol{\theta}_1^{\mathrm{T}} & \boldsymbol{\theta}_2^{\mathrm{T}} & \dot{\boldsymbol{\theta}}_1^{\mathrm{T}} & \dot{\boldsymbol{\theta}}_2^{\mathrm{T}}\end{bmatrix}^{\mathrm{T}}\end{cases}$$

这里仍然考虑算例 1 中的参考模型。表 10-4 列出了不同时延区间 $\tau(t)$ 下的最小保证输出跟踪性能 γ。

表 10-4　不同时延区间下的最小 γ 值

方法	γ	
	$\tau(t)\in[5,\ 30)$/ms	$\tau(t)\in[5,\ 20)$/ms
文献[17]	0.1267	—
文献[19]	0.0915	—
文献[31]	—	0.07
定理 2	0.0721	0.0520

设置采样周期 $h=15$ ms,选择与参考文献[17,19]相同的 $\tau_1=5$ ms 和 $\tau_2=30$ ms。通过求解定理 2 中的不等式,可求解出控制器增益 $\boldsymbol{K}=[-110\quad -221430\quad -50\quad -24520\quad 99080]$,且最小保证输出跟踪性能指标 $\gamma=0.0721$。从表 10-4 可以看出,用本章所提方法获得的结果比文献[17,19,31]中的结果的保守性要低很多。例如,与文献[19]中的结果相比,本节所求得的最小保证输出跟踪性能指标 γ 提高了 21%。

分别利用定理 2 和文献[19]所提方法进行仿真,获得系统输出跟踪响应,如图 10-5 所示。图 10-6 所示为输出跟踪误差曲线。显然,本章所提方法进一步减小了输出跟踪误差,

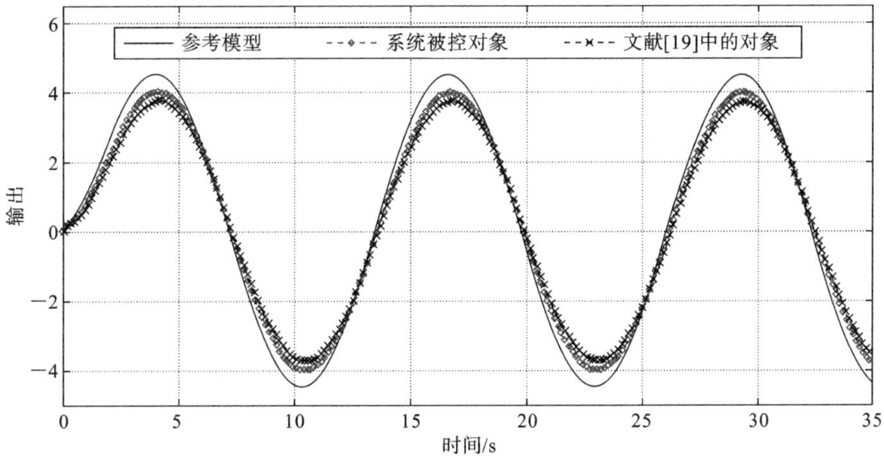

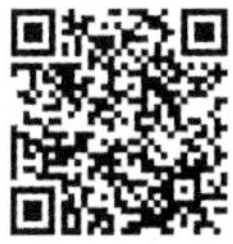

图 10-5　参考模型输出 $y_r(t)$、系统被控对象输出 $y(t)$以及文献[19]中的对象输出(算例 3)　扫码看彩图

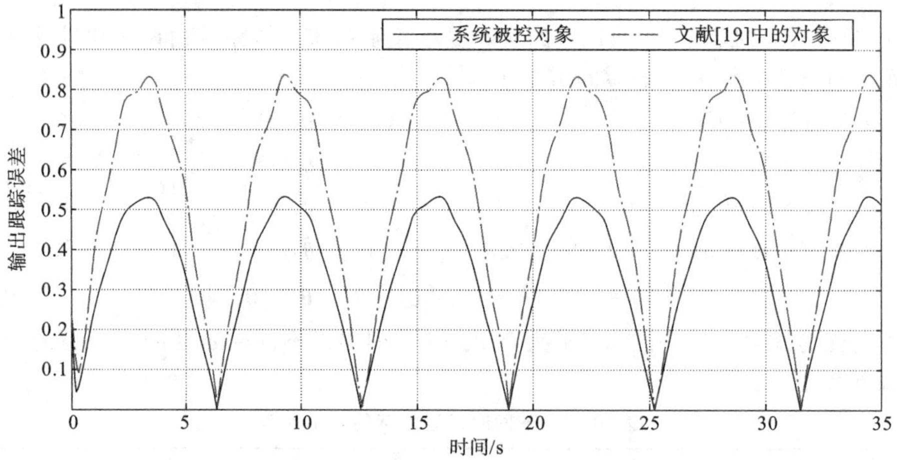

图 10-6　输出跟踪误差曲线(算例 3)

能够获得更好的跟踪效果,但是被控对象输出始终与参考模型的输出存在着跟踪误差。

10.5　本章小结

跟踪控制是指在给定性能的要求下,使被控对象输出或状态尽可能紧密地跟踪预定的参考轨迹,同时系统的稳定性也可以看成跟踪控制问题的一种特例。跟踪控制普遍存在于工业、生物和经济等领域中,并广泛应用于机器人、导弹跟踪控制以及飞行姿态的跟踪控制中。但是由于网络控制系统中的网络诱导时延和数据丢包的通信约束,其反馈控制信号会导致输出误差。因此,在网络控制系统中实现期望的跟踪性能将更具挑战性。

本章针对具有网络诱导时延、数据丢包、参数不确定性以及外部干扰的网络控制系统,提出了鲁棒 H_∞ 控制方法:利用参考模型,并采用增广状态空间模型的方法将网络诱导时延、数据丢包、参数不确定性以及外部干扰等问题统一在时滞系统模型下,进而将系统输出跟踪问题转化为系统鲁棒稳定性问题。同时本章设计了鲁棒的状态反馈控制器,在鲁棒 H_∞ 的意义上保证了系统的输出跟踪性能。

参考文献

[1] HESPANHA J P, NAGHSHTABRIZI P, XU Y G. A survey of recent results in networked control systems[J]. Proceedings of the IEEE, 2007, 95(1): 138-162.

[2] GUPTA R A, CHOW M Y. Networked control system: overview and research trends [J]. IEEE Transactions on Industrial Electronics, 2010, 57(7): 2527-2535.

[3] ZHANG D,SHI P,WANG Q G,et al. Analysis and synthesis of networked control systems: a survey of recent advances and challenges[J]. ISA Transactions,2017,66(1): 376-392.

[4] TAN C, LI L, ZHANG H S. Stabilization of networked control systems with both network-induced delay and packet dropout[J]. Automatica, 2015, 59(6): 194-199.

[5] BAUER N W, MAAS P J H, HEEMELS W P M H. Stability analysis of networked control systems: a sum of squares approach [J]. Automatica, 2012, 48 (8): 1514-1524.

[6] QIU L, LUO Q, GONG F, et al. Stability and stabilization of networked control systems with random time delays and packet dropouts[J]. Journal of the Franklin Institute,2013, 350(7): 1886-1907.

[7] ELAHI A, ALFI A. Finite-time H_∞ control of uncertain networked control systems with randomly varying communication delays[J]. ISA Transactions, 2017, 69(7): 65-88.

[8] LIU Y Z, LI M G. An improved delay-dependent stability criterion of networked control systems[J]. Journal of the Franklin Institute, 2014, 351(3): 1540-1552.

[9] JAYAWARDHANA B, WEISS G. Tracking and disturbance rejection for fully actuated mechanical systems[J]. Automatica, 2008, 44(11):2863-2868.

[10] PAN H H, SUN W C, JING X J. Adaptive tracking control for stochastic mechanical systems with actuator nonlinearities[J]. Journal of the Franklin Institute, 2017, 354(7): 2725-2741.

[11] HUANG J S, WEN C Y, WANG W, et al. Adaptive output feedback tracking control of a nonholonomic mobile robot[J]. Automatica, 2014, 50(3): 821-831.

[12] LIAO F, WANG J L, YANG G H. Reliable robust flight tracking control: an LMI approach[J]. IEEE Transactions on Control Systems Technology, 2002, 10(1): 76-89.

[13] PANG Z H, LIU G P, ZHOU D H, et al. Output tracking control for networked systems: a model-based prediction approach[J]. IEEE Transactions on Industrial Electronics, 2014, 61(9): 4867-4877.

[14] ZHANG J H, LIN Y J, SHI P. Output tracking control of networked control systems via delay compensation controllers[J]. Automatica, 2015, 57(7): 85-92.

[15] LU R Q, XU Y, ZHANG R D. A new design of model predictive tracking control for networked control system under random packet loss and uncertainties[J]. IEEE Transactions on Industrial Electronics, 2016, 63(11):6999-7007.

[16] ZHANG H, SHI Y, WANG J. Observer-based tracking controller design for networked predictive control systems with uncertain Markov delays[J]. International Journal of Control, 2013,86(10): 1824-1836.

[17] GAO H J, CHEN T W. Network-based H_∞ output tracking control[J]. IEEE Transactions on Automatic Control, 2008, 53(3): 655-667.

[18] VAN D WOUW N, NAGHSHTABRIZI P, CLOOSTERMAN M B G, et al. Tracking control for sampled-data systems with uncertain time-varying sampling intervals and delays[J]. International Journal of Robust and Nonlinear Control, 2010, 20(4): 387-411.

[19] FIGUEREDO L F C, ISHIHARA J Y, BORGES G A, et al. Delay-dependent robust H_∞ output tracking control for uncertain networked control systems[J]. IFAC Proceeding Volumes, 2011, 44(1): 3256-3261.

[20] ZHANG D W, HAN Q L, JIA X C. Observer-based H_∞ output tracking control for networked control systems[J]. International Journal of Robust and Nonlinear Control, 2013, 24(17): 2741-2760.

[21] WU Y, WU Y P. H_∞ output tracking control over networked control systems with Markovian jumping parameters[J]. Optimal Control Applications and Methods, 2016, 37(6): 1162-1174.

[22] WU Y, LIU T S, WU Y P, et al. H_∞ output tracking control for uncertain networked control systems via a switched system approach[J]. International Journal of Robust and Nonlinear Control, 2016, 26(5): 995-1009.

[23] WU M, HE Y, SHE J H, et al. Delay-dependent criteria for robust stability of time-varying delay systems[J]. Automatica, 2004, 40(8): 1435-1439.

[24] ZENG H B, HE Y, WU M, et al. Free-matrix-based integral inequality for stability analysis of systems with time-varying delay[J]. IEEE Transactions on Automatic Control, 2015, 60(10): 2768 -2772.

[25] SEURET A, GOUAISBAUT F. Wirtinger-based integral inequality: application to time-delay systems[J]. Automatica, 2013, 49(9): 2860-2866.

[26] ZHANG C K, HE Y, JIANG L, et al. Stability analysis of systems with time-varying delay via relaxed integral inequalities[J]. Systems and Control Letters, 2016, 92: 52-61.

[27] PARK P, KO J, JEONG C. Reciprocally convex approach to stability of systems with time-varying delays[J]. Automatica, 2011, 47(1): 235-238.

[28] ZHANG C K, HE Y, JIANG L, et al. An extended reciprocally convex matrix inequality for stability analysis of systems with time-varying delay[J]. Automatica, 2017, 85(11): 481-485.

[29] ZHANG X M, HAN Q L. A delay decomposition approach to delay-dependent stability for linear systems with time-varying delays[J]. International Journal of Robust and Nonlinear Control, 2009, 19(17): 1922-1930.

[30] ZENG H B, HE Y, WU M, et al. Less conservative results on stability for linear systems with a time-varying delay[J]. Optimal Control Applications and Methods, 2013, 34(6): 670-679.

[31] PENG C, SONG Y, XIE X P, et al. Event-triggered output tracking control for wireless networked control systems with communication delays and data dropouts[J].

IET Control Theory and Applications, 2016, 10(17): 2195-2203.

[32] HAN Q L. Absolute stability of time-delay systems with sector-bounded nonlinearity [J]. Automatica, 2005, 41(12): 2171-2176.

[33] TIAN E, YUE D, ZHANG Y J. Delay-dependent robust H_∞ control for T-S fuzzy system with interval time-varying delay[J]. Fuzzy Sets and Systems, 2009, 160(12): 1708-1719.

[34] WANG C, SHEN Y. Delay-dependent non-fragile robust stabilization and H_∞ control of uncertain stochastic systems with time-varying delay and nonlinearity[J]. Journal of the Franklin Institute, 2011, 348(8): 2174-2190.

[35] HE Y, WU M, LIU G P, et al. Output feedback stabilization for a discrete-time system with a time-varying delay[J]. IEEE Transactions on Automatic Control, 2008, 53(10): 2372-2377.

第 11 章　网络化保性能 PID 控制

网络控制系统是由控制器、传感器、执行器等部件通过通信网络连接构成的闭环系统。与传统的控制系统相比，网络控制系统具有接线少、成本低、便于安装和维护等优点[1-3]。然而数据在带宽有限的网络中进行传输时，受到网络协议类型、负载变化等因素的影响，不可避免地会产生网络诱导时延和数据丢包，将会引起系统性能下降甚至破坏其稳定性[4,5]。针对网络诱导时延和数据丢包所带来的问题，近年来许多学者进行了广泛研究，分别采用了时滞系统分析方法[6,7]、异步动态系统分析方法[8,9]、随机系统分析方法[10,11]、预测控制分析方法[12,13]、切换系统分析方法[14,15]等来解决，给出了保证系统性能或者稳定的条件。

跟踪控制是指在给定跟踪性能的要求下，使被控对象输出或状态尽可能紧密地跟踪预定的参考轨迹，同时系统的稳定性也可以看成跟踪控制问题的一种特例。跟踪控制普遍存在于工业、生物和经济等领域中，并广泛应用于机器人、导弹跟踪控制以及飞行姿态的跟踪控制中。但是由于网络控制系统的网络诱导时延和数据丢包的通信约束，其反馈控制信号会导致输出误差，因此在网络控制系统中实现期望的跟踪性能将更具挑战性。预测控制[16,17]、自适应控制[18]以及鲁棒 H_∞ 控制[19,20]等方法常被用来解决网络控制系统中的输出跟踪问题。然而事实上，在工业应用中，PID 控制无疑是现阶段最普遍和最流行的控制策略，因此基于现有的 PID 控制系统进行改进，以适应网络的通信约束，将会更有现实意义。其中：文献[21]基于标准增益和相位裕度，研究了一阶和二阶时滞网络控制系统的 PID 和 PI 控制；文献[22]针对存在未知网络诱导时延的网络化直流电动机系统，提出了一种基于双线性矩阵不等式的特定 PI 调节器设计方法；文献[23]将 PID 控制器设计问题转化为静态输出反馈控制器问题；文献[24]结合了静态输出反馈和鲁棒 H_∞ 输出跟踪控制的特点，设计了鲁棒 H_∞ PID 控制器。

随着工业过程的不断发展，实际应用中出现的被控对象越来越复杂，系统模型的阶数也越来越高，这也造成了计算难度的增大以及控制成本的增加，因此模型降阶理论一直都是热门研究话题。自 1966 年 Davison 提出模型降阶思想后的几十年来，针对高阶线性时不变 SISO 系统或 MIMO 系统模型，国内外学者和专家提出了大量关于模型降阶的有效方法，例如最小实现法、集结法、摄动法、模态近似法、Padé 逼近法、矩阵匹配法、平衡理论法等。这些方法通过对实际存在的难以控制的高阶对象进行降阶处理，以简单的低阶模型来替代实际的高阶对象，从而降低设计控制器的难度，提高控制效果和精度。另外，由于许多工程和工业过程可以被直接建模为二阶传递函数，因此受上述研究的启发，本章针对具有双边时变时延和数据丢包的网络控制系统，采用了状态反馈的增广状态空间模型重新描述了具有典型二阶传递函数形式的控制对象和 PID 控制增益，同时利用时滞系统分析方法，在考虑时延和丢包特点的基础上，将用于跟踪控制的 PID 控制器参数选择问题归结为线性矩阵不等式求解凸优化的系统指数稳定性问题。本章最后通过数值算例仿真与实验验证了所提方法的有效性。

11.1　问题描述及系统模型

针对高阶系统模型，可通过模型降阶法对其进行降阶处理，从而获得等效的二阶系统模型。所获得的典型二阶被控对象传递函数系统模型可描述为

$$G(s)=\frac{b_1 s+b_0}{s^2+a_1 s+a_0} \tag{11-1}$$

其中：a_0、a_1、b_1、b_0 为标量常数。

将系统模型式(11-1)转换为状态空间模型式(11-2)：

$$\begin{cases}\dot{\boldsymbol{x}}(t)=\boldsymbol{A}\boldsymbol{x}(t)+\boldsymbol{B}\boldsymbol{u}(t)\\ \boldsymbol{y}(t)=\boldsymbol{C}\boldsymbol{x}(t)\end{cases} \tag{11-2}$$

其中：$\boldsymbol{A}=\begin{bmatrix}0 & 1 & 0\\ -a_0 & -a_1 & 0\\ b_0 & b_1 & 0\end{bmatrix}$，$\boldsymbol{B}=\begin{bmatrix}0\\1\\0\end{bmatrix}$，$\boldsymbol{C}=[b_0 \quad b_1 \quad 0]$。

采用 PID 控制器：

$$C(s)=k_{\mathrm{p}}+k_{\mathrm{i}}\frac{1}{s}+k_{\mathrm{d}}s$$

可将其转化为状态空间模型形式：

$$\boldsymbol{u}(t)=[k_{\mathrm{p}} \quad k_{\mathrm{d}} \quad k_{\mathrm{i}}]\begin{bmatrix}b_0 & b_1 & 0\\ 0 & b_0 & 0\\ 0 & 0 & 1\end{bmatrix}\boldsymbol{x}(t)+k_{\mathrm{d}}b_1\dot{\boldsymbol{x}}_2=\bar{\boldsymbol{K}}\boldsymbol{W}\boldsymbol{x}(t) \tag{11-3}$$

其中：$\bar{\boldsymbol{K}}=\frac{1}{1-k_{\mathrm{d}}b_1}[k_{\mathrm{p}} \quad k_{\mathrm{d}} \quad k_{\mathrm{i}}]$，$\boldsymbol{W}=\begin{bmatrix}b_0 & b_1 & 0\\ -b_1 a_0 & b_0-b_1 a_1 & 0\\ 0 & 0 & 1\end{bmatrix}$。

如图 11-1 所示，在存在双边时变时延和数据丢包的网络控制系统中，其 $\boldsymbol{r}(t)$ 为参考输入，对该系统做如下合理假定：

(1) 传感器采用采样周期为 h 的时间驱动；

(2) 执行器和控制器采用事件驱动，当新的数据到达时，立即执行相关操作；

(3) 不考虑执行器获取缓冲器数据的时间以及控制器的运算时间，只考虑传感器到控制器和控制器到执行器的随机传输时延 τ_k^{sc}、τ_k^{ca}，并满足 $\underline{\tau}\leqslant\tau_k^{\mathrm{sc}}+\tau_k^{\mathrm{ca}}<h$；

(4) 网络数据采用单包传输，且连续丢包数 d 有界，满足 $d\leqslant\bar{d}$。

如图 11-2 所示，考虑双边时变时延和数据丢包的影响，传感器采样数据 $\boldsymbol{x}(t_k h)$ 将会在 $t_{k+1}h+\tau_{k+1}$ 时刻到达执行器。

定义 $\tau(t)=t-t_k h$，$t\in[t_k h+\tau_k, t_{k+1}h+\tau_{k+1})$ 为零阶保持器的保持时间，则有

$$\underline{\tau}\leqslant\tau(t)<(\bar{d}+2)h=\bar{\tau}$$

因此状态反馈控制律可重新表述为

$$\boldsymbol{u}(t)=\boldsymbol{K}\boldsymbol{x}(t_k h)=\bar{\boldsymbol{K}}\boldsymbol{W}\boldsymbol{x}(t-\tau(t)),\quad t\in[t_k h+\tau_k, t_{k+1}h+\tau_{k+1}) \tag{11-4}$$

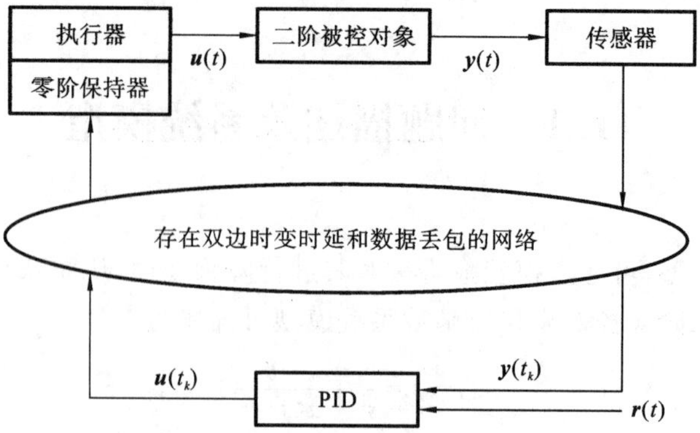

图 11-1　典型的网络控制系统结构图

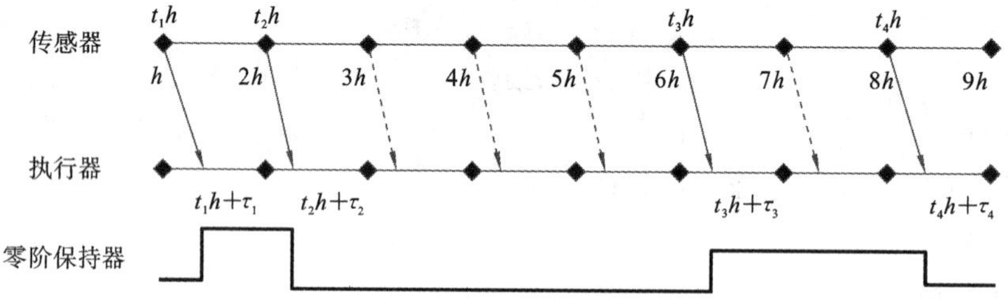

图 11-2　信号时序图

其中：$\boldsymbol{K}=\bar{\boldsymbol{K}}\boldsymbol{W}$。从式(11-4)可得闭环系统模型：

$$\begin{cases}\dot{\boldsymbol{x}}(t)=\boldsymbol{A}\boldsymbol{x}(t)+\boldsymbol{B}\boldsymbol{K}\boldsymbol{x}(t-\tau(t)), & t\in[t_kh+\tau_k,t_{k+1}h+\tau_{k+1})\\ \boldsymbol{y}(t)=\boldsymbol{C}\boldsymbol{x}(t)\end{cases}\tag{11-5}$$

对于闭环系统式(11-5)，定义二次性能指标

$$J=\int_0^{\infty}(\boldsymbol{x}^{\mathrm{T}}(t)\hat{\boldsymbol{Q}}\boldsymbol{x}(t)+\boldsymbol{u}^{\mathrm{T}}(t)\hat{\boldsymbol{R}}\boldsymbol{u}(t))\mathrm{d}t\tag{11-6}$$

其中：$\hat{\boldsymbol{Q}}$ 和 $\hat{\boldsymbol{R}}$ 是给定的对称正定矩阵。

定义 1　考虑传递函数系统式(11-1)和二次性能指标式(11-6)，如果存在矩阵 $\boldsymbol{K}$ 和一个正数 J^*，使得闭环系统式(11-5)渐近稳定，且二次性能指标 $J\leqslant J^*$，则称 $\boldsymbol{u}(t)=\bar{\boldsymbol{K}}\boldsymbol{W}\boldsymbol{x}(t)$ 为传递函数系统式(11-1)的一个保性能控制律，且 J^* 为闭环系统式(11-5)的二次性能上界。

针对网络控制系统中的双边时延和数据丢包的影响，本章的目的就是要采用线性矩阵不等式的方法设计一个 PID 控制律实现轨迹跟踪，且其二次性能指标不能超过一个确定的上界。

11.2　网络化 PID 控制稳定性分析

引理 1[25](互逆凸组合方法)　假设 $f_1,f_2,\cdots,f_N:\mathbf{R}^m\to\mathbf{R}$ 在开集 D 的子集中有正值，$D\subset\mathbf{R}^m$。那么在集合 D 中 f_i 的相互组合满足：

$$\min_{\{\beta_i \mid \beta_i>0,\sum_i \beta_i=1\}} \sum_i \frac{1}{\beta_i} f_i(t) = \sum_i f_i(t) + \max_{g_{i,j}} \sum_{i\neq j} g_{i,j}(t)$$

其中：$g_{i,j}$ 满足 $\mathbf{R}^m \to \mathbf{R}$，$g_{i,j}(t)=g_{j,i}(t)$，$\begin{bmatrix} f_i(t) & g_{j,i}(t) \\ g_{i,j}(t) & f_j(t) \end{bmatrix} \geqslant 0$。

引理 2[26]　对任意合适维数的矩阵 $\boldsymbol{\Xi}_i(i=1,2)$、$\boldsymbol{\Omega}$，以及关于 t 的函数 $\eta(t)$，$0\leqslant\eta(t)\leqslant\bar{\eta}$，当且仅当满足 $\bar{\eta}\boldsymbol{\Xi}_1+\boldsymbol{\Omega}<0$ 以及 $\bar{\eta}\boldsymbol{\Xi}_2+\boldsymbol{\Omega}<0$ 时，不等式 $\eta(t)\boldsymbol{\Xi}_1+(\bar{\eta}-\eta(t))\boldsymbol{\Xi}_2+\boldsymbol{\Omega}<0$ 成立。

定理 1　给定常数 $0\leqslant\underline{\tau}<\bar{\tau}$，如果存在矩阵 $\boldsymbol{P}>0$，$\boldsymbol{H}>0$，$\boldsymbol{Q}_1>0$，$\boldsymbol{Q}_2>0$，$\boldsymbol{R}_1>0$，$\boldsymbol{R}_2>0$，以及 $\boldsymbol{U}$ 和 $\boldsymbol{M}$，使式(11-7)至式(11-9)成立，则闭环系统式(11-5)是渐近稳定的。

$$\begin{bmatrix} \boldsymbol{R}_2 & * \\ \boldsymbol{U} & \boldsymbol{R}_2 \end{bmatrix} > 0 \tag{11-7}$$

$$\boldsymbol{\Xi}_1 = \left(\begin{array}{l} \boldsymbol{\Xi}+\underline{\tau}\boldsymbol{M}\boldsymbol{H}^{-1}\boldsymbol{M}^{\mathrm{T}}+\boldsymbol{M}(\boldsymbol{e}_1-\boldsymbol{e}_3)+(\boldsymbol{e}_1-\boldsymbol{e}_3)^{\mathrm{T}}\boldsymbol{M}^{\mathrm{T}} \\ +(\bar{\tau}-\underline{\tau})\boldsymbol{\Gamma}^{\mathrm{T}}\boldsymbol{H}\boldsymbol{\Gamma}+\boldsymbol{e}_1^{\mathrm{T}}(\hat{\boldsymbol{Q}}+\boldsymbol{K}^{\mathrm{T}}\hat{\boldsymbol{R}}\boldsymbol{K})\boldsymbol{e}_1 \end{array}\right) \leqslant 0 \tag{11-8}$$

$$\boldsymbol{\Xi}_2 = \left(\begin{array}{l} \boldsymbol{\Xi}+\bar{\tau}\boldsymbol{M}\boldsymbol{H}^{-1}\boldsymbol{M}^{\mathrm{T}}+\boldsymbol{M}(\boldsymbol{e}_1-\boldsymbol{e}_3)+(\boldsymbol{e}_1-\boldsymbol{e}_3)^{\mathrm{T}}\boldsymbol{M}^{\mathrm{T}} \\ +\boldsymbol{e}_1^{\mathrm{T}}(\hat{\boldsymbol{Q}}+\boldsymbol{K}^{\mathrm{T}}\hat{\boldsymbol{R}}\boldsymbol{K})\boldsymbol{e}_1 \end{array}\right) \leqslant 0 \tag{11-9}$$

其中：$\boldsymbol{M}=[\boldsymbol{M}_1^{\mathrm{T}} \quad \boldsymbol{M}_2^{\mathrm{T}} \quad \boldsymbol{M}_3^{\mathrm{T}} \quad \boldsymbol{M}_4^{\mathrm{T}}]^{\mathrm{T}}$，$\boldsymbol{e}_1=[\boldsymbol{I} \quad 0 \quad 0 \quad 0]$，$\boldsymbol{e}_3=[0 \quad 0 \quad \boldsymbol{I} \quad 0]$，

$$\boldsymbol{\Xi}=\begin{bmatrix} \boldsymbol{\Xi}_{11} & * & * & * \\ \boldsymbol{\Xi}_{21} & \boldsymbol{\Xi}_{22} & * & * \\ \boldsymbol{\Xi}_{31} & \boldsymbol{\Xi}_{32} & \boldsymbol{\Xi}_{33} & * \\ 0 & \boldsymbol{\Xi}_{42} & \boldsymbol{\Xi}_{43} & \boldsymbol{\Xi}_{44} \end{bmatrix},\ \boldsymbol{\Gamma}=[\boldsymbol{A} \quad 0 \quad \boldsymbol{B}\boldsymbol{K} \quad 0],$$

$\boldsymbol{\Xi}_{11}=\boldsymbol{A}^{\mathrm{T}}\boldsymbol{P}+\boldsymbol{P}\boldsymbol{A}+\boldsymbol{Q}_1+\underline{\tau}^2\boldsymbol{A}^{\mathrm{T}}\boldsymbol{R}_1\boldsymbol{A}+(\bar{\tau}-\underline{\tau})^2\boldsymbol{A}^{\mathrm{T}}\boldsymbol{R}_2\boldsymbol{A}-\boldsymbol{R}_1$，$\boldsymbol{\Xi}_{21}=\boldsymbol{R}_1$，

$\boldsymbol{\Xi}_{22}=\boldsymbol{Q}_2-\boldsymbol{Q}_1-\boldsymbol{R}_1-\boldsymbol{R}_2$，$\boldsymbol{\Xi}_{31}=\boldsymbol{K}^{\mathrm{T}}\boldsymbol{B}^{\mathrm{T}}\boldsymbol{P}+\underline{\tau}^2\boldsymbol{K}^{\mathrm{T}}\boldsymbol{B}^{\mathrm{T}}\boldsymbol{R}_1\boldsymbol{A}+(\bar{\tau}-\underline{\tau})^2\boldsymbol{K}^{\mathrm{T}}\boldsymbol{B}^{\mathrm{T}}\boldsymbol{R}_2\boldsymbol{A}$，

$\boldsymbol{\Xi}_{32}=-\boldsymbol{U}+\boldsymbol{R}_2$，$\boldsymbol{\Xi}_{33}=\underline{\tau}^2\boldsymbol{K}^{\mathrm{T}}\boldsymbol{B}^{\mathrm{T}}\boldsymbol{R}_1\boldsymbol{B}\boldsymbol{K}+(\bar{\tau}-\underline{\tau})^2\boldsymbol{K}^{\mathrm{T}}\boldsymbol{B}^{\mathrm{T}}\boldsymbol{R}_2\boldsymbol{B}\boldsymbol{K}-(2\boldsymbol{R}_2-\boldsymbol{U}^{\mathrm{T}}-\boldsymbol{U})$，

$\boldsymbol{\Xi}_{42}=\boldsymbol{U}$，$\boldsymbol{\Xi}_{43}=-\boldsymbol{U}+\boldsymbol{R}_2$，$\boldsymbol{\Xi}_{44}=-\boldsymbol{Q}_2-\boldsymbol{R}_2$。

证明　构建 Lyapunov-Krasovskii 泛函：

$$V(t)=\sum_{i=1}^{4}V_i(t,\boldsymbol{x}_t),\quad t\in[t_kh+\tau_k,t_{k+1}h+\tau_{k+1})$$

其中：$V_1(t,\boldsymbol{x}_t)=\boldsymbol{x}^{\mathrm{T}}(t)\boldsymbol{P}\boldsymbol{x}(t)$，

$$V_2(t,\boldsymbol{x}_t)=\int_{t-\underline{\tau}}^{t}\boldsymbol{x}^{\mathrm{T}}(s)\boldsymbol{Q}_1\boldsymbol{x}(s)\mathrm{d}s+\int_{t-\bar{\tau}}^{t-\underline{\tau}}\boldsymbol{x}^{\mathrm{T}}(s)\boldsymbol{Q}_2\boldsymbol{x}(s)\mathrm{d}s,$$

$$V_3(t,\boldsymbol{x}_t)=\tau\int_{t-\underline{\tau}}^{t}\int_{s}^{t}\dot{\boldsymbol{x}}^{\mathrm{T}}(v)\boldsymbol{R}_1\dot{\boldsymbol{x}}(v)\mathrm{d}v\mathrm{d}s+(\bar{\tau}-\underline{\tau})\int_{t-\bar{\tau}}^{t-\underline{\tau}}\int_{s}^{t}\dot{\boldsymbol{x}}^{\mathrm{T}}(v)\boldsymbol{R}_2\dot{\boldsymbol{x}}(v)\mathrm{d}v\mathrm{d}s,$$

$$V_4(t,\boldsymbol{x}_t)=(\bar{\tau}-\tau(t))\int_{t-\tau(t)}^{t}\dot{\boldsymbol{x}}^{\mathrm{T}}(s)\boldsymbol{H}\dot{\boldsymbol{x}}(s)\mathrm{d}s。$$

对其各自求导，可得

$$\dot{V}_1(t,\boldsymbol{x}_t)=\dot{\boldsymbol{x}}^{\mathrm{T}}(t)\boldsymbol{P}\boldsymbol{x}(t)+\boldsymbol{x}^{\mathrm{T}}(t)\boldsymbol{P}\dot{\boldsymbol{x}}(t) \tag{11-10}$$

$$\dot{V}_2(t,\boldsymbol{x}_t)=\boldsymbol{x}^{\mathrm{T}}(t)\boldsymbol{Q}_1\boldsymbol{x}(t)+\boldsymbol{x}^{\mathrm{T}}(t-\underline{\tau})(\boldsymbol{Q}_2-\boldsymbol{Q}_1)\boldsymbol{x}(t-\underline{\tau})-\boldsymbol{x}^{\mathrm{T}}(t-\bar{\tau})\boldsymbol{Q}_2\boldsymbol{x}(t-\bar{\tau}) \tag{11-11}$$

$$\dot{V}_3(t,\boldsymbol{x}_t)\leqslant\left[\begin{array}{l} \underline{\tau}^2\dot{\boldsymbol{x}}^{\mathrm{T}}(t)\boldsymbol{R}_1\dot{\boldsymbol{x}}(t)-\underline{\tau}\int_{t-\underline{\tau}}^{t}\dot{\boldsymbol{x}}^{\mathrm{T}}(s)\boldsymbol{R}_1\dot{\boldsymbol{x}}(s)\mathrm{d}s \\ +(\bar{\tau}-\underline{\tau})^2\dot{\boldsymbol{x}}^{\mathrm{T}}(t)\boldsymbol{R}_2\dot{\boldsymbol{x}}(t) \\ -(\bar{\tau}-\underline{\tau})\int_{t-\bar{\tau}}^{t-\underline{\tau}}\dot{\boldsymbol{x}}^{\mathrm{T}}(s)\boldsymbol{R}_2\dot{\boldsymbol{x}}(s)\mathrm{d}s \end{array}\right] \tag{11-12}$$

$$\dot{V}_4(t,x_t) \leqslant -\int_{t-\tau(t)}^{t} \dot{\boldsymbol{x}}^{\mathrm{T}}(s)\boldsymbol{H}\dot{\boldsymbol{x}}(s)\mathrm{d}s + (\bar{\tau}-\tau(t))\dot{\boldsymbol{x}}^{\mathrm{T}}(t)\boldsymbol{H}\dot{\boldsymbol{x}}(t) \tag{11-13}$$

继续对式(11-12)中的部分积分采用 Jensen 不等式，可得

$$-\underline{\tau}\int_{t-\underline{\tau}}^{t} \dot{\boldsymbol{x}}^{\mathrm{T}}(s)\boldsymbol{R}_1\dot{\boldsymbol{x}}(s)\mathrm{d}s \leqslant -\boldsymbol{x}^{\mathrm{T}}(t)\boldsymbol{R}_1\boldsymbol{x}(t) + \boldsymbol{x}^{\mathrm{T}}(t)\boldsymbol{R}_1\boldsymbol{x}(t-\underline{\tau}) + \boldsymbol{x}^{\mathrm{T}}(t-\underline{\tau})\boldsymbol{R}_1\boldsymbol{x}(t) - \boldsymbol{x}^{\mathrm{T}}(t-\underline{\tau})\boldsymbol{R}_1\boldsymbol{x}(t-\underline{\tau}) \tag{11-14}$$

$$\begin{aligned}-(\bar{\tau}-\underline{\tau})\int_{t-\bar{\tau}}^{t-\underline{\tau}} \dot{\boldsymbol{x}}^{\mathrm{T}}(s)\boldsymbol{R}_2\dot{\boldsymbol{x}}(s)\mathrm{d}s \leqslant & -\frac{\bar{\tau}-\underline{\tau}}{\tau(t)-\underline{\tau}}[\boldsymbol{x}^{\mathrm{T}}(t-\underline{\tau})-\boldsymbol{x}^{\mathrm{T}}(t-\tau(t))]\boldsymbol{R}_2[\boldsymbol{x}(t-\underline{\tau}) \\ & -\boldsymbol{x}(t-\tau(t))]-\frac{\bar{\tau}-\underline{\tau}}{\bar{\tau}-\tau(t)}[\boldsymbol{x}^{\mathrm{T}}(t-\tau(t)) \\ & -\boldsymbol{x}^{\mathrm{T}}(t-\bar{\tau})]\boldsymbol{R}_2[\boldsymbol{x}(t-\tau(t))-\boldsymbol{x}(t-\bar{\tau})]\end{aligned} \tag{11-15}$$

若存在矩阵 $\boldsymbol{U}$ 满足式(11-7)，对式(11-15)采用引理 1，可得

$$\begin{aligned}-(\bar{\tau}-\underline{\tau})\int_{t-\bar{\tau}}^{t-\underline{\tau}} \dot{\boldsymbol{x}}^{\mathrm{T}}(s)\boldsymbol{R}_2\dot{\boldsymbol{x}}(s)\mathrm{d}s \leqslant & -[\boldsymbol{x}^{\mathrm{T}}(t-\underline{\tau})\boldsymbol{R}_2\boldsymbol{x}(t-\underline{\tau})+\boldsymbol{x}^{\mathrm{T}}(t-\underline{\tau})(\boldsymbol{U}^{\mathrm{T}}-\boldsymbol{R}_2)\boldsymbol{x}(t-\tau(t)) \\ & -\boldsymbol{x}^{\mathrm{T}}(t-\underline{\tau})\boldsymbol{U}^{\mathrm{T}}\boldsymbol{x}(t-\bar{\tau})+\boldsymbol{x}^{\mathrm{T}}(t-\tau(t))(\boldsymbol{U}-\boldsymbol{R}_2)\boldsymbol{x}(t-\underline{\tau}) \\ & +\boldsymbol{x}^{\mathrm{T}}(t-\tau(t))(2\boldsymbol{R}_2-\boldsymbol{U}^{\mathrm{T}}-\boldsymbol{U})\boldsymbol{x}(t-\tau(t))+\boldsymbol{x}^{\mathrm{T}}(t-\tau(t))(\boldsymbol{U}^{\mathrm{T}} \\ & -\boldsymbol{R}_2)\boldsymbol{x}(t-\bar{\tau})-\boldsymbol{x}^{\mathrm{T}}(t-\bar{\tau})\boldsymbol{U}\boldsymbol{x}(t-\underline{\tau})+\boldsymbol{x}^{\mathrm{T}}(t-\bar{\tau}) \\ & (\boldsymbol{U}-\boldsymbol{R}_2)\boldsymbol{x}(t-\tau(t))+\boldsymbol{x}^{\mathrm{T}}(t-\bar{\tau})\boldsymbol{R}_2\boldsymbol{x}(t-\bar{\tau})]\end{aligned} \tag{11-16}$$

令 $\boldsymbol{\xi}^{\mathrm{T}}(t)=[\boldsymbol{x}^{\mathrm{T}}(t)\quad \boldsymbol{x}^{\mathrm{T}}(t-\underline{\tau})\quad \boldsymbol{x}^{\mathrm{T}}(t-\tau(t))\quad \boldsymbol{x}^{\mathrm{T}}(t-\bar{\tau})]$，根据牛顿-莱布尼茨公式以及选取的任意自由权矩阵 $\boldsymbol{M}$，有

$$2\boldsymbol{\xi}^{\mathrm{T}}(t)\boldsymbol{M}\left[\boldsymbol{x}(t)-\boldsymbol{x}(t-\tau(t))-\int_{t-\tau(t)}^{t}\dot{\boldsymbol{x}}(s)\mathrm{d}s\right]=0 \tag{11-17}$$

应用柯西不等式，可得

$$-2\boldsymbol{\xi}^{\mathrm{T}}(t)\boldsymbol{M}\int_{t-\tau(t)}^{t}\dot{\boldsymbol{x}}(s)\mathrm{d}s \leqslant \tau(t)\boldsymbol{\xi}^{\mathrm{T}}(t)\boldsymbol{M}\boldsymbol{H}^{-1}\boldsymbol{M}^{\mathrm{T}}\boldsymbol{\xi}(t)+\int_{t-\tau(t)}^{t}\dot{\boldsymbol{x}}^{\mathrm{T}}(s)\boldsymbol{H}\dot{\boldsymbol{x}}(s)\mathrm{d}s \tag{11-18}$$

综合式(11-7)至式(11-18)，有

$$\dot{V}(t)\leqslant\boldsymbol{\xi}^{\mathrm{T}}(t)[\boldsymbol{\Xi}+\tau(t)\boldsymbol{M}\boldsymbol{H}^{-1}\boldsymbol{M}^{\mathrm{T}}+2\boldsymbol{M}(\boldsymbol{e}_1-\boldsymbol{e}_3)+(\bar{\tau}-\tau(t))\boldsymbol{\Gamma}^{\mathrm{T}}(t)\boldsymbol{H}\boldsymbol{\Gamma}]\boldsymbol{\xi}(t) \tag{11-19}$$

由于 $\underline{\tau}\leqslant\tau(t)\leqslant\bar{\tau}$，根据引理 2，当满足定理条件式(11-9)时，则有

$$\boldsymbol{\Xi}+\tau(t)\boldsymbol{M}\boldsymbol{H}^{-1}\boldsymbol{M}^{\mathrm{T}}+2\boldsymbol{M}(\boldsymbol{e}_1-\boldsymbol{e}_3)+(\bar{\tau}-\tau(t))\boldsymbol{\Gamma}^{\mathrm{T}}(t)\boldsymbol{H}\boldsymbol{\Gamma}<-\boldsymbol{e}_1^{\mathrm{T}}(\hat{\boldsymbol{Q}}+\boldsymbol{K}^{\mathrm{T}}\hat{\boldsymbol{R}}\boldsymbol{K})\boldsymbol{e}_1 \tag{11-20}$$

因此有 $\dot{V}(t)<0$，闭环系统式(11-5)渐近稳定。

根据式(11-19)和式(11-20)，则

$$\dot{V}(t)\leqslant-\boldsymbol{x}^{\mathrm{T}}(t)(\hat{\boldsymbol{Q}}+\boldsymbol{K}^{\mathrm{T}}\hat{\boldsymbol{R}}\boldsymbol{K})\boldsymbol{x}(t)$$

将其两边对时间从 0 到∞求积分，可得

$$\begin{aligned}-V(0)=\int_0^{\infty}\dot{V}(t)\mathrm{d}t &\leqslant-\int_0^{\infty}\boldsymbol{x}^{\mathrm{T}}(t)(\hat{\boldsymbol{Q}}+\boldsymbol{K}^{\mathrm{T}}\hat{\boldsymbol{R}}\boldsymbol{K})\boldsymbol{x}(t)\mathrm{d}t \\ &=-\int_0^{\infty}(\boldsymbol{x}^{\mathrm{T}}(t)\hat{\boldsymbol{Q}}\boldsymbol{x}(t)+\boldsymbol{u}^{\mathrm{T}}(t)\hat{\boldsymbol{R}}\boldsymbol{u}(t))\mathrm{d}t\end{aligned}$$

因此满足 $J=\int_0^{\infty}(\boldsymbol{x}^{\mathrm{T}}(t)\hat{\boldsymbol{Q}}\boldsymbol{x}(t)+\boldsymbol{u}(t)\hat{\boldsymbol{R}}\boldsymbol{u}(t))\leqslant V(0)$，求得二次性能指标上界为 $V(0)$。证毕。

11.3　网络化 PID 控制器设计

引理 3(Schur 补引理)　假如存在矩阵$\boldsymbol{S}_1$、$\boldsymbol{S}_2$ 和$\boldsymbol{S}_3$，其中 $\boldsymbol{S}_2^{\mathrm{T}}=\boldsymbol{S}_2>0$，$\boldsymbol{S}_3^{\mathrm{T}}=\boldsymbol{S}_3$，则 $\boldsymbol{S}_1^{\mathrm{T}}\boldsymbol{S}_2\boldsymbol{S}_1+\boldsymbol{S}_3<0$ 成立等价于

$$\begin{bmatrix} -\boldsymbol{S}_2^{-1} & \boldsymbol{S}_1 \\ \boldsymbol{S}_1^{\mathrm{T}} & \boldsymbol{S}_3 \end{bmatrix}<0 \quad \text{或} \quad \begin{bmatrix} \boldsymbol{S}_3 & \boldsymbol{S}_1^{\mathrm{T}} \\ \boldsymbol{S}_1 & -\boldsymbol{S}_2^{-1} \end{bmatrix}<0$$

定理 2　给定常数 $0\leqslant\underline{\tau}<\bar{\tau}$，如果存在矩阵 $\boldsymbol{X}>0$，$\boldsymbol{Y}>0$，$\widetilde{\boldsymbol{H}}>0$，$\widetilde{\boldsymbol{Q}}_1>0$，$\widetilde{\boldsymbol{Q}}_2>0$，$\widetilde{\boldsymbol{R}}_1>0$，$\widetilde{\boldsymbol{R}}_2>0$，以及 $\widetilde{\boldsymbol{U}}$ 和 $\widetilde{\boldsymbol{M}}$，使式(11-21)至式(11-23)成立，则闭环系统式(11-5)是渐近稳定的，且控制器增益为 $\bar{\boldsymbol{K}}=\boldsymbol{Y}\boldsymbol{X}^{-1}\boldsymbol{W}^{-1}$。

$$\begin{bmatrix} \widetilde{\boldsymbol{R}}_2 & * \\ \widetilde{\boldsymbol{U}} & \widetilde{R}_2 \end{bmatrix}>0 \tag{11-21}$$

$$\begin{bmatrix}
\begin{pmatrix} \boldsymbol{X}\boldsymbol{A}^{\mathrm{T}}+\boldsymbol{A}\boldsymbol{X}+\widetilde{\boldsymbol{Q}}_1 \\ -\widetilde{\boldsymbol{R}}_1+\widetilde{\boldsymbol{M}}_1+\widetilde{\boldsymbol{M}}_1^{\mathrm{T}} \end{pmatrix} & * & * & * & * & * & * & * & & \\
\widetilde{\boldsymbol{R}}_1+\widetilde{\boldsymbol{M}}_2 & \begin{pmatrix} \widetilde{\boldsymbol{Q}}_2-\widetilde{\boldsymbol{Q}}_1 \\ -\widetilde{\boldsymbol{R}}_1-\widetilde{\boldsymbol{R}}_2 \end{pmatrix} & * & * & * & * & * & * & * & * \\
(\boldsymbol{Y}^{\mathrm{T}}\boldsymbol{B}^{\mathrm{T}}+\widetilde{\boldsymbol{M}}_3-\widetilde{\boldsymbol{M}}_1^{\mathrm{T}}) & -(\widetilde{\boldsymbol{U}}-\widetilde{\boldsymbol{R}}_2)-\widetilde{\boldsymbol{M}}_2^{\mathrm{T}} & \begin{bmatrix} -(2\widetilde{\boldsymbol{R}}_2-\widetilde{\boldsymbol{U}}^{\mathrm{T}}-\widetilde{\boldsymbol{U}}) \\ -\widetilde{\boldsymbol{M}}_3-\widetilde{\boldsymbol{M}}_3^{\mathrm{T}} \end{bmatrix} & * & * & * & * & * & * & * \\
\widetilde{\boldsymbol{M}}_4 & \widetilde{\boldsymbol{U}} & -(\widetilde{\boldsymbol{U}}-\widetilde{\boldsymbol{R}}_2)-\widetilde{\boldsymbol{M}}'_4 & (-\widetilde{\boldsymbol{Q}}_2-\widetilde{\boldsymbol{R}}_2) & * & * & * & * & * & * \\
\sqrt{\underline{\tau}}\widetilde{\boldsymbol{M}}_1^{\mathrm{T}} & \sqrt{\underline{\tau}}\widetilde{\boldsymbol{M}}_2^{\mathrm{T}} & \sqrt{\underline{\tau}}\widetilde{\boldsymbol{M}}_3^{\mathrm{T}} & \sqrt{\underline{\tau}}\widetilde{\boldsymbol{M}}_4^{\mathrm{T}} & -\widetilde{\boldsymbol{H}} & * & * & * & * & * \\
\underline{\tau}\boldsymbol{A}\boldsymbol{X} & 0 & \underline{\tau}\boldsymbol{B}\boldsymbol{Y} & 0 & 0 & -\boldsymbol{X}\widetilde{\boldsymbol{R}}_1^{-1}\boldsymbol{X} & * & * & * & * \\
(\bar{\tau}-\underline{\tau})\boldsymbol{A}\boldsymbol{X} & 0 & (\bar{\tau}-\underline{\tau})\boldsymbol{B}\boldsymbol{Y} & 0 & 0 & 0 & -\boldsymbol{X}\widetilde{\boldsymbol{R}}_2^{-1}\boldsymbol{X} & * & * & * \\
\sqrt{(\bar{\tau}-\underline{\tau})}\boldsymbol{A}\boldsymbol{X} & 0 & \sqrt{(\bar{\tau}-\underline{\tau})}\boldsymbol{B}\boldsymbol{Y} & 0 & 0 & 0 & 0 & -\boldsymbol{X}\widetilde{\boldsymbol{H}}^{-1}\boldsymbol{X} & * & * \\
\hat{\boldsymbol{Q}}\boldsymbol{X} & 0 & 0 & 0 & 0 & 0 & 0 & 0 & -\hat{\boldsymbol{Q}} & * \\
\hat{\boldsymbol{R}}\boldsymbol{Y} & 0 & 0 & 0 & 0 & 0 & 0 & 0 & 0 & -\hat{\boldsymbol{R}}
\end{bmatrix} \tag{11-22}$$

$$\begin{bmatrix}
\begin{pmatrix} \boldsymbol{X}\boldsymbol{A}^{\mathrm{T}}+\boldsymbol{A}\boldsymbol{X}+\widetilde{\boldsymbol{Q}}_1 \\ -\widetilde{\boldsymbol{R}}_1+\widetilde{\boldsymbol{M}}_1+\widetilde{\boldsymbol{M}}_1^{\mathrm{T}} \end{pmatrix} & * & * & * & * & * & * & * & * \\
\widetilde{\boldsymbol{R}}_1+\widetilde{\boldsymbol{M}}_2 & \begin{pmatrix} \widetilde{\boldsymbol{Q}}_2-\widetilde{\boldsymbol{Q}}_1 \\ -\widetilde{\boldsymbol{R}}_1-\widetilde{\boldsymbol{R}}_2 \end{pmatrix} & * & * & * & * & * & * & * \\
(\boldsymbol{Y}^{\mathrm{T}}\boldsymbol{B}^{\mathrm{T}}+\widetilde{\boldsymbol{M}}_3-\widetilde{\boldsymbol{M}}_1^{\mathrm{T}}) & -(\widetilde{\boldsymbol{U}}-\widetilde{\boldsymbol{R}}_2)-\widetilde{\boldsymbol{M}}_2^{\mathrm{T}} & \begin{bmatrix} -(2\widetilde{\boldsymbol{R}}_2-\widetilde{\boldsymbol{U}}^{\mathrm{T}}-\widetilde{\boldsymbol{U}}) \\ -\widetilde{\boldsymbol{M}}_3-\widetilde{\boldsymbol{M}}_3^{\mathrm{T}} \end{bmatrix} & * & * & * & * & * & * \\
\widetilde{\boldsymbol{M}}_4 & \widetilde{\boldsymbol{U}} & -(\widetilde{\boldsymbol{U}}-\widetilde{\boldsymbol{R}}_2)-\widetilde{\boldsymbol{M}}_4 & (-\widetilde{\boldsymbol{Q}}_2-\widetilde{\boldsymbol{R}}_2) & * & * & * & * & * \\
\sqrt{\tau}\widetilde{\boldsymbol{M}}_1^{\mathrm{T}} & \sqrt{\tau}\widetilde{\boldsymbol{M}}_2^{\mathrm{T}} & \sqrt{\tau}\widetilde{\boldsymbol{M}}_3^{\mathrm{T}} & \sqrt{\tau}\widetilde{\boldsymbol{M}}_4^{\mathrm{T}} & -\widetilde{\boldsymbol{H}} & * & * & * & * \\
\underline{\tau}\boldsymbol{A}\boldsymbol{X} & 0 & \underline{\tau}\boldsymbol{B}\boldsymbol{Y} & 0 & 0 & -\boldsymbol{X}\widetilde{\boldsymbol{R}}_1^{-1}\boldsymbol{X} & * & * & * \\
(\bar{\tau}-\underline{\tau})\boldsymbol{A}\boldsymbol{X} & 0 & (\bar{\tau}-\underline{\tau})\boldsymbol{B}\boldsymbol{Y} & 0 & 0 & 0 & -\boldsymbol{X}\widetilde{\boldsymbol{R}}_2^{-1}\boldsymbol{X} & * & * \\
\hat{\boldsymbol{Q}}\boldsymbol{X} & 0 & 0 & 0 & 0 & 0 & 0 & -\hat{\boldsymbol{Q}} & * \\
\hat{\boldsymbol{R}}\boldsymbol{Y} & 0 & 0 & 0 & 0 & 0 & 0 & 0 & -\hat{\boldsymbol{R}}
\end{bmatrix} \tag{11-23}$$

证明　对式(11-8)采用引理 3，可得

$$
\begin{bmatrix}
\begin{pmatrix} \boldsymbol{A}^{\mathrm{T}}\boldsymbol{P}+\boldsymbol{P}\boldsymbol{A}+\boldsymbol{Q}_1 \\ -\boldsymbol{R}_1+\boldsymbol{M}_1+\boldsymbol{M}_1^{\mathrm{T}} \end{pmatrix} & * & * & * & * & * & * & * & * & * \\
\boldsymbol{R}_1+\boldsymbol{M}_2 & \begin{pmatrix} \boldsymbol{Q}_2-\boldsymbol{Q}_1 \\ -\boldsymbol{R}_1-\boldsymbol{R}_2 \end{pmatrix} & -(\boldsymbol{U}^{\mathrm{T}}-\boldsymbol{R}_2)-\boldsymbol{M}_2 & * & * & * & * & * & * & * \\
(\boldsymbol{K}^{\mathrm{T}}\boldsymbol{B}^{\mathrm{T}}\boldsymbol{P}+\boldsymbol{M}_3-\boldsymbol{M}_1^{\mathrm{T}}) & -(\boldsymbol{U}-\boldsymbol{R}_2)-\boldsymbol{M}_2^{\mathrm{T}} & \begin{bmatrix} -(2\boldsymbol{R}_2-\boldsymbol{U}^{\mathrm{T}}-\boldsymbol{U}) \\ -\boldsymbol{M}_3-\boldsymbol{M}_3^{\mathrm{T}} \end{bmatrix} & * & * & * & * & * & * & * \\
\boldsymbol{M}_4 & \boldsymbol{U} & -(\boldsymbol{U}-\boldsymbol{R}_2)-\boldsymbol{M}_4 & (-\boldsymbol{Q}_2-\boldsymbol{R}_2) & * & * & * & * & * & * \\
\sqrt{\underline{\tau}}\boldsymbol{M}_1^{\mathrm{T}} & \sqrt{\underline{\tau}}\boldsymbol{M}_2^{\mathrm{T}} & \sqrt{\underline{\tau}}\boldsymbol{M}_3^{\mathrm{T}} & \sqrt{\underline{\tau}}\boldsymbol{M}_4^{\mathrm{T}} & -\boldsymbol{H} & * & * & * & * & * \\
\underline{\tau}\boldsymbol{A} & 0 & \underline{\tau}\boldsymbol{B}\boldsymbol{K} & 0 & 0 & -\boldsymbol{R}_1^{-1} & * & * & * & * \\
(\bar{\tau}-\underline{\tau})\boldsymbol{A} & 0 & (\bar{\tau}-\underline{\tau})\boldsymbol{B}\boldsymbol{K} & 0 & 0 & 0 & -\boldsymbol{R}_2^{-1}\boldsymbol{X} & * & * & * \\
\sqrt{(\bar{\tau}-\underline{\tau})}\boldsymbol{A} & 0 & \sqrt{(\bar{\tau}-\underline{\tau})}\boldsymbol{A} & 0 & 0 & 0 & 0 & -\boldsymbol{H}^{-1} & * & * \\
\hat{\boldsymbol{Q}} & 0 & 0 & 0 & 0 & 0 & 0 & 0 & -\hat{\boldsymbol{Q}} & * \\
\hat{\boldsymbol{R}}\boldsymbol{K} & 0 & 0 & 0 & 0 & 0 & 0 & 0 & 0 & -\hat{\boldsymbol{R}}
\end{bmatrix}
\tag{11-24}
$$

其中：$\boldsymbol{X}=\boldsymbol{P}^{-1}$，$\boldsymbol{Y}=\boldsymbol{K}\boldsymbol{X}$，$\widetilde{\boldsymbol{Q}}_1=\boldsymbol{X}\boldsymbol{Q}_1\boldsymbol{X}$，$\widetilde{\boldsymbol{Q}}_2=\boldsymbol{X}\boldsymbol{Q}_2\boldsymbol{X}$，$\widetilde{\boldsymbol{R}}_1=\boldsymbol{X}\boldsymbol{R}_1\boldsymbol{X}$，$\widetilde{\boldsymbol{R}}_2=\boldsymbol{X}\boldsymbol{R}_2\boldsymbol{X}$，$\widetilde{\boldsymbol{H}}=\boldsymbol{X}\boldsymbol{H}\boldsymbol{X}$，$\widetilde{\boldsymbol{U}}=\boldsymbol{X}\boldsymbol{U}\boldsymbol{X}$ 以及 $\widetilde{\boldsymbol{M}}_j=\boldsymbol{X}\boldsymbol{M}_j\boldsymbol{X}(1\leqslant j\leqslant 4)$，则有 $\boldsymbol{K}=\bar{\boldsymbol{K}}\boldsymbol{W}=\boldsymbol{Y}\boldsymbol{X}^{-1}$。

对式(11-24)左右分别乘 $\mathrm{diag}(\boldsymbol{P}^{-1},\boldsymbol{P}^{-1},\boldsymbol{P}^{-1},\boldsymbol{P}^{-1},\boldsymbol{P}^{-1},\boldsymbol{R}_1^{-1},\boldsymbol{R}_2^{-1},\boldsymbol{H}^{-1},\boldsymbol{I},\boldsymbol{I})$ 和它的转置矩阵，可得式(11-23)。我们也可以从式(11-9)得到式(11-23)。对式(11-7)左右分别乘 $\mathrm{diag}(\boldsymbol{X},\boldsymbol{X})$ 和它的转置矩阵，可得式(11-21)。证毕。

注意，在定理 2 中存在非线性项 $\boldsymbol{X}\widetilde{\boldsymbol{R}}_1^{-1}\boldsymbol{X}$，$\boldsymbol{X}\widetilde{\boldsymbol{R}}_2^{-1}\boldsymbol{X}$，$\boldsymbol{X}\widetilde{\boldsymbol{H}}^{-1}\boldsymbol{X}$。为了能够求解控制器增益，首先假设存在矩阵 $\boldsymbol{L}_1>0,\boldsymbol{L}_2>0,\boldsymbol{L}_3>0$ 满足

$$
-\boldsymbol{L}_3\geqslant-\boldsymbol{X}\widetilde{\boldsymbol{H}}^{-1}\boldsymbol{X},-\boldsymbol{L}_j\geqslant-\boldsymbol{X}\widetilde{\boldsymbol{R}}_i^{-1}\boldsymbol{X},\quad i=1,2;\ j=1,2,3 \tag{11-25}
$$

然后对式(11-25)采用引理 3，可得

$$
\begin{bmatrix} -\widetilde{\boldsymbol{H}}^{-1} & \boldsymbol{X}^{-1} \\ \boldsymbol{X}^{-1} & -\boldsymbol{L}_3^{-1} \end{bmatrix}\leqslant 0,\quad \begin{bmatrix} -\widetilde{\boldsymbol{R}}_i^{-1} & \boldsymbol{X}^{-1} \\ \boldsymbol{X}^{-1} & -\boldsymbol{L}_j^{-1} \end{bmatrix}\leqslant 0,\quad i=1,2;\ j=1,2,3 \tag{11-26}
$$

引入 $\boldsymbol{X}_{\mathrm{N}},\boldsymbol{R}_{1\mathrm{N}},\boldsymbol{R}_{2\mathrm{N}},\boldsymbol{L}_{1\mathrm{N}},\boldsymbol{L}_{2\mathrm{N}},\boldsymbol{L}_{3\mathrm{N}}$，则式(11-26)可重新写为

$$
\begin{bmatrix} -\widetilde{\boldsymbol{H}}_{\mathrm{N}} & \boldsymbol{X}_{\mathrm{N}} \\ \boldsymbol{X}_{\mathrm{N}} & -\boldsymbol{L}_{3\mathrm{N}} \end{bmatrix}\leqslant 0,\quad \begin{bmatrix} -\widetilde{\boldsymbol{R}}_{i\mathrm{N}} & \boldsymbol{X}_{\mathrm{N}} \\ \boldsymbol{X}_{\mathrm{N}} & -\boldsymbol{L}_{j\mathrm{N}} \end{bmatrix}\leqslant 0,\quad i=1,2;\ j=1,2,3 \tag{11-27}
$$

$$
\begin{aligned}
&\boldsymbol{X}\boldsymbol{X}_{\mathrm{N}}=\boldsymbol{I},\quad \widetilde{\boldsymbol{R}}_1\widetilde{\boldsymbol{R}}_{1\mathrm{N}}=\boldsymbol{I},\quad \widetilde{\boldsymbol{R}}_2\widetilde{\boldsymbol{R}}_{2\mathrm{N}}=\boldsymbol{I},\ \widetilde{\boldsymbol{H}}\widetilde{\boldsymbol{H}}_{\mathrm{N}}=\boldsymbol{I} \\
&\boldsymbol{L}_1\boldsymbol{L}_{1\mathrm{N}}=\boldsymbol{I},\quad \boldsymbol{L}_2\boldsymbol{L}_{2\mathrm{N}}=\boldsymbol{I},\quad \boldsymbol{L}_3\boldsymbol{L}_{3\mathrm{N}}=\boldsymbol{I}
\end{aligned} \tag{11-28}
$$

因此定理 2 可行解的问题可转化为以下线性矩阵不等式最优化问题：

$$
\mathrm{Minimize\ tr}(\boldsymbol{X}\boldsymbol{X}_{\mathrm{N}}+\widetilde{\boldsymbol{R}}_1\widetilde{\boldsymbol{R}}_{1\mathrm{N}}+\widetilde{\boldsymbol{R}}_2\widetilde{\boldsymbol{R}}_{2\mathrm{N}}+\widetilde{\boldsymbol{H}}\widetilde{\boldsymbol{H}}_{\mathrm{N}}+\sum_{j=1}^{3}\boldsymbol{L}_j\boldsymbol{L}_{j\mathrm{N}})
$$

$$
\begin{bmatrix} \boldsymbol{X} & * \\ 0 & \boldsymbol{X}_{\mathrm{N}} \end{bmatrix}>0,\quad \begin{bmatrix} \widetilde{\boldsymbol{R}}_i & * \\ 0 & \widetilde{\boldsymbol{R}}_{i\mathrm{N}} \end{bmatrix}>0,\quad i=1,2
$$

$$
\begin{bmatrix} \widetilde{\boldsymbol{H}} & * \\ 0 & \widetilde{\boldsymbol{H}}_{\mathrm{N}} \end{bmatrix}>0,\quad \begin{bmatrix} \widetilde{\boldsymbol{L}}_j & * \\ 0 & \widetilde{\boldsymbol{L}}_{j\mathrm{N}} \end{bmatrix}>0,\quad j=1,2,3
$$

其中式(11-22)和式(11-23)中的 $\boldsymbol{X}\widetilde{\boldsymbol{R}}_1^{-1}\boldsymbol{X},\boldsymbol{X}\widetilde{\boldsymbol{R}}_2^{-1}\boldsymbol{X}$ 和 $\boldsymbol{X}\widetilde{\boldsymbol{H}}^{-1}\boldsymbol{X}$ 分别被 $\boldsymbol{L}_1$，$\boldsymbol{L}_2,\boldsymbol{L}_3$ 代替。

进一步地，我们可以采用 CCL[27] 算法求解控制器增益 $\bar{\boldsymbol{K}}=\boldsymbol{Y}\boldsymbol{X}^{-1}\boldsymbol{W}^{-1}$，从而可以获得相应的 PID 控制器参数。

11.4　数值算例仿真与实验

11.4.1　数值算例仿真

算例 1　控制对象采用 QUANSER 公司的直流伺服电动机驱动模型，网络采用基于 MATLAB/SIMULINK 的 TrueTime 工具箱模拟实现。

图 11-3 所示的是直流伺服电动机电枢回路和齿轮传动的工作原理图，可建立其电动机输入电压 V_i 和负载转动角 θ_l 的传递函数形式：

$$\frac{\theta_l(s)}{V_i(s)}=\frac{\eta_g K_g \eta_m k_t}{s(R_m(\eta_g K_g^2 J_m+J_l)s+k_m \eta_g K_g^2 \eta_m k_t+R_m B_l)}$$

其中：$R_m=2.6\ \Omega$、$k_t=7.68\times10^{-3}$ N·m/A、$\eta_m=0.69$、$k_m=7.68\times10^{-3}$ V/(rad·s^{-1})、$J_m=4.61\times10^{-7}$ kg·m^2、$K_g=70$、$J_l=1.5\times10^{-3}$ kg·m^2、$B_l=1.5\times10^{-2}$ N·m/(rad·s^{-1})、$\eta_g=0.90$ 分别表示电动机电枢电阻、电动机转矩常数、电动机效率、电动机反电动势常数、电动机驱动轴转动惯量、齿轮箱齿轮传动效率、电动机负载轴转动惯量、电动机负载轴黏性阻尼系数、发电机转动效率。

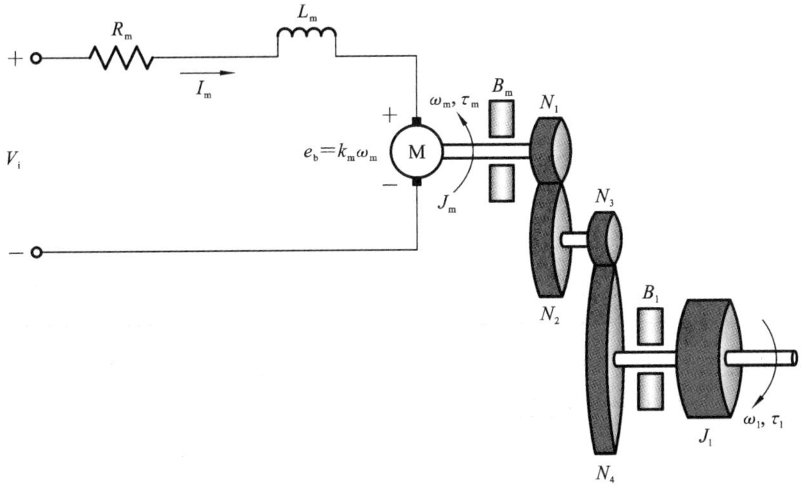

图 11-3　直流伺服电动机电枢回路和齿轮传动的工作原理图

带入相应的值可得其电动机输入电压 V_i 和负载转动角 θ_l 的二阶模型：

$$\frac{\theta_l(s)}{V_i(s)}=\frac{b_0}{s^2+a_1 s}=\frac{36.96}{s^2+24.15s}$$

进一步地，根据式(11-2)可得相应的状态空间模型参数：

$$A=\begin{bmatrix}0 & 1 & 0\\ 0 & -24.15 & 0\\ 36.96 & 0 & 0\end{bmatrix},\quad B=\begin{bmatrix}0\\1\\0\end{bmatrix},\quad C=[36.96\quad 0\quad 0]$$

为了验证网络化保性能 PID 跟踪控制算法的有效性，设网络控制系统中的传感器采样周期 $h=40$ ms，10 ms$\leqslant\tau_k^{sc}+\tau_k^{ca}<h$，且连续丢包数上界 $\bar{d}=2$，则 $\tau(t)\in[10,160)$，同时 PID 控制器采用传感器采样周期时间进行离散化。考虑系统丢包最坏的情况，即每 3 个数据包中连续丢包 2 个，数据传输序列为…110110110…，0 代表没有数据包丢失，1 代表数据包丢失。

如表 11-1 所示，表中给出了不同二次型参数下的 PID 控制器参数以及对应的直流伺服电动机阶跃响应性能指标，其中：上升时间 t_r 表示在暂态响应期间，输出第一次达到输入所对应的终值的时间（从 $t=0$ s 开始计时）；峰值时间 t_p 对应最大超调量发生的时间；超调量 M_p 表示在暂态响应期间，输出超过输入所对应的终值的最大偏离量的百分比；调整时间 t_s 表示输出与其输入对应的终值之间的偏差达到容许范围（取 5%）所经历的暂态响应时间。图 11-4 所示为不同二次型参数所对应的直流伺服电动机的阶跃响应曲线。从表 11-1 和图 11-4 可以看出，通过改变参数 $\hat{Q}$，可相应地调整 PID 控制器中的 k_p、k_i、k_d 参数。例如：当图 11-4(a)中的调整时间过长时，可适当增大 $\hat{Q}$ 而获得大的 k_p；当图 11-4(b)中存在超调量时，可以减小 $\hat{Q}$ 而获得较小的 k_i，反复调整参数可以获得较好的阶跃响应性能。

表 11-1 不同二次型参数下的 PID 控制器参数以及对应的直流伺服电动机阶跃响应性能指标

序号	$\hat{Q}$,$\hat{R}$	k_p	k_i	k_d	t_r/s（上升时间）	t_p/s（峰值时间）	M_p/(%)（超调量）	t_s/s（调整时间）
1	$\hat{Q}=\mathrm{diag}(1,1,1)$，$\hat{R}=10$	0.657	0.316	0.026	2.256	4.587	9.820	9.301
2	$\hat{Q}=\mathrm{diag}(1\times10^4,1,1)$，$\hat{R}=10$	1.081	0.315	0.042	1.830	3.755	4.441	—
3	$\hat{Q}=\mathrm{diag}(1\times10^4,1,1.5\times10^{-2})$，$\hat{R}=10$	0.885	0.038	0.034	2.806	5.654	1.837	—
4	$\hat{Q}=\mathrm{diag}(1\times10^4,1,10^{-4})$，$\hat{R}=10$	0.857	0.033	0.003	5.341	10.756	0.092	—

算例 2 考虑文献[28, 29]中采样周期为 0.04 s 的四阶离散系统模型。它是由直流伺服电动机、负载板、速度和角度传感器组成的直流伺服电动机控制系统，其模型传递函数为

$$G(z)=\frac{0.05409Z^{-2}+0.115Z^{-3}+0.0001Z^{-4}}{1-1.12Z^{-1}-0.213Z^{-2}+0.335Z^{-3}}$$

采用双线性变换可得对应的连续传递函数系统模型：

$$G(s)=\frac{-0.03868s^4+7.303s^3-171.1s^2-18320s+672700}{s^4+219.8s^3+10220s^2+86670s+7952}$$

继续采用 Padé 逼近法进行系统降阶处理，可得典型结构的二阶系统模型：

$$G(s)=\frac{-2.883s+76.01}{s^2+9.774s+0.8981}$$

将该直流伺服电动机控制系统置入网络控制系统中，设传感器采样周期 $h=50$ ms，

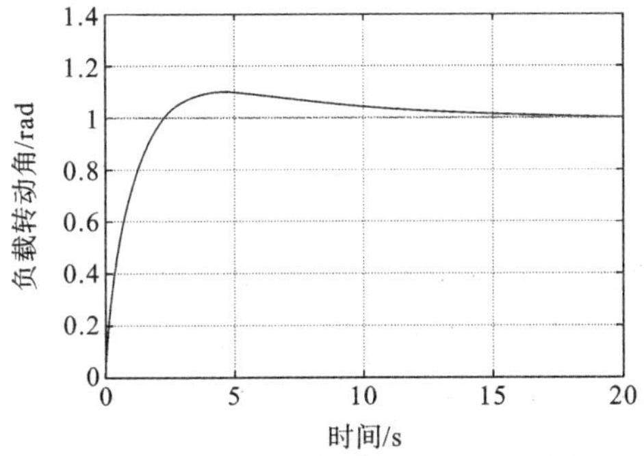

(a) $\hat{\boldsymbol{Q}}=\mathrm{diag}(1,1,1)$, $\hat{\boldsymbol{R}}=10$

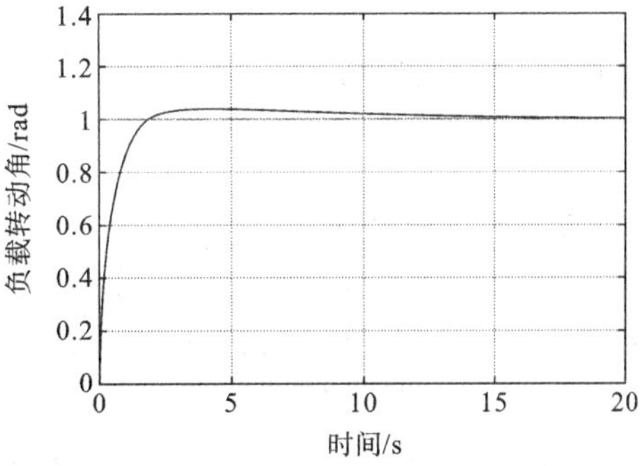

(b) $\hat{\boldsymbol{Q}}=\mathrm{diag}(1\times10^4,1,1)$, $\hat{\boldsymbol{R}}=10$

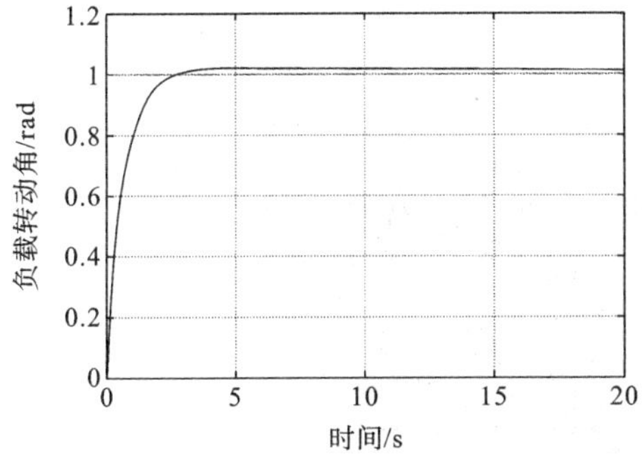

(c) $\hat{\boldsymbol{Q}}=\mathrm{diag}(1\times10^4,1,1.5\times10^{-2})$, $\hat{\boldsymbol{R}}=10$

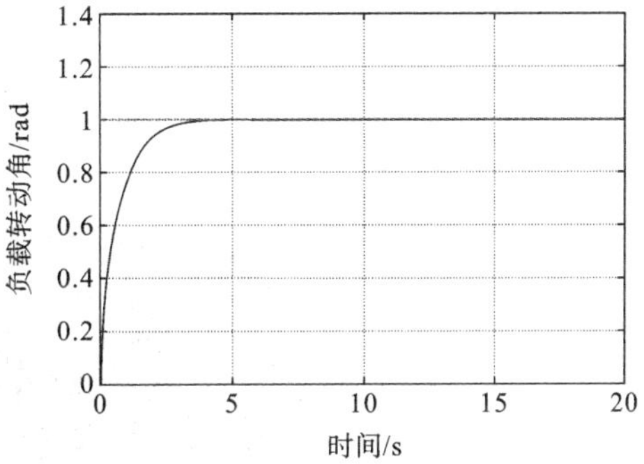

(d) $\hat{\boldsymbol{Q}}=\mathrm{diag}(1\times10^4,1,10^{-4})$, $\hat{\boldsymbol{R}}=10$

图 11-4　不同二次型参数所对应的直流伺服电动机的阶跃响应曲线

20 ms$\leqslant\tau_k^{sc}+\tau_k^{ca}<h$,且连续丢包数上界 $\bar{d}=2$,则 $\tau(t)\in[20,200)$,同时 PID 控制器采用传感器采样周期时间进行离散化。根据定理 2,选择参数 $\hat{\boldsymbol{Q}}=\mathrm{diag}(1\times10^4,1,2\times10^{-2})$,$\hat{\boldsymbol{R}}=100$,可得相应的 PID 控制器参数 $k_{\mathrm{p}}=0.1295$,$k_{\mathrm{i}}=0.0136$,$k_{\mathrm{d}}=0.0124$。针对网络中的双边时变时延,以及假设数据传输序列…0010000110…(丢包率达 30%),给出了在该 PID 控制器下的原高阶系统模型和等效二阶系统模型的阶跃响应曲线(仿真),如图 11-5 所示。从图 11-5 中可以看出,两者有着几乎完全相同的运行轨迹,且同样展现出了较好的阶跃响应性能。

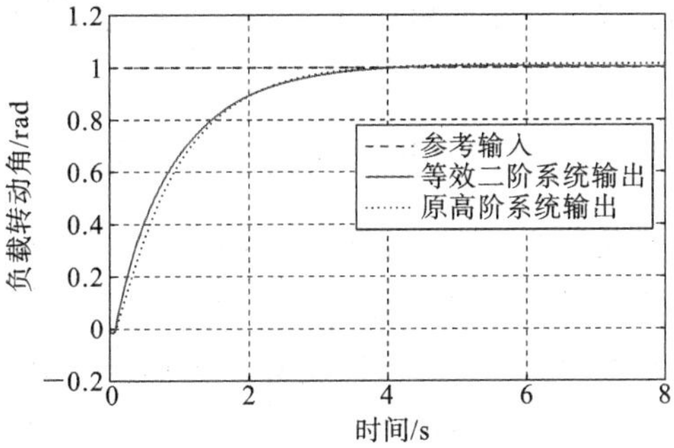

图 11-5　不同直流伺服电动机控制系统下的阶跃响应曲线

11.4.2 实验

1. 直流伺服电动机

根据数值算例仿真中的第一个算例，我们采用 QUANSER 公司提供的驱动模型，并基于 MATLAB/SIMULINK 通信模块构建了真实的网络化直流伺服电动机控制系统。如图 11-6 所示，台式计算机(PC1)通过网线接入实验室所在楼层的局域网，笔记本电脑(PC2)作为控制器通过 Wi-Fi 接入对应局域网。通过 ping 命令获取 PC1 到 PC2 的时延值大小，如图 11-7 所示，其时延值绝大部分分布在 20 ms 以下，基本符合仿真中给出的假设条件。

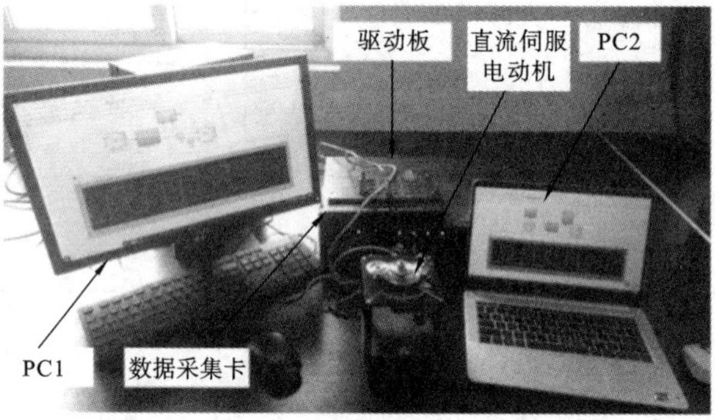

图 11-6 网络化直流伺服电动机控制系统

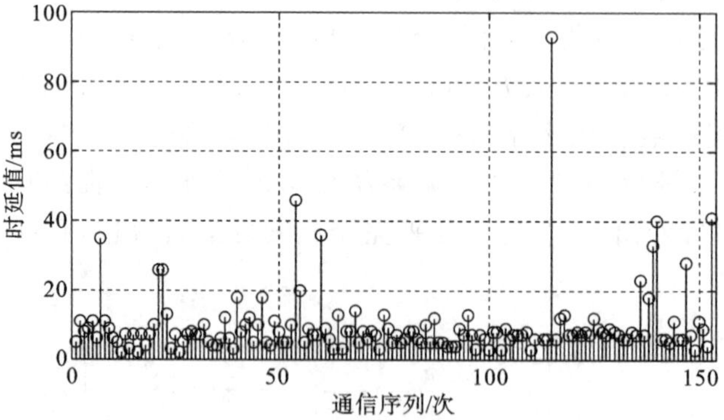

图 11-7 本地局域网中的时延值

在图 11-6 中，PC1 与驱动板构成执行器模块驱动直流伺服电动机转动，并且与数据采集卡构成传感器模块获取电动机的位置信息。PC1 通过网络(采用 UDP 网络通信协议)实现与控制器(PC2)之间信号的发送和接收，并将信号发送给伺服系统。考虑到电动机在转动过程中存在一定的机械摩擦，因此在实验中选取了表 11-1 中的第 3 组 PID 控制器参数。图 11-8 所示为在控制器(PC2)端得到的直流伺服电机角度位置跟踪响应曲线(实验结果)。

2. 三自由度直升机

本节采用第 5 章所构建的实验模拟平台来进行实验研究。

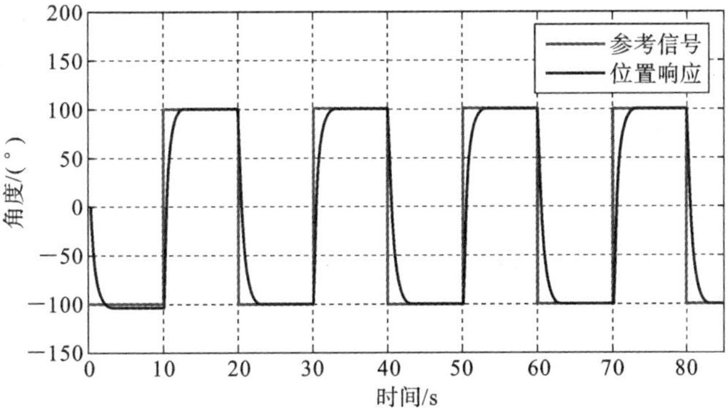

图 11-8　直流伺服电动机角度位置跟踪响应曲线

扫码看彩图

为了验证本章所提网络化 PID 跟踪控制算法的有效性，设定 $0\leqslant\tau_k^{sc}+\tau_k^{ca}<h$，并且 $\tau(t)\in[10,160)$，单位为 ms。设置

$$\hat{\boldsymbol{Q}}=\mathrm{diag}(1,0.8,1,1\times10^{-5},1\times10^{-5},0.5\times10^{-5},1.5\times10^{2},5)$$

$$\hat{\boldsymbol{R}}=\mathrm{diag}(1,1)$$

利用第 5 章所建立的三自由度直升机的状态空间模型，结合定理 2，可求得控制器增益为

$$\boldsymbol{K}=\begin{bmatrix}k_{11} & k_{12} & k_{13} & k_{14} & k_{15} & k_{16} & k_{17} & k_{18}\\ k_{21} & k_{22} & k_{23} & k_{24} & k_{25} & k_{26} & k_{27} & k_{28}\end{bmatrix}$$

$$=\begin{bmatrix}-15.1982 & -6.4354 & 4.3784 & -13.2680 & -3.2412 & 6.0808 & -8.6241 & 1.5345\\ -15.1982 & 6.4354 & -4.3784 & -13.2680 & 3.2412 & -6.0808 & -8.6241 & -1.5345\end{bmatrix}$$

基于该控制器增益 $\boldsymbol{K}$，可得网络化保性能 PID 控制器的参数。在三自由度直升机的空间状态模型中，控制量 $\boldsymbol{u}(t)=[U_{\mathrm{f}}\quad U_{\mathrm{b}}]^{\mathrm{T}}=\boldsymbol{Kx}(t)$，结合三自由度直升机的运动模型，以及 $\boldsymbol{x}(t)=\left[\varepsilon\quad \rho\quad \lambda\quad \frac{\mathrm{d}}{\mathrm{d}t}\varepsilon\quad \frac{\mathrm{d}}{\mathrm{d}t}\rho\quad \frac{\mathrm{d}}{\mathrm{d}t}\lambda\quad \int\varepsilon\mathrm{d}t\quad \int\lambda\mathrm{d}t\right]^{\mathrm{T}}$，其高度轴输出控制量的 PID 控制形式为

$$V_{\mathrm{s}}=U_{\mathrm{f}}+U_{\mathrm{b}}=2k_{11}\varepsilon_{\mathrm{e}}+2k_{14}\dot{\varepsilon}_{\mathrm{e}}+2k_{17}\int\varepsilon_{\mathrm{e}}\mathrm{d}t \tag{11-29}$$

类似的，其俯仰轴输出控制量的 PID 控制形式为

$$V_{\mathrm{d}}=U_{\mathrm{f}}-U_{\mathrm{b}}=2k_{12}\rho+2k_{15}\dot{\rho}+2k_{13}\lambda_{\mathrm{e}}+2k_{16}\dot{\lambda}_{\mathrm{e}}+2k_{18}\int\lambda_{\mathrm{e}}\mathrm{d}t \tag{11-30}$$

由于俯仰轴的运动取决于巡航轴的运动，因此定义所期望的俯仰轴的运动角度为

$$\rho_{\mathrm{d}}=\frac{1}{2k_{12}}\left(2k_{13}\lambda_{\mathrm{e}}+2k_{16}\dot{\lambda}_{\mathrm{e}}+2k_{18}\int\lambda_{\mathrm{e}}\mathrm{d}t\right)$$

则式(11-30)可转为 PD 控制形式：

$$V_{\mathrm{d}}=2k_{12}(\rho-\rho_{\mathrm{d}})+2k_{15}\dot{\rho} \tag{11-31}$$

显然，式(11-29)至式(11-31)说明根据定理 2 得到的控制器增益实现了 PID 控制。

由于 $\tau(t)\in[10,160)$，当网络控制系统中的传感器采样周期 $h=80$ ms 时，不考虑丢包问题；当传感器采样周期 $h=40$ ms 时，考虑最大连续丢包数为 2 的情况，设定丢包序列为…0010010011…0010010011，此时丢包率达 40%。PID 控制器采用传感器采样周期时间进行离散化。

设定实验系统的参考信号为

$$\varepsilon_d(s)=\frac{1}{s+1}w_i(s),\quad \lambda_d(s)=\frac{1}{3s+1}w_i(s),\quad i=\varepsilon,\lambda \tag{11-32}$$

其中：$w_i(s)$分别表示高度轴和巡航轴上的参考输入命令。参考输入命令在经过平滑后得到期望的参考信号$\varepsilon_d(s)$和$\lambda_d(s)$。对于期望的高度角，参考输入命令是振幅为0°～15°、频率为0.015 Hz的方形波形信号；对于期望的巡航角，参考输入命令是振幅为−20°～20°、频率为0.01 Hz的方波信号；同时为了保持直升机的平衡，其俯仰角需要保持在平衡状态。

将所得的具体参数代入实验系统，可得相应的跟踪响应曲线，如图11-9和图11-10所示。从输出的跟踪响应曲线可以看出，在通信约束（网络诱导时延和数据丢包）条件下，直升机俯仰角能够保持在平衡状态附近，同时其巡航角和高度角实现了较好的跟踪性能。

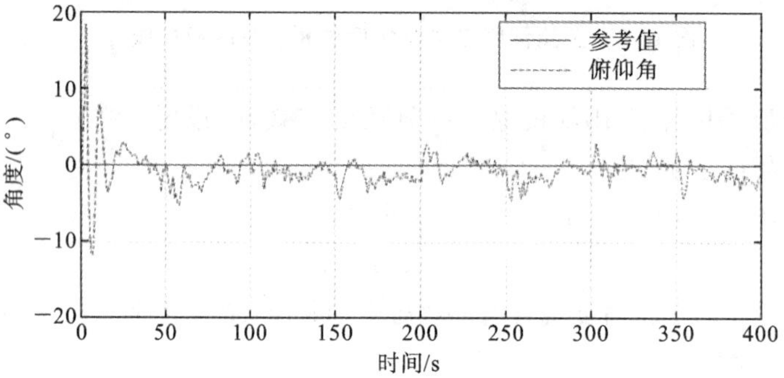

（a）三自由度直升机俯仰角跟踪响应曲线

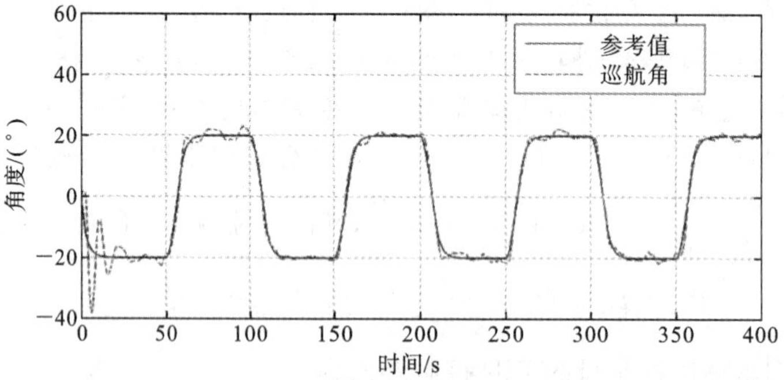

（b）三自由度直升机巡航角跟踪响应曲线

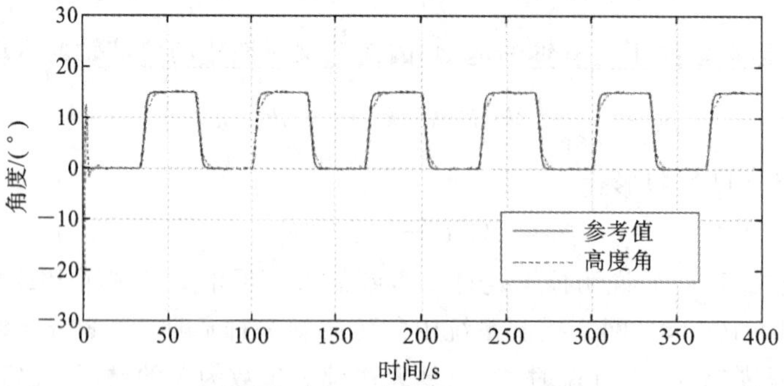

（c）三自由度直升机高度角跟踪响应曲线

图11-9　传感器采样周期h=40 ms，且最大连续丢包数为2时的跟踪响应曲线　　扫码看彩图

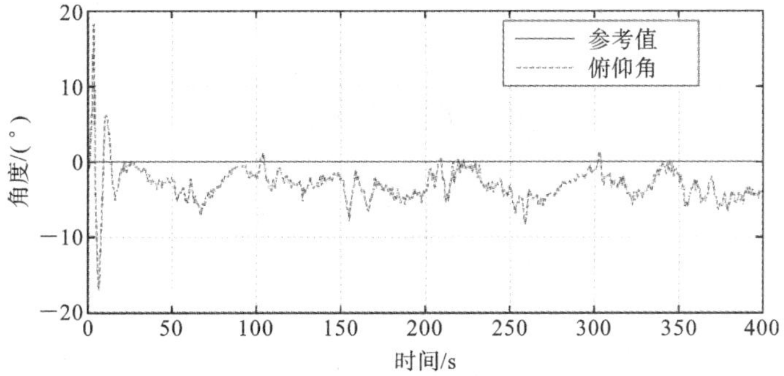

（a）三自由度直升机俯仰角跟踪响应曲线

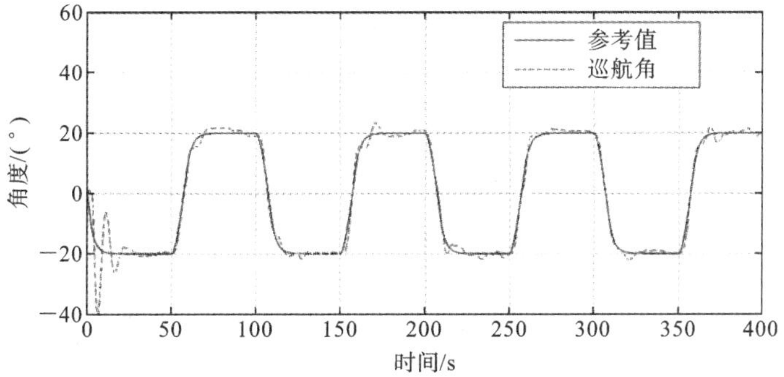

（b）三自由度直升机巡航角跟踪响应曲线

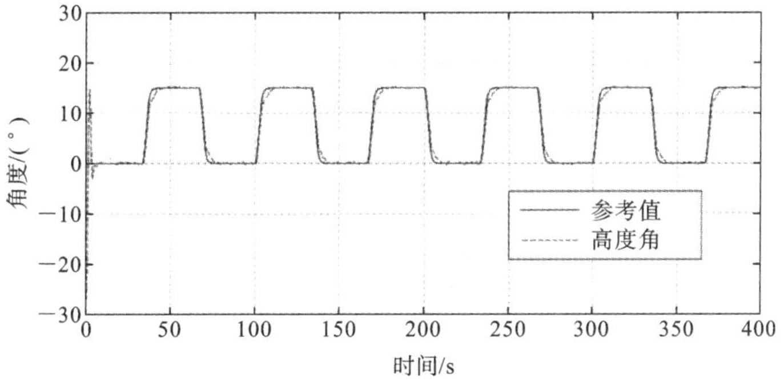

（c）三自由度直升机高度角跟踪响应曲线

图 11-10　传感器采样周期 $h=80$ ms，无丢包时的跟踪响应曲线

扫码看彩图

11.5　本章小结

本章针对实际工程和工业过程具有二阶传递函数的对象，将用于跟踪控制的 PID 控制器参数选择问题归结为线性矩阵不等式求解凸优化的系统指数稳定性问题，实现了网络化保性能 PID 控制。针对高阶系统对象，可事先对系统对象模型进行降阶，进而采用本章所提的方法进行处理。本章最后通过数值仿真，以及在直流伺服电动机和三自由度直升机上进行实验，证明了本章所提方法的有效性，成功实现了对给定参考方波信号的快速平稳跟踪。

参考文献

[1] 游科友，谢立华. 网络控制系统的最新研究综述[J]. 自动化学报，2013，39(2)：101-118

[2] GUPTA R A, CHOW M Y. Networked control system: overview and research trends [J]. IEEE Transactions on Industrial Electronics, 2010, 57(7):2527-2535.

[3] ZHANG D, SHI P, WANG Q G, et al. Analysis and synthesis of networked control systems: a survey of recent advances and challenges[J]. ISA Transactions, 2017, 66 (1):376-392.

[4] 吴祥，王军晓，王瑶为，等. 基于ADRC的网络化运动控制系统高精度轮廓跟踪控制[J]. 高技术通讯，2018，28(9):835-842.

[5] TAN C, LI L, ZHANG H S. Stabilization of networked control systems with both network-induced delay and packet dropout[J]. Automatica, 2015, 59(6):194-199.

[6] 金澄，刘斌. 时变时延网络系统的滑模控制器研究[J]. 高技术通讯，2018，28(11)：964-971.

[7] PENG C, YANG T C. Event-triggered communication and H_∞ control co-design for networked control systems[J]. Automatica, 2013, 49(5): 1326-1332.

[8] BU X H, HOU Z S. Stability of iterative learning control with data dropouts via asynchronous dynamical system[J]. International Journal of Automation and Computing, 2011, 8(1):29-36.

[9] HALDER K, DAS S, DASGUPTA S, et al. Controller design for networked control systems—an approach based on L_2 induced norm[J]. Nonlinear Analysis : Hybrid Systems, 2016, 19:134-145.

[10] 刘义才，刘斌，张永，等. 具有双边随机时延和丢包的网络控制系统稳定性分析[J]. 控制与决策，2017，32(9):1565-1573.

[11] WANG J H, ZHANG Q L, BAI F. Robust control of discrete-time singular Markovian jump systems with partly unknown transition probabilities by static output feedback[J]. International Journal of Control, Automation, and Systems, 2015, 13 (6):1313-1325.

[12] TIAN G S, XIA F, TIAN Y C. Predictive compensation for variable network delays and packet losses in networked control systems[J]. Computers and Chemical Engineering, 2012, 39(10): 152-162.

[13] XIA Y Q, XIE W, LIU B, et al. Data-driven predictive control for networked control systems[J]. Information Sciences, 2013, 235:45-54.

[14] YU M, YUAN X D, XIAO W D. A switched system approach to robust stabilization

of networked control systems with multiple packet transmission[J]. Asian Journal of Control, 2015, 17(4): 1415-1423.

[15] 刘斌，刘义才. 区间化时变时延的网络化切换系统建模与控制[J]. 控制理论与应用，2017, 34(7):912-920.

[16] PANG Z H, LIU G P, ZHOU D H, et al. Output tracking control for networked systems: a model-based prediction approach[J]. IEEE Transactions on Industrial Electronics, 2014, 61(9): 4867-4877.

[17] ZHANG J H, LIN Y J, SHI P. Output tracking control of networked control systems via delay compensation controllers[J]. Automatica, 2015, 57(7):85-92.

[18] PENG J M, WANG J N, YE X D. Distributed adaptive tracking control for unknown nonlinear networked systems[J]. Acta Automatica Sinica, 2013, 39(10):1729-1735.

[19] WU Y, LIU T S, WU Y P, et al. H_∞ output tracking control for uncertain networked control systems via a switched system approach[J]. International Journal of Robust and Nonlinear Control, 2016, 26(5): 995-1009.

[20] ZHANG D W, HAN Q L, JIA X C. Observer-based H_∞ output tracking control for networked control systems[J]. International Journal of Robust and Nonlinear Control, 2015, 24(17): 2741-2760.

[21] TRAN H D, GUAN Z H, DANG X K, et al. A normalized PID controller in networked control systems with varying time delays[J]. ISA Transactions, 2013, 52(5): 592-599.

[22] AHMADI A A, SALMASI F R, NOORI-MANZAR M, et al. Speed sensorless and sensor-fault tolerant optimal PI regulator for networked DC motor system with unknown time-delay and packet dropout[J]. IEEE Transactions on Industrial Electronics, 2014, 61(2):708-717.

[23] ZHANG H, SHI Y, MEHR A S. Robust static output feedback control and remote PID design for networked motor systems[J]. IEEE Transactions on Industrial Electronics, 2011, 58(12): 5396-5405.

[24] ZHANG H, SHI Y, MEHR A S. Robust H_∞ PID control for multivariable networked control systems with disturbance/noise attenuation[J]. International Journal of Robust and Nonlinear Control, 2012, 22(2):183-204.

[25] PARK P, KO J, JEONG C. Reciprocally convex approach to stability of systems with time-varying delays[J]. Automatica, 2011, 47(1):235-238.

[26] TIAN E, YUE D, ZHANG Y J. Delay-dependent robust H_∞ control for T-S fuzzy system with interval time-varying delay[J]. Fuzzy Sets and Systems, 2009, 160(12): 1708-1719.

[27] HE Y, WU M, LIU G P, et al. Output feedback stabilization for a discrete-time system with a time-varying delay[J]. IEEE Transactions on Automatic Control, 2008,

53(10):2372-2377.

[28] LIU G P, XIA Y Q, CHEN J, et al. Networked predictive control of systems with random network delays in both forward and feedback channels[J]. IEEE Transactions on Industrial Electronics, 2007, 54(3):1282-1297.

[29] LIN Y J, MA T S, CAO W J, et al. Output tracking of networked control system with delay compensations[J]. Chinese Control Conference,2014:5678-5683.

第12章 二自由度机器人的网络化PID跟踪控制

网络控制系统是由控制器、传感器、执行器等部件通过通信网络连接构成的闭环系统。与传统的控制系统相比，网络控制系统具有接线少、成本低、便于安装和维护等优点[1-3]。然而在带宽有限的网络中，数据在传输过程中不可避免地会产生网络诱导时延和数据丢包，而且受到网络协议类型、拓扑结构以及负载变化等因素的影响，网络诱导时延和数据丢包将会随时间变化，导致系统性能下降甚至破坏其稳定性[4,5]。针对网络诱导时延和数据丢包所带来的问题，近年来许多专家学者进行了广泛研究，分别采用了时滞系统分析方法[6,7]、异步动态系统分析方法[8,9]、随机系统分析方法[10,11]、预测控制分析方法[12,13]、切换系统分析方法[14,15]等来解决，给出了保证系统性能或者稳定的条件。

跟踪控制是指在给定跟踪性能的要求下，使被控对象输出或状态尽可能地跟踪预定的参考轨迹，同时系统的稳定性也可以看成跟踪控制问题的一种特例。跟踪控制普遍存在于工业、生物和经济等领域中，并广泛应用于机器人、导弹跟踪控制以及飞行姿态的跟踪控制中。但是由于网络控制系统的网络诱导时延和数据丢包的通信约束，其反馈控制信号会导致输出误差，因此在网络控制系统中实现期望的跟踪性能将更具挑战性。预测控制[16,17]、自适应控制[18]以及鲁棒 H_∞ 控制[19,20]等方法常被用来解决网络控制系统中的输出跟踪问题。然后事实上，在工业应用中，PID 控制无疑是现阶段最普遍和最流行的控制策略，因此基于现有的 PID 控制系统进行改进，以适应网络的通信约束，将会更有现实意义。其中：文献[21]基于标准增益和相位裕度，研究了一阶和二阶时滞网络控制系统的 PID 和 PI 控制；文献[22]针对存在未知网络诱导时延的网络化直流电动机系统，提出了一种基于双线性矩阵不等式的特定 PI 调节器设计方法；文献[23]将 PID 控制器设计问题转化为静态输出反馈控制器问题；文献[24]结合了静态输出反馈和鲁棒 H_∞ 输出跟踪控制的特点，设计了鲁棒 H_∞ PID 控制器。

因此受上述研究的启发，本章针对具有双边时变时延和数据丢包的网络控制系统，研究了二自由度(two degree of freedom, 2DOF)机器人的 PID 跟踪控制，并采用状态反馈的增广状态空间模型重新描述直流伺服电动机模型传递函数和 PID 控制器增益，同时利用时滞系统分析方法，在考虑时延和丢包特点的基础上，将用于跟踪控制的 PID 控制器参数选择问题归结为线性矩阵不等式求解凸优化的系统指数稳定性问题。本章最后通过一个二自由度机器人的应用实例，验证了本章所提方法的有效性。

12.1 问题描述及系统建模

图 12-1 所示为二自由度机器人运动模型示意图，它由两个伺服电动机和一个四连杆组成，两电动机被安装在基座的固定位置（A 点和 B 点），连杆的两个末端分别和这两个电动机相连，电动机带动连杆末端转动一定的角度，从而使整个连杆在平面内伸缩和摆动。

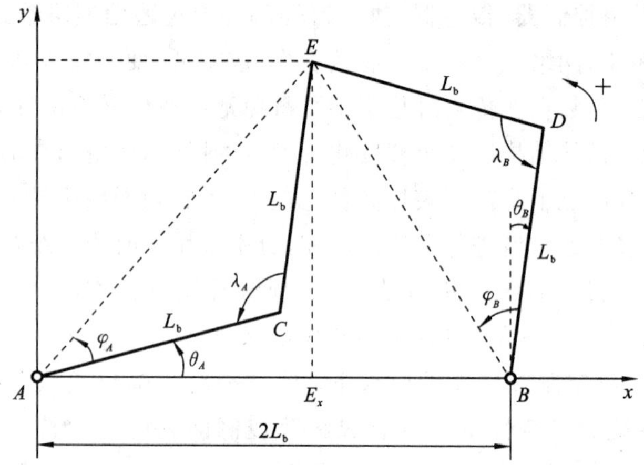

图 12-1　二自由度机器人运动模型示意图

二自由度机器人的目标为控制 E 点按预定的轨迹在平面内运动。由于电动机控制的是连杆末端分别绕 A、B 两端点旋转的角度，根据余弦定理等可得电动机旋转角和 E 点坐标之间的正运动学模型式(12-1)和逆运动学模型式(12-2)：

$$\begin{cases} C_x = L_b\cos\theta_A, C_y = L_b\sin\theta_A \\ D_x = 2L_b - L_b\sin\theta_B, D_y = L_b\cos\theta_B \\ \alpha = \arccos\left(\sqrt{(D_x - C_x)^2 + (D_y - C_y)^2}/2L_b\right) \\ \beta = \arctan\dfrac{D_y - C_y}{D_x - C_x} \\ E_x = C_x + L_b\cos(\alpha+\beta), E_y = C_y + L_b\sin(\alpha+\beta) \end{cases} \tag{12-1}$$

$$\begin{cases} \lambda_A = \arccos\left((2L_b^2 - E_x^2 - E_y^2)/2L_b^2\right) \\ \lambda_B = \arccos\left((2L_b^2 - (2L_b - E_x)^2 - E_y^2)/2L_b^2\right) \\ \varphi_A = \dfrac{\pi}{2} - \dfrac{\lambda_A}{2}, \varphi_B = \dfrac{\pi}{2} - \dfrac{\lambda_B}{2} \\ \theta_A = \arctan\dfrac{E_y}{E_x} - \varphi_A, \theta_B = \arctan\dfrac{2L_b - E_x}{E_y} - \varphi_B \end{cases} \tag{12-2}$$

图 12-2 所示为直流伺服电动机电枢回路和齿轮传动的工作原理图，建立其电动机输入电压 V_i 和负载转动角 θ_l 的传递函数形式：

$$\frac{\theta_l(s)}{V_i(s)} = \frac{\eta_g K_g \eta_m k_t}{s(R_m(\eta_g K_g^2 J_m + J_l)s + k_m \eta_g K_g^2 \eta_m k_t + R_m \eta_g K_g^2 B_m + R_m B_l)} \tag{12-3}$$

其中：R_m 表示电动机电枢电阻，k_t 表示电动机转矩常数，η_m 表示电动机效率，k_m 表示电动机反电动势常数，K_g 表示齿轮箱齿轮传动效率，η_g 表示发电机效率，J_m 表示电动机驱动轴转动惯量，J_l 表示电动机负载轴转动惯量，B_m 表示电动机驱动轴黏性阻尼系数，B_l 表示电动机负载轴黏性阻尼系数。

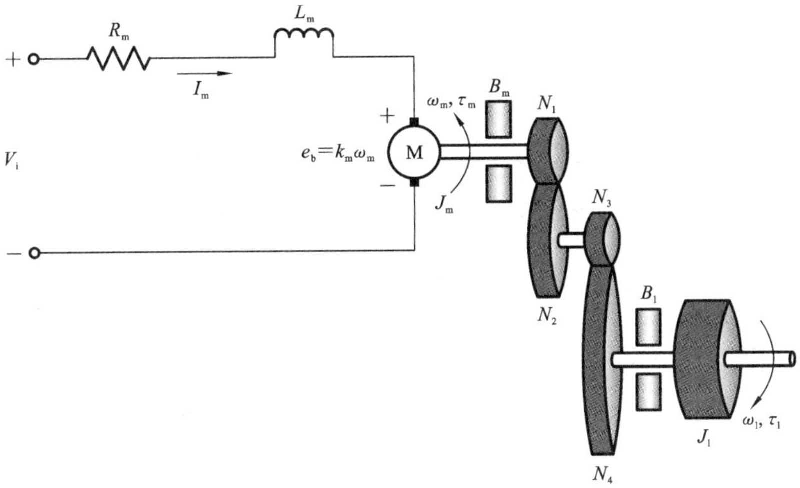

图 12-2　直流伺服电动机电枢回路和齿轮传动的工作原理图

为描述方便，将直流伺服电动机传递函数式(12-3)写成：

$$G(s)=\frac{b_0}{s^2+a_1s+a_0} \tag{12-4}$$

其中：$a_0=0$，$a_1=\dfrac{k_m\eta_g K_g^2\eta_m k_t+R_m\eta_g K_g^2 B_m+R_m B_l}{R_m(\eta_g K_g^2 J_m+J_l)}$，$b_0=\dfrac{\eta_g K_g\eta_m k_t}{R_m(\eta_g K_g^2 J_m+J_l)}$。

将传递函数式(12-4)转换为状态空间模型：

$$\begin{cases}\dot{\boldsymbol{x}}(t)=\boldsymbol{A}\boldsymbol{x}(t)+\boldsymbol{B}\boldsymbol{u}(t)\\ \boldsymbol{y}(t)=\boldsymbol{C}\boldsymbol{x}(t)\end{cases} \tag{12-5}$$

其中：$\boldsymbol{A}=\begin{bmatrix}0 & 1 & 0\\ -a_0 & -a_1 & 0\\ b_0 & 0 & 0\end{bmatrix}$，$\boldsymbol{B}=\begin{bmatrix}0\\1\\0\end{bmatrix}$，$\boldsymbol{C}=[b_0\quad 0\quad 0]$。

采用 PID 控制器：

$$C(s)=k_p+k_i\frac{1}{s}+k_d s \tag{12-6}$$

可将其转化为状态空间模型形式：

$$\boldsymbol{u}(t)=\bar{\boldsymbol{K}}\boldsymbol{W}\boldsymbol{x}(t) \tag{12-7}$$

其中：$\bar{\boldsymbol{K}}=[-k_p\quad -k_d\quad -k_i]$，$\boldsymbol{W}=\begin{bmatrix}b_0 & 0 & 0\\ 0 & b_0 & 0\\ 0 & 0 & 1\end{bmatrix}$。

本章的目的是实现二自由度机器人的网络化 PID 跟踪控制，因此将二自由度机器人作为被控对象置于图 12-3 所示的网络中，并针对存在双边时变时延和数据丢包的网络控制系统做如下合理假定：

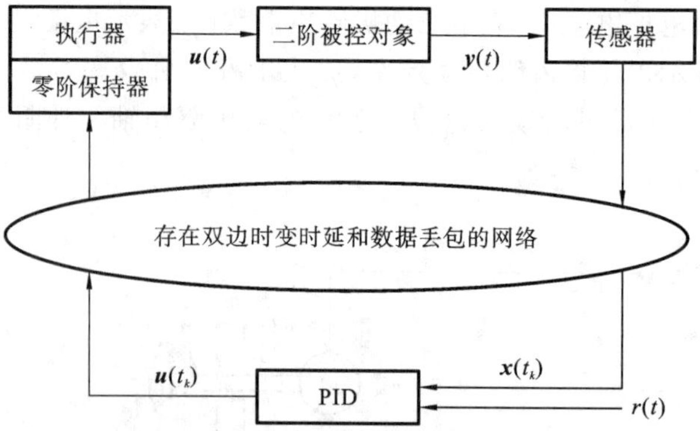

图 12-3　典型的网络控制系统结构图

(1) 传感器采用采样周期为 h 的时间驱动；

(2) 执行器和控制器采用事件驱动，当新的数据到达时，立即执行相关操作；

(3) 不考虑执行器获取缓冲器数据的时间以及控制器的运算时间，只考虑传感器到控制器和控制器到执行器的随机传输时延 τ_k^{sc}、τ_k^{ca}，并满足 $\underline{\tau}\leqslant\tau_k^{sc}+\tau_k^{ca}<h$；

(4) 网络数据单包传输，且连续丢包数 d 有界，满足 $d\leqslant\bar{d}$。

如图 12-4 所示，考虑到双边时变时延和数据丢包的影响，传感器采样数据 $\boldsymbol{x}(t_k h)$ 将会在时刻 $t_{k+1}h+\tau_{t_{k+1}}$ 到达执行器。

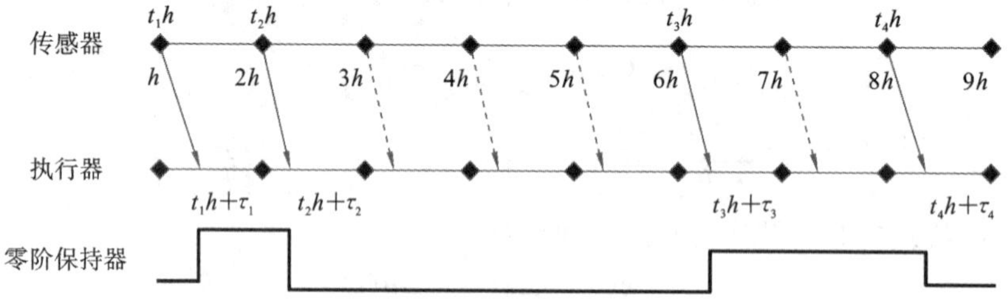

图 12-4　信号时序图

定义 $\tau(t)=t-i_k h$，$t\in[t_k h+\tau_k, t_{k+1}h+\tau_{k+1})$ 为零阶保持器的保持时间，则有

$$\underline{\tau}\leqslant\tau(t)<(\bar{d}+2)h=\bar{\tau}$$

令 $\boldsymbol{K}=\bar{\boldsymbol{K}}\boldsymbol{W}$，因此状态反馈控制律可重新表述为

$$\boldsymbol{u}(t)=\boldsymbol{K}\boldsymbol{x}(t_k h)=\bar{\boldsymbol{K}}\boldsymbol{W}\boldsymbol{x}(t-\tau(t)),\quad t\in[t_k h+\tau_k, t_{k+1}h+\tau_{k+1})\tag{12-8}$$

从式(12-5)、(12-7)和(12-8)可得闭环系统模型：

$$\begin{cases}\dot{\boldsymbol{x}}(t)=\boldsymbol{A}\boldsymbol{x}(t)+\boldsymbol{B}\boldsymbol{K}\boldsymbol{x}(t-\tau(t)), & t\in[t_k h+\tau_k, t_{k+1}h+\tau_{k+1})\\ \boldsymbol{y}(t)=\boldsymbol{C}\boldsymbol{x}(t)\end{cases}\tag{12-9}$$

12.2　网络化 PID 控制稳定性分析

引理 1[25](互逆凸组合方法)　假设 $f_1, f_2, \cdots, f_N:\mathbf{R}^m\rightarrow\mathbf{R}$ 在开集 D 的子集中有正值，D

$\in \mathbf{R}^m$。那么在集合 D 中 f_i 的相互组合满足：

$$\min_{\{\beta_i \mid \beta_i>0, \sum_i \beta_i=1\}} \sum_i \frac{1}{\beta_i} f_i(t) = \sum_i f_i(t) + \max_{g_{i,j}} \sum_{i\neq j} g_{i,j}(t)$$

其中：$g_{i,j}$ 满足 $\mathbf{R}^m \rightarrow \mathbf{R}$，$g_{i,j}(t)=g_{j,i}(t)$，$\begin{bmatrix} f_i(t) & g_{j,i}(t) \\ g_{i,j}(t & f_j(t) \end{bmatrix} \geqslant 0$。

引理 2[26] 对任意合适维数的矩阵 $\boldsymbol{\Xi}_i(i=1,2)$、$\boldsymbol{\Omega}$、以及关于 t 的函数 $\eta(t)$，$0\leqslant\eta(t)\leqslant\bar{\eta}$，当且仅当满足 $\bar{\eta}\boldsymbol{\Xi}_1+\boldsymbol{\Omega}\leqslant 0$ 以及 $\bar{\eta}\boldsymbol{\Xi}_2+\boldsymbol{\Omega}\leqslant 0$ 时，不等式 $\eta(t)\boldsymbol{\Xi}_1+(\bar{\eta}-\eta(t))\boldsymbol{\Xi}_2+\boldsymbol{\Omega}<0$ 成立。

引理 3[27] 考虑常微分方程 $\dot{u}(t)=f(t,u(t))$，$u(t_0)=u_0$，其中 $f(t,u(t))$ 在 $t\geqslant 0$ 上式连续的，并且在 $u\in\Psi\subset\mathbf{R}$ 上是 Lipchitz 连续的。设 $[t_0,t_\mathrm{M})$（t_M 可以是无穷大）是解 $u(t)$ 的最大区间，并且当 $t\in[t_0,t_\mathrm{M})$ 时，$u(t)\in\Psi$。若连续函数 $v(t)$ 的右上倒数满足微分不等式

$$D^+ v(t)\leqslant f(t,v(t)), \quad v(t_0)\leqslant u_0$$

其中：$D^+ v(t)=\lim\limits_{\mu\to 0^+}\sup \dfrac{v(t+\mu)-v(t)}{\mu}$，$v(t)\in\Psi$，$t\in[t_0,t_\mathrm{M})$，那么 $v(t)\leqslant u(t)$，$t\in[t_0,t_\mathrm{M})$。

定理 1 给定常数 $0\leqslant\underline{\tau}<\bar{\tau}$，如果存在标量 $0<\delta$，以及矩阵 $\boldsymbol{P}>0$，$\boldsymbol{H}>0$，$\boldsymbol{Q}_1>0$，$\boldsymbol{Q}_2>0$，$\boldsymbol{R}_1>0$，$\boldsymbol{R}_2>0$，以及 $\boldsymbol{U}$ 和 $\boldsymbol{M}$，使不等式(12-10)至式(12-12)成立，则闭环系统式(12-9)是指数稳定的，且指数衰减率为 δ。

$$\begin{bmatrix} \boldsymbol{R}_2 & * \\ \boldsymbol{U} & \boldsymbol{R}_2 \end{bmatrix} > 0 \tag{12-10}$$

$$\boldsymbol{\Xi}_1=\boldsymbol{\Xi}+\underline{\tau}\boldsymbol{M}(\mathrm{e}^{-\delta\bar{\tau}}\boldsymbol{H})^{-1}\boldsymbol{M}^\mathrm{T}+\boldsymbol{M}(\boldsymbol{e}_1-\boldsymbol{e}_3)+(\boldsymbol{e}_1-\boldsymbol{e}_3)^\mathrm{T}\boldsymbol{M}^\mathrm{T}+(\bar{\tau}-\underline{\tau})\boldsymbol{\Gamma}^\mathrm{T}\boldsymbol{H}\boldsymbol{\Gamma}\leqslant 0 \tag{12-11}$$

$$\boldsymbol{\Xi}_2=\boldsymbol{\Xi}+\bar{\tau}\boldsymbol{M}(\mathrm{e}^{-\delta\bar{\tau}}\boldsymbol{H})^{-1}\boldsymbol{M}^\mathrm{T}+\boldsymbol{M}(\boldsymbol{e}_1-\boldsymbol{e}_3)+(\boldsymbol{e}_1-\boldsymbol{e}_3)^\mathrm{T}\boldsymbol{M}^\mathrm{T}\leqslant 0 \tag{12-12}$$

其中：$\boldsymbol{M}=[\boldsymbol{M}_1^\mathrm{T} \quad \boldsymbol{M}_2^\mathrm{T} \quad \boldsymbol{M}_3^\mathrm{T} \quad \boldsymbol{M}_4^\mathrm{T} \quad \boldsymbol{M}_5^\mathrm{T}]^\mathrm{T}$，$\boldsymbol{e}_1=[\boldsymbol{I} \quad 0 \quad 0 \quad 0]$，$\boldsymbol{e}_3=[0 \quad 0 \quad \boldsymbol{I} \quad 0]$，

$$\boldsymbol{\Xi}=\begin{bmatrix} \boldsymbol{\Xi}_{11} & * & * & * \\ \boldsymbol{\Xi}_{21} & \boldsymbol{\Xi}_{22} & * & * \\ \boldsymbol{\Xi}_{31} & \boldsymbol{\Xi}_{32} & \boldsymbol{\Xi}_{33} & * \\ 0 & \boldsymbol{\Xi}_{42} & \boldsymbol{\Xi}_{43} & \boldsymbol{\Xi}_{44} \end{bmatrix}, \quad \boldsymbol{\Gamma}=[\boldsymbol{A} \quad 0 \quad \boldsymbol{BK} \quad 0],$$

$\boldsymbol{\Xi}_{11}=\delta\boldsymbol{P}+\boldsymbol{A}^\mathrm{T}\boldsymbol{P}+\boldsymbol{PA}+\boldsymbol{Q}_1+\underline{\tau}^2\boldsymbol{A}^\mathrm{T}\boldsymbol{R}_1\boldsymbol{A}+(\bar{\tau}-\underline{\tau})^2\boldsymbol{A}^\mathrm{T}\boldsymbol{R}_2\boldsymbol{A}-\mathrm{e}^{-\delta\underline{\tau}}\boldsymbol{R}_1$，$\boldsymbol{\Xi}_{21}=\mathrm{e}^{-\delta\underline{\tau}}\boldsymbol{R}_1$，

$\boldsymbol{\Xi}_{22}=\mathrm{e}^{-\delta\underline{\tau}}(\boldsymbol{Q}_2-\boldsymbol{Q}_1)-\mathrm{e}^{-\delta\underline{\tau}}\boldsymbol{R}_1-\mathrm{e}^{-\delta\bar{\tau}}\boldsymbol{R}_2$，$\boldsymbol{\Xi}_{31}=\boldsymbol{K}^\mathrm{T}\boldsymbol{B}^\mathrm{T}\boldsymbol{P}+\underline{\tau}^2\boldsymbol{K}^\mathrm{T}\boldsymbol{B}^\mathrm{T}\boldsymbol{R}_1\boldsymbol{A}+(\bar{\tau}-\underline{\tau})^2\boldsymbol{K}^\mathrm{T}\boldsymbol{B}^\mathrm{T}\boldsymbol{R}_2\boldsymbol{A}$，

$\boldsymbol{\Xi}_{32}=-\mathrm{e}^{-\delta\bar{\tau}}(\boldsymbol{U}-\boldsymbol{R}_2)$，$\boldsymbol{\Xi}_{33}=\underline{\tau}^2\boldsymbol{K}^\mathrm{T}\boldsymbol{B}^\mathrm{T}\boldsymbol{R}_1\boldsymbol{BK}+(\bar{\tau}-\underline{\tau})^2\boldsymbol{K}^\mathrm{T}\boldsymbol{B}^\mathrm{T}\boldsymbol{R}_2\boldsymbol{BK}-\mathrm{e}^{-\delta\bar{\tau}}(2\boldsymbol{R}_2-\boldsymbol{U}^\mathrm{T}-\boldsymbol{U})$，

$\boldsymbol{\Xi}_{42}=\mathrm{e}^{-\delta\bar{\tau}}\boldsymbol{U}$，$\boldsymbol{\Xi}_{43}=-\mathrm{e}^{-\delta\bar{\tau}}(\boldsymbol{U}-\boldsymbol{R}_2)$，$\boldsymbol{\Xi}_{44}=-\mathrm{e}^{-\delta\bar{\tau}}\boldsymbol{Q}_2-\mathrm{e}^{-\delta\bar{\tau}}\boldsymbol{R}_2$。

证明 构建 Lyapunov-Krasovskii 泛函：

$$V(t)=\sum_{i=1}^{3} V_i(t,\boldsymbol{x}_t), \quad t\in[t_k h+\tau_k, t_{k+1}h+\tau_{k+1})$$

其中：$V_1(t,\boldsymbol{x}_t)=\boldsymbol{x}^\mathrm{T}(t)\boldsymbol{P}\boldsymbol{x}(t)$，

$$V_2(t,\boldsymbol{x}_t)=\int_{t-\underline{\tau}}^{t}\mathrm{e}^{\delta(s-t)}\boldsymbol{x}^\mathrm{T}(s)\boldsymbol{Q}_1\boldsymbol{x}(s)\mathrm{d}s+\int_{t-\bar{\tau}}^{t-\underline{\tau}}\mathrm{e}^{\delta(s-t)}\boldsymbol{x}^\mathrm{T}(s)\boldsymbol{Q}_2\boldsymbol{x}(s)\mathrm{d}s,$$

$$V_3(t,\boldsymbol{x}_t)=\underline{\tau}\int_{t-\underline{\tau}}^{t}\int_{s}^{t}\mathrm{e}^{\delta(s-t)}\dot{\boldsymbol{x}}^\mathrm{T}(v)\boldsymbol{R}_1\dot{\boldsymbol{x}}(v)\mathrm{d}v\mathrm{d}s+(\bar{\tau}-\underline{\tau})\int_{t-\bar{\tau}}^{t-\underline{\tau}}\int_{s}^{t}\mathrm{e}^{\delta(s-t)}\dot{\boldsymbol{x}}^\mathrm{T}(v)\boldsymbol{R}_2\dot{\boldsymbol{x}}(v)\mathrm{d}v\mathrm{d}s,$$

$$V_4(t,\boldsymbol{x}_t)=(\bar{\tau}-\tau(t))\int_{t-\tau(t)}^{t}\mathrm{e}^{\delta(s-t)}\dot{\boldsymbol{x}}^\mathrm{T}(s)\boldsymbol{H}\dot{\boldsymbol{x}}(s)\mathrm{d}s。$$

对其各自求导，可得

$$\dot{V}_1(t,\boldsymbol{x}_t)=-\delta V_1(t,\boldsymbol{x}_t)+\delta\boldsymbol{x}^{\mathrm{T}}(t)\boldsymbol{P}\boldsymbol{x}(t)+\dot{\boldsymbol{x}}^{\mathrm{T}}(t)\boldsymbol{P}\boldsymbol{x}(t)+\boldsymbol{x}^{\mathrm{T}}(t)\boldsymbol{P}\dot{\boldsymbol{x}}(t) \tag{12-13}$$

$$\begin{aligned}\dot{V}_2(t,\boldsymbol{x}_t)=&-\delta V_2(t,\boldsymbol{x}_t)+\boldsymbol{x}^{\mathrm{T}}(t)\boldsymbol{Q}_1\boldsymbol{x}(t)+\mathrm{e}^{-\delta\underline{\tau}}\boldsymbol{x}^{\mathrm{T}}(t-\underline{\tau})(\boldsymbol{Q}_2-\boldsymbol{Q}_1)\boldsymbol{x}(t-\underline{\tau})\\&-\mathrm{e}^{-\delta\bar{\tau}}\boldsymbol{x}^{\mathrm{T}}(t-\bar{\tau})\boldsymbol{Q}_2\boldsymbol{x}(t-\bar{\tau})\end{aligned} \tag{12-14}$$

$$\begin{aligned}\dot{V}_3(t,\boldsymbol{x}_t)\leqslant&-\delta V_3(t,\boldsymbol{x}_t)+\underline{\tau}^2\dot{\boldsymbol{x}}^{\mathrm{T}}(t)\boldsymbol{R}_1\dot{\boldsymbol{x}}(t)-\underline{\tau}\mathrm{e}^{-\delta\underline{\tau}}\int_{t-\underline{\tau}}^{t}\dot{\boldsymbol{x}}^{\mathrm{T}}(s)\boldsymbol{R}_1\dot{\boldsymbol{x}}(s)\mathrm{d}s\\&+(\bar{\tau}-\underline{\tau})^2\dot{\boldsymbol{x}}^{\mathrm{T}}(t)\boldsymbol{R}_2\dot{\boldsymbol{x}}(t)-(\bar{\tau}-\underline{\tau})\mathrm{e}^{-\delta\bar{\tau}}\int_{t-\bar{\tau}}^{t-\underline{\tau}}\dot{\boldsymbol{x}}^{\mathrm{T}}(s)\boldsymbol{R}_2\dot{\boldsymbol{x}}(s)\mathrm{d}s\end{aligned} \tag{12-15}$$

$$\dot{V}_4(t,\boldsymbol{x}_t)\leqslant-\delta V_4(t)-\mathrm{e}^{-\delta\bar{\tau}}\int_{t-\tau(t)}^{t}\dot{\boldsymbol{x}}^{\mathrm{T}}(s)\boldsymbol{H}\dot{\boldsymbol{x}}(s)\mathrm{d}s+(\bar{\tau}-\tau(t))\dot{\boldsymbol{x}}^{\mathrm{T}}(t)\boldsymbol{H}\dot{\boldsymbol{x}}(t) \tag{12-16}$$

继续对式(12-15)中的部分积分采用Jensen不等式,可得

$$\begin{aligned}&-\underline{\tau}\mathrm{e}^{-\delta\underline{\tau}}\int_{t-\underline{\tau}}^{t}\dot{\boldsymbol{x}}^{\mathrm{T}}(s)\boldsymbol{R}_1\dot{\boldsymbol{x}}(s)\mathrm{d}s\leqslant-\mathrm{e}^{-\delta\underline{\tau}}\begin{bmatrix}\boldsymbol{x}^{\mathrm{T}}(t) & \boldsymbol{x}^{\mathrm{T}}(t-\underline{\tau})\end{bmatrix}\begin{bmatrix}\boldsymbol{R}_1 & * \\ -\boldsymbol{R}_1 & \boldsymbol{R}_1\end{bmatrix}\begin{bmatrix}\boldsymbol{x}(t)\\ \boldsymbol{x}(t-\underline{\tau})\end{bmatrix}\\&=\mathrm{e}^{-\delta\underline{\tau}}(-\boldsymbol{x}^{\mathrm{T}}(t)\boldsymbol{R}_1\boldsymbol{x}(t)+\boldsymbol{x}^{\mathrm{T}}(t)\boldsymbol{R}_1\boldsymbol{x}(t-\underline{\tau})+\boldsymbol{x}^{\mathrm{T}}(t-\underline{\tau})\boldsymbol{R}_1\boldsymbol{x}(t)-\boldsymbol{x}^{\mathrm{T}}(t-\underline{\tau})\boldsymbol{R}_1\boldsymbol{x}(t-\tau))\end{aligned} \tag{12-17}$$

$$\begin{aligned}&-(\bar{\tau}-\underline{\tau})\mathrm{e}^{-\delta\bar{\tau}}\int_{t-\bar{\tau}}^{t-\underline{\tau}}\dot{\boldsymbol{x}}^{\mathrm{T}}(s)\boldsymbol{R}_2\dot{\boldsymbol{x}}(s)\mathrm{d}s\\&=-(\bar{\tau}-\underline{\tau})\mathrm{e}^{-\delta\bar{\tau}}\int_{t-\tau(t)}^{t-\underline{\tau}}\dot{\boldsymbol{x}}^{\mathrm{T}}(s)\boldsymbol{R}_2\dot{\boldsymbol{x}}(s)\mathrm{d}s-(\bar{\tau}-\underline{\tau})\mathrm{e}^{-\delta\bar{\tau}}\int_{t-\bar{\tau}}^{t-\tau(t)}\dot{\boldsymbol{x}}^{\mathrm{T}}(s)\boldsymbol{R}_2\dot{\boldsymbol{x}}(s)\mathrm{d}s\\&\leqslant\mathrm{e}^{-\delta\bar{\tau}}\Big\{-\frac{\bar{\tau}-\underline{\tau}}{\tau(t)-\underline{\tau}}[\boldsymbol{x}^{\mathrm{T}}(t-\underline{\tau})-\boldsymbol{x}^{\mathrm{T}}(t-\tau(t))]\boldsymbol{R}_2[\boldsymbol{x}(t-\underline{\tau})-\boldsymbol{x}(t-\tau(t))]\\&\quad-\frac{\bar{\tau}-\underline{\tau}}{\bar{\tau}-\tau(t)}[\boldsymbol{x}^{\mathrm{T}}(t-\tau(t))-\boldsymbol{x}^{\mathrm{T}}(t-\bar{\tau})]\boldsymbol{R}_2[\boldsymbol{x}(t-\tau(t))-\boldsymbol{x}(t-\bar{\tau})]\Big\}\end{aligned} \tag{12-18}$$

若存在矩阵$\boldsymbol{U}$满足

$$\begin{bmatrix}\boldsymbol{R}_2 & * \\ \boldsymbol{U} & \boldsymbol{R}_2\end{bmatrix}>0$$

则对式(12-18)采用引理1，可得

$$\begin{aligned}-(\bar{\tau}-\underline{\tau})\mathrm{e}^{-\delta\bar{\tau}}\int_{t-\bar{\tau}}^{t-\underline{\tau}}\dot{\boldsymbol{x}}^{\mathrm{T}}(s)\boldsymbol{R}_2\dot{\boldsymbol{x}}(s)\mathrm{d}s\leqslant&-\mathrm{e}^{-\delta\bar{\tau}}[\boldsymbol{x}^{\mathrm{T}}(t-\underline{\tau})\boldsymbol{R}_2\boldsymbol{x}(t-\underline{\tau})+\boldsymbol{x}^{\mathrm{T}}(t-\underline{\tau})(\boldsymbol{U}^{\mathrm{T}}-\boldsymbol{R}_2)\\&\boldsymbol{x}(t-\tau(t))-\boldsymbol{x}^{\mathrm{T}}(t-\underline{\tau})\boldsymbol{U}^{\mathrm{T}}\boldsymbol{x}(t-\bar{\tau})+\boldsymbol{x}^{\mathrm{T}}(t-\tau(t))\\&(\boldsymbol{U}-\boldsymbol{R}_2)\boldsymbol{x}(t-\underline{\tau})+\boldsymbol{x}^{\mathrm{T}}(t-\tau(t))(2\boldsymbol{R}_2-\boldsymbol{U}^{\mathrm{T}}-\boldsymbol{U})\\&\boldsymbol{x}(t-\tau(t))+\boldsymbol{x}^{\mathrm{T}}(t-\tau(t))(\boldsymbol{U}^{\mathrm{T}}-\boldsymbol{R}_2)\boldsymbol{x}(t-\bar{\tau})-\\&\boldsymbol{x}^{\mathrm{T}}(t-\bar{\tau})\boldsymbol{U}\boldsymbol{x}(t-\underline{\tau})+\boldsymbol{x}^{\mathrm{T}}(t-\bar{\tau})(\boldsymbol{U}-\boldsymbol{R}_2)\boldsymbol{x}(t-\tau(t))+\\&\boldsymbol{x}^{\mathrm{T}}(t-\bar{\tau})\boldsymbol{R}_2\boldsymbol{x}(t-\bar{\tau})]\end{aligned} \tag{12-19}$$

令$\boldsymbol{\xi}^{\mathrm{T}}(t)=[\boldsymbol{x}^{\mathrm{T}}(t)\quad \boldsymbol{x}^{\mathrm{T}}(t-\underline{\tau})\quad \boldsymbol{x}^{\mathrm{T}}(t-\tau(t))\quad \boldsymbol{x}^{\mathrm{T}}(t-\bar{\tau})]$,根据牛顿-莱布尼茨公式以及选取任意自由权矩阵$\boldsymbol{M}$,则

$$2\mathrm{e}^{-\frac{\delta}{2}\bar{\tau}}\cdot\boldsymbol{\xi}^{\mathrm{T}}(t)\hat{\boldsymbol{M}}\Big[\boldsymbol{x}(t)-\boldsymbol{x}(t-\tau(t))-\int_{t-\tau(t)}^{t}\dot{\boldsymbol{x}}(s)\mathrm{d}s\Big]=0 \tag{12-20}$$

应用柯西不等式,可得

$$-2\mathrm{e}^{-\frac{\delta}{2}\bar{\tau}}\cdot\boldsymbol{\xi}^{\mathrm{T}}(t)\hat{\boldsymbol{M}}\int_{t-\tau(t)}^{t}\dot{\boldsymbol{x}}(s)\mathrm{d}s\leqslant\tau(t)\boldsymbol{\xi}^{\mathrm{T}}(t)\hat{\boldsymbol{M}}\boldsymbol{H}^{-1}\hat{\boldsymbol{M}}^{\mathrm{T}}\boldsymbol{\xi}(t)+\mathrm{e}^{-\delta\bar{\tau}}\int_{t-\tau(t)}^{t}\dot{\boldsymbol{x}}^{\mathrm{T}}(s)\boldsymbol{H}\dot{\boldsymbol{x}}(s)\mathrm{d}s \tag{12-21}$$

其中：$\boldsymbol{M}=\mathrm{e}^{-\frac{\delta}{2}\bar{\tau}}\hat{\boldsymbol{M}}$。令 $\boldsymbol{\Gamma}=[\boldsymbol{A}\quad 0\quad \boldsymbol{BK}\quad 0\quad -\boldsymbol{BK}]$，综合式(12-10)至式(12-18)，有

$$\dot{V}(t)+\delta V(t)\leqslant\boldsymbol{\xi}^{\mathrm{T}}(t)[\boldsymbol{\Xi}+\tau(t)\boldsymbol{M}(\mathrm{e}^{-\delta\bar{\tau}}\boldsymbol{H})^{-1}\boldsymbol{M}^{\mathrm{T}}+2\boldsymbol{M}(\boldsymbol{e}_1-\boldsymbol{e}_3)+(\bar{\tau}-\tau(t))\boldsymbol{\Gamma}^{\mathrm{T}}(t)\boldsymbol{H}\boldsymbol{\Gamma}]\boldsymbol{\xi}(t) \tag{12-22}$$

由于 $\underline{\tau}\leqslant\tau(t)\leqslant\bar{\tau}$，根据引理 2，当满足式(12-10)至式(12-12)时，则有

$$\boldsymbol{\Xi}+\tau(t)\boldsymbol{M}(\mathrm{e}^{-\delta\bar{\tau}}\boldsymbol{H})^{-1}\boldsymbol{M}^{\mathrm{T}}+2\boldsymbol{M}(\boldsymbol{e}_1-\boldsymbol{e}_3)+(\bar{\tau}-\tau(t))\boldsymbol{\Gamma}^{\mathrm{T}}(t)\boldsymbol{H}\boldsymbol{\Gamma}<0 \tag{12-23}$$

因此有

$$\dot{V}(t)\leqslant-\delta V(t) \tag{12-24}$$

对式(12-24)采用引理 3，可得

$$V(t)\leqslant\mathrm{e}^{-\delta t}V(0) \tag{12-25}$$

显然 $\boldsymbol{x}^{\mathrm{T}}(t)\boldsymbol{P}\boldsymbol{x}(t)\leqslant V(t)\leqslant\mathrm{e}^{-\delta t}V(0)$，则

$$\|\boldsymbol{x}(t)\|\leqslant\frac{\mathrm{e}^{-\delta t}V(0)}{\lambda_{\min}(\boldsymbol{P})}$$

其中：$\lambda_{\min}(\boldsymbol{P})$表示矩阵 $\boldsymbol{P}$ 的最小特征值，因此闭环系统式(12-9)是指数稳定的，且指数衰减率为 δ。

12.3　网络化 PID 跟踪控制控制器设计

引理 4(Schur 补引理)　假如存在矩阵 $\boldsymbol{S}_1$、$\boldsymbol{S}_2$ 和 $\boldsymbol{S}_3$，其中 $\boldsymbol{S}_2^{\mathrm{T}}=\boldsymbol{S}_2>0$，$\boldsymbol{S}_3^{\mathrm{T}}=\boldsymbol{S}_3$，则 $\boldsymbol{S}_1^{\mathrm{T}}\boldsymbol{S}_2\boldsymbol{S}_1+\boldsymbol{S}_3<0$ 成立等价于

$$\begin{bmatrix}-\boldsymbol{S}_2^{-1} & \boldsymbol{S}_1\\ \boldsymbol{S}_1^{\mathrm{T}} & \boldsymbol{S}_3\end{bmatrix}<0\quad 或\quad\begin{bmatrix}\boldsymbol{S}_3 & \boldsymbol{S}_1^{\mathrm{T}}\\ \boldsymbol{S}_1 & -\boldsymbol{S}_2^{-1}\end{bmatrix}<0$$

定理 2　给定常数 $0\leqslant\underline{\tau}<\bar{\tau}$，如果存在标量 $0<\delta$，以及矩阵 $\boldsymbol{X}>0$，$\boldsymbol{Y}>0$，$\tilde{\boldsymbol{Q}}_1>0$，$\tilde{\boldsymbol{Q}}_2>0$，$\tilde{\boldsymbol{R}}_1>0$，$\tilde{\boldsymbol{R}}_2>0$，$\tilde{\boldsymbol{H}}>0$，以及 $\tilde{\boldsymbol{U}}$ 和 $\tilde{\boldsymbol{M}}$，使不等式(12-26)至式(12-28)成立，则闭环系统式(12-9)是指数稳定的，且指数衰减率为 δ，控制器增益为 $\bar{\boldsymbol{K}}=\boldsymbol{Y}\boldsymbol{X}^{-1}\boldsymbol{W}^{-1}$。

$$\begin{bmatrix}\tilde{\boldsymbol{R}}_2 & *\\ \tilde{\boldsymbol{U}} & \tilde{\boldsymbol{R}}_2\end{bmatrix}>0 \tag{12-26}$$

$$\left(\begin{array}{cccccccc}
\begin{pmatrix}\delta\boldsymbol{X}+\boldsymbol{X}\boldsymbol{A}^{\mathrm{T}}+\boldsymbol{A}\boldsymbol{X}+\tilde{\boldsymbol{Q}}_1\\ -\mathrm{e}^{-\delta\underline{\tau}}\tilde{\boldsymbol{R}}_1+\tilde{\boldsymbol{M}}_1+\tilde{\boldsymbol{M}}_1^{\mathrm{T}}\end{pmatrix} & * & * & * & * & * & * & *\\
\mathrm{e}^{-\delta\underline{\tau}}\tilde{\boldsymbol{R}}_1+\tilde{\boldsymbol{M}}_2 & \begin{pmatrix}\mathrm{e}^{-\delta\underline{\tau}}(\tilde{\boldsymbol{Q}}_2-\tilde{\boldsymbol{Q}}_1)\\ -\mathrm{e}^{-\delta\underline{\tau}}\tilde{\boldsymbol{R}}_1-\mathrm{e}^{-\delta\bar{\tau}}\tilde{\boldsymbol{R}}_2\end{pmatrix} & * & * & * & * & * & *\\
(\boldsymbol{Y}^{\mathrm{T}}\boldsymbol{B}^{\mathrm{T}}+\tilde{\boldsymbol{M}}_3-\tilde{\boldsymbol{M}}_1^{\mathrm{T}}) & -\mathrm{e}^{-\delta\bar{\tau}}(\tilde{\boldsymbol{U}}-\tilde{\boldsymbol{R}}_2)-\tilde{\boldsymbol{M}}_2^{\mathrm{T}} & \begin{pmatrix}-\mathrm{e}^{-\delta\bar{\tau}}(2\tilde{\boldsymbol{R}}_2-\tilde{\boldsymbol{U}}^{\mathrm{T}}-\tilde{\boldsymbol{U}})\\ -\tilde{\boldsymbol{M}}_3-\tilde{\boldsymbol{M}}_3^{\mathrm{T}}\end{pmatrix} & * & * & * & * & *\\
\tilde{\boldsymbol{M}}_4 & \mathrm{e}^{-\delta\bar{\tau}}\tilde{\boldsymbol{U}} & -\mathrm{e}^{-\delta\bar{\tau}}(\tilde{\boldsymbol{U}}-\tilde{\boldsymbol{R}}_2)-\tilde{\boldsymbol{M}}_4' & -\mathrm{e}^{-\delta\bar{\tau}}\tilde{\boldsymbol{Q}}_2-\mathrm{e}^{-\delta\bar{\tau}}\tilde{\boldsymbol{R}}_2 & * & * & * & *\\
\sqrt{\underline{\tau}}\tilde{\boldsymbol{M}}_1^{\mathrm{T}} & \sqrt{\underline{\tau}}\tilde{\boldsymbol{M}}_2^{\mathrm{T}} & \sqrt{\underline{\tau}}\tilde{\boldsymbol{M}}_3^{\mathrm{T}} & \sqrt{\underline{\tau}}\tilde{\boldsymbol{M}}_4^{\mathrm{T}} & -\mathrm{e}^{-\delta\bar{\tau}}\tilde{\boldsymbol{H}} & * & * & *\\
\underline{\tau}\boldsymbol{A}\boldsymbol{X} & 0 & \underline{\tau}\boldsymbol{B}\boldsymbol{Y} & 0 & 0 & -\boldsymbol{X}\tilde{\boldsymbol{R}}_1^{-1}\boldsymbol{X} & * & *\\
(\bar{\tau}-\underline{\tau})\boldsymbol{A}\boldsymbol{X} & 0 & (\bar{\tau}-\underline{\tau})\boldsymbol{B}\boldsymbol{Y} & 0 & 0 & 0 & -\boldsymbol{X}\tilde{\boldsymbol{R}}_2^{-1}\boldsymbol{X} & *\\
\sqrt{(\bar{\tau}-\underline{\tau})}\boldsymbol{A}\boldsymbol{X} & 0 & \sqrt{(\bar{\tau}-\underline{\tau})}\boldsymbol{B}\boldsymbol{Y} & 0 & 0 & 0 & 0 & -\boldsymbol{X}\tilde{\boldsymbol{H}}^{-1}\boldsymbol{X}
\end{array}\right) \tag{12-27}$$

$$
\begin{bmatrix}
\begin{pmatrix}\delta\boldsymbol{X}+\boldsymbol{X}\boldsymbol{A}^{\mathrm{T}}+\boldsymbol{A}\boldsymbol{X}+\widetilde{\boldsymbol{Q}}_1\\ -\mathrm{e}^{-\delta\underline{\tau}}\widetilde{\boldsymbol{R}}_1+\widetilde{\boldsymbol{M}}_1+\widetilde{\boldsymbol{M}}_1^{\mathrm{T}}\end{pmatrix} & * & * & * & * & * & *\\
\mathrm{e}^{-\delta\underline{\tau}}\widetilde{\boldsymbol{R}}_1+\widetilde{\boldsymbol{M}}_2 & \begin{pmatrix}\mathrm{e}^{-\delta\underline{\tau}}(\widetilde{\boldsymbol{Q}}_2-\widetilde{\boldsymbol{Q}}_1)\\ -\mathrm{e}^{-\delta\underline{\tau}}\widetilde{\boldsymbol{R}}_1-\mathrm{e}^{-\delta\bar{\tau}}\widetilde{\boldsymbol{R}}_2\end{pmatrix} & * & * & * & * & *\\
(\boldsymbol{Y}^{\mathrm{T}}\boldsymbol{B}^{\mathrm{T}}+\widetilde{\boldsymbol{M}}_3-\widetilde{\boldsymbol{M}}_1^{\mathrm{T}}) & -\mathrm{e}^{-\delta\bar{\tau}}(\widetilde{\boldsymbol{U}}-\widetilde{\boldsymbol{R}}_2)-\widetilde{\boldsymbol{M}}_2^{\mathrm{T}} & \begin{pmatrix}-\mathrm{e}^{-\delta\bar{\tau}}(2\widetilde{\boldsymbol{R}}_2-\widetilde{\boldsymbol{U}}^{\mathrm{T}}-\widetilde{\boldsymbol{U}})\\ -\widetilde{\boldsymbol{M}}_3-\widetilde{\boldsymbol{M}}_3^{\mathrm{T}}\end{pmatrix} & * & * & * & *\\
\widetilde{\boldsymbol{M}}_4 & \mathrm{e}^{-\delta\bar{\tau}}\widetilde{\boldsymbol{U}} & -\mathrm{e}^{-\delta\bar{\tau}}(\widetilde{\boldsymbol{U}}-\widetilde{\boldsymbol{R}}_2)-\widetilde{\boldsymbol{M}}_4 & -\mathrm{e}^{-\delta\bar{\tau}}\widetilde{\boldsymbol{Q}}_2-\mathrm{e}^{-\delta\bar{\tau}}\widetilde{\boldsymbol{R}}_2 & * & * & *\\
\sqrt{\bar{\tau}}\widetilde{\boldsymbol{M}}_1^{\mathrm{T}} & \sqrt{\bar{\tau}}\widetilde{\boldsymbol{M}}_2^{\mathrm{T}} & \sqrt{\bar{\tau}}\widetilde{\boldsymbol{M}}_3^{\mathrm{T}} & \sqrt{\bar{\tau}}\widetilde{\boldsymbol{M}}_4^{\mathrm{T}} & -\mathrm{e}^{-\delta\bar{\tau}}\widetilde{\boldsymbol{H}} & * & *\\
\underline{\tau}\boldsymbol{A}\boldsymbol{X} & 0 & \underline{\tau}\boldsymbol{B}\boldsymbol{Y} & 0 & 0 & -\boldsymbol{X}\widetilde{\boldsymbol{R}}_1^{-1}\boldsymbol{X} & *\\
(\bar{\tau}-\underline{\tau})\boldsymbol{A}\boldsymbol{X} & 0 & (\bar{\tau}-\underline{\tau})\boldsymbol{B}\boldsymbol{Y} & 0 & 0 & 0 & -\boldsymbol{X}\widetilde{\boldsymbol{R}}_2^{-1}\boldsymbol{X}
\end{bmatrix}
\tag{12-28}
$$

证明　对式(12-11)采用引理 4，可得

$$
\begin{bmatrix}
\begin{pmatrix}\delta\boldsymbol{P}+\boldsymbol{A}^{\mathrm{T}}\boldsymbol{P}+\boldsymbol{P}\boldsymbol{A}+\boldsymbol{Q}_1\\ -\mathrm{e}^{-\delta\underline{\tau}}\boldsymbol{R}_1+\boldsymbol{M}_1+\boldsymbol{M}_1^{\mathrm{T}}\end{pmatrix} & * & * & * & * & * & * & *\\
\mathrm{e}^{-\delta\underline{\tau}}\boldsymbol{R}_1+\boldsymbol{M}_2 & \begin{pmatrix}\mathrm{e}^{-\delta\underline{\tau}}(\boldsymbol{Q}_2-\boldsymbol{Q}_1)\\ -\mathrm{e}^{-\delta\underline{\tau}}\boldsymbol{R}_1-\mathrm{e}^{-\delta\bar{\tau}}\boldsymbol{R}_2\end{pmatrix} & -\mathrm{e}^{-\delta\bar{\tau}}(\boldsymbol{U}^{\mathrm{T}}-\boldsymbol{R}_2)-\boldsymbol{M}_2 & * & * & * & * & *\\
(\boldsymbol{K}^{\mathrm{T}}\boldsymbol{B}^{\mathrm{T}}\boldsymbol{P}+\boldsymbol{M}_3-\boldsymbol{M}_1^{\mathrm{T}}) & -\mathrm{e}^{-\delta\bar{\tau}}(\boldsymbol{U}-\boldsymbol{R}_2)-\boldsymbol{M}_2^{\mathrm{T}} & \begin{pmatrix}-\mathrm{e}^{-\delta\bar{\tau}}(2\boldsymbol{R}_2-\boldsymbol{U}^{\mathrm{T}}-\boldsymbol{U})\\ -\boldsymbol{M}_3-\boldsymbol{M}_3^{\mathrm{T}}\end{pmatrix} & * & * & * & * & *\\
\boldsymbol{M}_4 & \mathrm{e}^{-\delta\bar{\tau}}\boldsymbol{U} & -\mathrm{e}^{-\delta\bar{\tau}}(\boldsymbol{U}-\boldsymbol{R}_2)-\boldsymbol{M}_4 & -\mathrm{e}^{-\delta\bar{\tau}}\boldsymbol{Q}_2-\mathrm{e}^{-\delta\bar{\tau}}\boldsymbol{R}_2 & * & * & * & *\\
\sqrt{\underline{\tau}}\boldsymbol{M}_1^{\mathrm{T}} & \sqrt{\underline{\tau}}\boldsymbol{M}_2^{\mathrm{T}} & \sqrt{\underline{\tau}}\boldsymbol{M}_3^{\mathrm{T}} & \sqrt{\underline{\tau}}\boldsymbol{M}_4^{\mathrm{T}} & -\mathrm{e}^{-\delta\bar{\tau}}\boldsymbol{H} & * & * & *\\
\underline{\tau}\boldsymbol{A} & 0 & \underline{\tau}\boldsymbol{B}\boldsymbol{K} & 0 & 0 & -\boldsymbol{R}_1^{-1} & * & *\\
(\bar{\tau}-\underline{\tau})\boldsymbol{A} & 0 & (\bar{\tau}-\underline{\tau})\boldsymbol{B}\boldsymbol{K} & 0 & 0 & 0 & -\boldsymbol{R}_2^{-1} & *\\
\sqrt{(\bar{\tau}-\underline{\tau})}\boldsymbol{A} & 0 & \sqrt{(\bar{\tau}-\underline{\tau})}\boldsymbol{A} & 0 & 0 & 0 & 0 & -\boldsymbol{H}^{-1}
\end{bmatrix}
\tag{12-29}
$$

令 $\boldsymbol{X}=\boldsymbol{P}^{-1}$，$\boldsymbol{Y}=\boldsymbol{K}\boldsymbol{X}$，$\widetilde{\boldsymbol{Q}}_1=\boldsymbol{X}\boldsymbol{Q}_1\boldsymbol{X}$，$\widetilde{\boldsymbol{Q}}_2=\boldsymbol{X}\boldsymbol{Q}_2\boldsymbol{X}$，$\widetilde{\boldsymbol{R}}_1=\boldsymbol{X}\boldsymbol{R}_1\boldsymbol{X}$，$\widetilde{\boldsymbol{R}}_2=\boldsymbol{X}\boldsymbol{R}_2\boldsymbol{X}$，$\widetilde{\boldsymbol{\Phi}}=\boldsymbol{X}\boldsymbol{\Phi}\boldsymbol{X}$ 以及 $\widetilde{\boldsymbol{M}}_j=\boldsymbol{X}\boldsymbol{M}_j\boldsymbol{X}(1\leqslant j\leqslant 4)$，则有 $\boldsymbol{K}=\bar{\boldsymbol{K}}\boldsymbol{W}=\boldsymbol{Y}\boldsymbol{X}^{-1}$。

对式(12-29)分别左右分别乘 $\mathrm{diag}(\boldsymbol{P}^{-1},\boldsymbol{P}^{-1},\boldsymbol{P}^{-1},\boldsymbol{P}^{-1},\boldsymbol{P}^{-1},\boldsymbol{R}_1^{-1},\boldsymbol{R}_2^{-1},\boldsymbol{H}^{-1})$ 和它的转置矩阵，可得式(12-27)。我们也可以从式(12-12)得到式(12-28)。对式(12-10)左右分别乘 $\mathrm{diag}(\boldsymbol{X},\boldsymbol{X})$ 和它的转置矩阵，可得式(12-26)。证毕。

注意，在定理 2 中存在非线性项 $\boldsymbol{X}\widetilde{\boldsymbol{R}}_1^{-1}\boldsymbol{X}$，$\boldsymbol{X}\widetilde{\boldsymbol{R}}_2^{-1}\boldsymbol{X}$，$\boldsymbol{X}\boldsymbol{H}^{-1}\boldsymbol{X}$。为了能够求解控制器增益，首先假设存在矩阵 $\boldsymbol{L}_1>0$，$\boldsymbol{L}_2>0$，$\boldsymbol{L}_3>0$ 满足

$$
-\boldsymbol{L}_3\geqslant-\boldsymbol{X}\widetilde{\boldsymbol{H}}^{-1}\boldsymbol{X},\ -\boldsymbol{L}_j\geqslant-\boldsymbol{X}\widetilde{\boldsymbol{R}}_i^{-1}\boldsymbol{X},\quad i=1,2;\ j=1,2,3 \tag{12-30}
$$

然后对式(12-27)采用引理 4，可得

$$
\begin{bmatrix}-\widetilde{\boldsymbol{H}}^{-1} & \boldsymbol{X}^{-1}\\ \boldsymbol{X}^{-1} & -\boldsymbol{L}_3^{-1}\end{bmatrix}\leqslant 0,\quad \begin{bmatrix}-\widetilde{\boldsymbol{R}}_i^{-1} & \boldsymbol{X}^{-1}\\ \boldsymbol{X}^{-1} & -\boldsymbol{L}_j^{-1}\end{bmatrix}\leqslant 0,\quad i=1,2;\ j=1,2,3 \tag{12-31}
$$

引入 $\boldsymbol{X}_{\mathrm{N}},\boldsymbol{R}_{1\mathrm{N}},\boldsymbol{R}_{2\mathrm{N}},\boldsymbol{L}_{1\mathrm{N}},\boldsymbol{L}_{2\mathrm{N}},\boldsymbol{L}_{3\mathrm{N}}$，则式(12-31)可重新写成为

$$
\begin{bmatrix}-\widetilde{\boldsymbol{H}}_{\mathrm{N}} & \boldsymbol{X}_{\mathrm{N}}\\ \boldsymbol{X}_{\mathrm{N}} & -\boldsymbol{L}_{3\mathrm{N}}\end{bmatrix}\leqslant 0,\quad \begin{bmatrix}-\widetilde{\boldsymbol{R}}_{i\mathrm{N}} & \boldsymbol{X}_{\mathrm{N}}\\ \boldsymbol{X}_{\mathrm{N}} & -\boldsymbol{L}_{j\mathrm{N}}\end{bmatrix}\leqslant 0,\quad i=1,2;\ j=1,2,3 \tag{12-32}
$$

$$
\begin{aligned}
&\boldsymbol{X}\boldsymbol{X}_{\mathrm{N}}=\boldsymbol{I},\quad \widetilde{\boldsymbol{R}}_1\widetilde{\boldsymbol{R}}_{1\mathrm{N}}=\boldsymbol{I},\quad \widetilde{\boldsymbol{R}}_2\widetilde{\boldsymbol{R}}_{2\mathrm{N}}=\boldsymbol{I},\quad \widetilde{\boldsymbol{H}}\widetilde{\boldsymbol{H}}_{\mathrm{N}}=\boldsymbol{I},\\
&\boldsymbol{L}_1\boldsymbol{L}_{1\mathrm{N}}=\boldsymbol{I},\quad \boldsymbol{L}_2\boldsymbol{L}_{2\mathrm{N}}=\boldsymbol{I},\quad \boldsymbol{L}_3\boldsymbol{L}_{3\mathrm{N}}=\boldsymbol{I}
\end{aligned}
\tag{12-33}
$$

因此定理2可行解的问题可转化为以下线性矩阵不等式最优化问题：

$$\text{Minimize tr}(\boldsymbol{X}\boldsymbol{X}_{\mathrm{N}}+\widetilde{\boldsymbol{R}}_1\widetilde{\boldsymbol{R}}_{1\mathrm{N}}+\widetilde{\boldsymbol{R}}_2\widetilde{\boldsymbol{R}}_{2\mathrm{N}}+\widetilde{\boldsymbol{H}}\widetilde{\boldsymbol{H}}_{\mathrm{N}}+\sum_{j=1}^{3}\boldsymbol{L}_j\boldsymbol{L}_{j\mathrm{N}})$$

$$\begin{bmatrix}\boldsymbol{X} & * \\ 0 & \boldsymbol{X}_N\end{bmatrix}>0,\quad \begin{bmatrix}\widetilde{\boldsymbol{R}}_i & * \\ 0 & \widetilde{\boldsymbol{R}}_{i\mathrm{N}}\end{bmatrix}>0,\quad i=1,2$$

$$\begin{bmatrix}\widetilde{\boldsymbol{H}} & * \\ 0 & \widetilde{\boldsymbol{H}}_N\end{bmatrix}>0,\quad \begin{bmatrix}\widetilde{\boldsymbol{L}}_j & * \\ 0 & \widetilde{\boldsymbol{L}}_{j\mathrm{N}}\end{bmatrix}>0,\quad j=1,2,3$$

其中式(12-27)和式(12-28)中的 $\boldsymbol{X}\widetilde{\boldsymbol{R}}_1^{-1}\boldsymbol{X}$，$\boldsymbol{X}\widetilde{\boldsymbol{R}}_2^{-1}\boldsymbol{X}$ 和 $\boldsymbol{X}\boldsymbol{H}^{-1}\boldsymbol{X}$ 分别被 $\boldsymbol{L}_1$，$\boldsymbol{L}_2$，$\boldsymbol{L}_3$ 代替。进一步地，我们可以采用CCL[28]算法求解控制器增益 $\overline{\boldsymbol{K}}=\boldsymbol{Y}\boldsymbol{X}^{-1}\boldsymbol{W}^{-1}$。

12.4　数值算例仿真与实验

本节控制对象采用QUANSER公司的二自由度机器人模型，网络采用基于MATLAB/SIMULINK的TrueTime工具箱实现。如图12-1所示，实验采用的连杆长度为 $L_b=12.7$ cm，同时带入二自由度机器人的直流伺服电动机参数，可得电动机输入电压 V_i 和负载转动角 θ_1 的二阶模型为

$$\frac{\theta_1(s)}{V_i(s)}=\frac{36.96}{s^2+24.15s}$$

为了验证网络化PID跟踪控制算法的有效性，设网络控制系统中的传感器采样周期 $h=40$ ms，$10\text{ ms}\leqslant\tau_k^{sc}+\tau_k^{ca}<h$，且连续丢包数上界 $\bar{d}=2$，则 $\tau(t)\in[10,120)$，同时PID控制器采用传感器采样周期时间进行离散化。假设网络丢包率为15%，对直流伺服电动机模型采用定理2，得到在不同指数衰减率 δ 下的PID控制器参数以及对应的直流伺服电动机的阶跃响应性能指标（其中定理2有可行解的 δ 最大取值为3.8），如表12-1所示。图12-5所示为不同指数衰减率所对应的直流伺服电动机的阶跃响应曲线。

表12-1　不同指数衰减率下的PID控制器参数以及对应的直流伺服电动机的阶跃响应性能指标

δ	k_p	k_i	k_d	t_r/s（上升时间）	t_p/s（峰值时间）	M_p/(%)（超调量）	t_s/s（调整时间）	仿真时间内的稳态误差
0	2.3900	4.1216	0.0620	0.3784	0.7700	22.4515	1.8570	6.7253×10^{-5}
1.2	3.0060	5.5461	0.1201	0.2740	0.6220	16.8965	1.4980	2.3245×10^{-4}
2.4	3.9624	8.8704	0.1945	0.1780	0.4370	16.4243	1.1325	3.1861×10^{-5}
3.8	5.3673	13.9524	0.2546	0.1780	0.2570	24.7312	1.0020	1.0371×10^{-4}

从图12-5可以看出，在指数衰减率 δ 的值从零增大的过程中，直流伺服电动机阶跃响应的上升时间 t_r、峰值时间 t_p 以及调整时间 t_s 均有逐渐减小的趋势。接下来按照图12-3构建仿真实验模拟平台，完成二自由度机器人的网络化控制。控制目标是使点 E 在平面内做圆周运动。选择指数衰减率 $\delta=3.8$ 时的PID控制器参数，实验仿真结果如图12-6所示，可以看出点 E 的实际运动轨迹能够较好地跟踪参考轨迹。

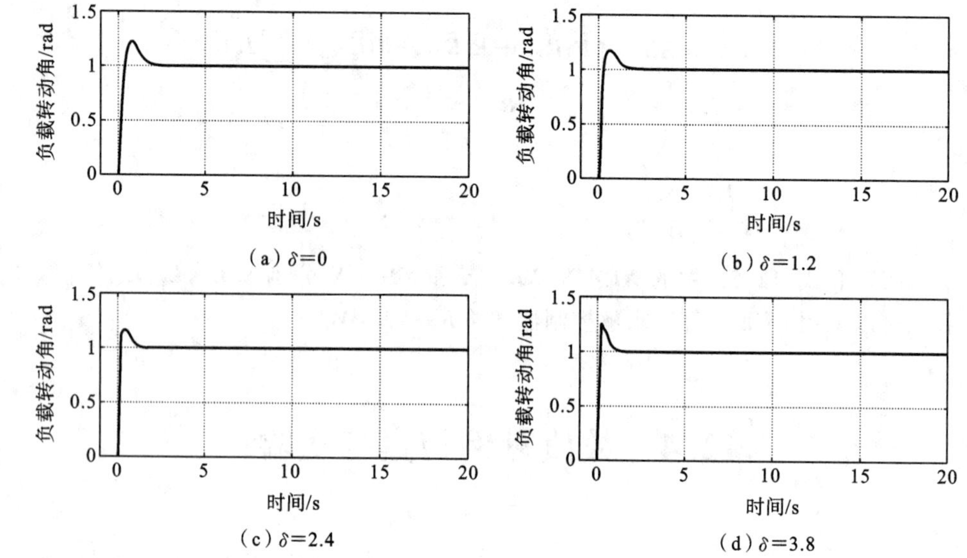

(a) δ=0　(b) δ=1.2　(c) δ=2.4　(d) δ=3.8

图 12-5　不同指数衰减率所对应的直流伺服电动机的阶跃响应曲线

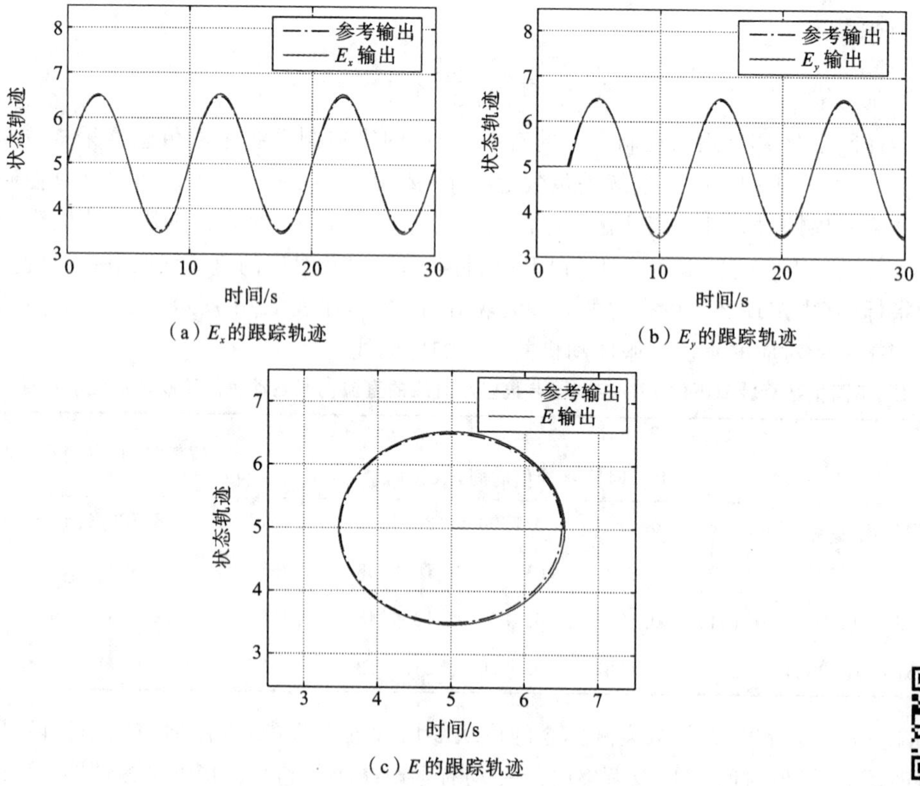

(a) E_x的跟踪轨迹　(b) E_y的跟踪轨迹　(c) E 的跟踪轨迹

图 12-6　二自由度机器人的跟踪轨迹

扫码看彩图

12.5 本章小结

本章针对具有双边时变时延和数据丢包的网络控制系统，将 PID 控制器参数选择问题归结为线性矩阵不等式求解凸优化的系统指数稳定性问题，实现了网络化 PID 跟踪控制。本章最后通过一个二自由度机器人的实际应用模型，验证了本章所提方法的有效性。在未来的工作中，将研究采用传统的 PID 方法，使具有更一般形式传递函数的控制对象实现网络化跟踪控制的问题。

参考文献

[1] 游科友，谢立华. 网络控制系统的最新研究综述[J]. 自动化学报，2013，39(2)：101-118.

[2] GUPTA R A，CHOW M Y. Networked control system：overview and research trends [J]. IEEE Transactions on Industrial Electronics，2010，57(7)：2527-2535.

[3] ZHANG D，SHI P，WANG Q G，et al. Analysis and synthesis of networked control systems：a survey of recent advances and challenges[J]. ISA Transactions，2017，66 (1)：376-392.

[4] XUE W P，MAO W J. Asymptotic stability and finite-time stability of networked control systems：analysis and synthesis[J]. Asian Journal of Control，2013，15(5)：1376-1384.

[5] TAN C，LI L，ZHANG H S. Stabilization of networked control systems with both network-induced delay and packet dropout[J]. Automatica，2015，59(6)：194-199.

[6] 刘于之，李木国，杜海. 具有时延和丢包的 NCS 鲁棒 H_∞ 控制[J]. 控制与决策，2014 (3)：517-522.

[7] PENG C，YANG T C. Event-triggered communication and H_∞ control co-design for networked control systems[J]. Automatica，2013，49(5)：1326-1332.

[8] BU X H，HOU Z S. Stability of iterative learning control with data dropouts via asynchronous dynamical system[J]. International Journal of Automation and Computing，2011，8(1)：29-36.

[9] HALDER K，DAS S，DASGUPTA S，et al. Controller design for networked control systems-an approach based on L_2 induced norm[J]. Nonlinear Analysis：Hybrid Systems，2016，19：134-145.

[10] 刘义才，刘斌，张永，等. 具有双边随机时延和丢包的网络控制系统稳定性分析[J]. 控制与决策，2017，32(9)：1565-1573.

[11] WANG J H，ZHANG Q L，BAI F. Robust control of discrete-time singular Mark-

ovian jump systems with partly unknown transition probabilities by static output feedback[J]. International Journal of Control, Automation, and Systems, 2015, 13(6):1313-1325.

[12] TIAN G S, XIA F, TIAN Y C. Predictive compensation for variable network delays and packet losses in networked control systems[J]. Computers and Chemical Engineering, 2012, 39(10): 152-162.

[13] XIA Y Q, XIE W, LIU B, et al. Data-driven predictive control for networked control systems[J]. Information Sciences, 2013, 235:45-54.

[14] YU M, YUAN X D, XIAO W D. A switched system approach to robust stabilization of networked control systems with multiple packet transmission[J]. Asian Journal of Control, 2015, 17(4): 1415-1423.

[15] 刘斌，刘义才. 区间化时变时延的网络化切换系统建模与控制[J]. 控制理论与应用，2017，34(7):912-920.

[16] PANG Z H, LIU G P, ZHOU D H, et al. Output tracking control for networked systems: a model-based prediction approach[J]. IEEE Transactions on Industrial Electronics, 2014, 61(9): 4867-4877.

[17] ZHANG J H, LIN Y J, SHI P. Output tracking control of networked control systems via delay compensation controllers[J]. Automatica, 2015, 57(7):85-92.

[18] PENG J M, WANG J N, YE X D. Distributed adaptive tracking control for unknown nonlinear networked systems[J]. Acta Automatica Sinica, 2013, 39(10):1729-1735.

[19] WU Y, LIU T S, WU Y P, et al. H_∞ output tracking control for uncertain networked control systems via a switched system approach[J]. International Journal of Robust and Nonlinear Control, 2016, 26(5): 995-1009.

[20] ZHANG D W, HAN Q L, JIA X C. Observer-based H_∞ output tracking control for networked control systems[J]. International Journal of Robust and Nonlinear Control, 2015, 24(17): 2741-2760.

[21] TRAN H D, GUAN Z H, DANG X K, et al. A normalized PID controller in networked control systems with varying time delays[J]. ISA Transactions, 2013, 52(5): 592-599.

[22] AHMADI A A, SALMASI F R, NOORI-MANZAR M, et al. Speed sensorless and sensor-fault tolerant optimal PI regulator for networked DC motor system with unknown time-delay and packet dropout[J]. IEEE Transactions on Industrial Electronics, 2014, 61(2):708-717.

[23] ZHANG H, SHI Y, MEHR A S. Robust static output feedback control and remote PID design for networked motor systems[J]. IEEE Transactions on Industrial Electronics, 2011, 58(12): 5396-5405.

[24] ZHANG H, SHI Y, MEHR A S. Robust H_∞ PID control for multivariable networked control systems with disturbance/noise attenuation[J]. International Journal of Robust and Nonlinear Control, 2012, 22(2):183-204.

[25] PARK P,KO J,JEONG C. Reciprocally convex approach to stability of systems with time-varying delays[J]. Automatica, 2011, 47(1):235-238.

[26] TIAN E, YUE D, ZHANG Y J. Delay-dependent robust H_{∞} control for T-S fuzzy system with interval time-varying delay[J]. Fuzzy Sets and Systems, 2009, 160(12): 1708-1719.

[27] LIU G P, XIA Y Q, CHEN J, et al. Networked predictive control of systems with random network delays in both forward and feedback channels[J]. IEEE Transactions on Industrial Electronics, 2007, 54(3):1282-1297.

[28] HE Y, WU M, LIU G P, et al. Output feedback stabilization for a discrete-time system with a time-varying delay[J]. IEEE Transactions on Automatic Control, 2008, 53(10):2372-2377.

第 13 章 网络随机时延下的机器人遥操作控制研究

随着全球化进程的不断深入，国内工业化、信息化的快速发展，以工业机器人为核心的机电一体化系统技术迅猛发展起来，先进装备制造业已成为国民经济的支柱产业。由于机器人技术的巨大发展潜力和产业前景，机器人研究长期被列为国家“863 计划”重点支持领域。《智能制造科技发展“十二五”专项规划》和《服务机器人科技发展“十二五”专项规划》明确提出，“十二五”期间我国把工业机器人、服务机器人作为战略性新兴产业予以重点扶持。同时，国家“十三五”发展规划明确提出，实施智能制造工程，构建新型制造体系，大力发展高档数控机床和机器人等十大重点产业，培育有全国影响力的先进制造业基地和经济区。工业和信息化部、国家发展改革委和财政部等三部委联合印发的《机器人产业发展规划（2016-2020 年）》中提出，我国机器人产业“十三五”总体发展目标是形成较为完善的机器人产业体系，促进我国机器人产业实现持续健康快速发展。

工业机器人作为自动化的集大成者，在制造业升级换代的进程中扮演着十分重要的角色[1]，尤其是在国家战略驱动下，我国将会是工业机器人需求量最大的国家。然而，目前我国生产线上的工业机器人大多依赖进口，国产机器人在系统控制算法、关节驱动技术、减速器等方面与国外同类产品尚有差距。外购的产品始终存在一定的技术封闭性和垄断性[2]，其运用于生产时，时常受到掣肘，难以升级和扩展[3,4]。这些因素致使国产机器人在加工制造的速度和精度上与国外机器人之间存在较大差距，因此，研究工业机器人的控制算法就显得格外重要，也十分迫切。

稳定性和同步控制技术是一门跨学科的综合性技术，涉及控制理论、计算机技术和传感器技术。在许多实际工程问题中，运用同步控制技术可以使系统获得良好的稳定性和动态品质[5-8]。例如，运用稳定性控制技术还能使大型部件在运动过程中受力均匀，减少刚性冲击，延长设备的使用寿命。此外，在复杂曲面的加工过程中，不可避免地会出现实际的加工位置与期望的轮廓之间的误差，轮廓加工误差的来源一方面是各轴独自的跟踪误差，更主要的是各轴之间协同不足而产生的同步误差。如果能有效降低同步误差的话，就可以降低轮廓加工误差，从而提高产品的质量[9]。由此观之，研究系统的稳定性和同步控制技术，在高速、高精度机械加工和制造业升级换代中具有十分重大的意义。

随着现代工业和商业系统的持续发展，在控制系统中应用共享数据网络的需求也与日俱增[10]，尤其是德国提出的“工业 4.0”更是强调普遍的互联互通。在国内外研究文献中，将这种通过控制网络实现各设备（传感器、执行器和控制器）之间信息传递的控制系统定义为网络控制系统[11]。相对于点对点连线的集中式控制系统，网络控制系统具有通用性强、扩展性好、可靠性高等优点，同时也便于维护和实现分布式控制，而且某些基于以太网协议的控制网络（EtherCAT）还能与日常生活中的通信网络（Internet）互联，这样控制系统便能与大数据和云计算等现代科技接轨，从而实现智能制造，也可以为日常生活带来便利。在安装、配置和维护的过程中，使用网络通信，还能够解决接线复杂和传输距离限制等问题，显著减少时间成本。毫无疑问，将通信网络应用于控制系统是一大进步。

遥操作系统的研究起源于 20 世纪 40 年代，是一种有人参与的机器人局部自主控制方式。遥操作机器人可以代替人类在太空、海洋以及其他一些危险环境中完成任务，极大地方便了人类对太空和海洋的探索，也保证了人类的安全[12]。此外，在远程医疗、远程教学等技术中也都需要机器人在远端与未知环境交互，完成指定任务。随着网络控制技术的不断发展，遥操作机器人是近年来机器人研究工作的重点。同时，伴随着遥操作技术的发展及太空探索需求的不断增多，我们对空间机器人的要求也越来越高[13]。在人类对太空进行探索时，需要对太空中的一些设备进行生产制造、在轨维修、加工，还要捕获一些已失效的卫星[14,15]。这些活动都是非常危险的，如果都要由宇航员去完成，那么不仅需要巨大的经济成本，而且也会威胁到宇航员的安全。因此采用空间机器人进行作业不仅能节省成本，还能保证宇航员的人身安全。但是天地间的距离非常遥远，导致通信时延比较长，很难使系统保持稳定。并且随着网络应用于遥操作系统，通信网络中的随机时延和数据丢包使系统的稳定性遭到了很大的破坏。因此遥操作系统中最大的问题是：如何能使空间遥操作系统适应这种长时延的变化和数据包丢失的情况，在随机时延下保持系统稳定以及实现同步控制，并安全可靠地完成任务[16]。因此，在网络遥操作控制系统的实际应用中，需要根据具体系统的需求，设计合适的算法来降低上述问题所带来的负面影响。

近年来，随着机器人技术和网络技术的发展，网络遥操作机器人日益受到关注，成为研究的热点。它应用于危险环境下的远程作业、太空探索、远程医疗以及远程教育等众多方面，具有广阔的应用前景。20 世纪 40 年代，为了处理强放射性核材料，美国阿贡国家实验室成功研究了世界上第一个遥操作系统。该系统采用两个对称的主、从机械臂，操作员对主机械臂进行操作，因为没有感知反馈（力觉、触觉或视觉），从机械臂不能很好地跟随主机械臂运动，但是该系统标志着现代遥操作思想的诞生[17]。1993 年，第一个基于网络的机器人遥操作系统始于连接网络的项目，它允许远端的使用者通过接收摄像机的视频信号来操控机械臂在充满沙子的环境中挖掘物品[18]。后来，世界上首例试验性远程手术成功进行，法国医生在纽约通过网络远程遥操作 7000 km 外的宙斯手术机器人，对病人进行跨洋切除胆囊手术[19]。为了满足对远程空间的探索需求，基于网络的自主式移动机器人也成为研究的热点。它具有的自主性和移动性为人类打开了与未知环境交互研究的大门。2000 年，瑞士联邦理工学院研制出了第一个基于网络的自主式移动机器人系统[20]。用户可以通过访问网络来控制摄像机的旋转角度和镜头伸缩，以得到图像反馈，同时通过控制机器人的位移和速度，实现移动的目的。2015 年韩国 H. N. Minh 等人提出了多移动机器人，操作者可以通过无线网络与远端机器人进行通信并对其进行相应的控制[21]。

国内的机器人远程控制起步比国外晚，技术积累处于劣势，主要处于高校研究的阶段。网络遥操作机器人有着巨大的应用前景，国家的“863 计划”“973 计划”也为机器人开发提供了很好的科研平台，各个高校和科研机构也对网络遥操作机器人进行了深入的研究和开发。虽然研究还处于起步阶段，但也取得了一定的成果。上海交通大学特种机器人实验室先后研制出了消防灭火机器人、反恐排爆机器人。这两类机器人可以代替人类进入恶劣的危险环境展开相应的消防、排爆、救援工作[22]。清华大学研发了基于视觉反馈和预测仿真的网络机器人遥操作系统：机器人为两台机械臂，远程用户可以根据视觉反馈和本机的三维仿真，通过网络及时发出控制指令。远程用户可以运用图像预处理仿真方法来控制[23]，通过网络对系统进行双臂遥操作。哈尔滨工程大学研发的 Internet 遥操作机器人采用面向对象方法构建机器人操作虚拟环境，结合虚拟环境和智能手爪的长短激光测距，提高了网络遥操作机器人的扩展性及实时操作性[24]。中国科学院沈阳自动化研究所对机器鱼的跟踪、定位及成像方面进行了研究。在水生环境下，研究人员通过视觉跟踪和三维跟踪控制，对机器鱼进行位置跟踪，包括深度控制和方向控制。机器鱼的研究为在复杂的水下执行探测及救援任务奠定了一定的理论和科研基础[25]。虽然目前国内在机器人遥操作技术方面已经取得了一些阶段性成果，但这些研究工作基本都是基于局域网的固定短时延甚至无时延的情况进行的。在实际中，由于随机时延在网络遥操作机器人中不可避免，因此上述研究有较大的局限性。

目前，我国的网络遥操作机器人都还停留在研究阶段，如上所述，主要集中在临场感控制阶段。因此，若想真正实现基于远程网络的遥操作机器人，必须解决由随机时延和数据丢包所带来的稳定性、同步控制等问题。近年来，遥操作系统控制方法的研究已取得了相当丰富的成果，这些控制方法主要包括基于无源性的方法、滑模控制、H_∞控制、预测控制等。

(1) 基于无源性的方法：无源性理论是关于动力系统的一个输入-输出性质，最初起源于网络理论，且主要是关于互联系统之间的能量交换问题。它是从能量的角度来对系统进行分析和控制的。其中具有代表性的有：Anderson[26]利用散射算子分析法提出的一种无源性控制算法；Niemeyer[27]提出的波变量(wave variables)算法；东南大学宋爱国教授[28]在 Anderson 的基础上提出了阻抗匹配的思想等。基于以上文献分析可知，基于无源性的方法为遥操作系统的分析和设计提供了一种有力的手段。然而，利用无源性来确保遥操作系统的稳定性过于保守，而过于保守的稳定性可能会牺牲系统的透明性。

(2) 滑模控制：滑模控制是通过一定的控制策略迫使系统进入预先设定的滑动界面。系统的稳定性和动态品质取决于滑模面及其参数。在文献[29]中，景兴建针对具有通信时延的力反馈遥操作系统提出了滑模控制算法。1999 年，Park[30]将滑模控制应用到了具有随机时延的遥操作系统中，对从机器人采用滑模控制，以消除随机时延对系统的影响。2012 年，Moreau[31]针对气动遥操作系统提出了一种称之为“three-mode”的滑模控制方案，以取得高精度的位置和力跟踪。由于滑动模态可进行设计且与对象参数及外部干扰无关，因此变结构控制具有快速响应、对参数变化及干扰不敏感、不需要系统在线辨识等优点。但其中也存在一些问题：一方面滑模控制中存在的高频抖振不仅会影响遥操作系统中控制的精确性，而且会增加系统的能量消耗；另一方面，控制律的不连续性将影响主机器人和从机器人控制输入的连续性，从而影响系统性能[32]。

(3) H_∞控制：H_∞控制可以使存在扰动状态的系统保持稳定。对于具有时延的遥操作系统，H_∞控制能将时延模块化并作为扰动处理，对系统进行稳定性控制。2008 年，Kamran[33]针对遥操作系统中操作者和环境阻抗中的不确定性提出了非线性 H_∞控制方案，该方案可以对主机器人与从机器人的位置和力跟踪误差函数的权值进行调节。2013 年，Du[34]针对非对称时滞的双边机器人遥操作系统，基于 Lyapunov-Krasovskii 泛函和 LMI 方法，设计了保证系统稳定性和 H_∞控制性能的状态反馈控制器。2014 年，Yang[35]针对具有时延和丢包的网络构建了统一的非均匀采样模型，给出了满足 H_∞控制性能的 LMI 条件。综上所述，H_∞ 控制对有界的定时延能取得较好的控制效果，而对于网络中存在的随机时延情况，H_∞ 控制不能保证系统在所有时延情况下都状态稳定，而且若出现长时延，得到的控制效果也具有保守性，系统的透明性会降低。

(4) 预测控制：预测控制通过系统的历史输入信息计算出一定步数的预测控制量，并结合需要优化的未来实际输出和预测输出之间的差值，来设计性能指标。预测控制将系统时延添加到控制模型中，根据时延参数来调整预测控制量的预测步数和计算方式[36,37]。为了满足系统的动态控制性能，需要对系统进行实时精确建模。但这些都成了预测控制不可避免的局限性，影响了预测控制的应用范围。

(5) 其他相关理论：常用的还有远程规划[38]、四通道控制[39]、自适应方法[40,41]等，但是它们对系统参数的鲁棒性和外界扰动的抗干扰能力比较差，而且对系统的先验知识要求比较高。

综合以上分析，为了进一步降低随机时延和数据丢包的通信约束对机器人遥操作的稳定性和同步控制的影响，本章提出了采用切换系统分析方法来研究随机时延和数据丢包问题；同时针对长时延在某些特定应用场合普遍存在的问题，本章提出了区间化时延结合鲁棒 H_∞ 控制的方法。相对以往的研究成果，本章提出的方法能有效降低系统设计的保守性，使系统尽快收敛至稳定状态或者能够实现较小的同步控制跟踪误差。

13.1　机器人遥操作系统动力学模型建立

机器人遥操作系统稳定性包括两方面：一个是通信环节的稳定，另一个则是主、从端机器人的稳定。对主、从端机器人控制而言，选择合适的动态方程很重要。图 13-1 所示为机器人遥操作系统示意图。

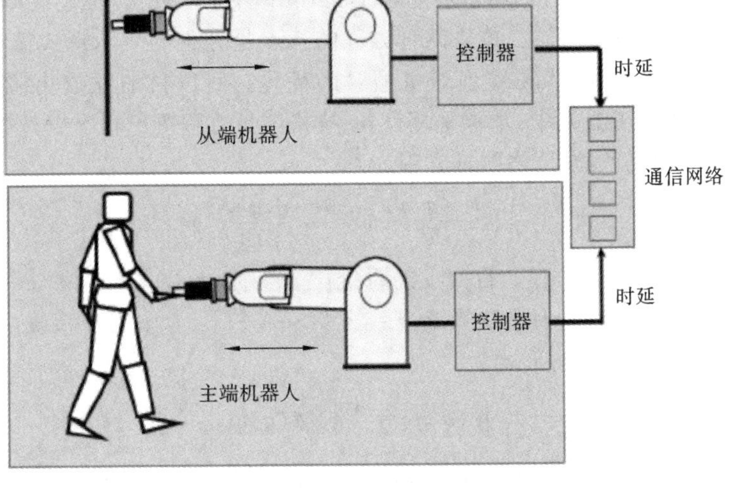

图 13-1　机器人遥操作系统示意图

网络遥操作同步控制系统结构框图如图 13-2 所示。地面操作者根据空间站反馈的从端机械臂与环境之间的作用力 $\boldsymbol{f}_{ed}(t)$ 来操作操作杆，操作杆的输出量包括参考位置 $\boldsymbol{x}_m(t)$ 和速度 $\boldsymbol{v}_m(t)$。$\boldsymbol{x}_m(t)$ 和 $\boldsymbol{v}_m(t)$ 经过通信环节(前向和反向时延分别为 τ_{ms}、τ_{sm})到达空间站时变为 $\boldsymbol{x}_{md}(t)$ 和 $\boldsymbol{v}_{md}(t)$。然后，从端控制器根据参考位置 $\boldsymbol{x}_{md}(t)$、速度 $\boldsymbol{v}_{md}(t)$ 以及从端机械臂的参考位置 $\boldsymbol{x}_s(t)$ 和速度 $\boldsymbol{v}_s(t)$ 计算控制量 $\boldsymbol{u}(t)$，从而使从端机械臂跟踪主端机械臂(操作杆)的参考位置和速度进行运动。

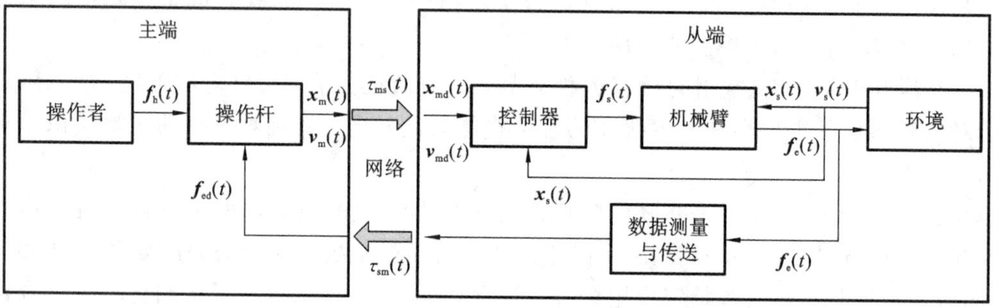

图 13-2 网络遥操作同步控制系统结构框图

1. 欧拉-拉格朗日动力学方程

控制器的设计建立在被控对象模型的基础上，我们设计从端控制器的目的是使操作者在主端发出的力和位置(速度)信号，通过通信网络传递到从端，控制从端机器人进行相应的运动，也就是说从端的移动是跟随主端的。反过来，从端的速度(位置)信号以及环境作用力，在通过通信网络传输到主端之后，要能准确反映给操作者，使操作者进行下一步操作的判断。因此我们需要找到主、从端机器人速度和力的动态关系，也就是建立主、从端机器人的动力学模型。机器人动力学主要研究的内容是机器人的机械臂各关节的运动情况(位移、速度、加速度等)与产生这种运动的力或力矩之间的关系。目前，分析机械臂的动力学特性的主要方法有牛顿-欧拉(Newton-Euler)方程、欧拉-拉格朗日(Euler -Lagrange，E-L)方程、凯恩(Kane)方程等。牛顿-欧拉方程以递推的形式出现，计算较快，但它的缺点是不能直接表示机械臂的动力学特征。欧拉-拉格朗日方程的特点是方程的表示形式简单，能够直接体现出机械臂的动力学特征并容易实现对机械臂的优化。所以目前欧拉-拉格朗日方程较为广泛地应用于主、从端机器人中，本章采用欧拉-拉格朗日方程进行机械臂建模[42]。

标准的机械系统的欧拉-拉格朗日方程如下：

$$\frac{\mathrm{d}}{\mathrm{d}t}\left(\frac{\partial L(\boldsymbol{q},\dot{\boldsymbol{q}})}{\partial \dot{\boldsymbol{q}}}\right)-\frac{\partial L(\boldsymbol{q},\dot{\boldsymbol{q}})}{\partial \dot{\boldsymbol{q}}}=\boldsymbol{\tau} \tag{13-1}$$

其中：$\boldsymbol{q}=[q_1 \quad \cdots \quad q_n]^{\mathrm{T}}$ 为具有 n 自由度的系统广义坐标；拉格朗日函数 $L=(\boldsymbol{q},\dot{\boldsymbol{q}})=K(\boldsymbol{q},\dot{\boldsymbol{q}})-P(\boldsymbol{q})$，$K$ 为系统动能，P 为系统势能；$\boldsymbol{\tau}=[\tau_1 \quad \cdots \quad \tau_n]^{\mathrm{T}}$ 为作用于系统的广义向量。在标准的机械系统中，动能 K 的形式为

$$K(\boldsymbol{q},\dot{\boldsymbol{q}})=\frac{1}{2}\dot{\boldsymbol{q}}^{\mathrm{T}}\boldsymbol{M}(\boldsymbol{q})\dot{\boldsymbol{q}} \tag{13-2}$$

其中：$\boldsymbol{M}(\boldsymbol{q})$ 为对任意 $\boldsymbol{q}$ 的 $n\times n$ 对称正定惯性(广义质量)矩阵。需要注意，拉格朗日函数不是系统所具有的物理能量的总和，实际上它表示的是广义上系统动能和势能的差。

将式(13-2)代入拉格朗日函数 ，可得

$$L(\boldsymbol{q},\dot{\boldsymbol{q}})=\frac{1}{2}\dot{\boldsymbol{q}}^{\mathrm{T}}\boldsymbol{M}(\boldsymbol{q})\dot{\boldsymbol{q}}-P(\boldsymbol{q})=\frac{1}{2}\sum_{i=1,j=1}^{n}m_{ij}\dot{q}_i\dot{q}_j-P(\boldsymbol{q})$$

其中：m_{ij} 为 $\boldsymbol{M}(\boldsymbol{q})$ 中第 (i,j) 个元素，并有

$$\frac{\partial L}{\partial \dot{q}_k}=\sum_{j=i}^{n}m_{kj}(\boldsymbol{q})\dot{q}_j,\quad k=1,2,\cdots,n$$

$$\frac{\mathrm{d}}{\mathrm{d}t}\left(\frac{\partial L}{\partial \dot{q}_k}\right)=\frac{\mathrm{d}}{\mathrm{d}t}\left(\sum_{j-1}^{n}m_{kj}(\boldsymbol{q})\dot{q}_j\right)=\sum_{j-1}^{n}m_{kj}(\boldsymbol{q})\ddot{q}_j+\sum_{i=1,j=1}^{n}\frac{\partial m_{kj}(\boldsymbol{q})}{\partial q_i}\dot{q}_i\dot{q}_j$$

$$\frac{\partial L}{\partial q_k}=\sum_{i=1,j=1}^{n}\frac{\partial m_{kj}(\boldsymbol{q})}{\partial q_i}\dot{q}_i\dot{q}_j-\frac{\partial P}{\partial q_k},\quad k=1,2\cdots,n$$

将上式代回到式(13-1)，得到如下形式：

$$\sum_{j=1}^{n}m_{kj}(\boldsymbol{q})\ddot{q}_j+\sum_{i=1,j=1}^{n}c_{ijk}(\boldsymbol{q})\dot{q}_i\dot{q}_j+\frac{\partial P}{\partial q_k}=\tau_k,\quad k=1,2,\cdots,n \tag{13-3}$$

其中：$c_{ijk}(\boldsymbol{q})=\frac{1}{2}\left[\frac{\partial m_{kj}(\boldsymbol{q})}{\partial q_i}+\frac{\partial m_{ki}(\boldsymbol{q})}{\partial q_j}+\frac{\partial m_{ij}(\boldsymbol{q})}{\partial q_k}\right]$。

再将式(13-3)写为一般矩阵形式，可得

$$\boldsymbol{M}(\boldsymbol{q})\ddot{\boldsymbol{q}}+\boldsymbol{C}(\boldsymbol{q},\dot{\boldsymbol{q}})+\boldsymbol{G}(\boldsymbol{q})=\boldsymbol{\tau} \tag{13-4}$$

其中：$\boldsymbol{C}(\boldsymbol{q},\dot{\boldsymbol{q}})$ 中的第 (i,j) 个元素为 $c_{kj}(\boldsymbol{q})=\sum_{i=1}^{n}c_{ijk}(\boldsymbol{q})\dot{q}_i$。

2. 机器人动力学方程

由上文得到矩阵形式的欧拉-拉格朗日方程，在理想情况下，即忽略摩擦、干扰等非线性因素的情况下，机械臂的 N 自由度主、从端动力学模型的欧拉-拉格朗日方程表示为

$$\begin{cases}\boldsymbol{M}_{\mathrm{xm}}(\boldsymbol{q}_{\mathrm{m}})\ddot{\boldsymbol{x}}_{\mathrm{m}}+\boldsymbol{C}_{\mathrm{xm}}(\boldsymbol{q}_{\mathrm{m}},\dot{\boldsymbol{q}}_{\mathrm{m}})\dot{\boldsymbol{x}}_{\mathrm{m}}+\boldsymbol{G}_{\mathrm{xm}}(\boldsymbol{q}_{\mathrm{m}})=\boldsymbol{f}_{\mathrm{h}}+\boldsymbol{f}_{\mathrm{m}}\\ \boldsymbol{M}_{\mathrm{xs}}(\boldsymbol{q}_{\mathrm{s}})\ddot{\boldsymbol{x}}_{\mathrm{s}}+\boldsymbol{C}_{\mathrm{xs}}(\boldsymbol{q}_{\mathrm{s}},\dot{\boldsymbol{q}}_{\mathrm{s}})\dot{\boldsymbol{x}}_{\mathrm{s}}+\boldsymbol{G}_{\mathrm{xs}}(\boldsymbol{q}_{\mathrm{s}})=\boldsymbol{f}_{\mathrm{s}}-\boldsymbol{f}_{\mathrm{e}}\end{cases} \tag{13-5}$$

其中：$\boldsymbol{x}_{\mathrm{m}}$、$\boldsymbol{x}_{\mathrm{s}}$ 分别表示主、从端机械臂的任务空间位置坐标；$\boldsymbol{M}_{\mathrm{xm}}(\boldsymbol{q}_{\mathrm{m}})$、$\boldsymbol{M}_{\mathrm{xs}}(\boldsymbol{q}_{\mathrm{s}})\in\mathbf{R}^{n\times n}$ 分别表示主、从端机器人的惯性矩阵；$\boldsymbol{q}_{\mathrm{m}}$、$\boldsymbol{q}_{\mathrm{s}}\in\mathbf{R}^{n\times 1}$ 表示具有自由度的系统的广义坐标；$\boldsymbol{C}_{\mathrm{xm}}(\boldsymbol{q}_{\mathrm{m}},\dot{\boldsymbol{q}}_{\mathrm{m}})$、$\boldsymbol{C}_{\mathrm{xs}}(\boldsymbol{q}_{\mathrm{s}},\dot{\boldsymbol{q}}_{\mathrm{s}})\in\mathbf{R}^{n\times n}$ 表示离心力和哥氏力矩阵；$\boldsymbol{G}_{\mathrm{xm}}(\boldsymbol{q}_{\mathrm{m}})$、$\boldsymbol{G}_{\mathrm{xs}}(\boldsymbol{q}_{\mathrm{s}})\in\mathbf{R}^{n\times n}$ 表示重力项；$\boldsymbol{f}_{\mathrm{h}}$、$\boldsymbol{f}_{\mathrm{m}}$、$\boldsymbol{f}_{\mathrm{s}}$、$\boldsymbol{f}_{\mathrm{e}}\in\mathbf{R}^{n\times 1}$ 分别表示操作者作用于主端机械臂(操作杆)的力、从端反馈到主端的力、主端传递至从端的力以及环境作用于从端机械臂的力。

上述模型表达式具有以下性质：

性质(1)：惯性矩阵 $\boldsymbol{M}_{\mathrm{x}}(\boldsymbol{q})$ 是对称正定的。

$$\lambda_{\min}\boldsymbol{I}_{\mathrm{n}}\leqslant\boldsymbol{M}_{\mathrm{x}}\leqslant\lambda_{\max}\boldsymbol{I}$$

其中：$\boldsymbol{I}_{\mathrm{n}}\in\mathbf{R}^{n\times n}$ 单位矩阵；$\lambda_{\min}$、$\lambda_{\max}$ 分别为 $\boldsymbol{M}_{\mathrm{x}}(\boldsymbol{q})$ 矩阵的最小和最大特征值。

性质(2)：矩阵 $\boldsymbol{M}_{\mathrm{x}}(\boldsymbol{q})+2\boldsymbol{C}_{\mathrm{x}}(\boldsymbol{q},\dot{\boldsymbol{q}})\dot{\boldsymbol{x}}$ 具有反对称性，即

$$\boldsymbol{\gamma}^{\mathrm{T}}(\boldsymbol{M}_{\mathrm{x}}(\boldsymbol{q})+2\boldsymbol{C}_{\mathrm{x}}(\boldsymbol{q},\dot{\boldsymbol{q}})\dot{\boldsymbol{x}})\boldsymbol{\gamma}=0,\quad\forall\boldsymbol{\gamma}\in\mathbf{R}^{n\times 1}$$

性质(3)：式(13-5)等号左边三项关于动力学参考向量 $\boldsymbol{\theta}=[\theta_1\cdots\theta_r]$ 是线性的，即

$$\boldsymbol{M}_{\mathrm{x}}(\boldsymbol{q})\ddot{\boldsymbol{x}}+\boldsymbol{C}_{\mathrm{x}}(\boldsymbol{q},\dot{\boldsymbol{q}})\dot{\boldsymbol{x}}+\boldsymbol{G}_{\mathrm{x}}(\boldsymbol{q})=\boldsymbol{Y}(\boldsymbol{q},\dot{\boldsymbol{q}},\dot{\boldsymbol{x}},\ddot{\boldsymbol{x}})\boldsymbol{\theta}$$

其中：$\boldsymbol{Y}(\boldsymbol{q},\dot{\boldsymbol{q}},\dot{\boldsymbol{x}},\ddot{\boldsymbol{x}})$ 为动力学回归矩阵。

此时我们所得到的机械臂的动力学模型是任务空间(笛卡儿空间)模型，虽然任务空间模型能很好地表达机器人的机械臂位置、轨迹以及与环境之间的接触，但是要想在仿真中进

行实际操作控制，并且结合非线性分析，还需要将模型转换到关节空间。

在式(13-5)的基础上，研究单自由度的遥操作机器人，可得相应的机械臂动力学方程为

$$m_{\mathrm{m}}\ddot{\boldsymbol{x}}_{\mathrm{m}}(t)+b_{\mathrm{m}}\dot{\boldsymbol{x}}(t)+k_{\mathrm{m}}\boldsymbol{x}(t)=\boldsymbol{f}_{\mathrm{h}}(t)-\boldsymbol{f}_{\mathrm{ed}}(t) \tag{13-6}$$

$$m_{\mathrm{s}}\ddot{\boldsymbol{x}}_{\mathrm{s}}(t)+b_{\mathrm{s}}\dot{\boldsymbol{x}}_{\mathrm{s}}(t)+k_{\mathrm{s}}\boldsymbol{x}_{\mathrm{s}}(t)=\boldsymbol{f}_{\mathrm{s}}(t)-\boldsymbol{f}_{\mathrm{e}}(t) \tag{13-7}$$

$$\boldsymbol{f}_{\mathrm{e}}(t)=b_{\mathrm{e}}\dot{\boldsymbol{x}}_{\mathrm{s}}(t)+k_{\mathrm{e}}\boldsymbol{x}_{\mathrm{s}}(t) \tag{13-8}$$

其中：m_{m}、m_{s} 表示操作杆和机械臂的质量；$\boldsymbol{f}_{\mathrm{ed}}(t)=\boldsymbol{f}_{\mathrm{ed}}(t-\tau_{\mathrm{sm}})$表示从端机械臂与环境间的延时；$b$ 表示阻尼系数；k 表示弹性系数。

设状态反馈控制器 $\boldsymbol{u}(t)=\boldsymbol{K}\boldsymbol{x}(t)$，令 $\boldsymbol{w}(t)=\boldsymbol{f}_{\mathrm{h}}(t)$、$\boldsymbol{x}_1=\boldsymbol{x}_{\mathrm{s}}$、$\boldsymbol{x}_2=\dot{\boldsymbol{x}}_{\mathrm{s}}$、$\boldsymbol{x}_3=\boldsymbol{x}_{\mathrm{m}}(t-\tau_{\mathrm{ms}})$、$\boldsymbol{x}_4=\dot{\boldsymbol{x}}_{\mathrm{m}}(t-\tau_{\mathrm{ms}})$以及 $\boldsymbol{x}(t)=[\boldsymbol{x}_1^{\mathrm{T}}(t)\quad \boldsymbol{x}_2^{\mathrm{T}}(t)\quad \boldsymbol{x}_3^{\mathrm{T}}(t)\quad \boldsymbol{x}_4^{\mathrm{T}}(t)]^{\mathrm{T}}$。可将式(13-6)至式(13-8)统一建立为时滞状态空间模型：

$$\begin{cases}\dot{\boldsymbol{x}}(t)=(\boldsymbol{A}+\boldsymbol{B}\boldsymbol{K})\boldsymbol{x}(t)+\boldsymbol{A}_1\boldsymbol{x}(t-\tau(t))+\boldsymbol{B}_{\mathrm{w}}\boldsymbol{w}(t-\tau_{\mathrm{ms}}(t))\\ \boldsymbol{z}(t)=\boldsymbol{C}\boldsymbol{x}(t)\end{cases} \tag{13-9}$$

其中：$\tau(t)=\tau_{\mathrm{ms}}(t)+\tau_{\mathrm{sm}}(t)$ 为总时延且 $\tau_1<\tau(t)<\tau_2$，$\boldsymbol{B}=[0\quad 1/m_{\mathrm{s}}\quad 0\quad 0]^{\mathrm{T}}$，

$$\boldsymbol{B}_{\mathrm{w}}=[0\quad 0\quad 0\quad 1/m_{\mathrm{m}}]^{\mathrm{T}},\boldsymbol{A}=\begin{bmatrix}0 & 1 & 0 & 0\\ -\dfrac{k_{\mathrm{s}}+k_{\mathrm{s}}}{m_{\mathrm{s}}} & -\dfrac{b_{\mathrm{s}}+b_{\mathrm{s}}}{m_{\mathrm{s}}} & 0 & 0\\ 0 & 0 & 0 & 1\\ 0 & 0 & -\dfrac{k_{\mathrm{m}}}{m_{\mathrm{m}}} & -\dfrac{b_{\mathrm{m}}}{m_{\mathrm{m}}}\end{bmatrix},$$

$$\boldsymbol{A}_1=\begin{bmatrix}0 & 0 & 0 & 0\\ 0 & 0 & 0 & 0\\ 0 & 0 & 0 & 0\\ -\dfrac{k_{\mathrm{e}}}{m_{\mathrm{m}}} & -\dfrac{b_{\mathrm{e}}}{m_{\mathrm{m}}} & 0 & 0\end{bmatrix},\boldsymbol{C}=[1\quad 0\quad -1\quad 0]。$$

另外，系统的稳定性是系统能够实现同步控制的前提。为了研究机器人遥操作系统稳定性问题，将图 13-2 中主端的操作者撤去，即不施加外部作用力，可简化为图 13-3 所示的一般化网络控制系统结构图。例如，这里的连续控制对象即为图 13-1 中的从端对象（从端机器人），且图 13-1 中的具有时延的网络环境更一般化地考虑为具有双边随机时延和数据丢包的网络。

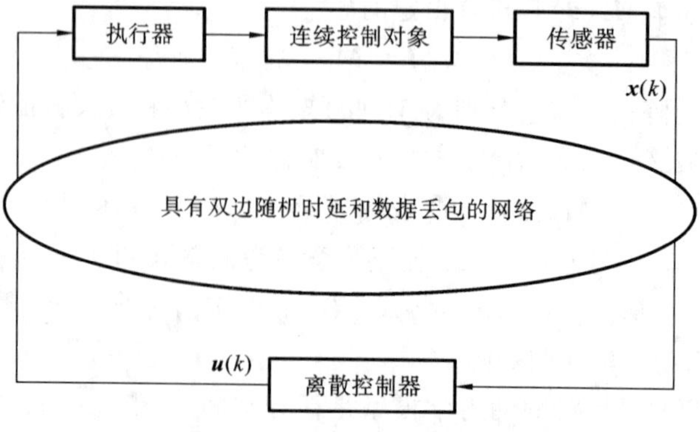

图 13-3 一般化网络控制系统结构图

因此,基于以上分析,在式(13-9)的基础上可得相应的状态空间模型(未考虑双边随机时延和数据丢包的情况下)

$$\begin{cases}\dot{\boldsymbol{x}}(t)=\boldsymbol{A}\boldsymbol{x}(t)+\boldsymbol{B}\boldsymbol{u}(t)\\ \boldsymbol{z}(t)=\boldsymbol{C}\boldsymbol{x}(t)\end{cases} \tag{13-10}$$

13.2　网络时延分布特性

1. 网络时延组成

在控制领域中,不管是远距离传输还是带时滞环节的系统,为了达到较好的控制效果,时延都是难以忽视的研究重点。时延不仅降低了系统的实时操作性,还对其稳定性造成了干扰甚至破坏。在网络中,连接网络的每台计算机(简称网络节点)通过有限的带宽共享网络进行通信,当多个节点按照数据包传输协议进行数据交换时,由于网络带宽有限,数据流量不规则,就会出现数据传递或者信息交换延时。网络中存在大量的节点,其吞吐量、数据调度、路由策略会有一定的差异性,网络中的路由节点负责来自不同网络端的数据包,这些节点会将到达的数据包进行排队,并根据路由策略选择路径。当路由节点负载超出容量时,则可能丢掉一些数据包,或者将数据包路由到负载较低的服务器端,这样就导致了网络时延的不可预测性和数据丢包的问题。此外,网络时延还因传输过程中经由的网络节点数量、各网段的传输速度、网络负载和各节点路由策略的不同,表现出动态的随机性。

网络双边随机时延、数据包丢失及错序等问题会降低系统控制性能,甚至造成系统的不稳定。控制器、执行器和传感器的执行时间分别记为 τ_c、τ_a 和 τ_s,数据信息由主端机器人传递到从端机器人的传输时延为 τ_{ms},由从端机器人反馈回主端机器人的传输时延为 τ_{sm},网络遥操作机器人控制系统中的时延可以由以下几个主要部分组成:通信时延 T_c、执行时延 T_p、数据时延 T_d,总时延 T_r 可表示为 $T_r=T_c+T_p+T_d$。其中:通信时延 T_c 为通信初始化和网络传输时间,即 $T_c=\tau_{ms}+\tau_{sm}$,通信时延包括在通信介质中传输的时间,在传输速度一定的情况下,物理上的距离越大,数据在通信介质中传输的时间也随之增加,在网络遥操作机器人控制系统中,路由节点的选择会导致时延的随机性;执行时延 T_p 为机器人接收、处理控制信号及执行时间,即 $T_p=\tau_c+\tau_a$;数据时延 T_d 为数据采集和发送时间,即 $T_d=\tau_s$。

2. 网络时延测试

网络时延一般是数据包从一个主机发送的时间和数据包被另一个主机接收的时间之差。但是由于两个主机之间的时间很难实现精确的同步,单独测量网络遥操作机器人主端到从端的时延以及从端到主端的时延是比较复杂、不容易实现的。因此,本章采用双向传输时延(round time delay,RTT)作为系统的网络时延。总的传输时延通过主端数据包发送时间戳和主端接收反馈数据包时间戳得出。图 13-4 所示为客户端时延测试界面。在网络遥操作机器人控制系统中,每次发送的数据包容量不大,对可靠性要求不高。为了保证较高的实时性,在本章研究中,网络时延主要采用 UDP 协议。

采用 MFC 工具箱在 Microsoft Visual Studio 2015 环境下利用 Windows Sockets 进行网络通信。两台位于不同地区的计算机分别运行服务器端和客户端程序,首先对客户端和

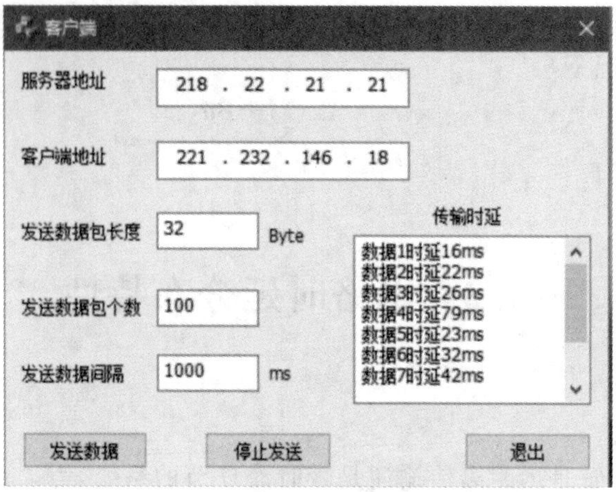

图 13-4　客户端时延测试界面

服务器端进行初始化，在客户端输入服务器 IP 地址，客户端利用 UDP 协议向服务器端发送数据包。分别测量不同的网络宽带下，武汉到西安、武汉到合肥之间的时延。客户端以 1 s 一次的频率向服务器端发送数据，通过记录客户端发送和接收时间之差来记录网络时延数据，并对网络时延数据进行保存。通过实验测试可以得出：在距离相同的情况下，带宽大小不同，网络时延的结果不同。武汉到合肥的网络时延在 10M 带宽下，主要集中在 0.009 s 左右；在 20M 带宽下，主要集中在 0.008 s 左右。武汉到西安的网络时延在 10M 带宽下，主要集中在 0.01 s 左右；在 20M 带宽下，主要集中在 0.0085 s 左右。因此，在距离一定的情况下，一般网络带宽越大，网络时延越小；在带宽一定的情况下，距离不同，网络时延也不一样。例如，在 10M 带宽下，武汉到合肥的网络时延总体上小于武汉到西安的网络时延。从采集的时延数据可以得出，网络时延是随机的、动态变化的、不确定的。虽然带宽和距离对网络时延有影响，但网络时延在整体上存在一定的规律，除去个别长时延状态，网络时延会维持在一定的水平区间。因此，针对网络时延中存在的某些规律和特征，我们可以对网络时延建模，进行预测。

同时，在后续采用采样系统对网络遥操作机器人控制系统进行分析的时候，采样周期应该大于绝大部分的时延值，对于大于采样周期的时延值，可将其考虑为数据丢包。

在建立了网络遥操作机器人模型以及了解其时延特性以后，接下来就是要对网络遥操作机器人进行稳定性和同步控制研究。

13.3　基于平均驻留时间切换方法的网络遥操作机器人稳定性控制研究

如前文部分所述，对于网络遥操作机器人的稳定性控制问题，可一般化地描述为网络控制系统稳定性问题。因此该部分主要针对一般化的网络控制系统稳定性问题进行分析和设计。

基于第 8 章"具有时延与丢包的网络化切换系统建模与控制"中所提出的模型依赖的平均驻留时间的切换系统分析方法，本章针对网络控制系统存在的双边随机时延和数据丢包情形，将该结论直接应用于网络遥操作机器人，为其提供一种新的稳定性控制方法。

13.4　区间化时滞时延方法的遥操作系统建模与控制

相对于传统的控制系统，网络控制系统能够充分体现控制系统向分布化、网络化及模块智能化的发展趋势。机器人遥操作系统是伴随着网络控制系统发展而来，在水下深海作业和核工业等领域得到了广泛的应用，最大限度地保障了工作人员的安全，已成为目前控制领域的研究热点。典型的机器人遥操作系统（简称遥操作系统）由操作者、主端机器人、从端机器人和通信网络组成，如图 13-1 所示。在遥操作系统中，后向时延会导致系统性能的下降，甚至破坏其稳定性。因此许多学者针对该问题提出了多种控制方法：预测控制、基于无源性的方法、滑模控制等。区别于以往文献资料，针对更一般化的通信网络存在双边随机时延和数据丢包的情况，本章在采用时滞系统分析方法的基础上还采用鲁棒 H_∞ 跟踪控制方法来解决遥操作系统控制问题。

1. 问题描述和系统建模鲁棒 H_∞ 跟踪控制方法

设计状态反馈控制器 $\boldsymbol{u}(t)=\boldsymbol{K}\boldsymbol{x}(t)$，同时令 $\boldsymbol{w}(t)=\boldsymbol{f}_{\mathrm{h}}(t)$、$\boldsymbol{x}_1=\boldsymbol{x}_{\mathrm{s}}$、$\boldsymbol{x}_2=\dot{\boldsymbol{x}}_{\mathrm{s}}$、$\boldsymbol{x}_3=\boldsymbol{x}_{\mathrm{m}}(t-\tau_{\mathrm{ms}})$、$\boldsymbol{x}_4=\dot{\boldsymbol{x}}_{\mathrm{m}}(t-\tau_{\mathrm{ms}})$ 以及 $\boldsymbol{x}(t)=[\boldsymbol{x}_1^{\mathrm{T}}(t)\quad \boldsymbol{x}_2^{\mathrm{T}}(t)\quad \boldsymbol{x}_3^{\mathrm{T}}(t)\quad \boldsymbol{x}_4^{\mathrm{T}}(t)]^{\mathrm{T}}$，可将式(13-6)至式(13-8)统一建立时滞状态空间模型：

$$\begin{cases}\dot{\boldsymbol{x}}(t)=(\boldsymbol{A}+\boldsymbol{B}\boldsymbol{K})\boldsymbol{x}(t)+\boldsymbol{A}_1\boldsymbol{x}(t-\tau(t))+\boldsymbol{B}_{\mathrm{w}}\boldsymbol{w}(t-\tau_{\mathrm{ms}}(t))\\ \boldsymbol{z}(t)=\boldsymbol{C}\boldsymbol{x}(t)\end{cases}\tag{13-11}$$

其中：$\tau(t)=\tau_{\mathrm{ms}}(t)+\tau_{\mathrm{sm}}(t)$ 为总时延且 $\tau_1<\tau(t)<\tau_2$，$\boldsymbol{B}=[0\quad 1/m_{\mathrm{s}}\quad 0\quad 0]^{\mathrm{T}}$，

$$\boldsymbol{B}_{\mathrm{w}}=[0\quad 0\quad 0\quad 1/m_{\mathrm{m}}]^{\mathrm{T}},\boldsymbol{A}=\begin{bmatrix}0 & 1 & 0 & 0\\ -\dfrac{k_{\mathrm{s}}+k_{\mathrm{s}}}{m_{\mathrm{s}}} & -\dfrac{b_{\mathrm{s}}+b_{\mathrm{s}}}{m_{\mathrm{s}}} & 0 & 0\\ 0 & 0 & 0 & 1\\ 0 & 0 & -\dfrac{k_{\mathrm{m}}}{m_{\mathrm{m}}} & -\dfrac{b_{\mathrm{m}}}{m_{\mathrm{m}}}\end{bmatrix},$$

$$\boldsymbol{A}_1=\begin{bmatrix}0 & 0 & 0 & 0\\ 0 & 0 & 0 & 0\\ 0 & 0 & 0 & 0\\ -\dfrac{k_{\mathrm{e}}}{m_{\mathrm{m}}} & -\dfrac{b_{\mathrm{e}}}{m_{\mathrm{m}}} & 0 & 0\end{bmatrix},\boldsymbol{C}=[1\quad 0\quad -1\quad 0]。$$

由于 $\boldsymbol{w}(t)=\boldsymbol{f}_h(t)$ 属于能量有限的信号，则有 $\int_0^\infty \|\boldsymbol{w}(t)\|^2\leqslant\alpha$，$\alpha$ 为常数。因此式(13-11)是一个典型的带有外界干扰的时滞系统模型。为了获得系统的稳定性和同步控制条件，需要满足：

(1) 当 $\boldsymbol{w}(t-\tau_{\mathrm{ms}}(t))$ 时，系统是渐近稳定的；

(2) 在零初始状态下,系统具有鲁棒 H_∞ 跟踪控制性能 γ(给定的最大跟踪误差),即满足二次型

$$J=\int_0^\infty \|\boldsymbol{z}(t)\|_2^2-\boldsymbol{\gamma}^2\|\boldsymbol{w}(t-\tau_{\mathrm{ms}})\|_2^2\mathrm{d}t<0,\quad \forall\, \boldsymbol{w}(t-\tau_{\mathrm{ms}})\neq 0$$

2. 主要结论

近年来,时滞系统研究受到广大学者的关注。由于时滞相关条件充分考虑了时延大小对系统的影响,因此可以获得更低的保守性。本章利用文献[42-44]提出的一种时延区间划分结合时滞系统和鲁棒 H_∞[34,35,42]跟踪控制的方法,在有效降低系统设计的保守性的同时,实现空间力反馈遥操作系统的稳定性和同步控制。

定理 1 已知标量常数 τ_1、τ_2,且 $\tau_1<\tau_2$,以及状态反馈控制器增益 $\boldsymbol{K}$,如果存在矩阵 $\boldsymbol{P}=\boldsymbol{P}^{\mathrm{T}}>0$、$\boldsymbol{R}_i=\boldsymbol{R}_i^{\mathrm{T}}>0$,$\boldsymbol{\Phi}=\boldsymbol{\Phi}^{\mathrm{T}}>0$,以及矩阵 $\boldsymbol{U}$,满足以下矩阵不等式,则时滞系统式(13-11)是渐进稳定且满足鲁棒 H_∞ 跟踪控制性能 γ 的,且控制器为 $\boldsymbol{K}=\boldsymbol{Y}\boldsymbol{X}^{-1}$。

$$\boldsymbol{\Xi}_1=\begin{bmatrix}
\begin{pmatrix}(\boldsymbol{AX}+\boldsymbol{BY})^{\mathrm{T}}+\boldsymbol{AX}\\+\boldsymbol{BY}+\boldsymbol{Q}_1-\boldsymbol{R}_1+\boldsymbol{C}^{\mathrm{T}}\boldsymbol{C}\end{pmatrix} & \boldsymbol{R}_1 & \boldsymbol{A}_1\boldsymbol{X} & 0 & \boldsymbol{B}_{\mathrm{w}}\boldsymbol{X} & \tau_1(\boldsymbol{AX}+\boldsymbol{BY})^{\mathrm{T}} & (\tau_2-\tau_1)(\boldsymbol{AX}+\boldsymbol{BY})^{\mathrm{T}} & (\boldsymbol{CX})^{\mathrm{T}}\\
* & \begin{pmatrix}\boldsymbol{Q}_2-\boldsymbol{Q}_1\\-\boldsymbol{R}_1-\boldsymbol{R}_2\end{pmatrix} & \boldsymbol{R}_2-\boldsymbol{U}^{\mathrm{T}} & \boldsymbol{U}^{\mathrm{T}} & 0 & 0 & 0 & 0\\
* & * & \begin{pmatrix}-2\boldsymbol{R}_2+\\\boldsymbol{U}^{\mathrm{T}}+\boldsymbol{U}\end{pmatrix} & \boldsymbol{R}_2-\boldsymbol{U}^{\mathrm{T}} & 0 & \tau_1(\boldsymbol{A}_1\boldsymbol{X})^{\mathrm{T}} & (\tau_2-\tau_1)(\boldsymbol{A}_1\boldsymbol{X})^{\mathrm{T}} & 0\\
* & * & * & -\boldsymbol{Q}_2-\boldsymbol{R}_2 & 0 & 0 & 0 & 0\\
* & * & * & * & -\gamma^2 & \tau_1\boldsymbol{B}_{\mathrm{w}}\boldsymbol{X} & (\tau_2-\tau_1)\boldsymbol{B}_{\mathrm{w}}\boldsymbol{X} & 0\\
* & * & * & * & * & -\boldsymbol{X}\boldsymbol{R}_1^{-1}\boldsymbol{X} & 0 & 0\\
* & * & * & * & * & * & -\boldsymbol{X}\boldsymbol{R}_2^{-1}\boldsymbol{X} & 0\\
* & * & * & * & * & * & * & -\boldsymbol{I}
\end{bmatrix}<0 \tag{13-12}$$

$$\boldsymbol{\Xi}_2=\begin{bmatrix}
\begin{pmatrix}(\boldsymbol{AX}+\boldsymbol{BY})^{\mathrm{T}}+\boldsymbol{AX}\\+\boldsymbol{BY}+\boldsymbol{Q}_1-\boldsymbol{R}_2\end{pmatrix} & \boldsymbol{A}_1\boldsymbol{X}-\boldsymbol{U}^{\mathrm{T}}+\boldsymbol{R}_2 & \boldsymbol{U}^{\mathrm{T}} & 0 & \boldsymbol{B}_{\mathrm{w}}\boldsymbol{X} & \tau_1(\boldsymbol{AX}+\boldsymbol{BY})^{\mathrm{T}} & (\tau_2-\tau_1)(\boldsymbol{AX}+\boldsymbol{BY})^{\mathrm{T}} & (\boldsymbol{CX})^{\mathrm{T}}\\
* & \begin{pmatrix}-2\boldsymbol{R}_2+\\\boldsymbol{U}^{\mathrm{T}}+\boldsymbol{U}\end{pmatrix} & \boldsymbol{R}_2-\boldsymbol{U}^{\mathrm{T}} & 0 & 0 & \tau_1(\boldsymbol{A}_1\boldsymbol{X})^{\mathrm{T}} & (\tau_2-\tau_1)(\boldsymbol{A}_1\boldsymbol{X})^{\mathrm{T}} & 0\\
* & * & \begin{pmatrix}\boldsymbol{Q}_2-\boldsymbol{Q}_1\\-\boldsymbol{R}_1-\boldsymbol{R}_2\end{pmatrix} & R_1 & 0 & 0 & 0 & 0\\
* & * & * & -R_1 & 0 & 0 & 0 & 0\\
* & * & * & * & 0 & \tau_1(\boldsymbol{B}_{\mathrm{w}}\boldsymbol{X})^{\mathrm{T}} & (\tau_2-\tau_1)(\boldsymbol{B}_{\mathrm{w}}\boldsymbol{X})^{\mathrm{T}} & 0\\
* & * & * & * & * & -\boldsymbol{R}_1^{-1} & 0 & 0\\
* & * & * & * & * & * & -\boldsymbol{R}_2^{-1} & 0\\
* & * & * & * & * & * & * & -\boldsymbol{I}
\end{bmatrix}\leqslant 0 \tag{13-13}$$

证明 令 Lyapunov-Krasovskii 泛函 $V(t)=\sum_{i=1}^{3}V_i(t,\boldsymbol{x}_t)$,其中

$$V_1(t,\boldsymbol{x}_t)=\boldsymbol{x}^{\mathrm{T}}(t,\boldsymbol{x}(t))\boldsymbol{P}\boldsymbol{x}(t)$$

$$V_2(t,\boldsymbol{x}_t)=\int_{t-\tau_{\mathrm{M}}}^{t-\rho}\boldsymbol{x}^{\mathrm{T}}(s)\hat{\boldsymbol{Q}}_1\boldsymbol{x}(s)\mathrm{d}s+\int_{t-\rho}^{t}\boldsymbol{x}^{\mathrm{T}}(s)\hat{\boldsymbol{Q}}_2\boldsymbol{x}(s)\mathrm{d}s$$

$$V_3(t,\boldsymbol{x}_t)=\tau_1\int_{t-\tau_1}^{t}\int_{s}^{t}\dot{\boldsymbol{x}}^{\mathrm{T}}(v)\hat{\boldsymbol{R}}_2\dot{\boldsymbol{x}}(v)\mathrm{d}v\mathrm{d}s+(\tau_2-\tau_1)\int_{t-\tau_2}^{t-\tau_1}\int_{s}^{t}\dot{\boldsymbol{x}}^{\mathrm{T}}(v)\hat{\boldsymbol{R}}_2\dot{\boldsymbol{x}}(v)\mathrm{d}v\mathrm{d}s$$

传统的时滞系统在考虑时延问题时，是将全部变化范围作为时延变化区间来考虑的，为了进一步降低保守性，可以采用时延区间划分的方法将整个区间划分为多个小区间来考虑[42,45]。本节分为两个区间来考虑，即$(0,\tau_2)=(0,\tau_1)\cup(\tau_1,\tau_2)$。

令$\tau_{21}=(\tau_2-\tau_1)$，当$\tau_1<\tau(t)<\tau_2$，对$V(t)$求导，利用 Schur 补引理以及互逆凸组合方法可求得

$$\dot{V}(t)=\boldsymbol{\xi}_1^{\mathrm{T}}(t)\begin{bmatrix} \begin{pmatrix}(\boldsymbol{A}+\boldsymbol{BK})^{\mathrm{T}}\boldsymbol{P}+\\ \boldsymbol{P}(\boldsymbol{A}+\boldsymbol{BK})+\hat{\boldsymbol{Q}}_1-\hat{\boldsymbol{R}}_1\end{pmatrix} & \hat{\boldsymbol{R}}_1 & \boldsymbol{PA}_1 & 0 & \boldsymbol{PB}_{\mathrm{w}} & \tau_1(\boldsymbol{A}+\boldsymbol{BK})^{\mathrm{T}}\hat{\boldsymbol{R}}_1^{\mathrm{T}} & \tau_{21}(\boldsymbol{A}+\boldsymbol{BK})^{\mathrm{T}}\hat{\boldsymbol{R}}_2^{\mathrm{T}} & \boldsymbol{C}^{\mathrm{T}} \\ * & \begin{pmatrix}\hat{\boldsymbol{Q}}_2-\hat{\boldsymbol{Q}}_1\\ -\hat{\boldsymbol{R}}_1-\hat{\boldsymbol{R}}_2\end{pmatrix} & \hat{\boldsymbol{R}}_2-\hat{\boldsymbol{U}}^{\mathrm{T}} & \hat{\boldsymbol{U}}^{\mathrm{T}} & 0 & 0 & 0 & 0 \\ * & * & -2\hat{\boldsymbol{R}}_2+\hat{\boldsymbol{U}}^{\mathrm{T}}+\hat{\boldsymbol{U}} & \hat{\boldsymbol{R}}_2-\hat{\boldsymbol{U}}^{\mathrm{T}} & 0 & \tau_1\boldsymbol{A}_1^{\mathrm{T}}\hat{\boldsymbol{R}}_1^{\mathrm{T}} & \tau_{21}\boldsymbol{A}_1^{\mathrm{T}}\hat{\boldsymbol{R}}_2^{\mathrm{T}} & 0 \\ * & * & * & -\hat{\boldsymbol{Q}}_2-\hat{\boldsymbol{R}}_2 & 0 & 0 & 0 & 0 \\ * & * & * & * & -\gamma^2 & \tau_1\boldsymbol{B}_{\mathrm{w}}^{\mathrm{T}}\hat{\boldsymbol{R}}_1^{\mathrm{T}} & \tau_{21}\boldsymbol{B}_{\mathrm{w}}^{\mathrm{T}}\hat{\boldsymbol{R}}_2^{\mathrm{T}} & 0 \\ * & * & * & * & * & -\hat{\boldsymbol{R}}_1 & 0 & 0 \\ * & * & * & * & * & * & -\hat{\boldsymbol{R}}_2 & 0 \\ * & * & * & * & * & * & * & -\boldsymbol{I} \end{bmatrix}\boldsymbol{\xi}_1(t) \tag{13-14}$$

其中：$\boldsymbol{\xi}_1(t)=[\boldsymbol{x}^{\mathrm{T}}(t)\quad \boldsymbol{x}^{\mathrm{T}}(t-\tau_1)\quad \boldsymbol{x}^{\mathrm{T}}(t-\tau(t))\quad \boldsymbol{x}^{\mathrm{T}}(t-\tau_2)\quad \boldsymbol{w}(t-\tau_{\mathrm{ms}}(t))]^{\mathrm{T}}$。

类似的，当$0<\tau(t)\leqslant\tau_1$，则有

$$\dot{V}(t)=\boldsymbol{\xi}_2^{\mathrm{T}}(t)\begin{bmatrix} \begin{pmatrix}(\boldsymbol{A}+\boldsymbol{BK})^{\mathrm{T}}\boldsymbol{P}+\\ \boldsymbol{P}(\boldsymbol{A}+\boldsymbol{BK})+\hat{\boldsymbol{Q}}\end{pmatrix} & \boldsymbol{PA}_1-\hat{\boldsymbol{U}}^{\mathrm{T}}+\hat{\boldsymbol{R}}_2 & \hat{\boldsymbol{U}}^{\mathrm{T}} & 0 & \boldsymbol{PB}_{\mathrm{w}} & \tau_1(\boldsymbol{A}+\boldsymbol{BK})^{\mathrm{T}}\hat{\boldsymbol{R}}_1^{\mathrm{T}} & \tau_{21}(\boldsymbol{A}+\boldsymbol{BK})^{\mathrm{T}}\hat{\boldsymbol{R}}_2^{\mathrm{T}} & \boldsymbol{C}^{\mathrm{T}} \\ * & -(2\hat{\boldsymbol{R}}_2-\hat{\boldsymbol{U}}^{\mathrm{T}}-\hat{\boldsymbol{U}}) & \hat{\boldsymbol{R}}_2-\hat{\boldsymbol{U}}^{\mathrm{T}} & 0 & 0 & \tau_1\boldsymbol{A}_1^{\mathrm{T}}\hat{\boldsymbol{R}}_1^{\mathrm{T}} & \tau_{21}\boldsymbol{A}_1^{\mathrm{T}}\hat{\boldsymbol{R}}_2^{\mathrm{T}} & 0 \\ * & * & \begin{pmatrix}\hat{\boldsymbol{Q}}_2-\hat{\boldsymbol{Q}}_1\\ -\hat{\boldsymbol{R}}_1-\hat{\boldsymbol{R}}_2\end{pmatrix} & \hat{\boldsymbol{R}}_1 & 0 & 0 & 0 & 0 \\ * & * & * & -\hat{\boldsymbol{R}}_1 & 0 & 0 & 0 & 0 \\ * & * & * & * & -\gamma^2 & \tau_1\boldsymbol{B}_{\mathrm{w}}^{\mathrm{T}}\hat{\boldsymbol{R}}_1^{\mathrm{T}} & \tau_{21}\boldsymbol{B}_{\mathrm{w}}^{\mathrm{T}}\hat{\boldsymbol{R}}_2^{\mathrm{T}} & 0 \\ * & * & * & * & * & -\hat{\boldsymbol{R}}_1 & 0 & 0 \\ * & * & * & * & * & 0 & -\hat{\boldsymbol{R}}_2 & 0 \\ * & * & * & * & * & * & * & -\boldsymbol{I} \end{bmatrix}\boldsymbol{\xi}_2(t) \tag{13-15}$$

其中：$\boldsymbol{\xi}_2(t)=[\boldsymbol{x}^{\mathrm{T}}(t)\quad \boldsymbol{x}^{\mathrm{T}}(t-\tau_1)\quad \boldsymbol{x}^{\mathrm{T}}(t-\tau(t))\quad \boldsymbol{x}^{\mathrm{T}}(t-\tau_2)\quad \boldsymbol{w}(t-\tau_{\mathrm{ms}}(t))]^{\mathrm{T}}$。令$\boldsymbol{X}=\boldsymbol{P}^{-1}$，进一步在式(13-14)和式(13-15)左右分别乘以 $\mathrm{diag}(\boldsymbol{X},\ \boldsymbol{X},\ \boldsymbol{X},\ \boldsymbol{X},\ \boldsymbol{X},\ \boldsymbol{R}_1^{-1},\ \boldsymbol{R}_2^{-1},\ \boldsymbol{I})$ 和它的转置矩阵，则有

$$\dot{V}(t)+\boldsymbol{z}^{\mathrm{T}}(t)\boldsymbol{z}(t)-\gamma^2\boldsymbol{w}^{\mathrm{T}}(t-\tau_{\mathrm{ms}})\boldsymbol{w}(t-\tau_{\mathrm{ms}})<\boldsymbol{\xi}^{\mathrm{T}}(t)\boldsymbol{\Xi}_i\boldsymbol{\xi}(t),\quad i=1,2$$

从定理 1 可以得

$$\dot{V}(t)+\boldsymbol{z}^{\mathrm{T}}(t)\boldsymbol{z}(t)-\gamma^2\boldsymbol{w}^{\mathrm{T}}(t-\tau_{\mathrm{ms}})\boldsymbol{w}(t-\tau_{\mathrm{ms}})<0$$

因此，当$\boldsymbol{w}(t-\tau_{\mathrm{ms}})=0$，则$\dot{V}(t)<0$，系统渐进稳定；当$\boldsymbol{w}(t-\tau_{\mathrm{ms}})\neq0$且在零初始状态下，对等式两边求积分，显然有$\int_0^{\infty}\|\boldsymbol{z}(t)\|_2^2-\gamma^2\|\boldsymbol{w}(t-\tau_{\mathrm{ms}})\|_2^2\mathrm{d}t<0$，即$\|\boldsymbol{z}(t)\|_2<\gamma\|\boldsymbol{w}(t-\tau_{\mathrm{ms}})\|_2$，因此时滞系统式(13-11)满足鲁棒 H_∞ 跟踪控制性能 γ。

由于$-\boldsymbol{X}\boldsymbol{R}_1^{-1}\boldsymbol{X}\leqslant-2\boldsymbol{R}_1+\boldsymbol{X}$，$-\boldsymbol{X}\boldsymbol{R}_2^{-1}\boldsymbol{X}\leqslant-2\boldsymbol{R}_2+\boldsymbol{X}$，因此可用$-2\boldsymbol{R}_1+\boldsymbol{X}$、$-2\boldsymbol{R}_2+\boldsymbol{X}$代替式(13-14)和式(13-15)中的非线性项$-\boldsymbol{X}\boldsymbol{R}_1^{-1}\boldsymbol{X}$，$-\boldsymbol{X}\boldsymbol{R}_2^{-1}\boldsymbol{X}$，进而可采用 MATLAB 中的 LMI 工具箱来求解控制器$\boldsymbol{K}=\boldsymbol{Y}\boldsymbol{X}^{-1}$。证毕。

13.5 仿真算法设计与实现

1. 基于平均驻留时间切换方法的仿真算法设计与实现

连续时间被控对象状态空间模型：

$$\dot{x}(t)=Ax(t)+Bu(t)=\begin{bmatrix}0.1 & 0.2\\0.12 & -0.15\end{bmatrix}x(t)+\begin{bmatrix}0.2\\0.1\end{bmatrix}u(t)$$

由于系数矩阵 A 的特征值分别为 0.1741 和 −0.2241，因此系统是开环不稳定的。选择传感器采样周期 $T=1$ s，双边随机时延满足 $\tau_k^{sc}+\tau_k^{ca}<T$。给出满足条件的 $\sigma=0.53$，选择合适的参数 $\mu=1.05$，$\lambda_0=-0.293$，$\lambda_1=0.998$，求解线性矩阵不等式，采用如下算法代码 1，可以得到状态反馈控制器增益的可行解为 $K=[-1.0268\quad 0.62123\quad 0.18178]$，以及相应的系统丢包率上界与系统指数衰减率下界的关系，如表 13-1 所示。

表 13-1 系统丢包率上界与系统指数衰减率下界的关系

$\beta^*/(\%)$	0	5	10	15	20	28
γ^*	0.742	0.782	0.824	0.868	0.914	0.993

采用 Matlab 的 LMI 工具箱求解控制器增益 K 算法代码 1：

```
clear;
clc;
syms s delta;
T=0.3;
%此处定义算例 1 和 2 中的对象
A=[0 1;0 -0.1];
B=[0;0.1];
C=[0.1 0.5];
DL=0;

[AT,BT,CT,LT]=c2dm(A,B,C,DL,T,'zoh');
Ad=AT;

tao0=int(expm(A*s),s,0,T/2)*B;
tao1=int(expm(A*s),s,T/2,T)*B;
tao2=int(expm(A*s),s,0,T)*B;

delta=0.16;

D=expm(A*T/2)*delta;
E=B;
phi_1=[       Ad          tao1;
        zeros(1,2)      0   ];
tao_1=[tao0;1];
```

```
D_1=[D;zeros(1,2)];
E_1=[zeros(2) -E];

phi_2=[   Ad          tao2;
        zeros(1,2)     1   ];
lamda1=-0.307;  mue1=1.05;
lamda2=0.995;   mue2=1.05;

setlmis([])
epsilon=lmivar(1,[1 0]);
X1=lmivar(1,[3 1]);
X2=lmivar(1,[3 1]);
Y1=lmivar(2,[1 3]);

lmiterm([1 1 1 X1],-(1+lamda1),1);
lmiterm([1 2 1 X1],phi_1,1);
lmiterm([1 2 1 Y1],tao_1,1);
lmiterm([1 3 1 X1],E_1,1);
lmiterm([1 3 1 Y1],E,1);
lmiterm([1 2 2 epsilon],D_1*D_1',1);
lmiterm([1 2 2 X1],-1,1);
lmiterm([1 3 3 epsilon],-1,1);

lmiterm([2 1 1 X2],-(1+lamda2),1);
lmiterm([2 2 1 X2],phi_2,1);
lmiterm([2 2 2 X2],-1,1);

lmiterm([3 1 1 X1],-mue2,1);
lmiterm([3 2 1 X1],1,1);
lmiterm([3 2 2 X2],-1,1);

lmiterm([4 1 1 X2],-mue1,1);
lmiterm([4 2 1 X2],1,1);
lmiterm([4 2 2 X1],-1,1);

lmis=getlmis;
[tmin,xfeas]=feasp(lmis);
XX1=dec2mat(lmis,xfeas,X1);
XX2=dec2mat(lmis,xfeas,X2);
YY1=dec2mat(lmis,xfeas,Y1);
KK1=YY1*inv(XX1);
epsilon1=dec2mat(lmis,xfeas,epsilon)
K=vpa(KK1,5)
```

给出任意系统丢包率为 28%的时间序列，如图 13-5 所示，在该丢包率下，得到对应的系统状态轨迹图，如图 13-6 所示。从图 13-6 中可以看出，对于开环不稳定的系统，本节所提方法仍然是有效的。

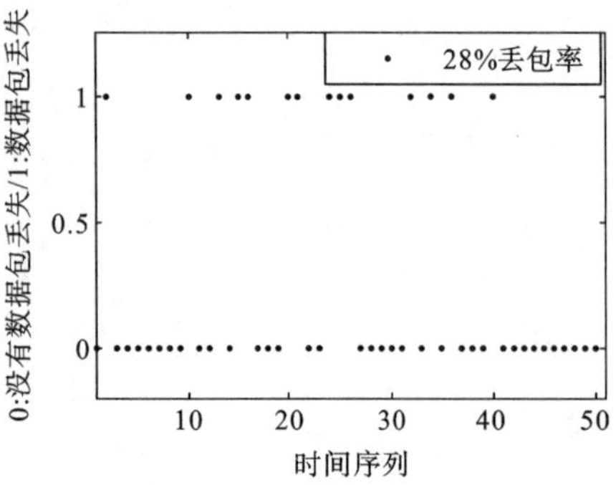

图 13-5　任意系统丢包率为 28%的时序图

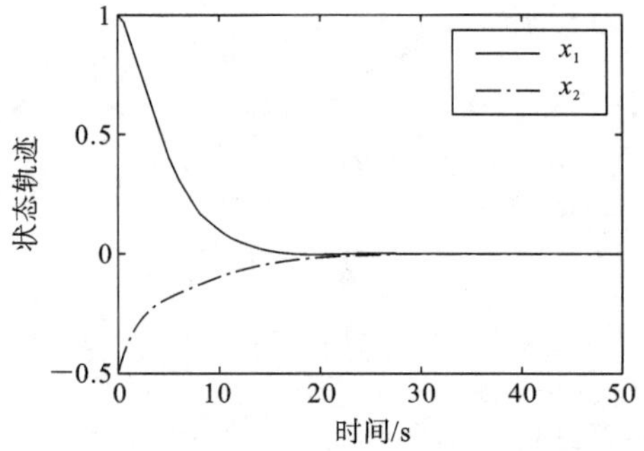

图 13-6　对应丢包率为 28%的系统状态轨迹图

采用 MATLAB SIMULINK 工具箱进行仿真，其中图 13-7 所示为 SIMULINK 仿真结构图，并得到对应算法代码 2。

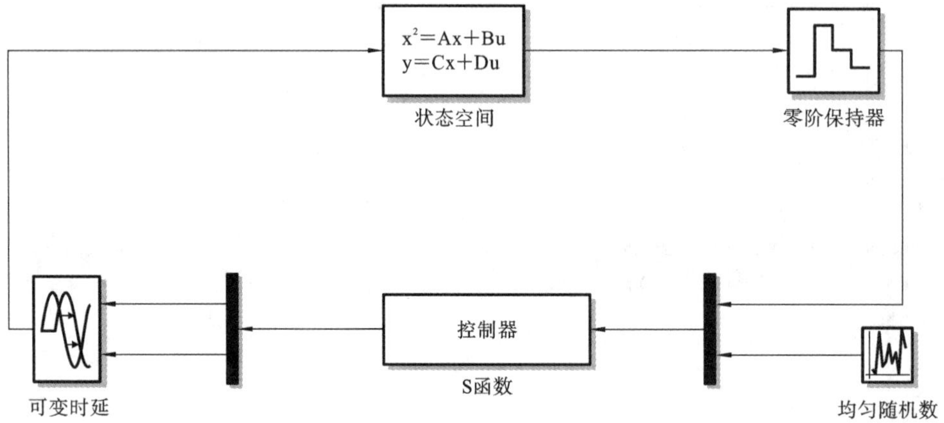

图 13-7　SIMULINK 仿真结构图-1

此处控制器采用 S 函数完成，以方便实现双边随机时延和数据丢包的模拟仿真，算法代码 2：

```
function[sys,x0,str,ts,simStateCompliance]=Controller(t,x,u,flag)
switch flag,
    case 0
    [sys,x0,str,ts,simStateCompliance]=mdlInitializeSizes;
    case 3
    sys=mdlOutputs(t,x,u);
    case { 1, 2, 4, 9 }
    sys=[];
    otherwise
    DAStudio.error('Simulink:blocks:unhandledFlag',num2str(flag));
end
function [sys,x0,str,ts,simStateCompliance]=mdlInitializeSizes()
```

```
global u_last1  packet ptr1 t1 ;
A3=[0    0    0    1    0    0    0    1    1    0
  1    0    1    0    0    0    1    0    0    0
  0    0    0    0    1    1    1    0    1    0
  1    0    0    0    0    1    1    0    0    0
  1    0    0    0    0    0    1    0    0    0
  0    0    0    1    0    0    0    1    1    0
  0    0    0    1    0    0    0    1    1    0];
A0=zeros(10,10);
A4=ones(10,10);
packet=reshape(A3',1,70);
t1=1;
ptr1=packet(t1);
u_last1=0;
sizes=simsizes;
sizes.NumContStates=0;
sizes.NumDiscStates=0;
sizes.NumOutputs=2;
sizes.NumInputs=3;
sizes.DirFeedthrough=1;
sizes.NumSampleTimes=1;
sys=simsizes(sizes);
str=[];
x0=[];
ts=[-1 0];
function sys=mdlOutputs(t,x,u)
global u_last1 packet ptr1 t1;
m=0;
%此处定义算例 1 和 2 中的控制器增益
KK1=[-3.6525, -8.6643, 0.17849];
if(ptr1==0)
  m=KK1*[u(1);u(2);u_last1];
  sys(1)=m;
  sys(2)=u(3);
else
  m=u_last1;
  sys(1)=m;
  sys(2)=0;
end
t1=t1+1
ptr1=packet(t1);
u_last1=m;
```

2. 基于区间化时滞时延方法的仿真算法设计与实现

选取与文献[45]相同的参数，即 $m_m=1$ kg，$b_m=1$ N·s/m，$m_s=1$ kg，$b_s=1$ N·s/m，$k_s=0$ N/m，$b_e=0.1$ N·s/m，$k_e=0.1$ N/m。传感器采样周期 $T=0.2$ s。为了避免数据包错序问题，时延上界考虑为 $\tau_2=0.4$ s。将该时延区间二等分，即选择 $\tau_1=\tau_2/2$，可得 $\boldsymbol{K}=[-10.2473\quad -11.0762\quad -9.8382\quad -11.6336]$，$\gamma=0.2531$。

在考虑时滞时延的情况下，采用 MATLAB SIMULINK 工具箱进行仿真，图 13-8 所示为 SIMULINK 仿真结构图。

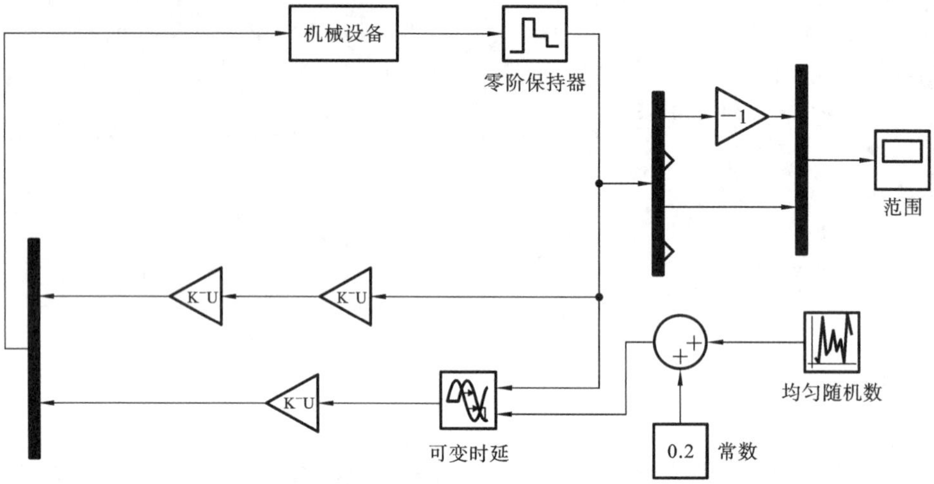

图 13-8　SIMULINK **仿真结构图**-2

同时可得控制系统的位置和力跟踪效果，如图 13-9 所示。从图 13-9 中可以看出本节所提方法不但可以使遥操作系统稳定，同时还能获得较好的位置跟踪效果。

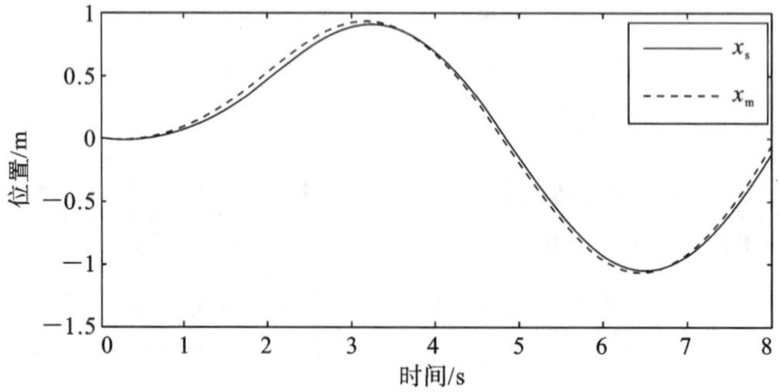

图 13-9　主从位置跟踪曲线图

13.6　本 章 小 结

针对机器人遥操作系统的双边随机时延和数据丢包，本章分别采用基于平均驻留时间的切换系统分析方法，以及区间化时滞时延的鲁棒 H_∞ 跟踪控制方法，获得了使系统渐近稳定且满足给定跟踪性能的充分条件。在区间化时滞时延的鲁棒 H_∞ 跟踪控制方法中，由于利用了区间化时滞时延的方法，将时滞时延在整个区间范围内的变化问题转化为在多个小区间范围内的变化问题，因此可获得较低的系统保守性以及较小的同步跟踪误差。

参考文献

[1] MAJIDI C. Soft robotics: a perspective-current trends and prospects for the future[J]. Soft Robotics, 2014, 1(1):5-11.

[2] WU D. Research on development and prospect of industrial robots in China[J]. Applied Mechanics and Materials, 2014, 536:1717-1720.

[3] 赵杰. 我国工业机器人发展现状与面临的挑战[J]. 航空制造技术，2012(12):26-29.

[4] ENGELBERGER J F. Robotics in practice: management and applications of industrial robots[M]. Berlin:Springer Science and Business Media, 2012.

[5] 赵春雨，朱洪涛，闻邦椿. 多机传动机械系统的同步控制[J]. 控制理论与应用，1999，16(2):179-183.

[6] SUN D, SHAO X Y, FENG G. A model-free cross-coupled control for position synchronization of multi-axis motions: theory and experiments[J]. IEEE Transactions on Control Systems Technology,2007,15(2):306-314.

[7] SUN D, TONG M C. A synchronization approach for the minimization of contouring errors of CNC machine tools[J]. IEEE Transactions on Automation Science and Engineering, 2009, 6(4):720-729.

[8] 储婷婷，刘延杰，韩海军. 一种基于多轴工业机器人的非线性同步控制方法[J]. 机械与电子，2015(8):72-76.

[9] 储婷婷. 基于多轴耦合同步控制的机器人高精度轨迹跟踪方法研究[D]. 哈尔滨:哈尔滨工业大学，2015.

[10] 许雄. 实时以太网下多轴运动控制的同步问题研究[D]. 上海：上海交通大学，2013.

[11] GUPTA R A,CHOW M Y. Networked control system: overview and research trends [J]. IEEE Transactions on Industrial Electronics, 2010, 57(7):2527-2535.

[12] HASHEMZADEH F, SHARIFI M, TAVAKOLI M. Nonlinear trilateral teleoperation stability analysis subjected to time-varying delays[J]. Control Engineering Practice, 2016, 56:123-135.

[13] SASIADEK J Z. Space robotics-present and past challenges[C] //International Conference on Methods and MODELS in Automation and Robotics(MMAR). New York: IEEE, 2014:926-929.

[14] ISLAM S, LIU P X, SADDIK A E, et al. Bilateral control of teleoperation systems with time delay[J]. IEEE/ASME Transactions on Mechatronics, 2015, 20(1):1-12.

[15] HART S, KRAMER J, GEE S, et al. The pharaoh procedure execution architecture for autonomous robots or collaborative human-robot teams[C] //IEEE International Symposium on Robot and Human Interactive Communication (RO-MAN). New York:IEEE, 2016: 888-895.

[16] 王学谦,梁斌,徐文福,等. 空间机器人遥操作地面验证技术研究[J]. 机器人,2009,31(1):8-19.

[17] 宋爱国. 力觉临场感遥操作机器人:技术发展与现状[J]. 南京信息工程大学学报(自然科学版), 2013, 5(1): 1-19.

[18] GOLDBERG K, MASCHA M, GENTNER S, et al. Desktop teleoperation via the world wide web[C] //IEEE International Conference on Robotics and Automation. New York:IEEE,1995: 654-659.

[19] MARESCAUX J, LEROY J, RUBION F, et al. Transcontinental robot-assisted remote telesurgery: feasibility and potential applications[J]. Annals of Surgery, 2002, 235(4): 487-492.

[20] SAUCY P, MONDADA F. Khep on the web: open access to a mobile robot on the internet[J]. IEEE Robotics and Automation Magazine, 2000,7(1): 41-47.

[21] HOANG N M, HA H, DONG E K, et al. An approach for controlling the communication signal flow in three-mobile robot system based on wireless communication[C] //International Conference on Control, Automation, and Systems (ICCAS). New York: IEEE, 2015: 671-674.

[22] 韩辉, 张伟军, 袁建军. 基于 TCP/IP 协议的反恐排爆机器人远程控制系统设计[J]. 机械与电子, 2012(7): 73-77

[23] 曾理智, 王珏, 孙增圻. 基于视觉反馈和预测仿真的 Internet 机器人遥操作[J]. 计算机工程与设计, 2007, 28(9): 2103-2106,2192.

[24] 高胜, 赵杰. 基于 Internet 的机器人遥操作虚拟环境的关键问题[J]. 哈尔滨工业大学学报, 2006, 38(4): 649-653.

[25] YU J, SUN F, XU D, et al. Embedded vision guided 3-D tracking control for robotic fish[J]. IEEE Transactions on Industrial Electronics, 2015, 63(1): 355-363.

[26] ANDERSON R J, SPONG M W. Bilateral control of teleoperators with time delay [J]. IEEE Transactions on Automatic Control, 1989, 34(5): 494-501.

[27] NIEMEYER G, SLOTINE J J E. Stable adaptiveteleoperation[J]. IEEE Journal of Oceanic Engineering, 1991, 16(l): 152-162.

[28] 宋爱国, 黄惟一. 空间遥控作业系统的自适应无源控制[J]. 宇航学报, 1997,18(3): 26-32.

[29] 景兴建,王越超,谈大龙. 遥操作机器人系统时延控制方法综述[J]. 自动化学报,2004,30(2):214-223.

[30] PARK J H, CHO H C. Sliding-mode controller for bilateral teleoperation with varying time delay[C] //IEEE/ASME International Conference on Advanced Intelligent Mechatronics. New York: IEEE,1999: 311-316.

[31] MOREAU R, PHAM M T, TAVAKOLI M, et al. Sliding-mode bilateral teleoperation control design for master-slave pneumatic servo systems[J]. Control Engineering Practice, 2012, 20(6): 584-597.

[32] HACE A, FRANC M. Pseudo-sensor less high-performance bilateral teleportation by sliding-mode control and FPGA[J]. IEEE/ASME Transactions on Mechatronics, 2014, 19(1): 384-393.

[33] KAMRAN R, YAZDAN PANAH M J, SHIRY GHIDARY S. Nonlinear H_∞ control of a bilateral nonlinear teleoperation system[J]. IFAC Proceedings Volumes, 2008, 41(2): 12727-12732.

[34] DU H P. Brief paper-H_∞ state-feedback control of bilateral teleportation systems with asymmetric time-varying delays[J]. IET Control Theory and Applications, 2013,7(4): 594-605.

[35] YANG D D, CHEN H Y, XING G S, et al. Networked H_∞ synchronization of bilateral teleportation systems[C] //Intelligent Control and Automation (WCICA). New York: IEEE, 2014: 3771-3774.

[36] LIU G P, XIA Y Q, REES D, et al. Design and stability criteria of networked predictive control systems with random network delay in the feedback channel[J]. IEEE Transactions on Systems Man and Cybernetics Part C, 2007, 37(2): 173-184.

[37] LIU C J, CHEN W H, ANDREWS J. Model predictive control for autonomous helicopters with computational delay[J]. UKACC International Conference on Control, 2013: 656-661.

[38] 高永生. 基于 Internet 多机器人遥操作系统安全机制的研究[D]. 哈尔滨工业大学,2007.

[39] HASHTRUDI-ZAAD K. Design, implementation and evaluation of stable bilateral teleoperation control architectures for enhanced telepresence[D]. Columbia: The University of British Columbia, 2000.

[40] FOROUZANTABAR A, TALEBI H A, SEDIGH A K. Adaptive neural network control of bilateral teleoperation with constant time delay[J]. Nonlinear Dynamics, 2011, 67(2):1123-1134.

[41] HASHEMZADEH F, HASSANZADEH I, TAVAKOLI M, et al. Adaptive control for state synchronization of nonlinear haptic telerobotic systems with asymmetric varying time delays[J]. Journal of Intelligent and Robotic Systems, 2012, 68(4): 245-259.

[42] 刘斌, 刘义才. 区间化时变时延的网络化切换系统建模与控制[J]. 控制理论与应用, 2017, 34(7):912-920.

[43] 张俊, 罗大庸, 孙妙平. 一种基于时滞区间不均分方法的变时延网络控制系统的新稳定性条件[J]. 电子学报, 2016, 44(1):54-59.

[44] ZENG H B, HE Y, WU M, et al. Complete delay-decomposing approach to asymptotic stability for neural networks with time-varying delays[J]. IEEE Transactions on

Neural Networks，2011，22(5):806-812.

[45] YANG Y H，YANG F P，HUA J N，et al. Generalized predictive control for space teleoperation systems with long time-varying delays[C] //IEEE International Conference on Systems，Man，and Cybernetics. New York：IEEE，2012：3051-3056.

第 14 章　TrueTime 在网络控制系统仿真中的应用

本章是在 MATLAB 的基础上，从网络控制系统仿真的应用角度出发，着重讨论网络控制系统的基本概念、组成结构以及网络控制系统中存在的主要问题，最后通过给出具体的仿真实例，让读者学会用 TrueTime 工具箱进行仿真。

14.1　TrueTime 1.5 工具箱介绍

目前广泛使用的网络控制系统仿真软件，主要包含网络控制系统仿真工具箱TrueTime，网络传送特性仿真工具 NS2，还有网络控制仿真包 NCS-Simu 和 OPNET 等[1,2]。

14.1.1　TrueTime 开发工具历史

TrueTime 是瑞典隆德工学院（Lund Institute of Technology）自动化系的 Martin Ohlin、Dan Henriksson 和 Anton Cervin 于 2002 年推出的基于 MATLAB/SIMULINK 的网络控制系统仿真工具箱。该工具箱针对每一特定的网络协议，可以实现控制系统与实时调度的综合仿真研究，是目前网络控制系统理想的虚拟仿真工具之一[3-5]。

14.1.2　TrueTime 1.5 工具箱的组成

TrueTime 模块库窗口如图 14-1 所示，提供四个具有不同功能的 TrueTime 模块，分别 TrueTime Kernel、TrueTime Network、TrueTime Wireless Network 和 TrueTime Battery。

1. 实时内核模块 TrueTime Kernel

TrueTime Kernel 可作为网络控制系统的网络节点，如传感器、控制器和执行器等。TrueTime Kernel 具有灵活的实时内核，内嵌 A/D、D/A 转换器接口，以及网络接口（输入输出通道）、公共资源（CPU、监控器、网络）的调度与监控输出端口等。TrueTime Kernel 可按照用户定义的任务工作，任务执行取决于内部事件与外部事件的产生方式。内部事件与外部事件以中断的方式产生，当外部中断和内部中断发生时，用户定义的中断句柄被调用，执行其中断服务程序。任务和中断句柄及其执行程序都是由用户编写的代码函数实现的。代

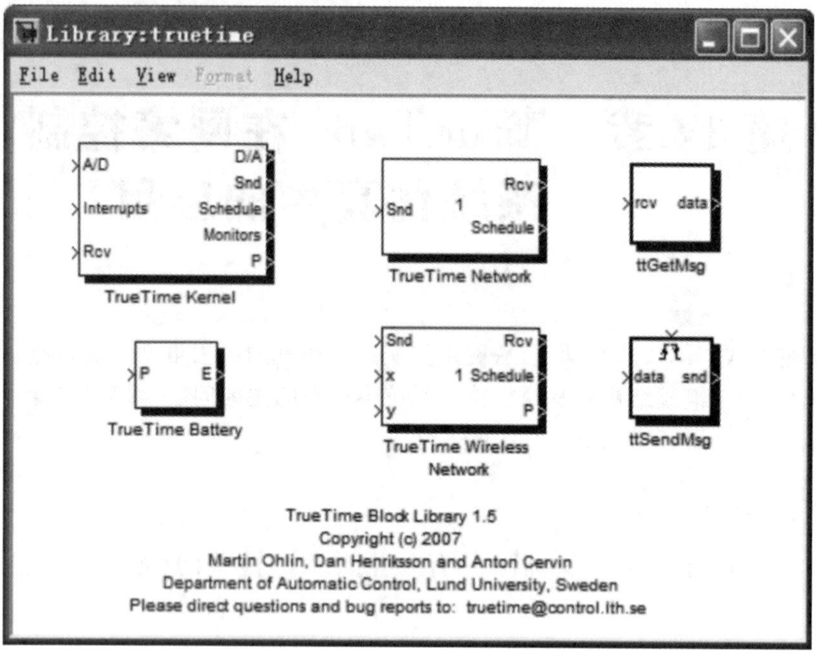

图 14-1 TrueTime 模块库窗口

码函数的编写可以用 MATLAB 或 C++语言。

2. 网络模块 TrueTime Network

TrueTime Network 可作为网络控制系统的通信网络。TrueTime Network 提供了多种网络参数和网络模式，如媒体访问控制协议、网络节点数目、传输速率、数据丢失率等。其中，媒体访问控制协议有：CSMA/CD(带有冲突检测的载波监听随机访问，如 Ethernet)、CSMA/AMP(带有信息优先级仲裁的载波监听多路访问，如 CAN)、Round Robin(令牌总线网络，如 Token Bus)、FDMA(频分多路复用)、TDMA(时分多路复用)、Switched Ethernet(交换式以太网)。TrueTime Network 采用时间驱动方式，当有消息进出网络时，TrueTime Network 启动工作，TrueTime Network 中预定义了多种任务调度策略供仿真选择，例如：固定优先级(fixed priority，PF)、单调速率(rate monotonic，RM)、截止期单调(deadline monotonic，DM)、最早截止期优先(earliest deadline first，EDF)等。

3. 无线网络模块 TrueTime Wireless Network

TrueTime Wireless Network 提供了无线网络传输信息的功能，目前支持的两种网络通信协议是 IEEE 802.11b/g(WLAN)和 IEEE 802.15.4(ZigBee)。

4. 电源模块 TrueTime Battery

TrueTime Battery 为建立的仿真系统提供电源。

14.1.3 TrueTime 工具箱的用途

TrueTime 工具箱为网络控制系统理论的仿真研究提供了简易可行、功能齐全的手段，能与 MATLAB/SIMULINK 软件包中的其他控制模块相结合，简便快速地搭建分布式的实时控制系统和网络控制系统。

14.1.4　在 MATLAB 中安装 TrueTime 工具箱的步骤

(1) 设置环境变量 TTKERNEL：在 Windows 下，进入控制面板→系统→高级→环境变量，创建一个环境变量，名为 TTKERNEL，置为 TrueTime 所在目录下的 kernel 文件，如 D:\Program Files\MATLAB\toolbox\TrueTime-1.5\kernel。

(2) 重启计算机。

(3) 进入 MATLAB 环境，在 Command Window 下，创建一脚本文件，该脚本文件将在每次打开 TrueTime 模块库之前先运行。脚本文件的内容要设置 TrueTime 内核文件的全部必要路径，即 addpath(getenv('TTKERNEL')) init_TrueTime。

(4) 启动 MATLAB 后，第一次运行 TrueTime 工具箱前，必须编译 TrueTime 模块和 MEX-funtion(入口函数)。

(5) 在 Command Window 下，以命令行方式输入：make_TrueTime，即可打开 TrueTime 工具箱。

14.2　有线网络控制系统的分析与设计实例

14.2.1　有线网络控制系统组成结构

有线网络控制系统主要由传感器节点、控制器节点、执行器节点、干扰节点等部分组成，如图 14-2 所示。

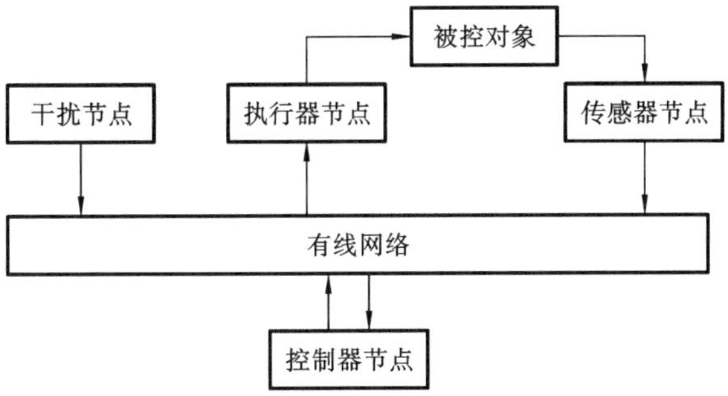

图 14-2　有线网络控制系统组成结构

14.2.2　有线网络控制系统中存在的问题

有线网络控制系统中主要存在时延、丢包、多包、乱序等问题，这些问题的出现在一定程度上会降低系统的性能，使系统的稳定范围变窄，严重时甚至使系统失稳。

14.2.3　有线网络控制系统的仿真实例

1. 系统结构图

TrueTime 1.5 说明书中包含一个有线网络控制系统仿真实例，我们通过剖析该仿真实例，讲解说明基于 TrueTime 工具箱的有线网络控制系统仿真模型的建模方法。仿真模型文件名为 distributed 1. mdl，如图 14-3 所示。其中包含了四个计算机节点：Node 4(节点 4)传感器、Node 3(节点 3)控制器、Node 2(节点 2)执行器和 Node 1(节点 1)干扰节点，各节点用 TrueTime 内核模块来表示。

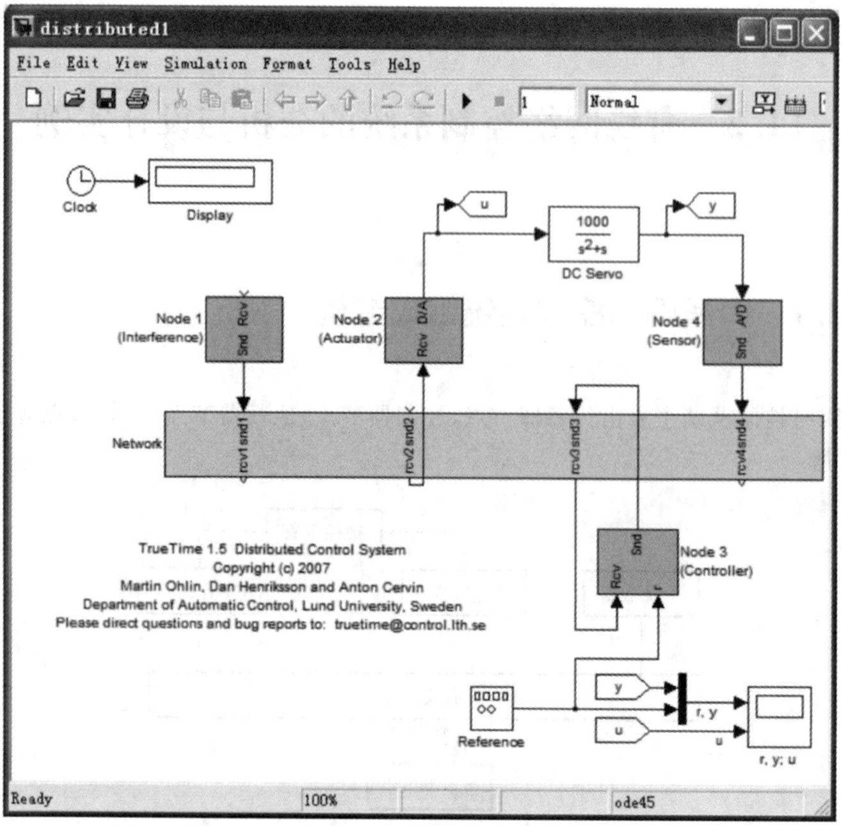

图 14-3　有线网络控制系统仿真模型 distributed 1

在此仿真实例中，假设有如下列已知条件。

(1) 被控对象：

$$G(s)=\frac{1000}{s^2+s}$$

(2) 传感器节点采用时间驱动的方式对过程进行周期性采样，采样周期为 10 ms。

(3) 控制器采用离散 PID 控制算法：

$$\boldsymbol{P}(k)=K(\boldsymbol{r}(k)-\boldsymbol{y}(k)) \quad \boldsymbol{I}(k+1)=\boldsymbol{I}(k)+\frac{Kh}{T_i}(\boldsymbol{r}(k)-\boldsymbol{y}(k))$$

$$\boldsymbol{D}(k)=\alpha_d\boldsymbol{D}(k-1)+b_d(\boldsymbol{y}(k)-\boldsymbol{y}(k-1))$$

$$\alpha_d=\frac{T_d}{(N\cdot h+T_d)} \quad b_d=N\cdot K\cdot\frac{T_d}{(N\cdot h+T_d)}$$

$$\boldsymbol{u}(k)=\boldsymbol{P}(k)+\boldsymbol{I}(k)+\boldsymbol{D}(k)$$

其中：K 为比例系数，T_i 为积分系数，T_d 为微分系数，h 为采样周期，$\boldsymbol{r}(k)$是参考输入，$\boldsymbol{y}(k)$是对象输出。

(4) 网络将采样值发送到计算机节点。计算机节点的任务是计算控制信号并将结果发送到执行器节点，执行器节点随后在事件驱动的工作方式下执行该控制信号。

(5) 仿真中还包括有一个干扰节点，它发送的信号能模拟干扰网络通信，并且在计算机节点中执行干扰的最高优先级任务。

2. 有线网络

图 14-4 所示为 distributed 1 有线网络模型，将连接图全部选中，右击选择“Create subsystem”创建子系统，生成图 14-3 中的“Network”模块。

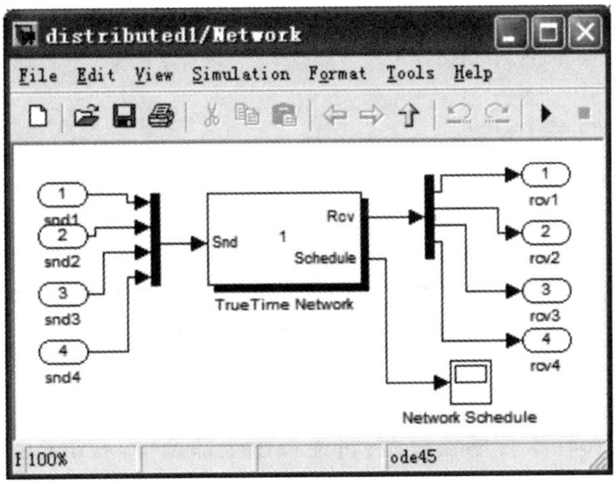

图 14-4　distributed 1 有线网络模型

双击图 14-4 中的“TrueTime Network”模块，弹出图 14-5 所示的有线网络参数设置对话框，其中提供了多种网络参数和网络模式，我们可以根据需要对媒体访问控制协议、网络节点数目、传输速率、数据丢失率等参数进行设置。

(1) 主要支持的六种简单的网络模型(Network type)：CSMA/CD(如 Ethernet)、CSMA/AMP(如 CAN)、Round Robin(如 Token Bus)、FDMA、TDMA(如 TTP)、Switched

Ethernet。

(2) 网络模块数(Network number)。必须从 1 往上编号,有线和无线网络不允许使用相同的编号。

(3) 连接到网络上的节点数目(Number of nodes)。它决定了模块的 Snd、Rcv 和 Schedule(输入和输出的大小)。

(4) 网络速度(Data rate(bits/s))。

(5) 不足最小帧的信息会得到填补(Minimum frame size(bits))。

(6) 传输过程中网络信息(数据)的丢失率(Loss probability(0-1))。丢失的信息会占用网络带宽,但是却不能到达目的地。

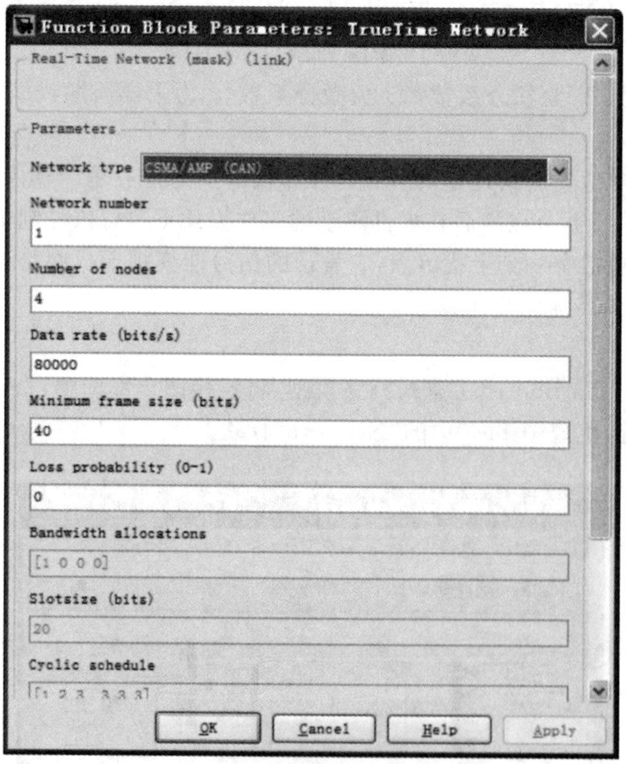

图 14-5　有线网络参数设置对话框

3. 传感器节点

图 14-6 所示为 Node 4 传感器模型,将连接图全部选中,右击选择“Create subsystem”创建子系统,生成图 14-3 中的“Node 4(Sensor)”模块。然后对传感器节点进行初始化,编辑节点任务和网络中断程序,分别建立对应的 M 文件。

具体操作如下:

1) 传感器节点初始化程序(sensor_init. m)

```
function sensor_init
% 分布式控制系统中的传感器节点:主要任务是进行周期性采样,并把采样值发送给控制器节点
% 初始化 TrueTime 中的核
ttInitKernel(1,0,'prioFP');          % 定义模拟输入与输出,以及节点任务的优先级
```

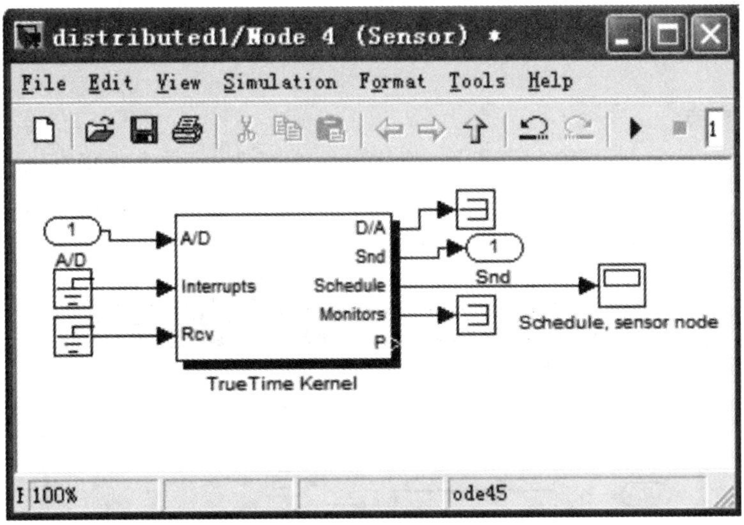

图 14-6　Node 4 传感器模型

```
% 创建传感器节点任务,对传感器节点所用的参数进行初始化(包括中间数据)
data.y=0;
offset=0;                    % offset 为偏移量
period=0.010;                % period 为周期
prio=1;                      % prio 为优先级
ttCreatePeriodicTask('sens_task',offset,period,prio,'senscode',data);
% 定义节点任务(周期性采样)
disp('Sinit');
% 初始化网络
ttCreateInterruptHandler('nw_handler',prio,'msgRcvSensor');
ttInitNetwork(4,'nw_handler');   % 传感器节点为网络中的 4 号节点
```

2）传感器节点任务程序(senscode.m)

```
function[exectime,data]=senscode(seg,data)
switch seg,
  case 1,
    disp('Scode');
    data.y=ttAnalogIn(1);      % 读取模拟端口 1 信号,存储到 data.y
    exectime=0.00005;
  case 2,
    ttSendMsg(3,data.y,80);    % 将存储在 data.y 的信号向端口3控制器端发送
    exectime=0.0004;
    case 3.
    exectime=-1;               % 结束任务
end
```

3）传感器节点网络中断程序(msgRcvSensor.m)

```
function[exectime,data]=msgRcvSensor(seg,data)
```

```
disp('SC')
disp('ERROR:sensor received a message');
exectime=-1;
```

4. 控制器节点

图 14-7 所示为 Node 3 控制器模型，将连接图全部选中，右击选择“Create subsystem”创建子系统，生成图 14-3 中的“Node 3(Controller)”模块。然后对控制器节点进行初始化，编辑节点任务和网络中断程序，分别建立对应的 M 文件。

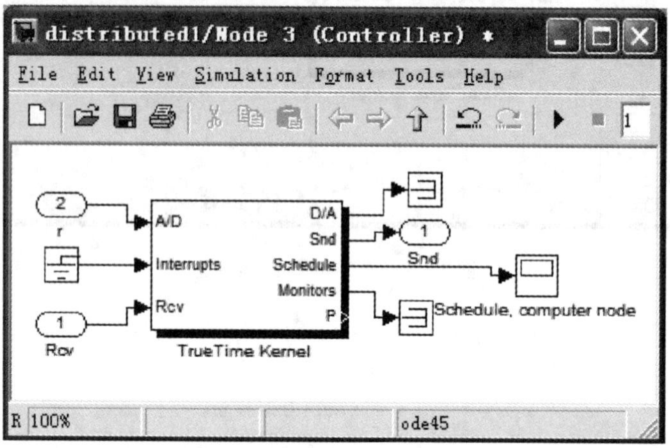

图 14-7 Node 3 控制器模型

具体操作如下：

1) 控制器节点初始化程序(controller_init. m)

```
function controller_init(arg)
% 分布式控制系统中的控制器节点:主要任务是接收传感器传过来的信号,在包含有优先级最高的干扰任务的网络中对控制信号进行计算和处理,并把结果发送到执行器端
% 初始化 TrueTime 中的核
ttInitKernel(1,0,'prioFP');        % 定义模拟输入与输出,以及节点任务的优先级
% 对控制器节点所用的参数进行初始化
h=0.010;                           % h 为采样周期
N=100000;
Td=0.035;                          % Td 为微分系数
K=1.5;                             % K 为比例系数
% 定义任务中的数据(包括当地的存储器)
data.u=0.0;
data.K=K;
data.ad=Td/(N*h+Td);
data.bd=N*K*Td/(N*h+Td);
data.Dold=0.0;
data.yold=0.0;                     % 对控制器节点中的中间数据进行初始化
% 创建控制器节点任务
deadline=h;
prio=2;
```

```
ttCreateTask('pid_task',deadline,prio,'ctrlcode',data);
disp('Cinit);
% 可选择的干扰任务
if arg> 0
    offset=0.0002;
    period=0.007;
    prio=1;
    ttCreatePeriodicTask('dummy',offset,period,prio,'dummycode');
end
% 初始化网络
ttCreateInterruptHandler('nw_handler',prio,'msgRcvCtrl');
ttInitNetwork(3,'nw_handler');    % 控制器节点为网络中的 3 号节点
% 控制器节点初始化程序中用到的虚拟干扰代码为 dummycode.m
function [exectime,data]=dummycode(seg,data)
switch seg,
    case 1,
      exectime=0.004: case 2,
      exectime=-1:
end
```

2) 控制器节点任务程序(ctrlcode. m)

```
function[exectime,data]=ctrlcode(seg,data)
switch seg,
    case 1,
      y=ttGetMsg;                   % 获取传感器传过来的采样值
        r=tAnalogIn(1);             % 读取输入参考值
        P=data.K* (r-y)
        D=data.ad* data.Dold+ data.bd* (data.yold-y); data.u=P+ D;
        data.Dold=D;
        data.yold=y;
        disp('Ccode');
        exectime=0.0005;
    case 2,
      ttSendMsg(2,data.u,80);       % 把计算出来的 data.u 信号向端口 2 执行器端发送
      exectime=-1;                  % 结束任务
end
```

3) 控制器节点网络中断程序(msgRcvCtrl. m)

```
function [exectime,data]=msgRcvCtrl(seg,data)
disp(CC');
ttCreateJob('pid_task')
exectime=-1;
```

5. 执行器节点

图 14-8 所示为 Node 2 执行器模型,将连接图全部选中,右击选择“Create subsystem”创建子系统,生成图 14-3 中的“Node 2(Actuator)”模块。然后对执行器节点进行初始化,编

辑节点任务和网络中断程序，分别建立对应的 M 文件。

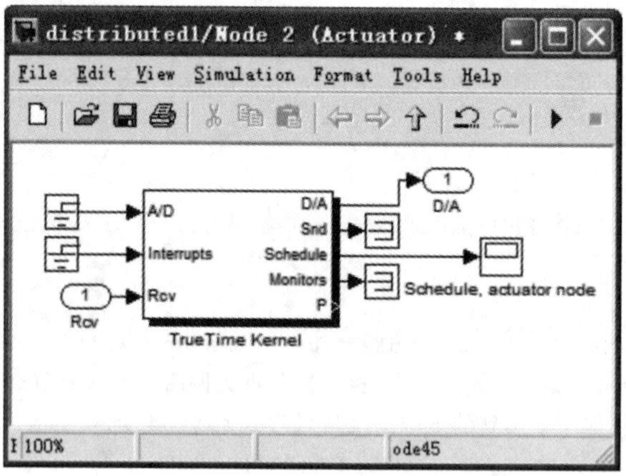

图 14-8　Node 2 执行器模型

具体操作如下：

1）执行器节点初始化程序(actuator_init. m)

```
function actuator_init
% 分布式控制系统中的执行器节点:主要任务是接收控制器传过来的信号并执行任务
% 初始化 TrueTime 中的核
ttInitKernel(0,1,'prioFP');        % 定义模拟输入与输出,以及节点任务的优先级
% 创建执行器节点任务
deadline=100;
prio=1;
ttCreateTask('act_task',deadline,prio,'actcode'); disp('Ainit);
% 初始化网络
ttCreateInterruptHandler('nw_handler',prio,'msgRcvActuator');
ttInitNetwork(2,'nw_handler');   % 执行器节点为网络中的 2 号节点
```

2）执行器节点任务程序(actcode. m)

```
function [exectime,data]=actcode(seg,data)
switch seg,
  case 1,
    disp('Acode');
    data.u=tGetMsg;              % 获取网络信号,存储到 data.u
    exectime=0.0005;
  case 2,
    ttAnalogOut(1,data.u)        % 将 data.u 的信号模拟输出
    exectime=-1;                 % 结束任务
end
```

3）执行器节点网络中断程序(msgRcvActuator. m)

```
function [exectime,data]=msgRcvActuator(seg,data)
disp('AC');
```

```
ttCreateJob('act_task')
exectime=-1;
```

6. 干扰节点

图 14-9 所示为 Node 1 干扰节点模型，将连接图全部选中，右击选择"Create subsystem"创建子系统，生成图 14-3 中的"Node 1(Interference)"模块。然后对干扰节点进行初始化，编辑节点任务和网络中断程序，分别建立对应的 M 文件。

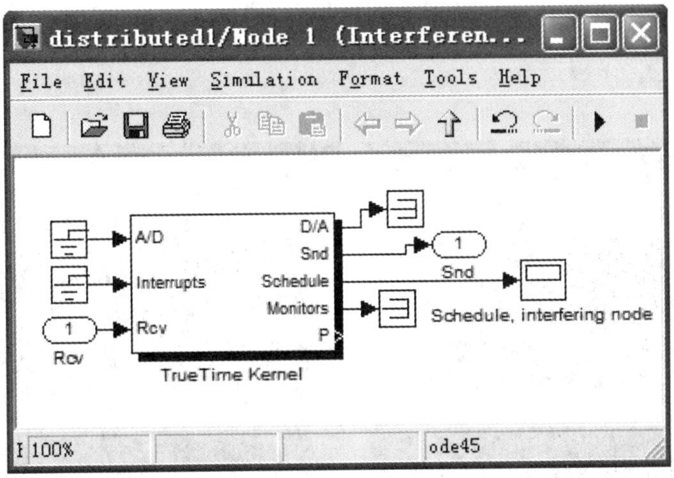

图 14-9　Node 1 干扰节点模型

具体操作如下：

1) 干扰节点的初始化程序(interference_init. m)

```
function interference_init
% 分布式控制系统中的干扰节点:主要任务是模拟网络干扰
% 初始化 TrueTime 中的核
ttInitKernel(0,0,'prioFP');          % 定义模拟输入与输出,以及节点任务的优先级
% 创建发送任务
offset=0;
period=0.001;
prio=1;
ttCreatePeriodicTask('interf_task',offset,period,prio,'interfcode');
% 初始化网络
ttCreateInterruptHandler('nw_handler',prio,'msgRcvInterf');
ttInitNetwork(1,'nw_handler');   % 干扰节点为网络的 1 号节点
```

2) 干扰节点任务程序(interfcode. m)

```
function [exectime,data]=interfcode(seg,data)
BWshare=0;                  % 设置部分的网络带宽占用这个节点
if (rand(1)<BWshare)
    ttSendMsg(1,1,80);      % 给自身发送 80 bits 信号
exectime=-1;                % 结束任务
end
```

3）干扰节点网络中断程序(msgRcvInterf.m)

```
function [exectime,data]=msgRcvInterf(seg,data)
msg=ttGetMsg;
exectime=-1;
```

7. 仿真结果及其简单分析

分别针对没有干扰通信且控制器节点中也没有干扰任务(即将变量 BWshare 设置 0)以及接通干扰节点且控制器节点中有干扰任务(即将变量 BWshare 设置为网络带宽的百分数)这两种情况的网络控制系统进行仿真,得到两种情况下的响应曲线,如图 14-10 所示,其中方波表示参考输入。

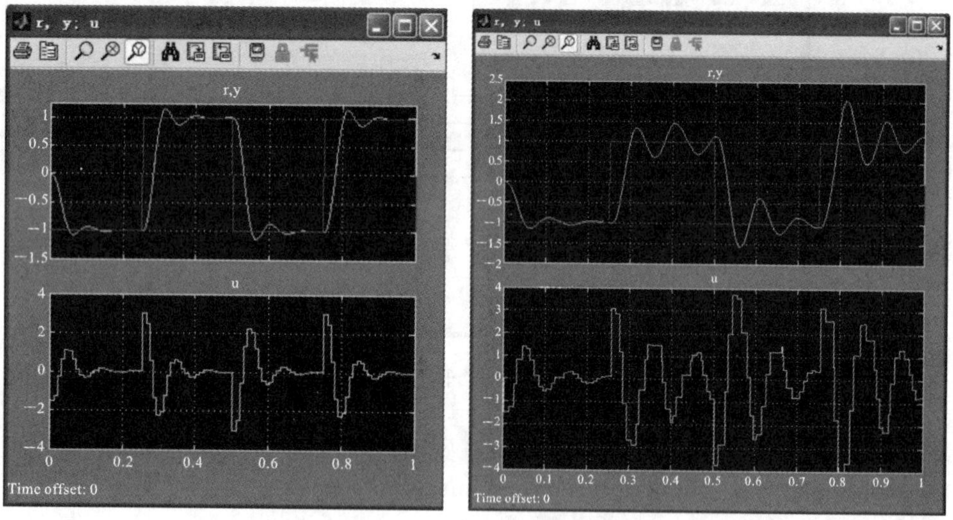

(a) BWshare=0　　(b) BWshare=0.5

图 14-10　有线网络控制系统响应曲线

显然,在没有干扰任务时,对象输出经过网络传输后,能够迅速跟踪参考输入的变化曲线,采用 PD 控制方法可以快速、有效地调节,使系统的控制性能稳定。在控制器和通信过程中加入干扰信号后,虽然系统的控制性能明显降低了,但仍可以通过相应的控制策略进行有效调节。

14.3　无线网络控制系统的分析与设计实例

14.3.1　无线网络控制系统组成结构

无线网络控制系统主要包括传感器/执行器节点和控制器节点等,如图 14-11 所示。

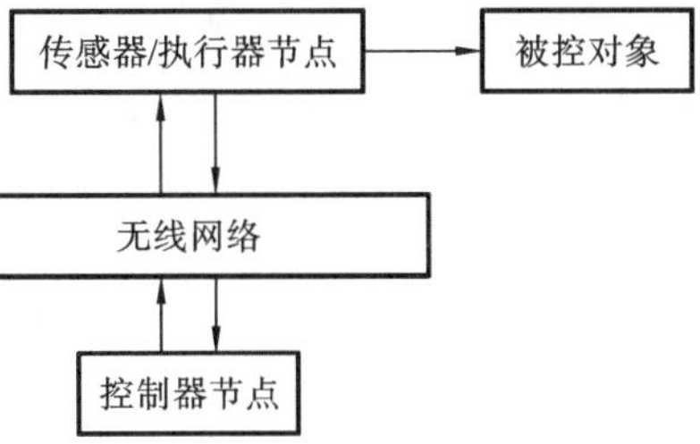

图 14-11　无线网络控制系统组成结构

14.3.2　无线网络控制系统中存在的问题

无线网络控制系统中依然存在时延、丢包、多包、乱序等问题，这些问题的出现在一定程度上会降低系统的性能，使系统的稳定范围变窄，严重时甚至使系统失稳。需要注意的是，无线网络中功率消耗是连续的，这会导致 TrueTime 中的电池能源耗尽，从而失去控制效果，因此在无线网络控制系统中采用功率控制策略是必须的。

14.3.3　无线网络控制系统的仿真实例

1. 系统结构图

TrueTime 1.5 说明书中包含一个无线网络控制系统仿真实例，我们通过剖析该仿真实例，讲解说明基于 TrueTime 工具箱的无线网络控制系统仿真模型的建模方法。仿真模型文件名为 wireless. mdl，如图 14-12 所示。其基本原理是传感器/执行器节点周期性地对过

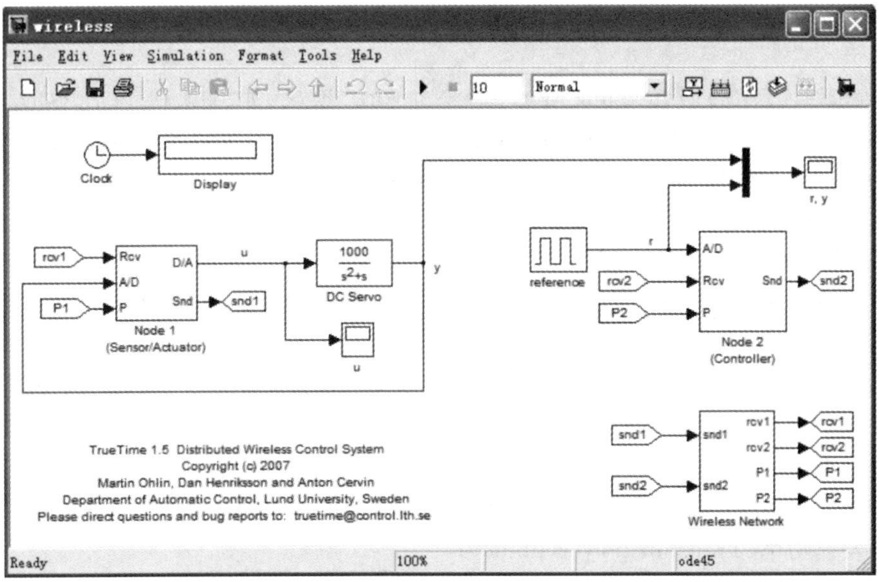

图 14-12　无线网络控制系统仿真模型 wireless

程进行采样，并将采样值经网络发送到计算机节点。该节点的控制任务是计算控制信号并将计算结果发送回传感器/执行器节点，执行控制信号。无线通信连接属于一种简单的功率控制策略。功率控制任务同时在传感器/执行器节点和控制器节点中执行，周期性地发送 ping 消息到其他节点，检测信道传输。如果节点收到答复，就认为信道是好的且传输功率是最小的。反之，如果节点没有收到答复，就一直增加传输功率直到饱和或再次收到答复。

2. 无线网络

图 14-13 所示为 Wireless 无线网络模型，将连接图全部选中，右击选择“Create subsystem”创建子系统，生成图 14-12 中的“Wireless Network”模块。

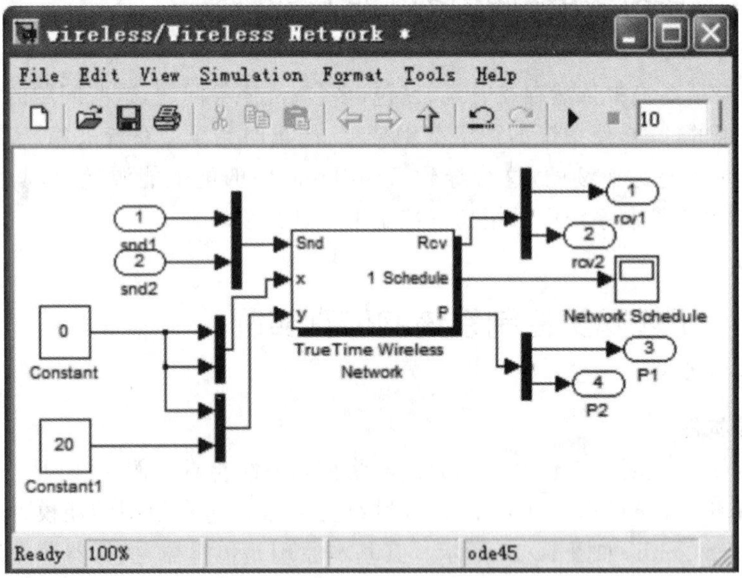

图 14-13　Wireless 无限网络模型

双击图 14-13 中的“TrueTime Wireless Network”模块，弹出图 14-14 所示的无线网络参数设置对话框，其中提供了多种网络参数和网络模式，我们可以根据需要对媒体访问控制协议、网络节点数目、传输速率、数据丢失率等参数进行设置。

(1) 目前支持两种网络模型(Network type)：IEEE 802.11b/g(WLAN)和 IEEE 802.15.4(ZigBee)。

(2) 网络模块数(Network number)。必须从 1 往上编号，有线和无线网络不允许使用相同的编号。

(3) 连接到网络上的节点数目(Number of nodes)。它决定了模块的 Snd、Rcv 和 Schedule(输入和输出的大小)。

(4) 网络速度(Data rate(bits/s))。

(5) 不足最小帧的信息会得到填补(Minimum frame size(bites))。

(6) 发射功率(Transmit power(dbm))。

(7) 接收信号的功率门限(Receiver signal threshold(dbm))。

(8) 路径损耗指数(Pathloss exponent(1/distance^x))。

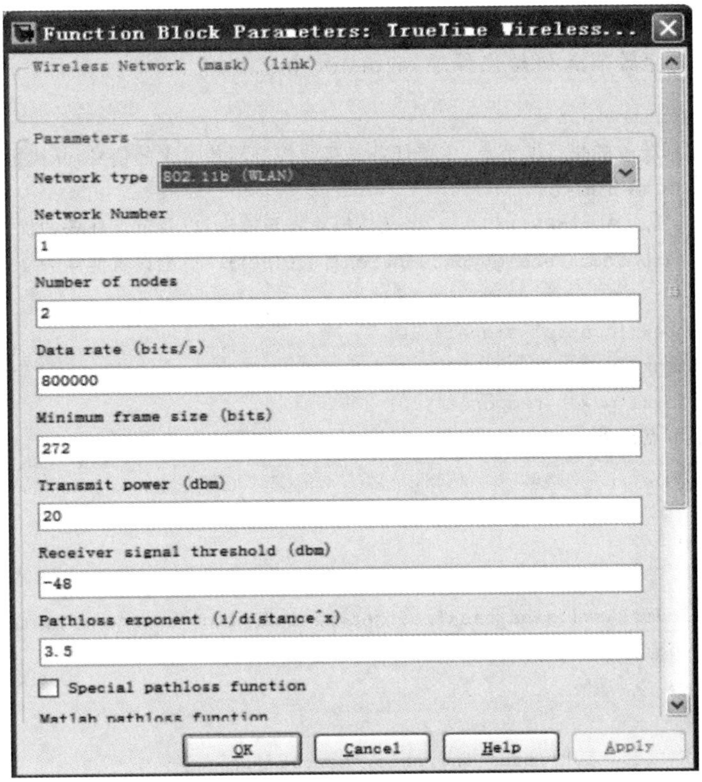

图 14-14　无线网络参数设置对话框

3. 传感器/执行器节点

图 14-15 所示为 Node 1 传感器/执行器模型，将连接图全部选中，右击选择“Create subsystem”创建子系统，生成图 14-12 中的“Node 1(Sensor/Actuator)”模块。然后对传感器/执行器节点进行初始化，编辑节点任务和网络中断程序，分别建立对应的 M 文件。

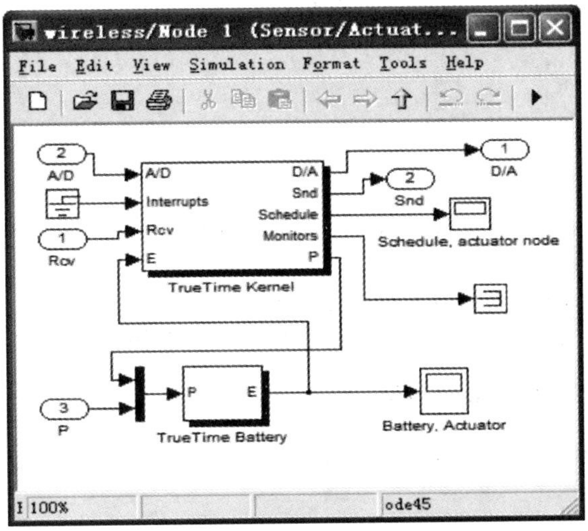

图 14-15　Node 1 传感器/执行器模型

具体操作如下：

1）传感器/执行器节点初始化程序(actuator_init.m)

```
function actuator_init
% 分布式控制系统中的执行器节点:主要任务是接收控制器传过来的信号,并执行任务
% 初始化 TrueTime 中的核
ttInitKernel(1,1,'prioFP');     % 定义模拟输入与输出,以及节点任务的优先级
ttSetKernelParameter('energyconsumption',0.0100);     % 设置能耗为 10 mW
% 创建缓存器
ttCreateMailbox('control_signal',10)
ttCreateMailbox('power_ping',10)
ttCreateMailbox('power_response',10)
% 创建传感器节点任务
data.y=0;
offset=0;
period=0.010
prio=1:
ttCreatePeriodicTask('sens_task',offset,period,prio,'senscode',data);
% 创建执行器节点任务
deadline=100;
prio=2;
ttCreateTask('act_task',deadline,prio,'actcode');
% 创建功率控制任务
offset=2.07;
period=0.025;
prio=3;
power_data.transmitPower=20;      % 发射功率为 20 mW
power_data.name=1;                % 定义此节点为网络中的 1 号节点
power_data.receiver=2;            % 定义此节点与网络中的 2 号节点进行通信
power_data.haverun=0;             % 不工作的情形
ttCreatePeriodicTask('power_controller_task',offset,period,prio,'powctrlcode',pow-
er_data);
% 创建功率响应任务
deadline=100;
prio=4;
ttCreateTask('power_response_task',deadline,prio,'powrespcode');
% 初始化网络
ttCreateInterruptHandler('nw_handler',prio,'msgRcvActuator);
ttInitNetwork(1,'nw_handler);     % 定义此节点为网络中的 1 号节点
```

2）传感器节点任务程序(senscode.m)

```
function[exectime,data]=senscode(seg,data)
switch seg,
  case 1,
    data.msg.msg=ttAnalogIn(1);
    exectime=0.0005;
```

```
  case 2,
    data.msg.type='sensor_signal';
    ttSendMsg(2,data.msg,80);     % 发送 80bits 的信号给节点 2(控制器)
    exectime=0.0004;
  case 3,
    exectime=-1;                  % 结束任务
end
```

3）执行器节点任务程序(actcode.m)

```
function[exectime,data]=actcode(seg,data)
switch seg.
  case 1,
    % 读取所有缓存信号
    temp=ttTryFetch('control_signal');        % 获取控制信号并存储在中间变量 temp
    while ~isempty(temp),
        data.u=temp;                          % 若 temp 不为空,则把其信号传给 data.u
        temp=ttTryFetch('control_signal');    % 继续获取控制信号
  end
    exectime=0.0005;
  case 2,
    ttAnalogOut(1,data.u)                     % 将存储在 data.u 的信号输出到 1 号节点
    exectime=-1;                              % 结束任务
end
```

4）传感器/执行器节点网络中断程序(msgRcvActuator.m)

```
function[exectime,data]=msgRcvActuator(seg,data)
temp=ttGetMsg;
ttTryPost(temp.type,temp.msg);
if strcmp('control_signal,temp.type)
  ttCreateJob('act_task');                 % 若 temp.type 为控制信号,则创建执行器任务
elseif strcmp('power_ping',temp.type)
  ttCreateJob('power_response_task');      % 若 temp.type 为确认信号,则执行创建功率响
                                             应任务
exectime=-1:
end
```

5）功率控制程序(powctrlcode.m)

```
function[exectime,data]=powctrlcode(seg,data)
switch seg,
  case 1,
    % 读取所有缓存信号
    msg=ttTryFetch('power_response');      % 获取功率确认信号
    temp=msg:
    while ~isempty(temp),
        y=temp;
```

```
        temp=ttTryFetch('power_response');      % 获取功率确认信号
    end
    if  isempty(msg)&data.haverun ~=0
        % 如果没有收到确认信号,可能是不能到达其他节点
        data.transmitPower=data.transmitPower+10;
        % 把发射功率限制在 30 dbm
        data.transmitPower=min(30,data.transmitPower);
        ttSetNetworkParameter('transmitpower',data.transmitPower);
    else
        % 如果有一个确认信号,证明有可到达的节点
        % 可试图减小发射功
        data.transmitPower=data.transmitPower-1;
        ttSetNetworkParameter('transmitpower',data.transmitPower);
    end
        exectime=0.00002;
    case 2,
      data.haverun=1;
      msg.msg.sender=data.name;
      msg.type='power_ping';
      time=ttCurrentTime;
      disp(['setting transmitpower to:'num2str(data.transmitPower)'in node:'
      num2str(msg.msg.sender)'at time'num2str(time)]);
      ttSendMsg(data.receiver,msg,80);          % 发送 80 bits 给 data.receiver
      exectime=-1;                              % 结束任务
end
```

6）功率响应程序(powrespcode.m)

```
function [exectime,data]=powrespcode(seg,data)
switch seg,
  case 1,
    data.msg.msg=ttTryFetch('power_ping');
    data.msg.type='power_response';
    exectime=0.00002;
  case 2,
    disp(['power ping received from node:'num2str(data.msg.msg.sender)',sending re-
sponse'])
    ttSendMsg(data.msg.msg.sender,data.msg,80);    % 回复 80 bits 的信号给发送者
    exectime=-1;                                   % 结束任务
end
```

4. 控制器节点

图 14-16 所示为 Node 2 控制器模型，将连接图全部选中，右击选择“Create subsystem”创建子系统，生成图 14-11 中的“Node 2(Controller)”模块。然后对控制器节点进行初始化，编辑节点任务和网络中断程序，分别建立对应的 M 文件。

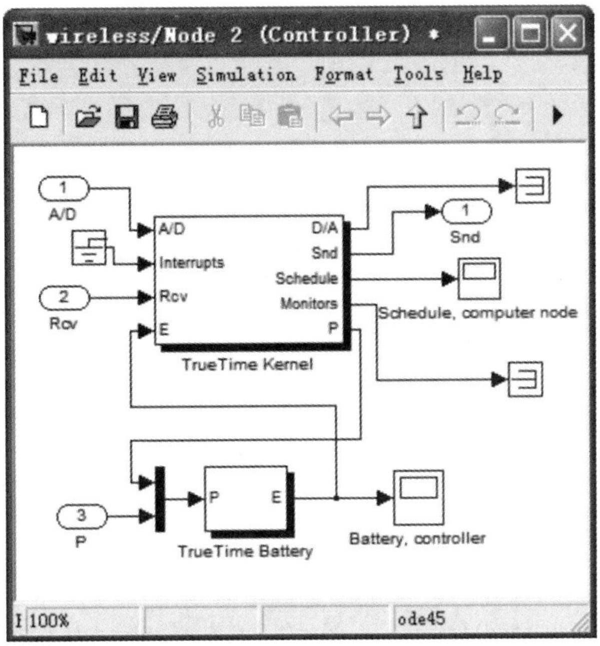

图 14-16 Node 2 控制器模型

具体操作如下：

1）控制器节点初始化程序(controller_init. m)

```
function controller_init
% 分布式控制系统中的控制器节点：主要任务是接收传感器传过来的信号，在包含有优先级最高的干扰任务的网络中对控制信号进行处理，并把结果发送到执行器端
% 初始化 TrueTime 中的核
ttInitKernel(1,0,'prioFP');     % 定义模拟输入与输出，以及节点任务的优先级
ttSetKernelParameter('energyconsumption',0.010);     % 设置能耗为 10 mW
% 创建缓存器
ttCreateMailbox('sensor_signal',10)
ttCreateMailbox('power_ping',10)
ttCreateMailbox('power_response',10)
% 对控制器节点所用参数进行初始化
h=0.010;
N=100000;
Td=0.035;
K=1.5;
% 定义任务中的数据(包括当地存储器)
data.u=0.0; data.K=K;
data.ad=Td/(N* h+ Td);
data.bd=N* K* Td/(N* h+ Td);
data.Dold=0.0: data.yold=0.0;
% 创建控制器节点任务
deadline=h;
```

```
prio=1;
ttCreateTask('pid_task',deadline,prio,'ctrlcode',data);
% 创建功率控制任务
offset=2;
period=0.025;
prio=2;
power_data.transmitPower=20;
power_data.name=2;                    % 定义此节点为网络中的 2 号节点
power_data.receiver=1;                % 定义此节点与网络中的 1 号节点进行通信
power_data.haverun=0;                 % 不工作的情形
ttCreatePeriodicTask('power_controller_task',offset,period,prio,'powctrlcode',pow-
er_data);
% 创建功率响应任务
deadline=100;
prio=3;
ttCreateTask('power_response_task',deadline,prio,'powrespcode');
% 初始化网络
ttCreateInterruptHandler('nw_handler',prio,'msgRcvCtrl');
ttInitNetwork(2,'nw_handler');    % 定义此节点为网络中的 2 号节点
```

2）控制器节点任务程序(ctrlcode. m)

```
function[exectime,data]=ctrlcode(seg,data)
switch seg,
  case 1,
    % 读取所有的缓存数据
    temp=tTryFetch('sensor_signal);        % 将传感器传过来的信号存储到 temp
    while ~isempty(temp),
        y=temp;                            % 若 temp 不为空,则把其值输出到 y
        temp=ttTryFetch('sensor_signal);   % 继续获取传感器传过来的信号
    end
    r=ttAnalogIn(1);                       % 读取参考值
    P=data.K*(r-y);
    D=data.ad*data.Dold+ data.bd*(data.yold-y); data.u=P+D;
    data.Dold=D; data.yold=y;
    exectime=0.0005;
  case 2,
    msg.msg=data.u;
    msg.type='control_signal';
    ttSendMsg(1,msg,80);                   % 发送 80 bits 的数据到节点 1(执行器)
    exectime=-1;                           % 结束任务
end
```

3）控制器节点网络中断程序(msgRcvCtrl. m)

```
function [exectime,data]=msgRcvCtrl(seg,data)
temp=ttGetMsg;
ttTryPost(temp.type,temp.msg);
```

```
if strcmp('sensor_signal',temp.type)
  ttCreateJob('pid_task');              % 若 temp.type 为控制信号,则创建执行 PID 控制
                                          任务
elseif strcmp('power_ping',temp.type)
  ttCreateJob('power_response_task');   % 若 temp.type 为确认信号,则执行创建功率响应
                                          任务
exectime=-1;
end
```

5. 仿真结果及其简单分析

运行仿真之后,观察对象输出与参考输入之间的偏差变化,如图 14-17 所示,对象输出(的测量值)经无线网络传输后,能够跟踪参考输入的变化曲线,而且系统的控制效果较好。

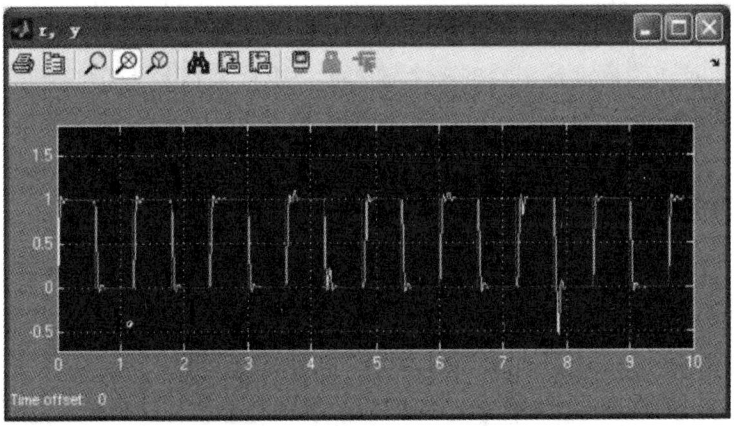

图 14-17　带功率控制的无线网络控制系统性能曲线

然而,在控制器节点初始化程序中将“power_controller_task”任务注释掉,以此在控制器节点中切断功率控制策略。重新运行仿真,从图 14-18 中可见功率消耗是连续的。这会导致 TrueTime 中的电池能源耗尽,从而失去控制效果,因此在无线网络控制系统中采用功率控制策略是必须的。

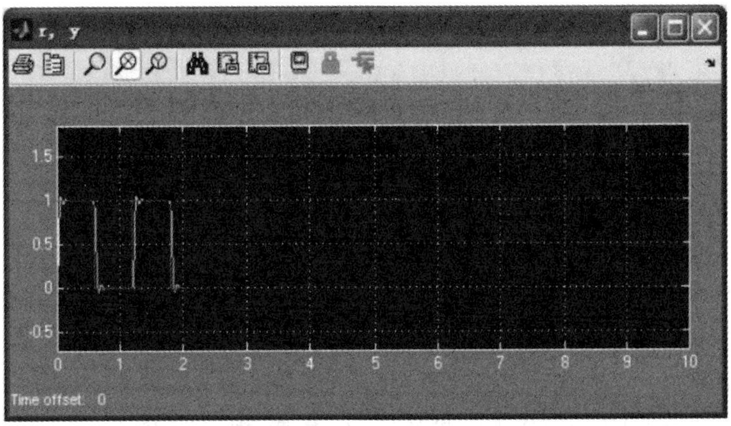

图 14-18　不带功率控制的无线网络控制系统性能曲线

14.4 基于智能控制策略的网络控制系统的分析与设计实例

14.4.1 模糊控制原理简介

模糊控制的基本原理框图如图 14-19 所示。它的核心部分为模型控制器(微机)，模糊控制器的控制规律由计算机的程序实现。实现一步模糊控制算法的过程描述如下：模糊控制器运用中断采样获取被控制量的精确值，然后将此精确值与给定值比较得到误差信号 E，一般选误差信号 E 作为模糊控制器的一个输入量。把误差信号 E 的精确量进行模糊化后变成模糊量。误差信号 E 的模糊量可用相应的模糊语言表示，得到误差信号 E 的模糊语言集合的一个集 $\underset{\sim}{\boldsymbol{e}}$($\underset{\sim}{\boldsymbol{e}}$ 是一个模糊矢量)，再由 $\underset{\sim}{\boldsymbol{e}}$ 和模糊控制规律 $\underset{\sim}{\boldsymbol{R}}$(模糊算子)根据推理的合成规则进行模糊决策，得到模糊控制量 $\underset{\sim}{\boldsymbol{u}}$：$\underset{\sim}{\boldsymbol{u}}=\underset{\sim}{\boldsymbol{e}}\cdot\underset{\sim}{\boldsymbol{R}}$

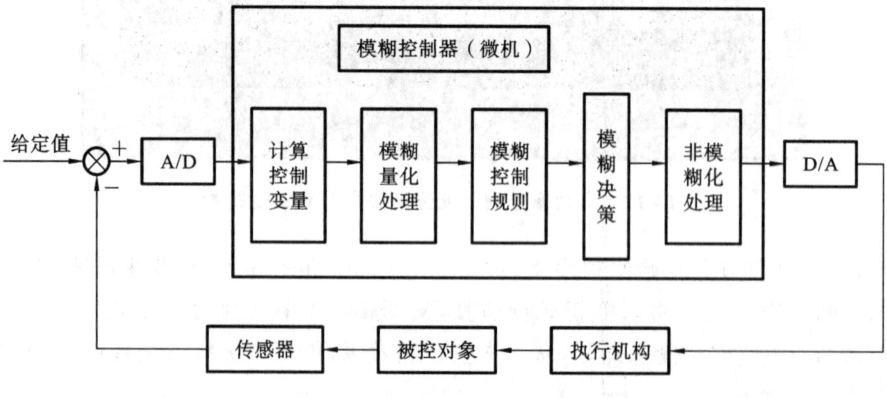

图 14-19 模糊控制的基本原理框图

14.4.2 基于模糊控制的有线网络控制系统程序设计

1. 系统结构图

基于模糊控制的有线网络控制系统仿真模型如图 14-20 所示。系统中主要包含了三个计算机节点：Node 3(节点 3)控制器、Node 2(节点 2)执行器/传感器和 Node 1(节点 1)干扰节点，各节点用 TrueTime 内核模块来表示。

2. 有线网络

图 14-21 所示为 wired-fuzzy 有线网络模型，将连接图全部选中，右击选择“Create subsystem”创建子系统，生成图 14-20 中的“Network”模块。另外，双击图 14-21 中的“Tru-

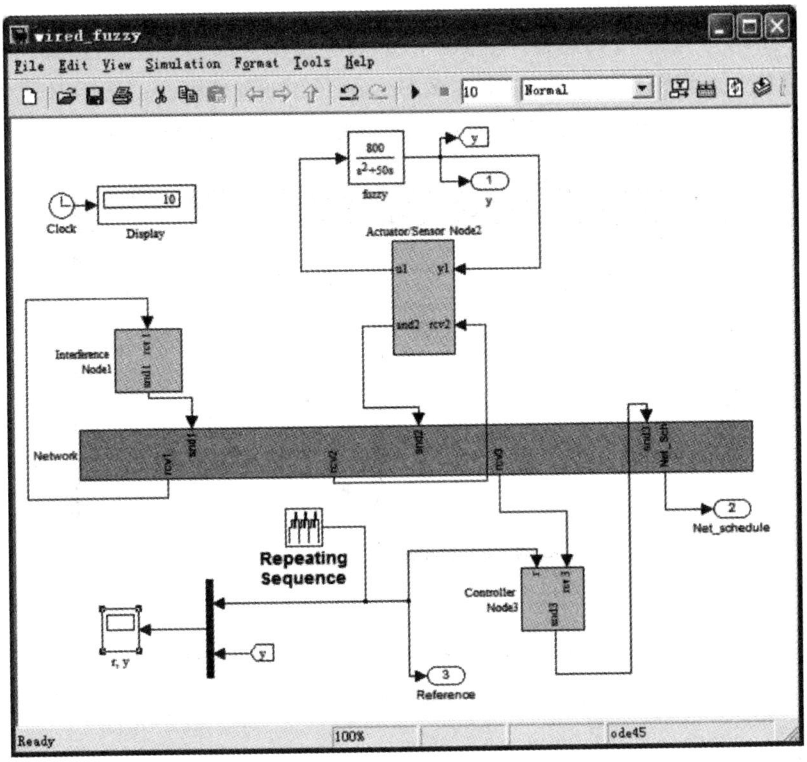

图 14-20 基于模糊控制的有线网络控制系统仿真模型

eTime Network"模块，会弹出现有线网络参数设置对话框，其中提供了多种网络参数和网络模式，我们可以针对需要对媒体访问控制协议、网络节点数目、传输速率、数据丢失率等参数进行设置。

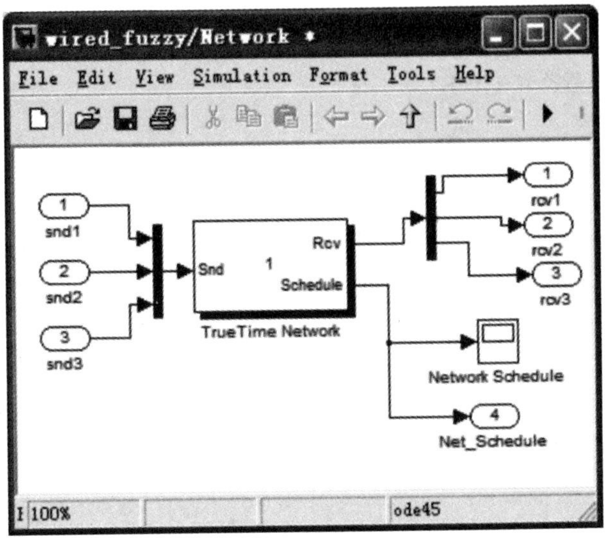

图 14-21 wired-fuzzy 有线网络模型

3. 传感器/执行器节点

图 14-22 所示为 Node 2 传感器/执行器模型，将连接图全部选中，右击选择“Create subsystem”创建子系统，生成图 14-20 中的“Node 2(Sensor/Actuator)”模块。然后对传感器/执行器节点进行初始化，编辑节点任务和网络中断程序，分别建立对应的 M 文件。

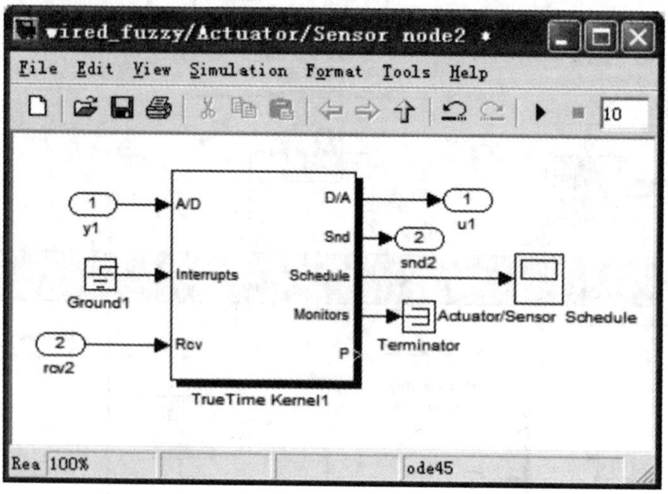

图 14-22　Node 2 传感器/执行器模型

具体操作如下：

1）传感器/执行器节点初始化程序(actuator_init. m)

```
function actuator_init
% 分布式控制系统中的执行器节点:主要任务是接收节点 3 控制器传过来的信号,并执行任务
% 初始化 TrueTime 中的核
ttInitKernel(1,1,'prioFP');            % 定义模拟输入与输出,以及节点任务的优先级
% 为 plant 创建传感器节点任务
data.y=0;
% 为 plant 创建执行器节点任务
data.h=0.010;
data.u=0;
data.u_1=0;
data.u_2=0;
% 创建传感器节点任务
offset=0;
period=data.h;
prio=1;
ttCreatePeriodicTask('sens_task',offset,period,prio,'senscode',data);
% 创建执行器节点任务
deadline=100;
prio=2;
ttCreateTask('act_task',deadline,prio,'actcode',data);
% 初始化网络
ttCreateInterruptHandler('nw_handler',prio,'msgRcvActuator);
```

```
ttInitNetwork(2,'nw_handler');  % 执行器节点为 2 号节点
```

2）传感器节点任务程序(senscode. m)

```
function[exectime,data]=senscode(seg,data)
switch seg,
  case 1,
    data.y=ttAnalogIn(1);           % 模拟输入一个模糊控制的数据到 data.y
    exectime=0.0000001;
  case 2,
    ttSendMsg(3,data.y,80);         % 将存储在 datay 的信号向端口3 控制器端发送
    exectime=-1;                    % 结束任务
end
```

3）执行器节点任务程序(actcode. m)

```
function[exectime,data]=actcode(seg,data)
switch seg,
  case 1,
    data.u=ttGetMsg;              % 读取控制信号
    exectime=0.0005;
  case 2,
    ttAnalogOut(1,data.u);        % 输出控制信号
    exectime=-1;                  % 结束任务
end
```

4）传感器/执行器节点网络中断程序(msgRcvActuator. m)

```
function[exectime,data]=msgRcvActuator(seg,data)
ttCreateJob('act_task');
exectime=-1;
```

4. 控制器节点

图 14-23 所示为 Node 3 控制器模型，将连接图全部选中，右击选择“Create subsystem”创建子系统，生成如图 14-20 中的“Node 3(Controller)”模块。然后对控制器节点进行初始

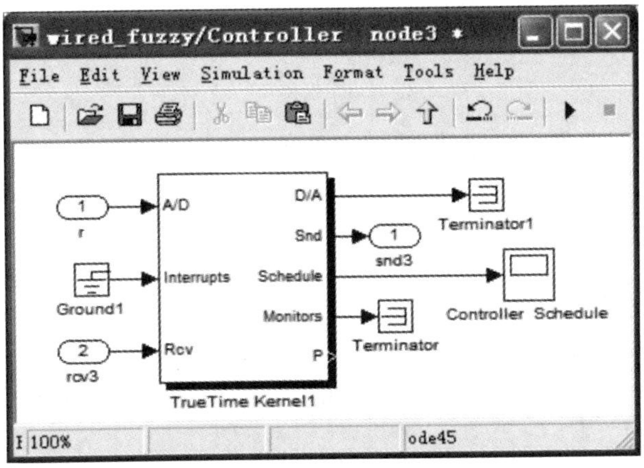

图 14-23　Node 3 控制器模型

化，编辑节点任务和网络中断程序，分别建立对应的 M 文件。

具体操作如下：

1）控制器节点初始化程序（controller_init. m）

```
function controller_init
% 分布式控制系统中的控制器节点：主要任务是接收传感器传过来的信号，在包含有优先级最高的干
  扰任务的网络中对控制信号进行计算和处理，并把结果发送到执行器端
% 初始化 TrueTime 中的核
ttInitKernel(1,0,'prioFP');     % 定义模拟输入与输出，以及节点任务的优先级
% 定义任务中的数据（包括当地的存储器）
data.h=0.010;
data.kp0=0.28;
data.kd0=1.2;
data.ki0=0.0001;
data.y=0.0;
    data.kp=0;
    data.ki=0;
    data.kd=0;
    data.k_pid(1)=0;
    data.k_pid(2)=0;
    data.k_pid(3)=0;
data.x(1)=0;
data.x(2)=0;
data.x(3)=0;
data.x3_ 1=0;
data.y_ 1=0;
data.e=0.0;
data.e_ 1=0;
data.e_2=0;
data.ec=0.0;
data.ec_ 1=0.0;
data.u=0;
data.u_1=0.0;
data.u_2=0.0;
% 设置控制器参数
deadline=data.h;
prio=1;
ttCreateTask('pid_task',deadline,prio,'ctrlcode',data);
% 初始化网络
tCreateInterruptHandler('nw_handler',prio,'msgRcvCtrl');
ttInitNetwork(3,'nw_handler');     % 控制器节点为网络中的 3 号节点
```

2）控制器节点任务程序（ctrlcode. m）

```
function[exectime,data]=ctrlcode(seg,data)
```

```
switch seg,
  case 1,
    data.r=ttAnalogIn(1);                          % 读取输入参考值
    data.y=ttGetMsg;                               % 获取传感器传过来的值
    data.e=data.r-data.y;
    data.ec=data.e-data.e_1;
b=newfis('fuzzpid');
fl=1.5;                                            % 模糊控制
b=addvar(b,'input,'e',[-3*fl,3*fl]);               % 参数 e
b=addmf(b,'input',1,'NB','zmf,[-3*fl,-1*fl]);
b=addmf(b,'input',1,'NM','trimf,[-3*fl,-2,0*fl]);
b=addmf(b,'input',1,'NS','trimf,[-3*fl,-1*fl,1*fl]);
b=addmf(b,input,1,'Z,'trimf,[-2*fl,0*fl,2*fl]);
b=addmf(b,'input',1,'PS',trimf,[-1*fl,1*fl,3*fl]);
b=addmf(b,'input',1,'PM','trimf,[0,2*fl,3*fl]);
b=addmf(b,'input',1,'PB','smf,[1*fl,3*fl]);

b=addvar(b,input,'ec',[-3*fl,3*fl]);               % 参数 ec
b=addmf(b,'input',2,'NB','zmf,[-3*fl,-1*fl]);
b=addmf(b,'input',2,'NM','trimf,[-3*fl,-2,0*fl]);
b=addmf(b,'input,2,'NS','trimf,[-3*fl,-1*fl,1*fl]);
b=addmf(b,input',2,'Z','trimf,[-2*fl,0*fl,2*fl]);
b=addmf(b,'input',2,'PS','trimf,[-1*fl,1*fl,3*fl]);
b=addmf(b,'input,2,'PM','trimf,[0,2*fl,3*fl]);
b=addmf(b,'input',2,'PB','smf,[1*fl,3*fl]);

b=addvar(b,'output','kp',fl*[-3,3]);               % 参数 kp
b=addmf(b,'output',1,'NB','zmf,fl*[-3,-1]);
b=addmf(b,'output',1,'NM','trimf,fl*[-3,-2,0]);
b=addmf(b,'output',1,'NS','trimf,fl*[-3,-1,1]);
b=addmf(b,'output',1,'Z','trimf,fl*[-2,0,2]);
b=addmf(b,'output',1,'PS','trimf,fl*[-1,1,3]);
b=addmf(b,'output,1,'PM','trimf,fl*[0,2,3]);
b=addmf(b,'output',1,'PB','smf,fl*[1,3]);

b=addvar(b,'output,'ki',fl*[-0.06,0.06]);          % 参数 ki
b=addmf(b,'output',2,'NB','zmf,fl*[-0.06,-0.02]);
b=addmf(b,'output',2,'NM','trimf,fl*[-0.06,-0.04,0]);
b=addmf(b,'output',2,'NS','trimf,fl*[-0.06,-0.02,0.02]);
b=addmf(b,'output',2,'Z',trimf,fl*[-0.04,0,0.04]);
b=addmf(b,'output',2,'PS','trimf,fl*[-0.02,0.02,0.06]);
b=addmf(b,'output',2,'PM','trimf,fl*[0,0.04,0.06]);
b=addmf(b,'output',2,'PB','smf,fl*[0.02,0.06]);
```

```
b=addvar(b,'output','kd',fl*[-3,3]);          % 参数 kd
b=addmf(b,'output',3,'NB','zmf,fl*[-3,-1]);
b=addmf(b,'output',3,'NM','trimf,fl*[-3,-2,0]);
b=addmf(b,'output',3,'NS','trimf,fl*[-3,-1,1]);
b=addmf(b,'output',3,'Z','trimf,fl*[-2,0,2]);
b=addmf(b,'output',3,'PS','trimf,fl*[-1,1,3]);
b=addmf(b,'output',3,'PM','trimf,fl*[0,2,3]);
b=addmf(b,'output',3,'PB','smf,fl*[1,3]);
rulelist=[1  1  7  1  5  1  1;
          1  2  7  1  3  1  1;
          1  3  6  2  1  1  1;
          1  4  6  2  1  1  1;
          1  5  5  3  1  1  1;
          1  6  4  4  2  1  1;
          1  7  4  4  5  1  1;

          2  1  7  1  5  1  1;
          2  2  7  1  3  1  1;
          2  3  6  2  1  1  1;
          2  4  5  3  2  1  1;
          2  5  5  3  2  1  1;
          2  6  4  4  3  1  1;
          2  7  3  4  4  1  1;

          3  1  6  1  4  1  1;
          3  2  6  2  3  1  1;
          3  3  6  3  2  1  1:
          3  4  5  3  2  1  1:
          3  5  4  4  3  1  1;
          3  6  3  5  3  1  1;
          3  7  3  5  4  1  1:
          4  1  6  2  4  1  1;
          4  2  6  2  3  1  1;
          4  3  5  3  3  1  1;
          4  4  4  4  3  1  1;
          4  5  3  5  3  1  1;
          4  6  2  6  3  1  1;
          4  7  2  6  4  1  1;

          5  1  5  2  4  1  1
          5  2  5  3  4  1  1;
          5  3  4  4  4  1  1;
          5  4  3  5  4  1  1
```

```
          5  5  3  5  4  1  1;
          5  6  2  6  4  1  1;
          5  7  2  7  4  1  1;

          6  1  5  4  7  1  1;
          6  2  4  4  5  1  1;
          6  3  3  5  5  1  1;
          6  4  2  5  5  1  1;
          6  5  2  6  5  1  1;
          6  6  2  7  5  1  1;
          6  7  1  7  7  1  1;

          7  1  4  4  7  1  1;
          7  2  4  4  6  1  1;
          7  3  2  5  6  1  1;
          7  4  2  6  6  1  1;
          7  5  2  6  5  1  1;
          7  6  1  7  5  1  1
          7  7  1  7  7  1  1]:
b=addrule(b,rulelist);
b=setfis(b,'DefuzzMethod','centroid');
  data.k_pid=evalfis([data.e_ 1,data.ec_ 1],b);  % 采用模糊推理进行 PID 控制
    data.kp=data.kp0+data.k_pid(1);
    data.ki=data.ki0+data.k_pid(2);
    data.kd=data.kd0+data.k_pid(3);
    data.x(1)=data.e;                           % 计算比例系数 P
    data.x(2)=data.e-data.e_1;                  % 计算比例系数 D
    data.x(3)=data.x3_1+data.e;                 % 计算积分系数 I
    data.u=data.kp*data.x(1)+data.kd*data.x(2)+data.ki*data.x(3);
    if data.u>=10
       data.u=10;
    end
    if data.u <=-10
       data.u=-10;
    end
    data.e_1=data.e;
    data.e_2=data.e_1;
    data.ec_1=data.ec;
    data.x3_1=data.x(3);
    exectime=0.000001;
  case 2,
     ttSendMsg(2, data.u, 80);                 % 发送 80 bits 的数据到端口 2(执行器端)
     exectime=-1;
```

```
end
```

3）控制器节点网络中断程序(msgRcvCtrl.m)

```
function[exectime, data]=msgRcvCtrl(seg, data)
ttCreateJob('pid_task');
exectime=-1;
```

5. 干扰节点

图 14-24 所示为 Node 1 干扰节点模型，将连接图全部选中，右击选择“Create subsystem”创建子系统，生成图 14-24 中的“Node 1(Interference)”模块。然后对干扰节点进行初始化，编辑节点任务和网络中断程序，分别建立对应的 M 文件。

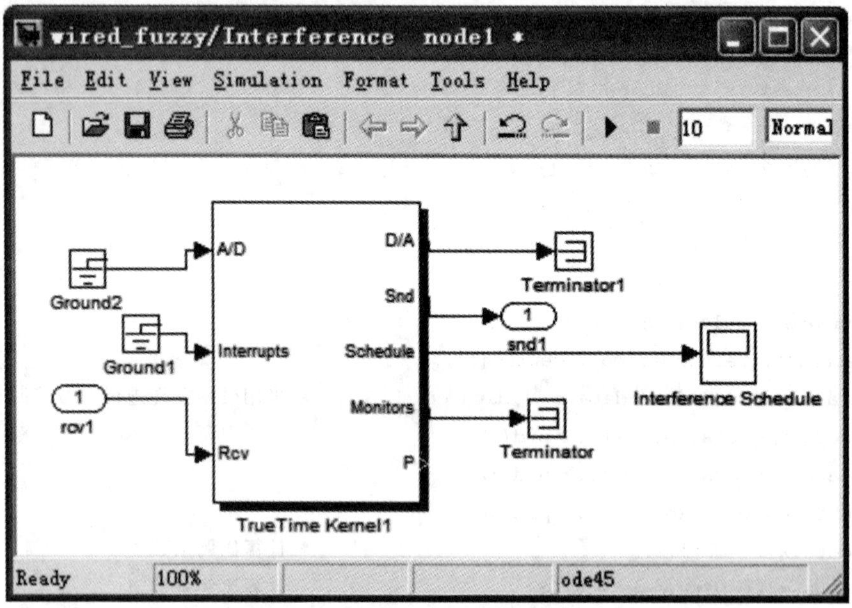

图 14-24 Node 1 干扰节点模型

具体操作如下：

1）干扰节点的初始化程序(interference_init.m)

```
function interference_init
% 分布式控制系统中的干扰节点:主要任务是模拟网络干扰
% 初始化 TrueTime 中的核
ttInitKernel(0,0,'prioFP');      % 定义模拟输入与输出,以及节点任务的优先级
% 创建发送任务
offset=0;
period=0.001;
prio=1;
ttCreatePeriodicTask('interf_task',offset,period,prio,'interfcode');
% 初始化网络
ttCreateInterruptHandler('nw_handler',prio,'msgRcvInterf');
ttInitNetwork(1,'nw_handler');     % 干扰节点为网络中的 1 号节点
```

2）干扰节点任务程序(interfcode.m)及其简单说明

```
function [exectime,data]=interfcode(seg,data)
BWshare=0.78;                    % 设置部分的网络带宽占用这个节点
if (rand(1)<BWshare)
    ttSendMsg(1,1,80);           % 给自身发送 80 bits 信号
exectime=-1;                     % 结束任务
end
```

3）干扰节点网络中断程序(msgRcvInterf.m)

```
function[exectime,data]=msgRcvInterf(seg,data)
msg=ttGetMsg;
exectime=-1;
```

6. 仿真结果及其简单分析

采用模糊控制的有线网络控制系统的响应曲线如图 14-25 所示。显然，对象输出经过网络传输后，能够迅速跟踪参考输入的变化曲线，也就是说采用模糊控制方法可以快速、有效地调节，使系统的控制性能稳定。

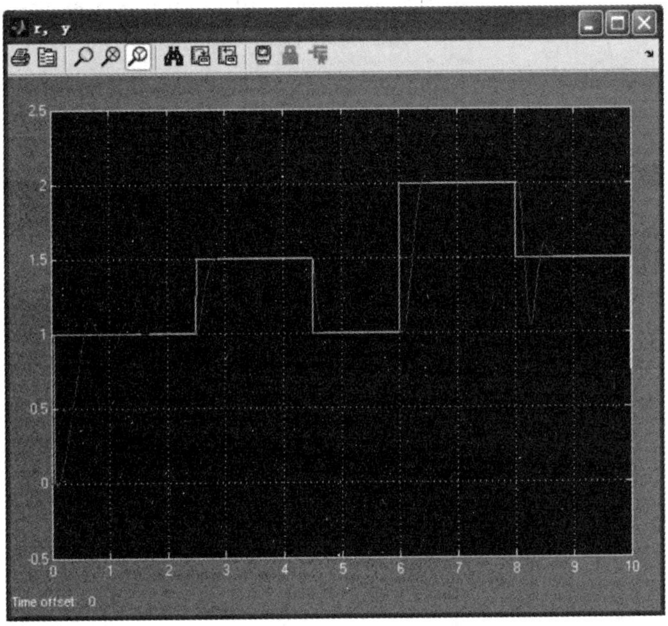

图 14-25　采用模糊控制的有线网络控制系统的响应曲线

14.5 本章小结

本章主要讲述了网络控制系统的基本概念、组成结构以及网络控制系统中存在的主要问题，并介绍了用于仿真网络控制系统的 TrueTime 1.5 工具箱的安装步骤及其四个功

能模块，最后给出具体仿真实例的操作过程及其仿真程序，让读者能根据提示顺利完成仿真。

参考文献

[1] 何坚强，张焕春. 基于网络的实时控制系统仿真[J]. 工业控制计算机，2004(1)：28-29，50.

[2] 张湘，肖建. 网络控制系统的 TrueTime 分析与仿真[J]. 兰州交通大学学报，2010，29(3)：104-107.

[3] 崔桂梅，李翔. 利用 TrueTime 仿真软件研究网络控制系统的性能[J]. 自动化与仪器仪表，2008(4)：88-91.

[4] 赵贤林，逄滨，沈明霞. 基于 TrueTime 的无线网络功率控制系统[J]. 计算机工程，2010，36(10)：127-128，32.

[5] 周德胜. 神经网络 PID 在网络控制系统中的设计和仿真[D]. 大连：大连理工大学，2013.